Werner Stolz

Radioak

T0254398

Werner Stolz

Radioaktivität

Grundlagen – Messung – Anwendungen

5., überarbeitete und erweiterte Auflage

Teubner

Bibliografische Information der Deutschen Bibliothek
Die Deutsche Bibliothek verzeichnet diese Publikation in der Deutschen Nationalbibliografie;
detaillierte bibliografische Daten sind im Internet über <http://dnb.ddb.de> abrufbar.

Prof. Dr. rer. nat. Werner Stolz
Geboren 1934 in Reichenberg/Nordböhmen. Ab 1954 Physikstudium in Leipzig. Diplom 1959.
Promotion 1963. Von 1960 bis 1969 wissenschaftlicher Assistent, anschließend bis 1978 Hochschul-
dozent für Experimentalphysik an der Technischen Universität Dresden. 1969 Habilitation in Dresden.
Von 1978 bis 2000 o. Professor für Angewandte Physik an der TU Bergakademie Freiberg. Direktor des
Instituts für Angewandte Physik.

1. Auflage 1986
3. Auflage 1996
4. Auflage 2003
5., überarbeitete und erweiterte Auflage August 2005

Alle Rechte vorbehalten
© B. G. Teubner Verlag / GWV Fachverlage GmbH, Wiesbaden 2005
Softcover reprint of the hardcover 5th edition 2005

Lektorat: Ulrich Sandten / Kerstin Hoffmann

Der B. G. Teubner Verlag ist ein Unternehmen von Springer Science+Business Media.
www.teubner.de

Umschlaggestaltung: Ulrike Weigel, www.CorporateDesignGroup.de

Gedruckt auf säurefreiem und chlorfrei gebleichtem Papier.

ISBN-13: 978-3-519-53022-0   e-ISBN-13: 978-3-322-83012-8
DOI: 10.1007/978-3-322-83012-8

Aus dem Vorwort zur dritten Auflage

Die dritte Auflage dieses Lehrbuches erscheint 100 Jahre nach der Entdeckung der Radioaktivität. Die Erforschung der Umwandlung instabiler Atomkerne ist ein faszinierendes Kapitel der Naturwissenschaften. Sie ermöglichte es, die Struktur der Atome weitgehend aufzuklären. Nach der Entdeckung der Kernspaltung hat auch die praktische Nutzbarmachung der Radioaktivität einen enormen Aufschwung erlebt. Radioaktive Nuklide finden in fast allen Zweigen der Naturwissenschaften und der Technik Anwendung. Segensreich und von unschätzbarem Wert ist ihr Einsatz in der Nuklearmedizin und Strahlentherapie. Andererseits löst angesichts nuklearer Waffen und gravierender Unfälle bei vielen Menschen das Wort *Radioaktivität* Furcht und Schrecken aus. Leider tragen Berichte in den Medien vielfach nicht dazu bei, Ängste dort abzubauen, wo sie unbegründet sind. Unsinnige Wortschöpfungen, wie etwa „Verstrahlung", das Durcheinanderwürfeln der verschiedensten Strahlungsgrößen und Einheiten, gepaart mit den Vorsätzen Kilo, Mega, Giga ..., fördern eher die Strahlenfurcht und das Mißtrauen gegen jede Form der Anwendung radioaktiver Nuklide. Abhilfe kann nur der Erwerb von Grundkenntnissen bringen. Neben Gefühle und Emotionen muß solides Wissen treten.

Das vorliegende Lehrbuch ist als kurze und leicht faßliche Einführung in die Grundlagen, Messung und Anwendung der Radioaktivität gedacht. Es wendet sich nicht ausschließlich an Studenten der Physik und Chemie, sondern auch an Studierende der Medizin, Biowissenschaften und anderer Fachrichtungen, die sich für die Anwendung der Radioaktivität interessieren. Daneben kann es auch den bereits in der Praxis stehenden Absolventen von Universitäten und Fachhochschulen, den Teilnehmern von Lehrgängen und Spezialpraktika sowie Lehrern an Gymnasien nützlich sein.

Freiberg, im Januar 1996   Werner Stolz

Vorwort zur fünften Auflage

Die günstige Aufnahme dieses Buches hat den Verlag bewogen, die nunmehr fünfte Auflage vorzulegen. Der Aufbau des Buches wurde im Wesentlichen beibehalten. Bekannt gewordene Druckfehler und Ungenauigkeiten konnten beseitigt sowie einige neue Entwicklungen berücksichtigt werden. Die Einführung neuer Dosisgrößen und grundlegende Veränderungen der Rechtsvorschriften gaben Anlass für eine völlige Neufassung des Kapitels Strahlenschutz. Möge das Buch auch weiterhin Studierenden und allen an Fragen der Radioaktivität interessierten Zesern nützliche Anregungen vermitteln.

Den Herren Dr. Konrad Prokert und Dr. Jürgen Henniger, Technische Universität Dresden, danke ich für hilfreiche und kritische Hinweise. Den Mitarbeitern des Verlages, insbesondere Herrn Jürgen Weiß in Leipzig, gebührt wiederum mein Dank für die fördernde und jederzeit verständnisvolle Zusammenarbeit.

Dresden, im Februar 2005   Werner Stolz

Inhaltsverzeichnis

1.
Atomkern

1.1. Kernaufbau

Atome besitzen einen Durchmesser von etwa 10^{-10} m. Sie bestehen aus einer Elektronenhülle und einem positiv geladenen Kern, in dem fast die gesamte Masse vereinigt ist. Der Atomkern nimmt mit einem Durchmesser in der Größenordnung von 10^{-14} m nur einen winzigen Teil des vom Atom erfüllten Raumes ein.

In der Kernphysik verwendet man daher die nuklearen Dimensionen angepaßte Längeneinheit *Femtometer* (1 fm = 10^{-15} m).

Die positive Kernladung wird durch die Summe der negativen Ladungen aller Hüllenelektronen kompensiert.

Atomkerne setzen sich aus zwei Arten von Elementarteilchen zusammen, den positiv geladenen *Protonen* und den ungeladenen *Neutronen*. Beide Teilchen werden als *Nukleonen* bezeichnet. Eine Ausnahme bildet der Kern des gewöhnlichen Wasserstoffatoms, der nur aus einem einzigen Proton besteht.

Das Proton trägt die elektrische Ladung $Q_p = +e_0$ (Elementarladung $e_0 = 1,6021 \cdot 10^{-19}$ C) und das Neutron $Q_n = 0$.

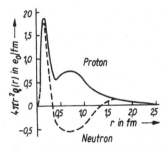

Abb. 1. Verteilung der elektrischen Ladung im Proton und im Neutron

Experimente zur elastischen Elektronen-Nukleonen-Streuung haben ergeben, daß Proton und Neutron selbst ausgedehnte Gebilde sind und eine komplizierte Ladungsdichteverteilung $\varrho(r)$ aufweisen (Abb. 1). Der Nukleonenradius r beträgt etwa 2,5 fm. Die gesamte Nukleonenladung erhält man durch Integration. Für das Proton gilt

$$Q_p = \int\limits_0^r 4\pi r^2 \varrho(r)\, dr = e_0$$

und für das Neutron

$$Q_n = \int\limits_0^r 4\pi r^2 \varrho(r)\, dr = 0\,.$$

Durch die mit großen Energieverlusten verbundene tief-unelastische Elektronen-Nukleonen-Streuung und Streuversuche mit hochenergetischen Neutrinos konnte die Nukleonenstruktur noch weiter aufgelöst werden. Innerhalb der Nukleonen existieren drei Streuzentren. Sie sind identisch mit den 1964 von M. GELL-MANN und G. ZWEIG postulierten *Quarks*. In den Nukleonen treten zwei Arten von Quarks auf, das u-Quark (u wie „up") mit der elektrischen Ladung $Q_u = +2/3\, e_0$ und das d-Quark (d wie „down") mit der Ladung $Q_d = -1/3\, e_0$. Das Proton ist aus zwei u-Quarks und einem d-Quark, das Neutron aus einem u-Quark und zwei d-Quarks aufgebaut:

p = uud,   n = udd.

Die Quarks werden in den Nukleonen durch starke Gluon-Kräfte (Leim, engl. = glue) zusammengehalten.

Die *Protonenzahl Z* bestimmt die elektrische Ladung Ze_0 des Atomkerns. Z wird auch *Kernladungszahl* oder *Ordnungszahl* genannt. Sie ist identisch mit der Zahl der Hüllenelektronen des neutralen Atoms und gibt daher die Stellung des aus diesem Kern gebildeten Elements im Periodensystem an. Die Zahl der Neutronen im Kern heißt *Neutronenzahl N*. Die Gesamtzahl der Nukleonen im Kern wird als *Nukleonenzahl* A bezeichnet.

$$A = Z + N. \qquad (1.1)$$

Die Differenz zwischen Neutronen- und Protonenzahl $N - Z = A - 2Z$ ist der *Neutronenüberschuß*.

Eine durch Protonenzahl und Neutronen- bzw. Nukleonenzahl gekennzeichnete Atomart (nicht Kernart) heißt *Nuklid*. Es gibt etwa 270 stabile Nuklide und über 2000 instabile radioaktive Nuklide, die sich spontan in stabile Nuklide umwandeln. Zur Bezeichnung eines Nuklids oder des zugehörigen Atomkerns wird vor das chemische Symbol des Elements als unterer Index die Protonenzahl und als oberer Index die Nukleonenzahl geschrieben (Beispiele: $^1_1$H, $^4_2$He, $^{238}_{92}$U). Da bereits durch das Elementsymbol die Protonen- oder Ordnungszahl festgelegt ist, wird häufig nur die Nukleonenzahl angegeben (Beispiele: H-1, He-4, U-238). Auch durch diese Schreibweise ist ein Nuklid eindeutig definiert.

Es hat sich als zweckmäßig erwiesen, alle Nuklide in einem Z,N-Diagramm darzustellen. Auf der Ordinate wird Z und auf der Abszisse N aufgetragen (Abb. 2). Die natürlich vorkommenden und die künstlich herstellbaren Nuklide bedecken nur einen kleinen umrandet gezeichneten Bereich, der von der Z und N-Achse begrenzten Fläche. Stabile Nuklide sind durch schwarze Quadrate gekennzeichnet.

Zahlreiche leichte Nuklide (von $^2_1$H, $^4_2$He, $^6_3$Li bis $^{40}_{20}$Ca) liegen exakt auf der Geraden $N - Z = 0$. Ihre Protonen- und Neutronenzahlen sind gleich. Bei schweren Nukliden behindert die anwachsende Coulombsche Abstoßung den Einbau weiterer Protonen. Es macht sich ein zunehmender Neutronenüberschuß bemerkbar.

Nuklide, die im Z,N-Diagramm auf Parallelen zur N-Achse liegen, deren Atomkerne also die gleiche Protonenzahl ($Z = $ const), aber unterschiedliche Nukleonen- bzw. Neutronenzahl besitzen, werden *Isotope* genannt. Da ihre Elektronenhüllen identisch sind, gehören sie zu ein und demselben chemischen Element und stehen im Periodensystem am gleichen Platz (Beispiele: $^{20}_{10}$Ne, $^{21}_{10}$Ne, $^{22}_{10}$Ne).

Von geringfügigen Abweichungen abgesehen, verhalten sie sich deshalb chemisch gleichartig. Isotope unterscheiden sich außer in ihrer Nukleonenzahl im Kernvolumen, Kerndrehimpuls und magnetischen Dipolmoment. Das Wort „Isotope" sollte nur in der Mehrzahl im Sinne eines Vergleichs von mindestens zwei Nukliden gebraucht werden.

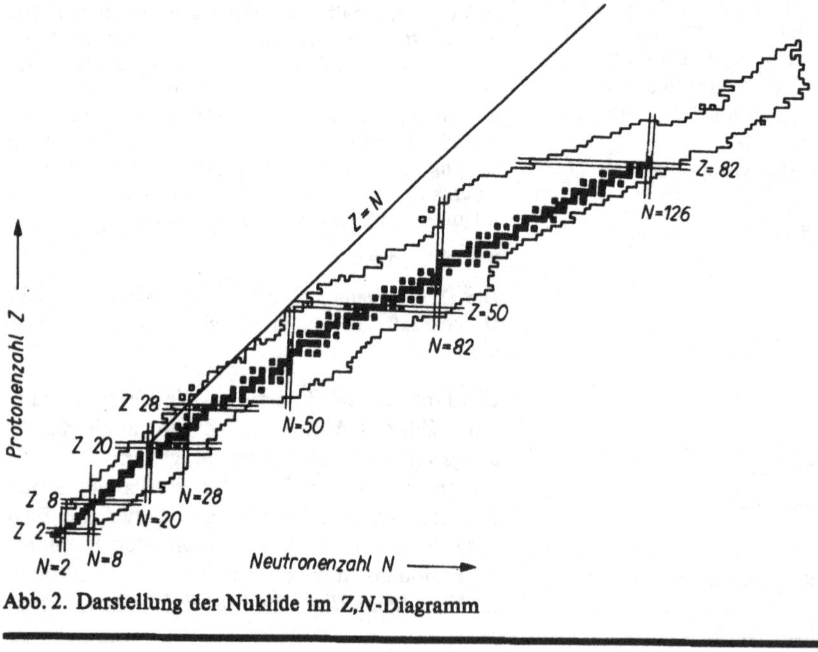

Abb. 2. Darstellung der Nuklide im Z,N-Diagramm

Nuklide, deren Atomkerne die gleiche Neutronenzahl (N = const), jedoch verschiedene Protonenzahl aufweisen, heißen *Isotone* (Beispiel: $^3_1$H, $^4_2$He, $^5_3$Li). Sie liegen auf Parallelen zur Z-Achse.

Für Nuklide mit Atomkernen gleicher Nukleonenzahl ($N + Z$ = const) wird der Ausdruck *Isobare* benutzt (Beispiele: $^{17}_7$N, $^{17}_8$O, $^{17}_9$F).

Die Bezeichnung *Isodiaphere* dient als Unterscheidung von Nukliden, deren Kerne denselben Neutronenüberschuß ($N - Z$ = const) besitzen (Beispiele: $^7_3$Li, $^9_4$Be, $^{15}_7$N).

1.2. Kernradius

Atomkerne haben annähernd eine kugelsymmetrische Gestalt. Es ist daher möglich, einen *Kernradius R* zu definieren. Er ist anschaulich der Abb. 3 zu entnehmen, die den Verlauf der

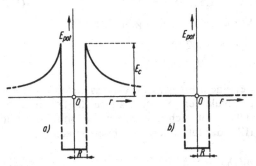

Abb. 3. Potentielle Energie eines positiv geladenen (a) und eines ungeladenen Teilchens (b) in der Nähe eines Atomkerns (r von Mittelpunkt zu Mittelpunkt gerechnet)

potentiellen Energie eines positiv geladenen und eines ungeladenen Teilchens in der Nähe eines Atomkerns der Ladung $Z_1 e_0$ wiedergibt. Ein positives Teilchen der Ladung $Z_2 e_0$ unterliegt in großer Entfernung vom Kern der Coulombschen Abstoßung. Die potentielle Energie ist eine Funktion des Abstandes:

$$E_{pot} = \frac{1}{4\pi\varepsilon_0} \frac{Z_1 Z_2 e_0^2}{r}. \tag{1.2}$$

Für ungeladene Teilchen ändert sich die potentielle Energie außerhalb des Kerns nicht. Bei

Annäherung an die Kernoberfläche ($r \approx R$) wirkt auf schwere geladene und ungeladene Teilchen eine starke Anziehung durch die Kernkräfte mit kurzer Reichweite, so daß die potentielle Energie steil abfällt. Der Radius des entstehenden *„Potentialtopfes"* ist mit dem Radius der Kernkraft identisch.

Kernkraftradien lassen sich mit Hilfe verschiedener Verfahren bestimmen. Die wichtigsten Methoden beruhen auf der Streuung von schnellen Neutronen, Protonen und α-Teilchen an Atomkernen. Alle auf diese Weise experimentell bestimmten Kernradien lassen sich durch die empirische Beziehung

$$\boxed{R = r_0 \sqrt[3]{A}} \tag{1.3}$$

ausdrücken. Je nach der Bestimmungsmethode ergeben sich für die Konstante r_0 Werte zwischen 1,2 fm und 1,5 fm. Eine bessere Übereinstimmung ist nicht zu erwarten, weil die Oberfläche eines Kerns nicht sehr genau definiert ist.

Aus der Beziehung zwischen Kernradius und Nukleonenzahl ersieht man, daß das Kernvolumen der Anzahl der Nukleonen proportional ist. Die Dichte ϱ_K der Kernsubstanz ist von der Nukleonenzahl unabhängig und daher für alle Kerne nahezu gleich. Mit $r_0 \approx 1,4$ fm und einer Nukleonenmasse von $m_N \approx 1,67 \cdot 10^{-27}$ kg ergibt sich für ϱ_K der ungeheuer große Wert von

$$\varrho_K = \frac{m_N A}{V} = \frac{3 m_N}{4\pi r_0^3} \approx 1,5 \cdot 10^{17} \frac{\text{kg}}{\text{m}^3}.$$

Mit Hilfe der elastischen Streuung hochenergetischer Elektronen an Atomkernen hat R. L. HOFSTADTER erstmals die Ladungsverteilung im Kerninneren untersucht. Elektronen unterliegen nicht der Kernkraft, sondern ihre Wechselwirkung mit dem Kern wird im wesentlichen durch das Coulombsche Gesetz beschrieben. Aus den Meßergebnissen geht deutlich hervor, daß es keinen scharf definierten Kernrand gibt. Für alle Kerne mit $A > 16$ ist die Ladungsdichte nur in einem gewissen zentralen Bereich konstant. Zum Rand hin fällt $\varrho(r)$ allmählich auf null ab (Abb. 4). Dieser Verlauf wird gut durch die *Fermi-Verteilung*

$$\varrho(r) = \varrho(0)/(1 + e^{(r - R_{1/2})/z}) \tag{1.4}$$

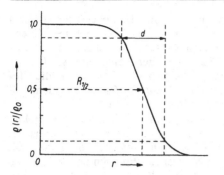

Abb. 4. Fermi-Ladungsdichteverteilung in einem sphärischen Kern

wiedergegeben. Darin ist $R_{1/2}$ der Abstand vom Ladungsschwerpunkt, bei dem die Ladungsdichte auf die Hälfte abnimmt. Innerhalb der Randdicke $d = 4,4 \ z = (2,4 \pm 0,3)$ fm sinkt die Ladungsdichte von 90 % auf 10 %. Die Elektronenstreuung vermittelt nur ein Bild der Protonenverteilung. Man nimmt aber an, daß die Verteilung der Neutronen annähernd derjenigen der Protonen entspricht.

1.3. Kernmasse

Das Atom des gewöhnlichen Wasserstoffs besitzt eine Masse von $1,673 \, 55 \cdot 10^{-27}$ kg. Die Massen der schweren Atome liegen in der Größenordnung von 10^{-25} kg. Um das Rechnen mit diesen kleinen Zahlen zu umgehen, ist es zweckmäßig, anstelle der *Atommasse* $m_a(^A_Z X)$ des Nuklids die dimensionslose *relative Atommasse* $A_r(^A_Z X)$ einzuführen.

Die relative Atommasse gibt an, wievielmal größer die Ruhemasse eines Nuklids als die atomare Masseeinheit ist. Als *atomare Masseeinheit* (u) wird der 12. Teil der Ruhemasse eines Atoms des Nuklids $^{12}_6 C$ definiert:

$$m_u = \frac{1}{12} \, m_a(^{12}_6 C) = 1u . \qquad (1.5)$$

Durch diese Festsetzung erhält die relative Atommasse des Bezugsnuklids $^{12}_6 C$ den Wert $A_r(^{12}_6 C) = 12$.
Die relative Atommasse eines beliebigen Nuklids $^A_Z X$ ist dann gegeben durch

$$A_r(^A_Z X) = \frac{m_a(^A_Z X)}{m_u} . \qquad (1.6)$$

Zwischen der atomaren Masseeinheit und der SI-Einheit der Masse besteht die Umrechnungsbeziehung

$$1u = 1,660 \, 54 \cdot 10^{-27} \text{ kg} . \qquad (1.7)$$

Es ist nützlich, mit Hilfe des Einsteinschen Äquivalenzprinzips von Masse und Energie

$$E = mc_0^2 \qquad (1.8)$$

(c_0 Lichtgeschwindigkeit im Vakuum) die der atomaren Masseeinheit entsprechende Energie zu berechnen. Wie in der Atom- und Kernphysik allgemein üblich, dient dabei als Energieeinheit das *Elektronenvolt* (eV). Es ist als die Energie $e_0 U$ definiert, die ein Elektron beim Durchlaufen einer Potentialdifferenz von $U = 1$ V im Vakuum gewinnt:

$$1 \text{ eV} = 1,602 \, 18 \cdot 10^{-19} \text{ J} . \qquad (1.9)$$

Mit dieser Einheit ergibt sich

$$\begin{aligned} m_u c_0^2 &= 1,492 \, 42 \cdot 10^{-10} \text{ J} \\ &= 931,494 \text{ MeV}. \end{aligned} \qquad (1.10)$$

Bei einem Element $_Z X$, das aus n stabilen isotopen Nukliden $_Z X_i$ der relativen Häufigkeit h_i besteht, läßt sich die relative Atommasse mit Hilfe der folgenden Gleichung berechnen:

$$A_r(_Z \bar{X}) = \sum_{i=1}^{n} h_i A_r(_Z X_i) . \qquad (1.11)$$

Die relativen Atommassen der Elemente sind in Tabelle A2 zusammengestellt.
Die in den verschiedenen Tabellenwerken aufgeführten absoluten und relativen Atommassen schließen stets die Massen der Elektronenhüllen ein, d. h., sie beziehen sich auf die neutralen Atome.
Aus der Atommasse m_a ergibt sich die *Kernmasse* m_k durch Subtraktion der Masse aller Hüllenelektronen, wobei für die Elektronenmasse

$$m_e = 5,485 \, 79 \cdot 10^{-4} \text{ u} = 9,109 \, 4 \cdot 10^{-31} \text{ kg} \qquad (1.12)$$

zu setzen ist. Das Masseäquivalent der Bindungsenergie der Elektronen ist so klein, daß es unberücksichtigt bleiben kann.

1.4. Bindungsenergie

Genaue Bestimmungen von Atommassen haben ergeben, daß die Masse eines Atomkerns stets um einige Promille kleiner ist als die Summe der Massen der ihn bildenden Nukleonen. Der Fehlbetrag

$$\Delta m = Z m_p + N m_n - m_k(^A_Z X) \qquad (1.13)$$

heißt *Massendefekt* des Kerns, wobei $m_k(^A_Z X)$ die Kernmasse, m_p die Masse des Protons und m_n die Masse des Neutrons bedeuten. Da die Zahl der Hüllenelektronen gleich der Zahl der Protonen im Kern ist, kann der Massendefekt eines Kerns auch aus der Atommasse $m_a(^A_Z X)$, der Masse des neutralen Wasserstoffatoms $m_a(^1_1 H)$ $= m_p + m_e$ und der Masse des Neutrons m_n berechnet werden:

$$\boxed{\Delta m = Z m_a(^1_1 H) + N m_n - m_a(^A_Z X).} \qquad (1.14)$$

Die Beiträge der Hüllenelektronen entfallen bei der Differenzbildung.

Nach der Äquivalenzbeziehung zwischen Masse und Energie entspricht dem Massendefekt die Energiemenge, die beim Aufbau des Kerns aus seinen Nukleonen freigesetzt würde. Andererseits müßte die gleiche Energie aufgewendet werden, um den Kern wieder in seine Bestandteile zu zerlegen. Die dem Massendefekt äquivalente Energie ist daher als ein Maß für die Festigkeit der Nukleonenbindung aufzufassen und wird als gesamte *Bindungsenergie* des Kerns

$$\boxed{E_B(^A_Z X) = \Delta m c_0^2} \qquad (1.15)$$

bezeichnet.

Zur Ermittlung des Massendefekts ist es vorteilhaft, anstatt der absoluten Massen die relativen Atommassen in die Gl. (1.14) einzusetzen. So ergibt sich z. B. der Massendefekt des Kerns $^4_2 He$ zu

$$\Delta m = 2 \cdot 1{,}007\,825 \text{ u} + 2 \cdot 1{,}008\,665 \text{ u}$$
$$- 4{,}002\,603 \text{ u} = 0{,}030\,377 \text{ u} .$$

Unter Berücksichtigung der Beziehung (1.10) entspricht das einer Bindungsenergie von

$$E_B(^4_2 He) = 0{,}030\,377 \text{ u} \cdot 931{,}5 \frac{\text{MeV}}{\text{u}} = 28{,}3 \text{ MeV} .$$

Eine weitere Größe zur Charakterisierung der Stabilität eines Atomkerns ist die *mittlere Bindungsenergie je Nukleon*

$$f = \frac{E_B(^A_Z X)}{A}. \qquad (1.16)$$

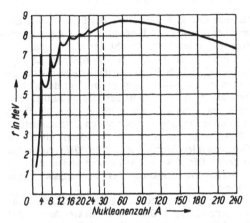

Abb. 5. Bindungsenergie f je Nukleon als Funktion der Nukleonenzahl A für stabile Atomkerne Maßstabsänderung bei $A = 30$

In Abb. 5 ist f in Abhängigkeit von der Nukleonenzahl für die stabilen Atomkerne dargestellt.

Von einigen leichten Kernen abgesehen, ändert sich f im ganzen Bereich von A nur wenig. Die Kurve steigt zunächst an, durchläuft bei $A = 55$ ein sehr flaches Maximum und fällt bei höheren Nukleonenzahlen ganz allmählich wieder ab. Für alle Atomkerne mit Nukleonenzahlen zwischen 30 und 150 beträgt die mittlere Bindungsenergie je Nukleon ungefähr 8,5 MeV. Es ist vielfach versucht worden, die Bindungsenergiekurve zu erklären. Für $A > 15$ gibt die halbempirische *Bethe-Weizsäcker-Formel*

$$E_B(^A_Z X) = a_1 A - a_2 A^{2/3} - a_3 Z^2 A^{-1/3}$$
$$- a_4 (N - Z)^2 A^{-1} + \delta \qquad (1.17)$$

mit

$$\delta = \begin{cases} a_5 A^{-3/4} & \text{für } Z \text{ und } N \text{ gerade} \\ 0 & \text{für } A \text{ ungerade} \\ -a_5 A^{-3/4} & \text{für } Z \text{ und } N \text{ ungerade} \end{cases}$$

recht genau die Bindungsenergien der Kerne und den Verlauf von f wieder.

Die Konstanten müssen durch einen Vergleich der Formel mit gemessenen Bindungsenergien ermittelt werden. Als geeignet haben sich folgende Werte erwiesen:

$$a_1 = 15,8 \text{ MeV}; \quad a_2 = 17,8 \text{ MeV}; \quad a_3 = 0,71 \text{ MeV};$$

$$a_4 = 23,7 \text{ MeV}; \quad a_5 = 33,6 \text{ MeV}.$$

Das erste und wichtigste Glied der Bindungsenergieformel besagt, daß die Bindungsenergie eines Atomkerns proportional zur Anzahl der Nukleonen, also auch proportional zu seinem Volumen ist. Es folgt daraus, daß jedes Nukleon annähernd gleich stark gebunden ist. Ein Flüssigkeitstropfen zeigt das gleiche Verhalten. Sein Volumen ist der Molekülzahl proportional, und jedes neu hinzugefügte Molekül erhöht die gesamte Bindungsenergie um den gleichen Betrag. N. BOHR vergleicht daher den Atomkern mit einem inkompressiblen Flüssigkeitstropfen (*Tröpfchenmodell des Kerns*). Dieses Kernmodell erlaubt in sehr plausibler Weise die Erklärung des Spaltungsvorganges schwerer Kerne (s. 4.7.).

Die folgenden vier Glieder der Bethe-Weizsäcker-Formel berücksichtigen Oberflächeneffekte ähnlich der Oberflächenspannung bei Flüssigkeiten, die Coulomb-Wechselwirkung zwischen den Protonen und einige Symmetrieeffekte.

Eine außerordentlich große Bedeutung besitzt der Abfall der *f*-Werte zu sehr leichten und sehr schweren Kernen hin. Es ist daraus der Schluß zu ziehen, daß Kernbindungsenergie prinzipiell auf zwei Wegen freigesetzt werden kann. Sowohl die Spaltung der schwersten Atomkerne als auch die Verschmelzung leichter Kerne sind stark exotherme Vorgänge.

1.5. Kerntypen und Stabilität

Atomkerne können je nachdem, ob sie eine gerade oder ungerade Protonen- und Neutronenzahl besitzen, in die vier Z,N-Typen gg, gu, ug und uu eingeteilt werden. Die gg- und uu-Kerne haben eine gerade Nukleonenzahl, während die Kerntypen gu und ug ein ungerades A aufweisen.

Die Verteilung der rund 270 in der Natur vorkommenden stabilen Nuklide auf diese vier Kerntypen ist sehr ungleich. Wie die Zahlen der Tab. 1 zeigen, gehören etwa 60 % der stabilen

Tabelle 1. Verteilung der stabilen Nuklide

Z	N	A	Kerntyp	Zahl der stabilen Nuklide
g	g	g	gg	162
g	u	u	gu	55
u	g	u	ug	50
u	u	g	uu	5

Nuklide dem Typ gg an. Es gibt jeweils ungefähr 50 stabile gu- und ug-Nuklide. Dagegen sind nur fünf stabile uu-Nuklide, nämlich ^2_1H, ^6_3Li, $^{10}_5\text{B}$, $^{14}_7\text{N}$ und $^{50}_{23}\text{V}$ bekannt.

Die gg-Nuklide überwiegen nicht nur zahlenmäßig in der Natur, sondern zeichnen sich gegenüber den anderen Nukliden auch durch eine große prozentuale Häufigkeit aus. So besteht die feste Erdrinde allein zu 75 Masse% aus den Nukliden $^{16}_8\text{O}$ und $^{28}_{14}\text{Si}$.

Die Verteilung der stabilen Nuklide legt den Schluß nahe, daß zwischen dem Kerntyp und der durch die Bindungsenergie gemessenen Kernstabilität enge Beziehungen bestehen. Die große Anzahl und Häufigkeit der gg-Nuklide ist offensichtlich auf eine hohe Bindungsenergie und große Stabilität zurückzuführen. Dagegen scheint eine Nukleonenmischung vom Typ uu nur eine geringe Stabilität zu besitzen. Zur Erklärung dieses Sachverhalts ist eine dreidimensionale Darstellung der Bindungsenergie als Funktion von Z und N dienlich. Es entsteht die in Abb. 6 dargestellte *Energiefläche* in der Form eines vom Koordinatenursprung abwärts geneigten Tales. Auf der Talsohle liegen die stabilen Nuklide mit großer Bindungsenergie. Beider-

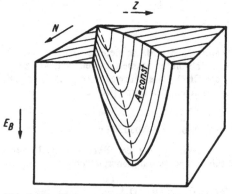

Abb. 6. Bindungsenergiefläche der Atomkerne

seits der Talsohle nimmt die Bindungsenergie ab, so daß die steilen Hänge mit instabilen, d. h. radioaktiven Nukliden besetzt sind.

Die Bindungsenergiefläche läßt sich mit Hilfe der Bethe-Weizsäcker-Formel (1.17) beschreiben. Wegen des letzten Gliedes dieser Gleichung ist die Fläche entsprechend den Kerntypen dreifach aufgespalten. Die Teilfläche für die gg-Nuklide liegt um den Energiebetrag δ tiefer als die für die gu- und ug-Nuklide. Dagegen besetzen die uu-Nuklide eine um δ nach oben verschobene Energiefläche.

Weitergehende Schlüsse über die Kernstabilität lassen sich aus der Abhängigkeit der Bindungsenergie von Z bei konstantem A ziehen. Durch das Tal der Energiefläche in Abb. 6 werden *Isobarenschnitte* mit $A = N + Z = \text{const}$ gelegt. Die Schnittkurven sind Parabeln. Letzteres ist aus der für konstantes A vereinfachten Bindungsenergieformel (1.17)

$$E_B\,(A = \text{konstant}) = \text{const} - a_3 Z^2 A^{-1/3}$$
$$- a_4 (N - Z)^2 A^{-1} + \delta \qquad (1.18)$$

zu erkennen, weil darin nur von Z und Z^2 abhängige Glieder auftreten.

Für jeden ungeraden Wert von $A\,(\delta = 0)$ ergibt sich eine Energieparabel. Ein Schnitt bei geradem $A\,(\delta = \pm a_5 A^{-3/4})$ liefert dagegen entsprechend der beiden Vorzeichen von δ stets zwei Parabeln, die sich um den Energiebetrag 2δ unterscheiden, ansonsten aber identisch sind. Bei einer gegebenen Nukleonenzahl liegt das stabilste Nuklid mit maximaler Bindungsenergie stets in der Nähe des Scheitelpunktes.

In Abb. 7 sind Isobarenschnitte schematisch für verschiedene Kerntypen dargestellt. Aus einer Betrachtung der Kurve für ungerades A (Abb. 7a) folgt anschaulich die *1. Isobarenregel* von J. MATTAUCH:

> Bei ungerader Nukleonenzahl A gibt es maximal nur ein stabiles Nuklid.

Es kann sich offensichtlich nur ein Nuklid am Scheitelpunkt der Parabel befinden. Alle isobaren Nuklide liegen links und rechts davon energetisch höher und sind folglich instabil. Sie wandeln sich unter Aussendung von β^-- oder β^+-Strahlung bzw. E-Einfang in das stabile Nuklid um (s. 2.7.).

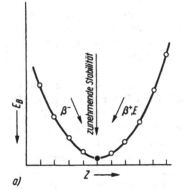

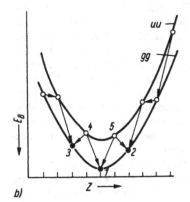

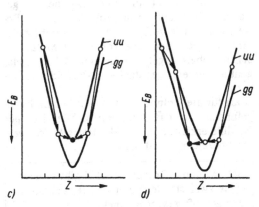

Abb. 7. Querschnitt durch die Bindungsenergiefläche für isobare Nuklide
a) vom Kerntyp gu und ug (A ungerade); b) bis d) vom Kerntyp gg und uu (A gerade)
○ instabiles Nuklid; ● stabiles Nuklid

Komplizierter sind die Verhältnisse bei geradem A. Die *2. Isobarenregel* von J. MATTAUCH besagt:

Bei gerader Nukleonenzahl A gibt es meistens zwei, seltener drei stabile isobare Nuklide, deren Ordnungszahlen sich um zwei Einheiten unterscheiden.

Isobare Nuklide mit gerader Nukleonenzahl gehören abwechselnd den Typen gg und uu an. Da die Parabel der uu-Nuklide stets über der der gg-Nuklide liegt, ist es sehr unwahrscheinlich, daß überhaupt stabile uu-Nuklide auftreten. Im Beispiel der Abb. 7b gibt es drei stabile gg-Nuklide. Das Nuklid *1* am tiefsten Kurvenpunkt hat eine größere Bindungsenergie als alle anderen Isobare. Die beiden energetisch höher liegenden Nuklide *2* und *3* sind aber ebenfalls stabil, weil sie nur durch gleichzeitige Emission zweier β-Teilchen oder doppelten Elektroneneinfang in das Nuklid *1* übergehen könnten. Die Wahrscheinlichkeit für derartige Umwandlungsprozesse ist jedoch außerordentlich klein. Am Beispiel der uu-Nuklide *4* und *5* ist weiterhin zu erkennen, daß für bestimmte radioaktive Nuklide durchaus mehrere Umwandlungsmöglichkeiten existieren. Für kleine Nukleonenzahlen verlaufen die Energieparabeln sehr steil. Wie in Abb. 7c angedeutet, kann dann ausnahmsweise auch ein stabiles uu-Nuklid auftreten. Die bereits genannten fünf stabilen uu-Nuklide sind ein Beweis dafür. Die Abb. 7d veranschaulicht noch eine weitere Ausnahme von der 2. Mattauchschen Isobarenregel. Bei kleinem A kann gelegentlich ein einziges stabiles gg-Nuklid vorkommen.

Auch für die Ordnungszahl Z wurde eine Regel gefunden, die das Auftreten stabiler isotoper Nuklide erklärt. Sie wird als *Astonsche Isotopenregel* bezeichnet und lautet:

Bei ungerader Ordnungszahl Z gibt es höchstens zwei stabile Nuklide, bei geradem Z dagegen oft wesentlich mehr.

Eine Ausnahme hiervon bilden Technetium ($Z = 43$) und Promethium ($Z = 61$) sowie alle Elemente mit $Z > 83$, die nur instabile Nuklide besitzen.
Nuklide, deren Kerne aus

$$Z = 2, 8, 20, 28, 50, 82, \qquad \text{Protonen}$$
$$\text{und} \quad N = 2, 8, 20, 28, 50, 82, 126 \ \text{Neutronen}$$

bestehen, zeichnen sich durch eine besondere Stabilität und große natürliche Häufigkeit aus (Abb. 2).
Man nennt diese Zahlen die *magischen Zahlen*. Bei magischer Neutronenzahl N gibt es zahlreiche stabile isotone Nuklide, bei magischer Protonenzahl Z ist die Isotopenhäufigkeit erhöht. So sind z. B. 7 stabile isotone Nuklide mit $N = 82$ und 6 mit $N = 50$ bekannt. Das Element Zinn ($Z = 50$) besteht aus nicht weniger als 10 stabilen isotopen Nukliden. Die doppelt magischen Nuklide ($^4_2$He, $^{16}_8$O, $^{40}_{20}$Ca, $^{208}_{82}$Pb), bei denen sowohl N als auch Z magische Zahlen sind, verfügen über eine ungewöhnlich große Stabilität.
Für das Auftreten magischer Zahlen gibt das *Schalenmodell des Atomkerns* eine Erklärung, bei dem angenommen wird, daß der Kern analog der Atomhülle aus einzelnen Schalen aufgebaut ist.
Sie sind als Schalenabschlußzahlen aufzufassen. Weitere Schalenabschlüsse werden von der Theorie für $Z = 114$ und $N = 184$ vorhergesagt. Kerne, die sich um den noch nicht nachgewiesenen doppelt magischen Kern $^{298}_{114}$X gruppieren, sollten daher ebenfalls eine relativ hohe Stabilität besitzen (s. 5.6.).

1.6. Kernspin und Kernmomente

Die Nukleonen im Atomkern besitzen ebenso wie die Elektronen der Hülle einen *Eigendrehimpuls* oder *Spin s* vom Betrag $1/2\hbar$ $\left(\hbar = \dfrac{h}{2\pi}, h \text{ ist die Planck-Konstante}\right)$. Zu einer vorgegebenen Richtung kann sich dieser Drehimpuls nur parallel bzw. antiparallel einstellen. Entsprechend der beiden Orientierungsmöglichkeiten ist die Spinkomponente in dieser ausgezeichneten Richtung entweder $+1/2\hbar$ oder $-1/2\hbar$. Gewöhnlich kennzeichnet man den Nukleonenspin einfach durch Angabe der *Spinquantenzahl s = 1/2*.
Zusätzlich zum Eigendrehimpuls haben die Nukleonen infolge ihrer „Bahnbewegung" innerhalb des Atomkerns einen *Bahndrehimpuls l*. Der Betrag dieses Drehimpulses ist ein ganzzah-

liges Vielfaches von $\hbar$. Jedes Nukleon wird daher außerdem durch seine *Bahnquantenzahl* $l = 0, 1, 2$ usw. charakterisiert.

Die Spin- und Bahndrehimpulse der Nukleonen sind stark gekoppelt. Für den *Gesamtdrehimpuls* j eines Nukleons gilt somit

$$j = l + s. \qquad (1.19)$$

Die Größe

$$j = l \pm \frac{1}{2} \qquad (1.20)$$

wird *innere Quantenzahl* genannt. Der Gesamtdrehimpuls des Atomkerns, der sogenannte *Kernspin I*, und die *Kernspinquantenzahl I* ergeben sich durch Summation über alle Nukleonen:

$$I = \sum_{i=1}^{A} j_i \quad \text{und} \quad I = \sum_{i=1}^{A} j_i. \qquad (1.21)$$

Zwischen dem Betrag des Kernspinvektors I und der Kernspinquantenzahl I besteht die Beziehung

$$|I| = \sqrt{I(I+1)}\,\hbar. \qquad (1.22)$$

Bei gerader Nukleonenzahl A (gg- und uu-Kerne) ist die Kernspinquantenzahl I ganzzahlig (0, 1, 2, 3, ...), bei ungeraden Werten von A (gu- und ug-Kerne) dagegen halbzahlig (1/2, 3/2, 5/2, ...).

Im ersten Fall folgen die Atomkerne der Bose-Einstein-Statistik, während im zweiten die Fermi-Dirac-Statistik gilt.

Angaben für den Kernspin beziehen sich im allgemeinen auf den energetisch tiefsten Zustand, den Grundzustand eines Atomkerns. Die Kernspins von angeregten Kernzuständen unterscheiden sich vom Spin des Grundzustandes. Alle gg-Kerne haben im Grundzustand die Kernspinquantenzahl $I = 0$. Auch bei Kernen mit großen Nukleonenzahlen bleiben die Kernspins verhältnismäßig klein. Es besteht ganz offenbar die Tendenz der gegenseitigen Absättigung der Nukleonendrehimpulse. Für einige Atomkerne sind die Kernspinquantenzahlen in Tab. 2 zusammengestellt.

Alle Atomkerne mit einem Spin $I \neq 0$ besitzen ein *magnetisches Dipolmoment* μ. Es wird als Vielfaches des *Kernmagnetons*

Tabelle 2. *Kernspinquantenzahlen und Kernmomente einiger stabiler Atomkerne*

Kern	I	$|\mu|/\mu_N$	Q_e in fm^2
^1_0n	1/2	−1,913 043	−
$^1_1$H	1/2	+2,792 847	−
$^2_1$H (D)	1	+0,857 437	+0,287 5
$^3_2$He	1/2	−2,127 624	−
$^4_2$He	0	−	−
$^7_3$Li	3/2	+3,256 424	−3,66
$^{25}_{12}$Mg	5/2	−0,855 45	+22
$^{85}_{37}$Rb	5/2	+1,353 03	+24,7
$^{181}_{73}$Ta	7/2	+2,371	+390
$^{209}_{83}$Bi	9/2	+4,110 6	−46

$$\mu_N = \frac{e_0\hbar}{2m_p} = 5,050\,783 \cdot 10^{-27}\,\text{J/T} \qquad (1.23)$$

angegeben. Diese Größe ist analog dem magnetischen Moment des Elektrons (*Bohrsches Magneton*) definiert, indem man anstelle der Elektronenmasse die Protonenmasse einsetzt. Es ist daher zu erwarten, daß die magnetischen Kerndipolmomente nur ungefähr 1/1836 der Hüllendipolmomente betragen. Zwischen dem Betrag des Kerndipolmomentes und der Kernspinquantenzahl I besteht die Beziehung

$$|\mu| = g\mu_N I. \qquad (1.24)$$

Der Faktor g wird Kern-g-Faktor genannt.

Die gemessenen magnetischen Kerndipolmomente (s. Tab. 2) bestätigen zwar die Kleinheit gegenüber den Dipolmomenten der Atomhülle, sind aber keine einfachen Verhältniszahlen des Kernmagnetons. Das magnetische Moment des Protons hat den Wert +2,792 8 μ_N und nicht wie erwartet $1\mu_N$. Für das ladungslose Neutron findet man experimentell das von Null verschiedene magnetische Moment −1,913 0 μ_N. Ein positives Vorzeichen des magnetischen Kerndipolmomentes bedeutet, daß es dem Spin parallel, ein negatives, daß es ihm antiparallel gerichtet ist. Da die Spinquantenzahl der Nukleonen 1/2 ist, ergibt sich

$$g_p = 5,585\,6 \quad \text{und} \quad g_n = -3,826\,1$$

für den Kern-g-Faktor des Protons bzw. Neutrons.

Die magnetischen Dipolmomente der Atomkerne lassen sich nicht additiv aus den Nukleonenmomenten berechnen. Bereits der aus einem Proton und einem Neutron bestehende Kern des schweren Wasserstoffs (Deuteron) hat ein magnetisches Kernmoment, das mehr als 2 % von der Summe der Momente beider Nukleonen abweicht. Eine restlos befriedigende Theorie der magnetischen Kerndipolmomente gibt es noch nicht.

Da im Atomkern nur positive Ladungen vorkommen, kann kein elektrisches Dipolmoment auftreten. Wenn jedoch die Ladungsverteilung der Protonen bei Kernen mit $I \geqq 1$ die Form eines Rotationsellipsoids annimmt, läßt sich experimentell ein elektrisches Kernquadrupolmoment nachweisen. Es ist gegeben durch

$$M = e_0 Q_e = \frac{2}{5} Z e_0 (b^2 - a^2), \qquad (1.25)$$

wobei b und a die Halbachsen (b halbe Rotationsachse) bedeuten. In der Regel wird nur die Größe

$$Q_e = \frac{2}{5} Z (b^2 - a^2) \qquad (1.26)$$

als *elektrisches Kernquadrupolmoment* bezeichnet. Q_e hat die Dimension einer Fläche und dient als Maß für die Abweichung der Ladungsverteilung von der Kugelform (Abb. 8). Ein in Richtung von b verlängerter (zigarrenförmiger) Kern hat $Q_e > 0$, ein in dieser Richtung abgeplatteter (diskusförmiger) Kern $Q_e < 0$. Bei Atomkernen mit kugelsymmetrischer Ladungsverteilung ($I = 0$ oder $I = 1/2$) ist $Q_e = 0$. Die Q_e-Werte einiger Kerne sind in Tab. 2 aufgenommen.

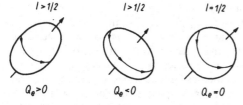

Abb. 8. Vorzeichen des elektrischen Kernquadrupolmoments

Zur experimentellen Bestimmung von Kernspins und Kernmomenten sind Hyperfeinstrukturmessungen in Spektren, Verfahren der Mikrowellen- und Kernresonanzspektrometrie sowie Molekularstrahlmethoden geeignet.

2.
Radioaktive Kernumwandlungen

2.1. Wesen der Radioaktivität

Die Stabilität oder Instabilität eines Nuklids wird durch das Verhältnis zwischen Neutronen- und Protonenzahl im Kern bestimmt. Es kommen nur solche Atomkerne vor, bei denen die eine Nukleonenart die andere zahlenmäßig nicht zu stark übertrifft. Wenn eine Anzahl von Nukleonen einen festen Kernverband bildet, so bedeutet das nicht, daß dieser Kern stabil ist. Unter den tatsächlich existierenden Nukliden sind verhältnismäßig wenige stabil. Der weitaus größte Teil der bekannten Nuklide ist instabil. Instabile Nuklide werden auch *radioaktive Nuklide* genannt.

> Die Erscheinung der *Radioaktivität* ist durch die spontane Umwandlung instabiler Atomkerne unter Energieabgabe gekennzeichnet. Die Abgabe der Energie erfolgt dabei in Form ionisierender Strahlung, die entweder direkt vom Atomkern ausgeht oder indirekt durch die Kernumwandlung in der Atomhülle erzeugt wird.

Dieser spontan, d. h. ohne äußeren Anlaß verlaufende exotherme Vorgang wird *radioaktive Umwandlung* oder weniger zutreffend radioaktiver Zerfall[1]) genannt. Der mit der Umwandlung verbundene Übergang in ein stabiles Nuklid kann entweder direkt oder in Form einer Umwandlungsreihe über mehrere instabile Zwischenstufen erfolgen. Je nachdem, ob es sich um die Umwandlung in der Natur vorkommender oder künstlich hergestellter Nuklide han-

delt, unterscheidet man zwischen *natürlicher Radioaktivität* und *künstlicher Radioaktivität*.

Die von selbst eintretende Stabilisierung instabiler Nuklide vollzieht sich auf dem Wege einer Veränderung der Kernzusammensetzung. Es gibt mehrere Möglichkeiten der radioaktiven Umwandlung, wobei verschiedene Strahlungsarten entstehen. Im folgenden wird vorerst ein kurzer Überblick gegeben.

Dem Verständnis der spontanen Kernumwandlungsprozesse ist die Abb. 2 dienlich. Im Z,N-Diagramm bedecken die schwarz markierten stabilen Nuklide nur einen schmalen Streifen. Dieser sogenannte „stabile Streifen" hat eine begrenzte Breite sowie eine beschränkte Länge. Die Atomkerne aller außerhalb dieses Bereichs liegenden radioaktiven Nuklide enthalten entweder zuviel Neutronen oder zuviel Protonen. Durch Veränderung des energetisch ungünstigen Verhältnisses von Neutronen- zu Protonenzahl kann sich ein Übergang in das stabile Gebiet vollziehen.

Das n/p-Verhältnis wäre am einfachsten durch die Abgabe von Nukleonen günstiger zu gestalten. Die Emission einzelner Nukleonen ist jedoch im allgemeinen aus Energiegründen unmöglich. Zur spontanen Abspaltung eines Protons oder Neutrons müßten etwa 8 MeV aus dem Energievorrat des Kerns verfügbar sein. Das ist bei Kernen im Grundzustand meistens nicht erfüllt. Eine Emission verzögerter Nukleo-

---

[1]) Bei einigen Umwandlungsarten (β^--, β^+-, E-Prozeß) verändert sich nur das Neutronen-Protonen-Verhältnis im Kern, während die Nukleonenzahl konstant bleibt. Es ist daher sprachlich richtiger von radioaktiver Umwandlung anstatt von radioaktivem Zerfall zu sprechen. Ein echter Kernzerfall liegt bei der α-Umwandlung und der Spontanspaltung vor.

nen kann aus hochangeregten Kernzuständen erfolgen. Nur in sehr seltenen Fällen wurde bisher eine Nukleonenemission aus dem Grundzustand beobachtet.

Nuklide unterhalb des stabilen Streifens senden vielmehr gewöhnlich negative Elektronen (β^--Teilchen) aus, während sich die oberhalb des Stabilitätsgebietes liegenden Nuklide unter Emission positiver Elektronen (Positron oder β^+-Teilchen) oder durch Einfang von Hüllenelektronen (E-Einfang) umwandeln. Diese drei Umwandlungsarten werden als β-Umwandlungen bezeichnet. Eine andere Möglichkeit zur Veränderung des Neutronen-Protonen-Verhältnisses im Kern ist die α-Umwandlung. Dabei stößt der Atomkern einen $^4_2$He-Kern, das α-Teilchen, aus. Die Instabilität gegenüber α-Umwandlung ist auf schwere Nuklide beschränkt.

Bei Nukliden sehr hoher Ordnungszahl konkurriert ein weiterer Umwandlungsprozeß, die spontane Kernspaltung, mit der α-Umwandlung. Die allerschwersten Atomkerne zerbrechen in zwei, seltener auch drei radioaktive Bruchstücke mittlerer Masse, wobei Neutronen freigesetzt werden.

Bei allen Arten der spontanen Kernumwandlung können die Kerne der entstehenden Nuklide (Tochternuklide) in einem Zustand höherer Energie verbleiben. Solche angeregte Atomkerne kehren unter Aussendung von γ-Quanten direkt oder über weniger energiereiche Zwischenstufen in den Grundzustand zurück. Die mittlere Lebensdauer angeregter Kernzustände ist meist extrem kurz (10^{-14} bis 10^{-10} s). Schwach angeregte Zustände schwerer Nuklide besitzen jedoch mitunter eine wesentlich längere Lebensdauer, die meßbar ist. In diesem Fall bezeichnet man die angeregten Nuklide als Isomere der Nuklide gleicher Zusammensetzung im Grundzustand. Die Energie angeregter Kernzustände wird aber nicht immer in Form von γ-Strahlung abgegeben. Sie kann durch innere Konversion auf die Atomhülle übertragen werden, so daß anstelle eines γ-Quants ein Elektron aus der K-, L- oder M-Schale das Nuklid verläßt.

In der Regel wandelt sich ein instabiles Nuklid durch einen der genannten Prozesse um. Es gibt aber auch radioaktive Nuklide mit mehreren konkurrierenden Umwandlungsmöglichkeiten.

2.2. Umwandlungsgesetz

Die spontane Umwandlung der Atomkerne radioaktiver Nuklide ist ein statistischer Vorgang. Die Wahrscheinlichkeit für die Umwandlung eines Kerns in einem bestimmten Zeitintervall ist unabhängig von seiner Vorgeschichte. Der radioaktive Umwandlungsprozeß läßt sich durch äußere Einwirkungen kaum beeinflussen.

Jeder Atomkern einer Gattung besitzt die gleiche Umwandlungswahrscheinlichkeit. Der Zeitpunkt, zu dem sich die Umwandlung vollzieht, ist daher unbestimmt. Wenn eine sehr große Anzahl radioaktiver Kerne vorliegt, kann aber angegeben werden, wieviel Umwandlungsakte sich im Mittel in einer bestimmten Zeit ereignen.

Wenn zum Zeitpunkt t eine einheitliche Substanz N Atome eines Nuklids enthält, dann wandeln sich davon im Zeitintervall dt im Mittel

$$dN = -\lambda N\, dt \qquad (2.1)$$

um. Die für das betreffende radioaktive Nuklid charakteristische Konstante λ heißt *Umwandlungskonstante*. Sie ist ein Maß für die Umwandlungswahrscheinlichkeit. Die Integration von Gl. (2.1) ergibt

$$\int_{N(0)}^{N(t)} \frac{dN}{N} = -\int_0^t \lambda\, dt,$$

$$\ln N(t) - \ln N(0) = -\lambda t.$$

Daraus folgt das *exponentielle Umwandlungsgesetz* in der Form

$$\boxed{N(t) = N(0)\, e^{-\lambda t},} \qquad (2.2)$$

wobei $N(t)$ die Zahl der Atome zur Zeit t und $N(0)$ die Ausgangszahl zum Zeitpunkt $t = 0$ bedeuten. Im Zeitraum von 0 bis t unterliegen von $N(0)$ ursprünglich vorhandenen Atomen im Mittel

$$\Delta N = N(0)\,(1 - e^{-\lambda t}) \qquad (2.3)$$

der Umwandlung. In gleichen Zeitintervallen

wandelt sich also stets der gleiche Bruchteil der noch vorhandenen radioaktiven Atome um. Die Zeit $\tau = 1/\lambda$, in der $N(0)$ auf $N(0)/e$ abgefallen ist, wird *mittlere Lebensdauer* des betreffenden radioaktiven Nuklids genannt. In der Praxis verwendet man anstelle von τ häufiger die *Halbwertzeit* $T_{1/2}$. Das ist diejenige Zeit, in der die Anzahl der vorhandenen Atome jeweils auf die Hälfte abnimmt. Zwischen $T_{1/2}$, τ und λ bestehen die Beziehungen

$$T_{1/2} = \tau \ln 2 = \frac{\ln 2}{\lambda} = \frac{0{,}6931}{\lambda}. \tag{2.4}$$

Die Halbwertzeiten der bekannten radioaktiven Nuklide liegen in einem Größenbereich zwischen 10^{-10} s und 10^{18} a. In Abb. 9 ist die Umwandlungskurve der Atome einer isolierten radioaktiven Substanz dargestellt. Im halblogarithmischen Maßstab ergibt sich eine Gerade, aus deren Steigung die Halbwertzeit leicht bestimmt werden kann. Nach 5 Halbwertzeiten ist die Anzahl der anfänglich vorhandenen Atomkerne bereits auf $(1/2)^5$, d. h. auf rund 3 % abgeklungen. Läßt man 10 Halbwertzeiten verstreichen, so liegt eine Abnahme auf $(1/2)^{10}$, d. h. auf etwa 1‰ vor.

Die Größen $T_{1/2}$, τ und λ sind charakteristische Konstanten eines radioaktiven Nuklids.

Nach Entdeckung der Radioaktivität wurde eingehend geprüft, ob sich die Umwandlungsgeschwindigkeiten radioaktiver Nuklide durch extranukleare Effekte beeinflussen lassen. Weder Temperatursteigerung und Druckerhöhung, noch die Einwirkung starker magnetischer und elektrischer Felder führten jedoch zu Veränderungen der Halbwertzeiten. Dieses

Tabelle 3. *Experimentell ermittelte Änderungen der Umwandlungskonstanten λ des E-Fängers $^7_4$Be für verschiedene Berylliumverbindungen*

$\lambda_{\mathrm{Be}} - \lambda_{\mathrm{BeF_2}}$	$= (0{,}741 \pm 0{,}047) \cdot 10^{-3} \lambda_{\mathrm{Be}}$
$\lambda_{\mathrm{Be}} - \lambda_{\mathrm{BeO}}$	$= (0{,}131 \pm 0{,}051) \cdot 10^{-3} \lambda_{\mathrm{Be}}$
$\lambda_{\mathrm{BeO}} - \lambda_{\mathrm{BeF_2}}$	$= (0{,}609 \pm 0{,}055) \cdot 10^{-3} \lambda_{\mathrm{Be}}$
$\lambda_{\mathrm{BeO}} - \lambda_{\mathrm{BeBr_2}}$	$= (1{,}472 \pm 0{,}063) \cdot 10^{-3} \lambda_{\mathrm{Be}}$
$\lambda_{\mathrm{BeO}} - \lambda_{\mathrm{Be(C_5H_5)_2}}$	$= (0{,}795 \pm 0{,}074) \cdot 10^{-3} \lambda_{\mathrm{Be}}$
$\lambda_{\mathrm{BeCl_2}} - \lambda_{\mathrm{BeO}}$	$= (0{,}289 \pm 0{,}086) \cdot 10^{-3} \lambda_{\mathrm{Be}}$
$\lambda_{\mathrm{BeO}} - \lambda_{\mathrm{Be(OH_2)_4}}$	$= (0{,}374 \pm 0{,}077) \cdot 10^{-3} \lambda_{\mathrm{Be}}$

Ergebnis wurde in der Lehrmeinung zusammengefaßt, daß radioaktive Umwandlungsprozesse grundsätzlich nicht beeinflußbar sind.

Erst das tiefere Verständnis derartiger Vorgänge belebte um 1947 erneut das Interesse an dieser Frage. Beim E-Einfang und der inneren Konversion treten radioaktive Atomkerne mit ihrer eigenen Elektronenhülle in Wechselwirkung. Unabhängig voneinander äußerten daher E. SEGRÈ und R. DAUDEL die Vermutung, daß Veränderungen der Elektronendichte in Kernnähe infolge chemischer oder physikalischer Einwirkung zu geringfügigen Änderungen der Umwandlungsgeschwindigkeiten führen könnten. Diese Erwartung bestätigte sich. Heute sind zahlreiche Nuklide bekannt, an denen kleine, vom chemischen Bindungszustand, dem Druck oder der Temperatur abhängige, Veränderungen von $T_{1/2}$ bzw. λ sicher nachgewiesen wurden.

Am besten sind diese Effekte an dem leichten E-Fänger $^7_4$Be ($T_{1/2} = 53{,}29$ d) untersucht. Für verschiedene Berylliumverbindungen wurden relative Unterschiede der Umwandlungskonstanten bis zu etwa $\Delta\lambda/\lambda \approx 1{,}5 \cdot 10^{-3}$ gemessen (Tab. 3).

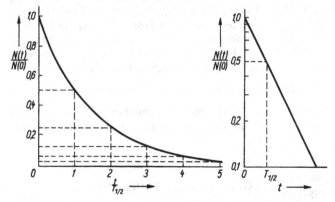

Abb. 9. Umwandlungskurve eines radioaktiven Nuklids in linearer und halblogarithmischer Darstellung

Tabelle 4. Experimentell ermittelte Änderungen der Umwandlungskonstanten λ isomerer Atomkerne, die sich durch innere Konversion umwandeln

Nuklid	Relative Änderung der Umwandlungskonstanten	Bemerkungen
$^{90}_{41}\mathrm{Nb}^m$	$\lambda_{\mathrm{Nb(M)}} - \lambda_{\mathrm{Nb\text{-}Fluorkomplex}} = (3{,}6 \pm 0{,}4) \cdot 10^{-2}\lambda_{\mathrm{Nb(M)}}$	
	$\lambda_{\mathrm{Nb(M)}T_1} - \lambda_{\mathrm{Nb(M)}T_2} < 2 \cdot 10^{-3}\lambda_{\mathrm{Nb(M)}T_1}$	$T_1 = 12$ K
		$T_2 = 4{,}2$ K
	$\lambda_{\mathrm{Nb(M)}} - \lambda_{\mathrm{Nb_2O_5}} = (1{,}9 \pm 0{,}5) \cdot 10^{-2}\lambda_{\mathrm{Nb(M)}}$	
$^{99}_{43}\mathrm{Tc}^m$	$\lambda_{\mathrm{KTcO_4}} - \lambda_{\mathrm{Tc_2S_7}} = (27{,}0 \pm 1{,}0) \cdot 10^{-4}\lambda_{\mathrm{Tc_2S_7}}$	
	$\lambda_{\mathrm{Tc(M)}p_1} - \lambda_{\mathrm{Tc(M)}p_2} = (4{,}6 \pm 2{,}3) \cdot 10^{-4}\lambda_{\mathrm{Tc(M)}p_2}$	$p_1 = 10$ GPa
		$p_2 = 1$ MPa
	$\lambda_{\mathrm{Tc(M)}T_1} - \lambda_{\mathrm{Tc(M)}T_2} = (6{,}4 \pm 0{,}4) \cdot 10^{-4}\lambda_{\mathrm{Tc(M)}T_2}$	$T_1 = 4{,}2$ K
		$T_2 = 293$ K
$^{125}_{52}\mathrm{Te}^m$	$\lambda_{\mathrm{Te(M)}} - \lambda_{\mathrm{Ag_2Te}} = (2{,}59 \pm 0{,}18) \cdot 10^{-4}\lambda_{\mathrm{Te(M)}}$	
	$\lambda_{\mathrm{Te(M)}} - \lambda_{\mathrm{TeO_2}} = (0{,}36 \pm 0{,}17) \cdot 10^{-4}\lambda_{\mathrm{Te(M)}}$	

M – Metall

An isomeren Kernübergängen sind Veränderungen der Umwandlungskonstanten ebenfalls gut nachweisbar. Die für die Nuklide $^{90}_{41}\mathrm{Nb}^m$ ($T_{1/2} = 18{,}8$ s), $^{99}_{43}\mathrm{Tc}^m$ ($T_{1/2} = 6{,}0$ h) und $^{125}_{52}\mathrm{Te}^m$ ($T_{1/2} = 57{,}4$ d) experimentell ermittelten Änderungen der Umwandlungskonstanten $\Delta\lambda/\lambda$ liegen zwischen 10^{-4} und 10^{-2} (Tab. 4).

Wenn es für die Atome eines radioaktiven Nuklids zwei oder mehrere Umwandlungsmöglichkeiten gibt, addieren sich die Umwandlungskonstanten λ_1, λ_2, ... jedes Teilprozesses zu einer Gesamtkonstante

$$\lambda = \lambda_1 + \lambda_2 + \dots \tag{2.5}$$

Die mittlere Lebensdauer solcher Atome ergibt sich dann mit dieser Konstante ebenfalls zu $\tau = 1/\lambda$.

Liegt dagegen ein Gemisch von zwei oder mehreren genetisch voneinander unabhängigen Nukliden mit den Umwandlungskonstanten λ_1, λ_2, ... vor, so läßt sich die Zahl der zur Zeit t noch unverwandelt vorhandenen Atome durch folgende Beziehung ausdrücken:

$$N(t) = N_1(0)\,\mathrm{e}^{-\lambda_1 t} + N_2(0)\,\mathrm{e}^{-\lambda_2 t} + \dots \tag{2.6}$$

2.3. Aktivität

Die Zahl der Atomkerne einer radioaktiven Substanz ist der Messung nicht direkt zugängig. Es kann aber die Umwandlungsrate oder *Aktivi-* tät $\mathscr{A}$ ermittelt werden. Diese Größe ist der Atomzahl N proportional. Es gilt

$$\mathscr{A} = -\frac{\mathrm{d}N}{\mathrm{d}t} = \lambda N. \tag{2.7}$$

Die Aktivität gibt die Anzahl der sich je Zeiteinheit umwandelnden Atomkerne eines radioaktiven Nuklids an. In der Praxis wird seltener die Aktivität selbst, sondern irgendein ihr proportionaler Meßeffekt bestimmt. Da oft mehrere Teilchen oder Quanten je Umwandlungsakt emittiert werden, ist die Aktivität nicht in jedem Fall mit der von einer radioaktiven Strahlungsquelle in der Zeiteinheit ausgesandten Teilchenzahl identisch.

Die SI-Einheit der Aktivität ist die reziproke Sekunde (1/s). Diese Einheit darf weder als Hertz (Hz) bezeichnet noch mit Vorsätzen verwendet werden. Im Jahre 1975 hat die Generalkonferenz für Maß und Gewicht (CGPM) für die Einheit der Aktivität den eigenen Namen *Becquerel* (Kurzzeichen Bq) eingeführt:

1 Bq = 1 s^{-1}.

Im praktischen Gebrauch werden häufig dezimale Vielfache oder Teile des Becquerels benutzt:

1 PBq = 10^{15} s^{-1},   1 TBq = 10^{12} s^{-1},

1 GBq = 10^9 s^{-1},   1 MBq = 10^6 s^{-1},

1 kBq = 10^3 s^{-1},   1 mBq = 10^{-3} s^{-1},

Bisher wurde die Aktivitätseinheit *Curie* (Kurzzeichen Ci) verwendet:

$$1 \text{ Ci} = 3{,}7 \cdot 10^{10} \text{ Bq} = 37 \text{ GBq},$$
$$1 \text{ Bq} = 0{,}2703 \cdot 10^{-10} \text{ Ci} = 27{,}03 \text{ pCi}.$$

Die Festlegung dieses Zahlenwertes ist historisch begründet. 1930 definierte die Internationale Radium Standard Kommission das Curie als diejenige Menge eines Nuklids der Uranium-Radium-Reihe, die mit 1 g Radium ($^{226}_{88}$Ra) im radioaktiven Gleichgewicht steht. Im Jahre 1950 beschloß die Joint Commission of Standards, Units and Constants, das Curie nicht mehr auf das Gramm Radium zu beziehen. Das Curie (Kurzzeichen ursprünglich c, später C) wurde neu als diejenige Menge irgendeiner radioaktiven Substanz definiert, in der die Zahl der Umwandlungen je Sekunde $3{,}7 \cdot 10^{10}$ (exakt) beträgt. 1964 hat die CGPM das Kurzzeichen Ci eingeführt und erklärt, daß das Curie nicht eine Einheit der *Menge* einer radioaktiven Substanz, sondern eine Einheit ihrer *Aktivität* ist. Innerhalb einer Meßunsicherheit von $\pm 0{,}5\%$ beträgt die Aktivität von 1 g Radium 0,989 Ci (36,59 GBq).

Mit Hilfe der Beziehung (2.7) kann ein für die praktische Anwendung radioaktiver Nuklide nützlicher Zusammenhang zwischen der Aktivität $\mathcal{A}$ einer isolierten radioaktiven Substanz und deren Masse m hergeleitet werden. Setzt man für die Atomzahl

$$N = \frac{m}{A_r m_u},$$

so ergibt sich

$$\mathcal{A} = \frac{\lambda m}{A_r m_u} = \frac{\ln 2}{T_{1/2}} \frac{m}{A_r m_u}. \tag{2.8}$$

Da Gl. (2.8) die Halbwertzeit $T_{1/2}$ und die relative Atommasse A_r enthält, ist die Masse m der reinen, trägerfreien radioaktiven Substanz bei gleicher Aktivität für jedes radioaktive Nuklid verschieden.
In Tab. 5 ist die nach der Beziehung (2.8) berechnete Masse je 10 MBq für einige radioaktive Nuklide zusammengestellt. Von wenigen langlebigen Nukliden abgesehen, handelt es sich um äußerst kleine, unwägbare Mengen. Für die praktische Arbeit ist es daher fast immer erforderlich, den radioaktiven Stoff mit einer inaktiven Trägersubstanz der Masse $m_t \gg m$ zu vermischen. Das Verhältnis

$$a = \frac{\mathcal{A}}{m_t} \tag{2.9}$$

Tabelle 5. Masse trägerfreier radioaktiver Nuklide je 10 MBq Aktivität

Nuklid	$T_{1/2}$	Masse in kg je 10 MBq
$^{108}_{47}$Ag	2,41 min	$3{,}74 \cdot 10^{-16}$
$^{56}_{25}$Mn	2,58 h	$1{,}25 \cdot 10^{-14}$
$^{131}_{53}$I	8,02 d	$2{,}18 \cdot 10^{-12}$
$^{32}_{15}$P	14,3 d	$9{,}47 \cdot 10^{-13}$
$^{35}_{16}$S	87,5 d	$6{,}34 \cdot 10^{-12}$
$^{60}_{27}$Co	5,272 a	$2{,}39 \cdot 10^{-10}$
$^{90}_{38}$Sr	28,5 a	$1{,}94 \cdot 10^{-9}$
$^{14}_{6}$C	5 730 a	$6{,}06 \cdot 10^{-8}$
$^{36}_{17}$Cl	$3{,}0 \cdot 10^5$ a	$8{,}16 \cdot 10^{-6}$
$^{238}_{92}$U	$4{,}468 \cdot 10^9$ a $\cdot$	$8{,}04 \cdot 10^{-1}$

heißt *spezifische Aktivität*. Sie wird in der Einheit Bq/kg bzw. dezimalen Vielfachen oder Teilen hiervon angegeben. Für radioaktive Flüssigkeiten und Gase wird auch der Quotient aus der Aktivität $\mathcal{A}$ und dem Volumen V der Flüssigkeit oder des Gases, die *Aktivitätskonzentration*, verwendet:

$$c_A = \frac{\mathcal{A}}{V}. \tag{2.10}$$

Ihre Einheit ist das Bq/m^3 bzw. dezimale Vielfache oder Teile davon.
Da die Aktivität der Anzahl der vorhandenen radioaktiven Atomkerne proportional ist, klingt sie wie diese nach dem exponentiellen Umwandlungsgesetz ab. Mit Hilfe der Beziehungen (2.2), (2.7), (2.9) und (2.10) folgt

$$\mathcal{A}(t) = \mathcal{A}(0) \, e^{-\lambda t}, \tag{2.11}$$
$$a(t) = a(0) \, e^{-\lambda t} \quad \text{und} \tag{2.12}$$
$$c_A(t) = c_A(0) \, e^{-\lambda t}. \tag{2.13}$$

2.4. Radioaktives Gleichgewicht

In vielen Fällen sind die durch radioaktive Umwandlung erzeugten Atomkerne selbst wieder radioaktiv. Fortgesetzte Umwandlungsprozesse können zu ganzen *Umwandlungsreihen* (s. 3.1) instabiler Nuklide führen. Die in einer solchen

Reihe „genetisch" aufeinanderfolgenden Nuklide werden als Mutter-, Tochter-, Enkelnuklide usw. bezeichnet. Bei radioaktiven Nukliden, die in einem genetischen Zusammenhang stehen, folgt die zeitliche Abnahme der Atomzahl oder Aktivität nicht mehr dem einfachen exponentiellen Umwandlungsgesetz. Die Berechnung überlagerter Umwandlungsvorgänge ist Gegenstand der allgemeinen *Umwandlungstheorie*.

In einer radioaktiven Umwandlungsreihe ist die Änderung der Atomzahl N_i des i-ten Nuklids nicht allein durch die Umwandlung $(-\lambda_i N_i)$ gegeben. Aus dem unmittelbar vorangehenden Nuklid werden auch ständig neue Atome der Gattung i nachgebildet. Diese Nacherzeugung kann allgemein durch eine Funktion $q_i(t)$ beschrieben werden. Die zeitliche Änderung von $N_i(t)$ ist daher gleich der Differenz von Zuwachs infolge Nacherzeugung und Abnahme durch Umwandlung:

$$\frac{dN_i(t)}{dt} = q_i(t) - \lambda_i N_i. \qquad (2.14)$$

Durch Integration dieser Differentialgleichung ergibt sich die zur Zeit t vorhandene Atomzahl

$$N_i(t) = \left[N_i(0) + \int_0^t q_i(t)\, e^{\lambda_i t} dt \right] e^{-\lambda_i t}. \qquad (2.15)$$

Mit Hilfe der allgemeinen Lösung läßt sich nacheinander die Anzahl der vorhandenen Atome in einem Gemisch genetisch aufeinanderfolgender Nuklide berechnen. Ist nämlich $N_i(t)$ aus Gl. (2.15) bekannt, so kann die Nacherzeugung für das nächste Glied der Reihe

$$q_{i+1}(t) = \lambda_i N_i(t) \qquad (2.16)$$

angegeben werden. Für die Atomzahl $N_{i+1}(t)$ erhält man dann die Beziehung

$$N_{i+1}(t) = \left[N_{i+1}(0) + \int_0^t \lambda_i N_i(t)\, e^{\lambda_{i+1} t} dt \right] e^{-\lambda_{i+1} t}. \qquad (2.17)$$

Das einfache Exponentialgesetz (2.2) für die Umwandlung einer isolierten radioaktiven Substanz folgt unmittelbar aus Gl. (2.15), wenn $q_i(t) = 0$ gesetzt wird.

Dauergleichgewicht

Es wird der Fall betrachtet, daß aus der Umwandlung eines sehr langlebigen Mutternuklids (Index 1) ein vergleichsweise kurzlebiges Tochternuklid (Index 2) hervorgeht. Es gilt folglich

$$T_{1/2\,(1)} \gg T_{1/2\,(2)} \quad \text{bzw.} \quad \lambda_1 \ll \lambda_2.$$

Die Aktivität $\mathcal{A}_1$ der Muttersubstanz nimmt innerhalb der Versuchszeit praktisch nicht ab, so daß eine konstante Nacherzeugung des Tochternuklids vorliegt. Mit

$$q_2(t) = \lambda_1 N_1 = \mathcal{A}_1 \qquad (2.18)$$

ergibt sich aus Gl. (2.15)

$$N_2(t) = \frac{\mathcal{A}_1}{\lambda_2} + \left[N_2(0) - \frac{\mathcal{A}_1}{\lambda_2} \right] e^{-\lambda_2 t}. \qquad (2.19)$$

Die Atomzahl und Aktivität der Tochtersubstanz wachsen exponentiell mit der Zeit an. Asymptotisch $(t \to \infty)$ stellen sich die Gleichgewichtswerte

$$N_2(\infty) = \frac{\mathcal{A}_1}{\lambda_2} \quad \text{bzw.} \quad \mathcal{A}_2(\infty) = A_1 \qquad (2.20)$$

ein. Praktisch ist der Gleichgewichtszustand bereits nach 6 Halbwertzeiten $T_{1/2\,(2)}$ des Tochternuklids verwirklicht. Im radioaktiven Gleichgewicht sind die Aktivitäten der Mutter- und der Tochtersubstanz gleich. Dieser Zustand wird als *Dauergleichgewicht* bezeichnet.

Als Beispiel für ein radioaktives Dauergleichgewicht ist in Abb. 10 die Bildung von Radon-222

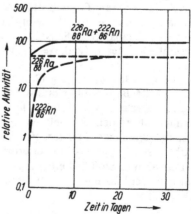

Abb. 10. Radioaktives Dauergleichgewicht zwischen $^{226}_{88}\text{Ra}$ und $^{222}_{86}\text{Rn}$

($T_{1/2} = 3,825$ d) aus Radium-226 ($T_{1/2} = 1\,600$ a) dargestellt. Nach 23 Tagen ($6 \times T_{1/2\,\text{Rn}}$) ist annähernd der Gleichgewichtszustand erreicht.

Ein ganz ähnliches Gleichgewicht zwischen Bildung und Umwandlung stellt sich bei der Erzeugung künstlich radioaktiver Nuklide durch konstante Aktivierung eines stabilen Stoffs ein (s. 5.1.).

Die den Gleichgewichtszustand charakterisierende Beziehung (2.20) kann auch in folgende Form gebracht werden:

$$\frac{N_2(\infty)}{N_1} = \frac{T_{1/2\,(2)}}{T_{1/2\,(1)}}. \qquad (2.21)$$

Diese Gleichung besagt, daß sich die Atomzahlen von Tochter- und Muttersubstanz im Dauergleichgewicht wie die Halbwertzeiten verhalten. Die Massen der im Gleichgewicht stehenden Nuklide ergeben sich dann zu

$$m_2 = \frac{T_{1/2\,(2)}\,A_{\text{r}\,(2)}}{T_{1/2\,(1)}\,A_{\text{r}\,(1)}}\,m_1. \qquad (2.22)$$

Beispiel: In Uraniumerzen befindet sich Uranium mit allen Folgenukliden im radioaktiven Gleichgewicht. In 1 kg Uranium-238 ($T_{1/2} = 4,5 \cdot 10^9$ a) ist stets die folgende Menge Radium-226 ($T_{1/2} = 1\,600$ a) enthalten:

$$m_{\text{Ra}} = \frac{1\,600\ \text{a}}{4,468 \cdot 10^9\ \text{a}}\ \frac{226}{238} \cdot 1\ \text{kg} = 3,4 \cdot 10^{-7}\ \text{kg}.$$

Statt A_r kann in Gl. (2.22) mit ausreichender Genauigkeit die Nukleonenzahl A verwendet werden.

Wenn aus einem sehr langlebigen Mutternuklid nacheinander n kurzlebige Nuklide hervorgehen, so bildet sich ein mehrfaches Dauergleichgewicht aus:

$$N_1 : N_2(\infty) : \ldots : N_n(\infty)$$
$$= T_{1/2\,(1)} : T_{1/2\,(2)} : \ldots : T_{1/2\,(n)}. \qquad (2.23)$$

Die Geschwindigkeit, mit der sich das Gleichgewicht für die ganze Reihe einstellt, wird durch das Nuklid mit der längsten Halbwertzeit bestimmt.

Laufendes Gleichgewicht

Unterscheiden sich die Halbwertzeiten von Mutter- und Tochternuklid nicht wesentlich voneinander, kann die Abnahme der Mutteraktivität während der Beobachtungszeit nicht mehr vernachlässigt werden. Die Nacherzeugung des Tochternuklids erfolgt dann aus einem exponentiell abklingenden Mutternuklid gemäß

$$q_2(t) = \lambda_1 N_1(0)\,e^{-\lambda_1 t}. \qquad (2.24)$$

Mit der Anfangsbedingung $N_2(0) = 0$ ergibt Gl. (2.15)

$$N_2(t) = \frac{\lambda_1}{\lambda_2 - \lambda_1}\,N_1(0)\,[e^{-\lambda_1 t} - e^{-\lambda_2 t}]. \qquad (2.25)$$

Ist $N_2(0) \neq 0$, so ist in Gl. (2.25) das additive Glied $N_2(0)\,e^{-\lambda_2 t}$ hinzuzufügen.

Da die Tochteratome für $t = 0$ und $t \to \infty$ verschwinden, muß die Funktion (2.25) zu irgendeiner Zeit t_m ein Maximum durchlaufen. Für diesen Zeitpunkt folgt aus $\dfrac{\mathrm{d}N_2(t)}{\mathrm{d}t} = 0$

$$t_m = \frac{1}{\lambda_2 - \lambda_1}\,\ln\frac{\lambda_2}{\lambda_1}. \qquad (2.26)$$

Ist die Muttersubstanz langlebiger als die Tochtersubstanz ($\lambda_1 < \lambda_2$, aber nicht $\lambda_1 \ll \lambda_2$), stellt sich für hinreichend große t-Werte ein *laufendes Gleichgewicht* ein:

$$N_2(t) = \frac{\lambda_1}{\lambda_2 - \lambda_1}\,N_1(0)\,e^{-\lambda_1 t}$$

bzw. $\quad \mathscr{A}_2(t) = \dfrac{\lambda_2}{\lambda_2 - \lambda_1}\,\mathscr{A}_1(t).\qquad (2.27)$

Die Aktivität der Tochtersubstanz klingt während der Beobachtungszeit exponentiell mit der Halbwertzeit der Muttersubstanz ab. Da $\dfrac{\lambda_2}{\lambda_2 - \lambda_1} > 1$ gilt, ist im Gleichgewicht die Tochteraktivität um diesen konstanten Faktor größer als die Aktivität der Muttersubstanz. Für den Fall $\lambda_1 \ll \lambda_2$ geht Gl. (2.27) in Gl. (2.20) über. Als Beispiel für ein laufendes radioaktives Gleichgewicht ist in Abb. 11 graphisch die Umwandlung des Mutternuklids $^{140}_{56}\text{Ba}$ ($T_{1/2} = 12,75$ d) und des Tochternuklids $^{140}_{57}\text{La}$ ($T_{1/2} = 40{,}272$ h) dargestellt.

Umwandlung ohne Gleichgewichtseinstellung

Wenn das Tochternuklid langlebiger ist als das Mutternuklid ($\lambda_1 > \lambda_2$, $T_{1/2\,(1)} < T_{1/2\,(2)}$), stellt sich kein Gleichgewicht ein. Zur Berechnung des

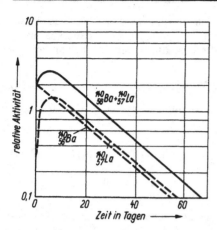

Abb. 11. Laufendes radioaktives Gleichgewicht zwischen $^{140}_{56}$Ba und $^{140}_{57}$La

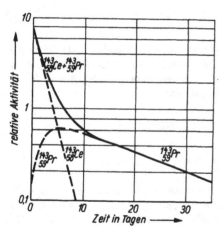

Abb. 12. Kein radioaktives Gleichgewicht zwischen dem Mutternuklid $^{143}_{58}$Ce und dem Tochternuklid $^{143}_{59}$Pr

Umwandlungsvorganges gilt wieder Gl.(2.25). Werden die Mutter- und die Tochtersubstanz zur Zeit $t = 0$ chemisch getrennt, so wächst die Tochteraktivität infolge Nacherzeugung wieder mehr oder weniger schnell an, erreicht ein Maximum und klingt schließlich mit der Halbwertzeit des Tochternuklids ab. Die Abb. 12 zeigt als Beispiel für diesen Fall die Umwandlung des Mutter-Tochter-Paares $^{143}_{58}$Ce ($T_{1/2} = 33$ h), $^{143}_{59}$Pr ($T_{1/2} = 13,57$ d).

2.5. Statistische Schwankungen

Die Umwandlung radioaktiver Atomkerne ist als Zufallsphänomen statistischen Gesetzen unterworfen. Man kann nicht mit Sicherheit sagen, wann sich ein Atomkern umwandelt. Bekannt ist nur die Wahrscheinlichkeit, mit der das Umwandlungsereignis innerhalb eines vorgegebenen Zeitintervalls eintritt. Bei der Beobachtung radioaktiver Umwandlungsprozesse sind daher *statistische Schwankungen* zu erwarten. Diese Schwankungen lassen sich aus Wahrscheinlichkeitsverteilungen berechnen.

Binominalverteilung

Bezeichnet p die Wahrscheinlichkeit dafür, daß bei einem Einzelversuch ein bestimmtes Ereignis eintritt, so ist $1 - p$ die Wahrscheinlichkeit für das Nichteintreten. Die Wahrscheinlichkeit $P(n)$, daß bei N voneinander unabhängigen Versuchen das Ereignis n-mal eintritt, ist dann durch die *Binominalverteilung*

$$P(n) = \frac{N!}{(N-n)!\,n!}\, p^n\,(1-p)^{N-n} \qquad (2.28)$$

gegeben. Sie ist für ganzzahlige Werte $n = 0, 1, 2, ..., N$ definiert.

Dieses Verteilungsgesetz kann auf die Verhältnisse des radioaktiven Umwandlungsprozesses übertragen werden. Die Zahl der Versuche N ist der Anzahl der vorhandenen radioaktiven Atomkerne gleichzusetzen, während die Ereigniszahl n die Zahl der Umwandlungsakte innerhalb der Zeit t entspricht. Die Wahrscheinlichkeit p dafür, daß sich ein Atomkern in der Zeit t umwandelt, ist durch das exponentielle Umwandlungsgesetz (2.2) gegeben:

$$p = 1 - e^{-\lambda t}. \qquad (2.29)$$

Für die Wahrscheinlichkeit des Eintretens von n Umwandlungsereignissen im Zeitabschnitt t folgt dann

$$P(n) = \frac{N!}{(N-n)!\,n!}\, (1 - e^{-\lambda t})^n\,(e^{-\lambda t})^{N-n}. \qquad (2.30)$$

Der *Erwartungs-* oder *Mittelwert* μ von n bezüglich dieser Verteilung ergibt sich zu

$$\mu = \sum_{n=0}^{N} nP(n) = Np = N(1 - e^{-\lambda t}). \qquad (2.31)$$

Poisson-Verteilung

Wenn die Beobachtungszeit wesentlich kürzer als die Halbwertzeit und die Zahl der Atomkerne sehr groß ist, so gilt

$$\lambda t \ll 1, \quad N \gg 1 \quad \text{und} \quad n \ll N.$$

Damit ergeben sich folgende Näherungen:

$$(1 - p)^{N-n} \approx (1 - p)^N \approx 1 - Np \approx e^{-pN}$$

und $\dfrac{N!}{(N-n)!} \approx N^n.$

Unter diesen Voraussetzungen geht die Binomialverteilung (2.28) in die rechnerisch einfacher auszuwertende *Poisson-Verteilung* über:

$$P(n) = \frac{(pN)^n}{n!} e^{-pN} = \frac{\mu^n}{n!} e^{-\mu}. \qquad (2.32)$$

Die Poisson-Verteilung gibt die Wahrscheinlichkeit an, mit der n Umwandlungsereignisse stattfinden, wenn der Mittelwert μ ist. Sie beschreibt die Verteilung seltener Ereignisse, die mit einer geringen, aber konstanten Wahrscheinlichkeit p an einer großen Anzahl von Atomkernen auftreten. Während μ eine ganze oder gebrochene Zahl sein kann, darf n grundsätzlich nur ganzzahlige Werte annehmen. Verbindet man die für verschiedene μ berechneten Werte der Funktion (2.32) durch glatte Kurven[1]), so ergeben sich die in Abb. 13 dargestellten Verteilungen. Es ist ersichtlich, daß die Poisson-Verteilung insbesondere für kleine μ unsymmetrisch ist. Mit wachsendem μ nähern sich die Maxima dem Mittelwert, und die Verteilungen werden mehr und mehr symmetrisch. Die Poisson-Verteilung besitzt einige wichtige Eigenschaften.
Summiert man über alle Wahrscheinlichkeiten, so folgt

$$\sum_{n=0}^{\infty} P(n) = \sum_{n=0}^{\infty} \frac{\mu^n}{n!} e^{-\mu} = 1. \qquad (2.33)$$

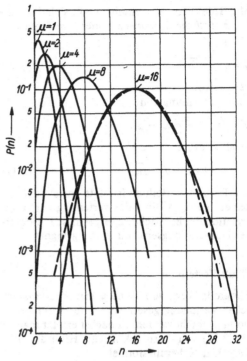

Abb. 13. Poisson-Verteilung (ausgezogen) für $\mu = 1$, 2, 4, 8, 16 und Gauß-Verteilung (gestrichelt) für $\mu = 16$; $\sigma = 4$

Dieses Ergebnis besagt, daß sich mit Gewißheit irgendein Wert der Ereigniszahl ergibt.
Die mittlere Ereigniszahl

$$\frac{\displaystyle\sum_{n=0}^{\infty} nP(n)}{\displaystyle\sum_{n=0}^{\infty} P(n)} = \sum_{n=0}^{\infty} n \frac{\mu^n}{n!} e^{-\mu} = \mu \qquad (2.34)$$

ist gleich dem Mittelwert.
Für das mittlere Quadrat der Ereigniszahl ergibt eine entsprechende Rechnung

$$\overline{n^2} = \frac{\displaystyle\sum_{n=0}^{\infty} n^2 P(n)}{\displaystyle\sum_{n=0}^{\infty} P(n)} = \sum_{n=0}^{\infty} n^2 \frac{\mu^n}{n!} e^{-\mu} = \mu(\mu + 1).$$

$$(2.35)$$

---

[1]) Die Poisson-Verteilung kann eigentlich nur durch ein Histogramm (Treppenkurve) dargestellt werden.

Mit Hilfe dieser Beziehungen läßt sich die *mittlere statistische Schwankung* oder *Standardabweichung*

$$\sigma = \sqrt{\overline{(n - \mu)^2}} \qquad (2.36)$$

berechnen.
Unter Beachtung von

$$\sigma^2 = \overline{(n - \mu)^2} = \overline{n^2} - \mu^2$$

erhält man mit Gl. (2.35)

$$\sigma^2 = \mu \quad \text{bzw.} \quad \sigma = \sqrt{\mu}. \qquad (2.37)$$

Die Poisson-Verteilung ist stets anstatt der allgemein gültigen Binominalverteilung zur Interpretation der Beobachtungsergebnisse radioaktiver Umwandlungserscheinungen geeignet.

Gauß-Verteilung

Für große Werte von n und μ kann das Poissonsche Verteilungsgesetz in eine handlichere Form gebracht werden. Zunächst ersetzt man in Gl. (2.32) den Ausdruck $n!$ mit Hilfe der Stirlingschen Näherungsformel

$$n! \approx \sqrt{2\pi n}\, n^n e^{-n}.$$

Damit entfällt die Beschränkung auf ganzzahlige Werte n. Wählt man außerdem statt n die Abweichung δ der Ereigniszahl n vom wahren Wert μ

$$\delta = n - \mu \qquad (2.38)$$

als Variable, so geht die Poisson-Verteilung über in

$$P(\delta) = \frac{e^\delta}{\sqrt{2\pi(\mu + \delta)}\left(1 + \dfrac{\delta}{\mu}\right)^{\mu + \delta}}.$$

Durch Logarithmieren und Reihenentwicklung ergibt sich unter der Voraussetzung $\delta \ll \mu$ für den zweiten Faktor im Nenner

$$\ln\left(1 + \frac{\delta}{\mu}\right)^{\mu + \delta} \approx \delta + \frac{\delta^2}{2\mu}.$$

Mit dieser Näherung erhält man schließlich

$$\boxed{P(\delta) = \frac{1}{\sqrt{2\pi\mu}}\, e^{-\frac{\delta^2}{2\mu}}.} \qquad (2.39)$$

Diese Funktion heißt *Gauß-* oder *Normalverteilung*. Sie gibt die Wahrscheinlichkeit für das Auftreten einer Abweichung vom wahren Wert μ an und gilt nur für große Werte μ und Werte von n in der Nähe von μ. Die Gauß-Verteilung wird durch eine stetige Funktion wiedergegeben. Im Gegensatz zur Poisson-Verteilung ist sie als Kurve dargestellt symmetrisch zum Mittelwert μ, d.h., es treten gleichgroße positive und negative Abweichungen vom Mittelwert mit gleicher Wahrscheinlichkeit auf. Die Wendepunkte der Kurve liegen im Abstand $\pm\sigma$ von μ. Die übrigen Eigenschaften der Poisson-Verteilung verändern sich durch die Umformung zur Gauß-Verteilung nicht. Die Gauß-Verteilung ist ebenfalls auf 1 normiert

$$\int_{-\infty}^{+\infty} P(\delta)\,\mathrm{d}\delta = 1, \qquad (2.40)$$

und die Standardabweichung ergibt sich wie bei der Poisson-Verteilung zu

$$\sigma = \sqrt{\mu}. \qquad (2.41)$$

Bei einem Mittelwert $\mu > 10$ läßt sich die Poisson-Verteilung stets mit hinreichender Genauigkeit durch die Gauß-Verteilung ersetzen (Abb. 13). Der Abb. 14 ist zu entnehmen, daß bei der Gauß-Verteilung mit einer bestimmten Wahrscheinlichkeit auch Werte auftreten, die eine größere Abweichung von μ zeigen, als es die Standardabweichung angibt.
Die Wahrscheinlichkeit, daß bei einer einzelnen Beobachtung n innerhalb des Bereiches $(\mu \pm \sigma)$ liegt, ist

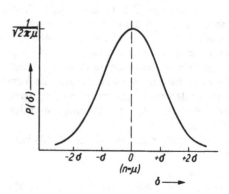

Abb. 14. Gaußsche Normalverteilung

$$\int\limits_{-\sigma}^{+\sigma} P(\delta)\,\mathrm{d}\delta = \frac{2}{\sqrt{\pi}} \int\limits_{0}^{\frac{1}{\sqrt{2}}} \mathrm{e}^{-x^2}\,\mathrm{d}x = 0{,}683 \qquad (2.42)$$

oder, in Prozent ausgedrückt, 68,3 %. Mit einer Wahrscheinlichkeit von 31,7 % liegt der Wert außerhalb dieses Intervalls. Entsprechende Berechnungen zeigen, daß das Ergebnis einer Einzelmessung mit einer Wahrscheinlichkeit von 95,5 % in den Bereich $(\mu \pm 2\sigma)$ und mit einer Wahrscheinlichkeit von 99,7 % in den Bereich $(\mu \pm 3\sigma)$ fällt.
Damit gleichbedeutend ist die Angabe des prozentualen Anteils aller Meßwerte, die innerhalb gewisser Grenzen liegen:

$(\mu \pm 0{,}6745\sigma)$	50 %,
$(\mu \pm \sigma)$	68,3 % (1σ-Regel),
$(\mu \pm 2\sigma)$	95,5 % (2σ-Regel),
$(\mu \pm 3\sigma)$	99,7 % (3σ-Regel).

Es muß jedoch betont werden, daß bei kernphysikalischen Messungen stets nur eine endliche Zahl von Meßwerten vorliegt. Die Größen μ und σ lassen sich daher nicht ermitteln. Sie gelten nur für die reine statistische Verteilung einer unendlich großen Zahl von Meßwerten. Für die praktische Auswertung von Meßergebnissen werden deshalb Näherungen verwendet. Die beste Annäherung an μ ist der *arithmetische Mittelwert* $\bar{n}$ aus i Messungen $n_1, n_2, ..., n_i$:

$$\bar{n} = \frac{1}{i} \sum_{k=1}^{i} n_k. \qquad (2.43)$$

Ein brauchbarer Näherungswert für σ ist die *experimentelle Standardabweichung* oder *mittlere quadratische Abweichung*

$$s = \sqrt{\frac{1}{i-1} \sum_{k=1}^{i} (n_i - \bar{n})^2}. \qquad (2.44)$$

Für $i \to \infty$ geht $\bar{n} \to \mu$ und $s \to \sigma$.

2.6. Alphaumwandlung

Bei der α-*Umwandlung* wird vom Atomkern ein Heliumkern $^4_2\mathrm{He}$, das α-Teilchen, mit hoher kinetischer Energie ausgestrahlt. Dadurch verringert sich die Nukleonenzahl des Nuklids um vier und die Ordnungszahl um zwei Einheiten:

$$^A_Z\mathrm{X} \to {}^{A-4}_{Z-2}\mathrm{Y} + \alpha. \qquad (2.45)$$

Ein Beispiel hierfür ist die α-Umwandlung des Radiums:

$$^{226}_{88}\mathrm{Ra} \to {}^{222}_{86}\mathrm{Rn} + \alpha.$$

Aus energetischen Gründen ist die α-Umwandlung vorwiegend auf schwere Nuklide mit Nukleonenzahlen $A > 170$ und Kernladungszahlen $Z > 70$ beschränkt.

Energetische Bedingungen

Spontane Kernumwandlungen können nur dann auftreten, wenn sie exotherm verlaufen. Die Bindungsenergie des betreffenden Kerns muß also kleiner sein als die Summe der Bindungsenergien der entstehenden getrennten Teile. Diese Bedingung ist meist nicht erfüllt. Im allgemeinen wird daher keine spontane Emission einzelner Nukleonen oder Deuteronen von Atomkernen im Grundzustand beobachtet. Wegen der ungewöhnlich großen Bindungsenergie des α-Teilchens von $E_\mathrm{B}(^4_2\mathrm{He}) = 28{,}3\,\mathrm{MeV}$ (s. 2.4.) ist aber bei zahlreichen schweren Nukliden die spontane α-Umwandlung energetisch möglich. Das Deuteron besitzt im Vergleich dazu nur eine Bindungsenergie von $E_\mathrm{B}(^2_1\mathrm{H}) = 2{,}2\,\mathrm{MeV}$, so daß für alle im Grundzustand befindlichen Nuklide die Ablösung von Deuteronen ein endothermer Prozeß ist und folglich nicht spontan eintreten kann.
Die bei der α-Umwandlung frei werdende Reaktionsenergie Q ergibt sich aus der Massenbilanz zu

$$Q = \left[m_\mathrm{k}(^A_Z\mathrm{X}) - m_\mathrm{k}(^{A-4}_{Z-2}\mathrm{Y}) - m_\mathrm{k}(^4_2\mathrm{He}) \right] c_0^2. \qquad (2.46)$$

Mit Hilfe der Beziehungen

$$m_\mathrm{k}(^A_Z\mathrm{X}) = Z m_\mathrm{p} + (A-Z) m_\mathrm{n} - \frac{E_\mathrm{B}(^A_Z\mathrm{X})}{c_0^2},$$

$$m_\mathrm{k}(^{A-4}_{Z-2}\mathrm{Y}) = (Z-2) m_\mathrm{p} + (A-Z-2) m_\mathrm{n} - \frac{E_\mathrm{B}(^{A-4}_{Z-2}\mathrm{Y})}{c_0^2}$$

$$\text{und} \quad m_\mathrm{k}(^4_2\mathrm{He}) = 2 m_\mathrm{p} + 2 m_\mathrm{n} - \frac{E_\mathrm{B}(^4_2\mathrm{He})}{c_0^2}$$

werden die Bindungsenergien eingeführt. Somit folgt für die Reaktionsenergie der Ausdruck

$$Q = E_B\left(^{A-4}_{Z-2}Y\right) + E_B\left(^4_2He\right) - E_B\left(^A_ZX\right). \qquad (2.47)$$

Wenn bei der Emission des α-Teilchens kein angeregter Zustand des Tochterkerns gebildet wird, tritt die gesamte Umwandlungsenergie als kinetische Energie in Erscheinung. Sie verteilt sich auf das α-Teilchen und den Rest- oder Rückstoßkern Y:

$$Q = E_\alpha + E_Y. \qquad (2.48)$$

Mit Hilfe des Impuls- und Energieerhaltungssatzes ergeben sich die Beziehungen

$$E_\alpha = Q\,\frac{m_k\left(^{A-4}_{Z-2}Y\right)}{m_k\left(^4_2He\right) + m_k\left(^{A-4}_{Z-2}Y\right)}$$

und $$E_Y = Q\,\frac{m_k\left(^4_2He\right)}{m_k\left(^4_2He\right) + m_k\left(^{A-4}_{Z-2}Y\right)}, \qquad (2.49)$$

wobei $m_k\left(^4_2He\right)$ und $m_k\left(^{A-4}_{Z-2}Y\right)$ die Massen von α-Teilchen und Restkern bedeuten. Das α-Teilchen übernimmt wegen der kleinen Masse $\left[m_k\left(^4_2He\right) \ll m_k\left(^{A-4}_{Z-2}Y\right)\right]$ den bei weitem überwiegenden Anteil der Energie. Die gesamte Um-

wandlungsenergie Q ist nur knapp 2% größer als die kinetische Energie E_α des α-Teilchens.

Die Halbwertzeiten der α-Strahler erstrecken sich über einen außerordentlich großen Bereich, der von 0,3 μs für $^{212}_{84}Po$ bis $5 \cdot 10^{15}$ a für $^{144}_{60}Nd$ reicht. Bereits im Jahre 1911 fanden H. GEIGER und J. M. NUTTALL einen empirischen Zusammenhang zwischen dem Q-Wert und der Umwandlungskonstante $\lambda = \dfrac{\ln 2}{T_{1/2}}$. Diese als *Geiger-Nuttall-Regel* bezeichnete Beziehung lautet

$$\ln\lambda = k_1 + k_2 \ln Q, \qquad (2.50)$$

wobei k_1 und k_2 Konstanten bedeuten.

Aus Gl. (2.50) folgt, daß mit zunehmender Umwandlungsenergie die Umwandlungskonstante eines α-Strahlers wächst und die Halbwertzeit stark abnimmt. Für einige gg-Kerne ist dieser empirische Zusammenhang zwischen Q und $T_{1/2}$ in Abb. 15 wiedergegeben. Es ist zu beachten, daß sich in der Darstellung die Umwandlungsenergie nur etwa um den Faktor 2, die Halbwertzeit aber um 24 Größenordnungen ändert. Auf Abweichungen von der Geiger-Nuttall-Regel wird später eingegangen.

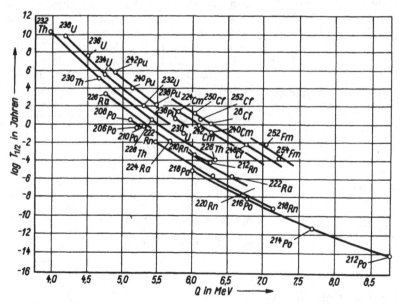

Abb. 15. Empirischer Zusammenhang zwischen Halbwertzeit und α-Umwandlungsenergie für die Umwandlung von gg-Kernen in die Grundzustände ihrer Folgekerne

Theorie der α-Umwandlung

Die Aufgabe der Theorie besteht darin, die Emission eines α-Teilchens verständlich zu machen, da der Atomkern von einem Potentialwall umgeben ist, dessen Höhe die Teilchenenergie beträchtlich übersteigt. In Abb. 16 ist die potentielle Energie zwischen dem α-Teilchen und dem Restkern in Abhängigkeit von der Entfernung r vom Kernmittelpunkt dargestellt. Die Höhe E_C des Potentialwalls läßt sich mit Hilfe der Beziehungen (1.2) und (1.3) berechnen. Für die α-Umwandlung

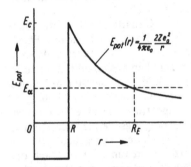

Abb. 16. Potentielle Energie zwischen α-Teilchen und Restkern der Kernladungszahl Z in Abhängigkeit von der Entfernung r vom Kernmittelpunkt

$$^{238}_{92}\text{U} \rightarrow {}^{234}_{90}\text{Th} + \alpha$$

ergibt sich z. B. ein Wert von $E_C \approx 28\,\text{MeV}$. Die kinetische Energie des emittierten α-Teilchens beträgt dagegen nur $E_\alpha = 4,8\,\text{MeV}$. Nach den Gesetzen der klassischen Physik dürfte das Teilchen die Potentialschwelle nicht überschreiten. Eine Deutung dieser Erscheinung gelang 1928 G. GAMOW und unabhängig von ihm E. U. CONDON sowie R. W. GURNEY mit Hilfe der Wellenmechanik.

Man nimmt an, daß das α-Teilchen innerhalb des Atomkerns mit einer hohen Frequenz hin- und herschwingt. Dabei stößt es unaufhörlich gegen die Wände des Potentialtopfes und wird elastisch reflektiert. Entgegen den klassischen Vorstellungen zeigt die Wellenmechanik, daß eine gewisse Wahrscheinlichkeit dafür besteht, das Teilchen auch außerhalb des Atomkerns anzutreffen, selbst wenn seine Energie nicht zur Überwindung des Coulomb-Walls ausreicht. Beim Umwandlungsprozeß durchdringt offen-

bar das α-Teilchen den Potentialwall horizontal. Diese Erscheinung wird als *Tunneleffekt* bezeichnet. Die Schrödinger-Gleichung ergibt für die Durchdringungswahrscheinlichkeit P den Ausdruck

$$P = \mathrm{e}^{-\frac{4\pi}{h}\sqrt{2m}\int\limits_R^{R_E}\sqrt{E_{\mathrm{pot}}(r) - E_\alpha}\,\mathrm{d}r} \qquad (2.51)$$

Darin ist $E_{\mathrm{pot}}(r)$ die potentielle Energie im Abstand r vom Kernmittelpunkt und

$$m = \frac{m_k\,({}^4_2\text{He})\,m_k\,({}^{A-4}_{Z-2}\text{Y})}{m_k\,({}^4_2\text{He}) + m_k\,({}^{A-4}_{Z-2}\text{Y})}$$

die reduzierte Masse des Systems α-Teilchen – Rückstoßkern. Die Integrationsgrenzen sind aus Abb. 16 ersichtlich. Der Beziehung (2.51) ist zu entnehmen, daß die Wahrscheinlichkeit für die Durchdringung der Schwelle mit wachsender Höhe und Breite des Potentialwalls abnimmt. Die Berechnung von P führt zu

$$P = \mathrm{e}^{-2g\gamma} = \mathrm{e}^{-2G} \qquad (2.52)$$

$$\text{mit} \quad g = \frac{2\pi R}{\lambda_B}$$

$$\text{und} \quad \gamma = \sqrt{\frac{E_C}{E_\alpha}}\,\arccos\sqrt{\frac{E_\alpha}{E_C}} - \sqrt{1 - \frac{E_\alpha}{E_C}}\,.$$

Darin bedeuten

$$E_C = \frac{1}{4\pi\varepsilon_0}\,\frac{2Ze_0^2}{R} = \frac{1}{4\pi\varepsilon_0}\,\frac{2Ze_0^2}{r_0 A^{1/3}}$$

die Höhe des Coulomb-Walls und

$$\lambda_B = \frac{h}{\sqrt{2mE_C}}$$

die de-Brogliesche Wellenlänge.

Die Größe G wird als *Gamow-Faktor* bezeichnet. Mit Hilfe der Durchdringungswahrscheinlichkeit P kann nun die Umwandlungskonstante für α-Strahler bestimmt werden. Es gilt

$$\lambda = f \cdot P, \qquad (2.53)$$

wobei $f = v/2R$ anschaulich als die Zahl der Stöße des α-Teilchens je Zeiteinheit gegen die Wand des Potentialtopfes aufgefaßt werden kann. Die Größenordnung von f läßt sich mit $v \approx 10^7\,\text{m}\cdot\text{s}^{-1}$ und $R \approx 10^{-14}\,\text{m}$ zu $f \approx 10^{20}\,\text{s}^{-1}$ abschätzen. Der Gamow-Faktor G ist um so größer, je größer die Kernladungszahl des Restkerns und je kleiner die Energie des α-Teilchens ist. Die Gln. (2.52) und (2.53) geben daher den bereits als Geiger-Nuttall-Regel kennengelernten Zusammenhang zwischen Halbwertzeit und α-Energie qualitativ richtig wieder.

Die Gln. (2.52) und (2.53) beinhalten jedoch eine Reihe von Vereinfachungen, so daß sie eine genaue Berechnung von λ oft nicht gestatten. Ein wesentlicher Mangel der einfachen Theorie besteht in der nicht gerechtfertigten Annahme, daß das α-Teilchen bereits im Atomkern vorhanden ist. Es müßte vielmehr die Wahrscheinlichkeit für die Bildung des α-Teilchens durch Vereinigung zweier Protonen und zweier Neutronen Berücksichtigung finden. Außerdem enthalten die Beziehungen keine Abhängigkeit vom Drehimpuls der beteiligten Partner. Das ist aber lediglich für die Umwandlung von gg-Kernen in die Grundzustände von gg-Kernen gerechtfertigt. Das Auftreten einer zusätzlichen *Zentrifugalschwelle* führt bei den übrigen Kerntypen zu kleineren Werten von λ. Es ist schließlich zu bemerken, daß wegen des exponentiellen Zusammenhangs zwischen R und λ die nach den Gln. (2.52) und (2.53) berechneten Umwandlungskonstanten und Halbwertzeiten sehr stark von der Wahl der Kernradien abhängig sind.

α-Spektrum

Bei der Umwandlung der annähernd 450 bekannten α-Strahler werden α-Teilchen mit diskreten Energien im Bereich $4\,\text{MeV} \leq E_\alpha \leq 9\,\text{MeV}$ emittiert. Die Energie der von einem bestimmten Nuklid abgegebenen α-Teilchen entspricht der Differenz zwischen den Energieniveaus der Ausgangs- und Restkerne. Wenn der Übergang vom Grundzustand des Ausgangskerns in den Grundzustand des Folgekerns erfolgt, haben alle α-Teilchen eine für das radioaktive Nuklid charakteristische einheitliche Energie. Dieser Fall ist bei der Umwandlung vieler gg-Kerne verwirklicht.

Bei den anderen Kernarten treten oft Übergänge in angeregte Energieniveaus des Folgekerns auf. Es werden dann mehrere diskrete Gruppen von α-Teilchen ausgesandt, die sich in der Energie um einige Hundertstel bis einige Zehntel MeV unterscheiden. Man beobachtet daher ein Linienspektrum, das eine *Feinstruktur* aufweist. Die Anregungsenergie wird durch Emission von γ-Strahlung abgegeben. Die Intensität der einzelnen α-Linien wird durch die Wahrscheinlichkeit bestimmt, mit der der be-

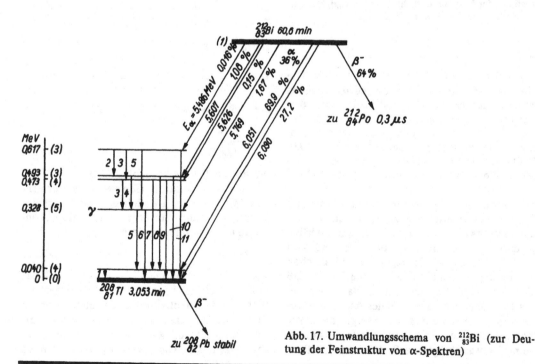

Abb. 17. Umwandlungsschema von $^{212}_{83}$Bi (zur Deutung der Feinstruktur von α-Spektren)

treffende Übergang stattfindet. Oft ist die Gruppe mit der größtmöglichen α-Energie auch die intensivste.

Als Beispiel für das Auftreten mehrerer diskreter α-Gruppen ist in Abb. 17 das Umwandlungsschema des Nuklids $^{212}_{83}$Bi wiedergegeben. Die Energieniveaus der Kerne sind durch horizontale Niveaulinien dargestellt. An einer Skala sind neben den Niveaulinien des Umwandlungsschemas die Spinquantenzahl und die Energie der Niveaus vermerkt. Es ist ersichtlich, daß die Energie der emittierten α-Teilchen um so größer wird, je weniger der Restkern angeregt ist. Der größtmöglichen α-Energie entspricht der Übergang in den Grundzustand.

Bei sehr kurzlebigen Nukliden werden mitunter α-Teilchen beobachtet, deren Energie um 1 bis 3 MeV größer ist als die Energie der Hauptgruppe, die beim Übergang vom Grundzustand des Ausgangskerns zum Grundzustand des Folgekerns entsteht. Die Ursache dieser sogenannten *weitreichenden α-Teilchen* sind Übergänge von angeregten Zuständen des Ausgangskerns direkt in den Grundzustand des Folgekerns. Durch einen vorhergehenden radioaktiven Umwandlungsprozeß können die Ausgangskerne in verschiedenen angeregten Zuständen entstehen,

von denen mit einer gewissen Wahrscheinlichkeit unmittelbar eine α-Emission möglich ist, noch bevor die Anregungsenergie in Form von γ-Strahlung abgegeben wird. Die Intensitäten dieser α-Gruppen sind um mehrere Größenordnungen kleiner als die Intensität der Hauptgruppe. Ein Beispiel für einen derartigen Fall zeigt das in Abb. 18 dargestellte Umwandlungsschema. Durch die β-Umwandlung von $^{212}_{83}$Bi entstehen Anregungszustände des sehr kurzlebigen Nuklids $^{212}_{84}$Po. Die angeregten Atomkerne wandeln sich nun entweder unter Emission von γ-Quanten in den Grundzustand von $^{212}_{84}$Po oder direkt unter Abgabe energiereicher α-Teilchen in den Grundzustand des Folgekerns $^{208}_{82}$Pb um.

2.7. Betaumwandlung

Arten der β-Umwandlung

Unter der Bezeichnung *β-Umwandlung* werden drei Arten der spontanen Kernumwandlung zusammengefaßt: die *β⁻-Umwandlung*, die *β⁺-Um-*

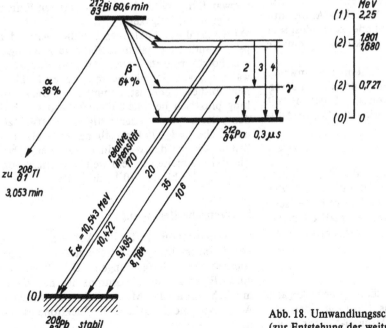

Abb. 18. Umwandlungsschema von $^{212}_{83}$Bi und $^{212}_{84}$Po (zur Entstehung der weitreichenden α-Teilchen)

wandlung und der *Elektroneneinfang.* Diese Prozesse beruhen auf der Fähigkeit der beiden Nukleonensorten, sich ineinander umzuwandeln. Das Neutron kann in ein Proton und das Proton in ein Neutron übergehen. Da der Satz von der Erhaltung der elektrischen Ladung gilt, emittiert der Kern dabei ein Elektron/Positron oder fängt ein Hüllenelektron ein. Außerdem wird bei jedem der drei Umwandlungsprozesse vom Atomkern noch ein elektrisch neutrales Teilchen, entweder das *Elektronen-Neutrino* oder das *Elektronen-Antineutrino*, abgegeben.

Die Spinquantenzahl der Neutrinos ist $s = 1/2$. Beide Neutrinoarten unterscheiden sich hinsichtlich ihres Schraubensinns, der sogenannten *Helizität* (Abb. 19). Während beim Elektronen-

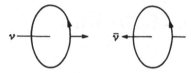

Abb. 19. Helizität von Neutrinos

Antineutrino die Vektoren des Impulses und des Spins parallel gerichtet sind (positive Helizität), sind sie beim Elektronen-Neutrino antiparallel orientiert (negative Helizität). Die Ruhemasse des Elektronen-Neutrinos/Antineutrinos ist entweder exakt Null oder zumindest sehr viel kleiner als die Elektronenruhemasse $(m_{v_e} < 10^{-4} m_e)$.

Beim β^--*Prozeß* findet im Kern die Umwandlung eines Neutrons in ein Proton statt. Es werden ein negatives Elektron (β^--Teilchen) mit negativer Helizität und ein Elektronen-Antineutrino $\bar{v}_e$ emittiert:

$$\,_0^1 n \rightarrow \,_1^1 p + \,_{-1}^0 e (\beta^-) + \,_0^0 \bar{v}_e. \qquad (2.54)$$

Bei diesem Vorgang nimmt die Kernladungszahl um eine Einheit zu. Da die Ruhemasse des Elektrons im Vergleich zur Kernmasse sehr klein ist, ändert sich letztere praktisch nicht. Die Nukleonenzahl des Atomkerns bleibt erhalten:

$$\,_Z^A X \rightarrow \,_{Z+1}^A Y + \beta^- + \bar{v}_e. \qquad (2.55)$$

Die β^+-*Umwandlung* verläuft unter Abgabe eines positiven Elektrons (Positron oder β^+-Teilchen) und eines Elektronen-Neutrinos v_e.

Im Kern wandelt sich ein Proton in ein Neutron um:

$$\,_1^1 p \rightarrow \,_0^1 n + \,_{+1}^0 e (\beta^+) + \,_0^0 v_e. \qquad (2.56)$$

Die Kernladungszahl nimmt dadurch um eine Einheit ab, während die Nukleonenzahl wie bei der β^--Umwandlung konstant bleibt:

$$\,_Z^A X \rightarrow \,_{Z-1}^A Y + \beta^+ + v_e \qquad (2.57)$$

Das von C. D. ANDERSON 1933 entdeckte Positron hat mit Ausnahme der Vorzeichen von Ladung und Helizität dieselben Eigenschaften wie das Elektron.

Im Jahre 1937 beobachtete L. W. ALVAREZ im *Elektroneneinfang* (E-Einfang) eine weitere Möglichkeit der Umwandlung eines Protons in ein Neutron. Dabei wird vom Kern ein Hüllenelektron (meist aus der K-Schale) aufgenommen und ein Elektronen-Neutrino emittiert:

$$\,_1^1 p + \,_{-1}^0 e \rightarrow \,_0^1 n + \,_0^0 v_e. \qquad (2.58)$$

Die Kernladungszahl sinkt dadurch um eine Einheit, die Nukleonenzahl verändert sich nicht:

$$\,_Z^A X + \,_{-1}^0 e \rightarrow \,_{Z-1}^A Y + v_e. \qquad (2.59)$$

Der E-Einfang konkurriert häufig mit der β^+-Umwandlung. Beide Umwandlungsarten führen zum gleichen Folgekern.

Da die Zahl der Nukleonen bei allen Arten der β-Umwandlung erhalten bleibt, sind Ausgangs- und Folgekern stets isobar. Während die α-Umwandlung auf Atomkerne mit großer Nukleonenzahl beschränkt ist, kommt die β-Umwandlung praktisch bei allen Elementen des Periodensystems vor. Gegenwärtig sind etwa 20 natürliche und 1 700 künstliche β-Strahler bekannt. Wie bei den α-Strahlern variieren dabei die Halbwertzeiten in sehr weiten Grenzen von 5 ms für $\,_{11}^{34} Na$ bis $1,5 \cdot 10^{24}$ a für $\,_{52}^{128} Te$.

Energetische Bedingungen

Die Voraussetzungen für das Auftreten spontaner β-Umwandlungsprozesse ergeben sich aus energetischen Betrachtungen. Die Emission eines Elektrons oder Positrons ist nur dann möglich, wenn die Massendifferenz zwischen Ausgangs- und Folgekern die Elektronenruhemasse übertrifft.

Ein β^--Prozeß kann demnach nur stattfinden, wenn gilt

$$m_k\left({}_Z^A X\right) > m_k\left({}_{Z+1}^A Y\right) + m_e. \qquad (2.60)$$

Es ist bequemer, anstatt der Kernmassen die Massen der neutralen Atome zu verwenden. Mit

$$m_k\left({}_Z^A X\right) + Z m_e > m_k\left({}_{Z+1}^A Y\right) + Z m_e + m_e$$

ergibt sich die Bedingung

$$m_a\left({}_Z^A X\right) > m_a\left({}_{Z+1}^A Y\right). \qquad (2.61)$$

Daraus folgt für die beim β^--Prozeß freiwerdende Umwandlungsenergie

$$Q = \left[m_a\left({}_Z^A X\right) - m_a\left({}_{Z+1}^A Y\right)\right] c_0^2. \qquad (2.62)$$

Die analoge Rechnung für den β^+-Prozeß liefert ein etwas anderes Ergebnis. Aus

$$m_k\left({}_Z^A X\right) > m_k\left({}_{Z-1}^A Y\right) + m_e \qquad (2.63)$$

ergibt sich mit

$$m_k\left({}_Z^A X\right) + Z m_e > m_k\left({}_{Z-1}^A Y\right) + m_e + Z m_e$$

die folgende Bedingung für die Atommassen:

$$m_a\left({}_Z^A X\right) > m_a\left({}_{Z-1}^A Y\right) + 2 m_e. \qquad (2.64)$$

Die in diesem Fall freiwerdende Gesamtenergie ist daher gegeben durch

$$Q = \left[m_a\left({}_Z^A X\right) - m_a\left({}_{Z-1}^A Y\right) - 2 m_e\right] c_0^2. \qquad (2.65)$$

Nur wenn das neutrale Ausgangsatom gegenüber dem neutralen Folgeatom einen Energieüberschuß von mindestens $2 m_e c_0^2 = 1{,}022\ \text{MeV}$ besitzt, ist ein β^+-Prozeß energetisch möglich.

Für den mit der β^+-Umwandlung konkurrierenden *E-Einfang* lauten die entsprechenden Bedingungen:

$$m_k\left({}_Z^A X\right) > m_k\left({}_{Z-1}^A Y\right) - m_e, \qquad (2.66)$$

$$m_k\left({}_Z^A X\right) + Z m_e > m_k\left({}_{Z-1}^A Y\right) - m_e + Z m_e$$

und $\quad m_a\left({}_Z^A X\right) > m_a\left({}_{Z-1}^A Y\right). \qquad (2.67)$

Die Umwandlungsenergie ist dann

$$Q = \left[m_a\left({}_Z^A X\right) - m_a\left({}_{Z-1}^A Y\right)\right] c_0^2. \qquad (2.68)$$

Im Gegensatz zur β^+-Umwandlung ist der E-Einfang auch bei Energiedifferenzen der neu-

tralen Atome $< 1{,}022\ \text{MeV}$ energetisch möglich. Da gleichzeitig mit der Bedingung (2.64) auch stets die Bedingung (2.67) erfüllt ist, können sich bestimmte Atomkerne sowohl durch Emission von β^+-Teilchen als auch durch E-Einfang umwandeln.

β-Spektrum

Die beim β-Prozeß freiwerdende Umwandlungsenergie Q verteilt sich nach einem Wahrscheinlichkeitsgesetz auf die beiden emittierten Teilchen:

$$Q = E_\beta + E_{v_e}. \qquad (3.69)$$

Der Folgekern übernimmt wegen seiner im Vergleich zur Elektronenmasse sehr großen Masse zwar Impuls, aber fast keine Rückstoßenergie.

Das β-Energiespektrum zeigt gegenüber dem α-Spektrum einen wesentlichen Unterschied. Je nach der Verteilung der Umwandlungsenergie Q auf β-Teilchen und Elektronen-Neutrino (bzw. Elektronen-Antineutrino) besitzen die von einem radioaktiven Nuklid abgegebenen Elektronen oder Positronen ein *kontinuierliches Energiespektrum*, das sich von $E_\beta = 0$ bis zu einem Maximalwert $E_\beta = E_{\beta\,max}$ erstreckt. Bei der Maximalenergie erhält das Elektronen-Neutrino (Elektronen-Antineutrino) keine kinetische Energie ($E_{v_e} = 0$). Das β-Teilchen nimmt selbst bis auf die sehr kleine Rückstoßenergie des Folgekerns die gesamte Umwandlungsenergie auf, so daß gilt:

$$E_{\beta\,max} \approx Q. \qquad (3.70)$$

Die Abb. 20 zeigt schematisch die typische

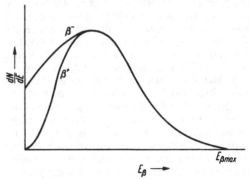

Abb. 20. Schematische Darstellung von β-Energiespektren

Form der kontinuierlichen Energieverteilung für einen β^-- und einen β^+-Strahler. Das Maximum der Verteilungskurve liegt bei einer mittleren Energie zwischen $1/3 E_{\beta_{max}}$ und $1/2 E_{\beta_{max}}$. Die meisten β-Teilchen besitzen demnach eine kinetische Energie, die kleiner als die halbe Umwandlungsenergie ist.

Bei niedrigen Energien ist zwischen dem Energiespektrum der Elektronen und Positronen ein deutlicher Unterschied festzustellen. Der Grund hierfür ist die positive Ladung des Kerns. Durch den Einfluß des Coulomb-Feldes werden die austretenden Positronen beschleunigt, so daß im β^+-Spektrum Teilchen sehr kleiner Energien fehlen. Dagegen sind im β^--Spektrum stets zahlreiche energiearme Teilchen vorhanden.

Ähnlich wie bei der α-Umwandlung kann auch bei β-Prozessen der Ausgangskern in verschiedene Energiezustände des Folgekerns übergehen. Durch Überlagerung von zwei oder mehreren einfachen β-Spektren mit unterschiedlichen Maximalenergien entsteht dann ein *komplexes β-Spektrum*.

Die Beobachtung der ersten kontinuierlichen β-Spektren um 1910 stellte die Kernphysik über 15 Jahre lang vor große Schwierigkeiten. Wenn keine Verletzung des Energieerhaltungssatzes vorliegen sollte, mußte eine Erklärung dafür gefunden werden, warum sich gleichartige Ausgangskerne durch Aussendung von β-Teilchen unterschiedlicher kinetischer Energie in gleichartige Folgekerne umwandeln können. Außerdem war bei der β-Umwandlung offensichtlich auch das Gesetz der Spinerhaltung nicht erfüllt. Erst im Jahre 1931 wurde von W. PAULI durch die *Neutrinohypothese* ein Ausweg aus dieser Situation aufgezeigt. Diese Hypothese fordert, daß gleichzeitig mit dem β-Teilchen ein weiteres Teilchen, das Neutrino, ausgesandt wird, das den Fehlbetrag von Energie und Impuls fortträgt. Wegen der außerordentlich geringen Wechselwirkung des Neutrinos mit anderen Teilchen (die mittlere freie Weglänge beträgt in kondensierter Materie $\approx 10^{17}$ km!) entkommt es beim β-Prozeß unbeobachtet. Der direkte Neutrinonachweis gelang erst 1953 F. REINES und C. L. COWAN mit Hilfe der Reaktion $^1_1 p + \bar{\nu}_e \rightarrow {}^1_0 n + \beta^+$. Es wurde festgestellt, daß verschiedene Arten von Neutrinos existieren und zu jeder außerdem ein Antiteilchen. Bei allen mit der Emission von Elektronen oder Positronen verbundenen Umwandlungsprozessen entstehen Elektronen-Neutrinos (ν_e, $\bar{\nu}_e$). Dagegen treten bei der Bildung und Umwandlung von Myonen sogenannte Myonen-Neutrinos (ν_μ, $\bar{\nu}_\mu$) auf. Die 1975 entdeckten schweren

Leptonen τ^+ und τ^- sind mit einer dritten Neutrinoart, den Tau-Neutrinos (ν_τ, $\bar{\nu}_\tau$) verknüpft.

Die quantenmechanische Theorie der β-Umwandlung wurde 1934 auf der Grundlage der Neutrinohypothese von E. FERMI ausgearbeitet. Es wird angenommen, daß die Emission eines β-Teilchens und eines Elektronen-Neutrinos die Folge einer Wechselwirkung zwischen den Nukleonen im Atomkern und dem Elektronen-Neutrino-Feld ist. Die Fermi-Theorie gestattet eine mathematische Darstellung des β-Spektrums sowie eine Berechnung der Umwandlungskonstante λ als Funktion der maximalen β-Energie $E_{\beta_{max}}$, der Kernladungszahl Z und der Änderung der Kernspinquantenzahl ΔI. Der Zusammenhang zwischen Maximalenergie und Umwandlungskonstante (bzw. Halbwertzeit) besitzt eine gewisse Ähnlichkeit mit der Geiger-Nuttall-Regel für α-Strahler. Mit zunehmender Maximalenergie verringert sich die Halbwertzeit stark (*Sargent-Diagramm*). Die Maximalenergie beeinflußt aber die Halbwertzeit nicht allein. Für die Wechselwirkung der Nukleonen im Kern gelten, ähnlich wie für die Elektronenübergänge in der Atomhülle, verschiedene Auswahlregeln. Man unterscheidet erlaubte sowie einfach und mehrfach verbotene β-Übergänge. Je mehr ein β-Übergang verboten ist, um so größer ist die Halbwertzeit.

Bei der Emission von β^-- und β^+-Teilchen sowie beim E-Einfang entsteht infolge des Kernladungssprungs ($Z \rightarrow Z \pm 1$) stets eine *innere Bremsstrahlung*. Es handelt sich dabei um eine verhältnismäßig schwache Quantenstrahlung mit kontinuierlichem Energiespektrum. Zusätzlich wird bei der Absorption der β-Teilchen in den Atomen der Umgebung eine oft recht intensive *äußere Bremsstrahlung* erzeugt.

β^--Umwandlung

Das Umwandlungsschema eines reinen β^--Strahlers ist in Abb. 21 dargestellt. Radioaktiver Phosphor $^{32}_{15}$P wandelt sich mit einer Halbwertzeit von 14,3 d unter Aussendung von β^--Teilchen ($E_{\beta_{max}} = 1{,}711$ MeV) in den stabilen Schwefelkern $^{32}_{16}$S um. Da sich bei diesem Prozeß die Kernladungszahl um eine Einheit vergrößert, ist der Pfeil nach rechts unten gezeichnet. Der Abstand der beiden Niveaus ist ein Maß für den Energieunterschied des radioaktiven Ausgangskerns und des stabilen Folgekerns.

Ein einfaches Beispiel für einen reinen β^--Prozeß ist auch die 1948 von A. H. SNELL beobachtete Umwandlung des *freien Neutrons*. Da Neutronen eine größere Masse als H-Atome

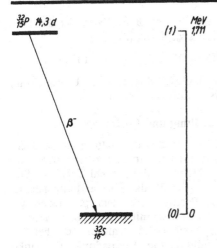

Abb. 21. Umwandlungsschema von $^{32}_{15}$P

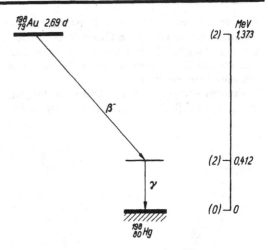

Abb. 22. Umwandlungsschema von $^{198}_{79}$Au

besitzen, ist nach der Bedingung (2.61) die β^--Umwandlung in Protonen möglich. Die Maximalenergie der entstehenden β^--Teilchen ergibt sich aus der Massendifferenz zu

$$\Delta m = m_n - (m_p + m_e) = 0{,}000841 \text{ u},$$

$$E_{\beta_{max}} \approx Q = 0{,}000841 \cdot 931{,}5 \text{ MeV} = 0{,}783 \text{ MeV}.$$

Die Lebensdauer des freien Neutrons beträgt

$$\tau = (889{,}6 \pm 2{,}3) \text{ s}.$$

Häufig führt die β^--Umwandlung nicht sofort zum stabilen Folgekern, sondern zunächst in einen angeregten Zustand, von dem aus in äußerst kurzer Zeit unter Aussendung von γ-Strahlung der Übergang in den Grundzustand erfolgt. So wandelt sich z. B. radioaktives Gold $^{198}_{79}$Au unter Emission von β^--Teilchen ($E_{\beta_{max}} = 0{,}96$ MeV) und γ-Quanten ($E_\gamma = 0{,}412$ MeV) in das stabile Quecksilber $^{198}_{80}$Hg um (Abb. 22). Oft beobachtet man je Umwandlungsprozeß neben einem β^--Teilchen zwei oder sogar mehrere γ-Quanten. Die Abb. 23 zeigt das am Beispiel des Umwandlungsschemas von radioaktivem Natrium $^{24}_{11}$Na. Nach einem β^--Prozeß werden in Form einer Kaskade unmittelbar nacheinander zwei γ-Quanten mit Energien von 2,754 und 1,369 MeV emittiert. Zwischen diesen drei Ereignissen liegt eine unmeßbar kleine Zeitspanne, so daß die Aussendung des β^--Teil-

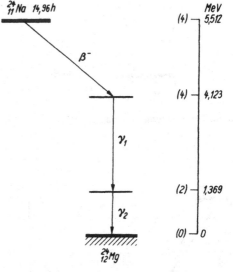

Abb. 23. Umwandlungsschema von $^{24}_{11}$Na

chens und die Emission der beiden γ-Quanten als gleichzeitig verlaufende Vorgänge anzusehen sind.

In vielen Fällen treten bei der Umwandlung radioaktiver Nuklide zwei oder mehrere Gruppen von β^--Teilchen mit verschiedener Häufigkeit auf. Einer dieser β^--Prozesse kann sofort zum stabilen Folgekern führen, während durch die anderen erst angeregte Zustände erreicht wer-

den, von denen sofort unter Emission von γ-Quanten Übergänge in den Grundzustand erfolgen. Als Beispiel dafür sind in den Abbildungen 24 und 25 die Umwandlungsschemata von $^{42}_{19}$K und $^{56}_{25}$Mn wiedergegeben.
In einigen wenigen Fällen ist es auch gelungen, die doppelte β⁻-Umwandlung nachzuweisen.

Ein Beispiel für den *β⁻β⁻-Prozeß* ist die Umwandlung des gg-Kerns $^{82}_{34}$Se:

$$^{82}_{34}\text{Se} \rightarrow {}^{82}_{36}\text{Kr} + 2\beta^- + 2\bar{\nu}_e \quad (T_{1/2} \approx 10^{20}\,\text{a}).$$

Die neutrinolose doppelte β⁻-Umwandlung wurde bislang nicht beobachtet.

β⁺-Umwandlung und E-Einfang

Der β⁺-Prozeß wird in der Natur nicht beobachtet. Er tritt nur bei künstlich radioaktiven Nukliden mit kleiner Ordnungszahl Z auf. Als Beispiel ist in Abb. 26 das Umwandlungsschema des reinen Positronenstrahlers $^{11}_{6}$C wiedergegeben, der Positronen mit einer Maximalenergie von $E_{\beta\,\text{max}} = 0{,}970$ MeV emittiert. Da bei der β⁺-Umwandlung die Kernladungszahl sinkt, zeigt der Pfeil nach links unten. Die Energiedifferenz zwischen den Niveaulinien entspricht jedoch nicht der Maximalenergie der β⁺-Teilchen. Wenn ein Positron den Kern verläßt, entsteht ein Folgekern mit einer um eine Einheit kleineren Kernladungszahl. Es wird daher zusätzlich zum β⁺-Teilchen stets ein Hüllenelektron abgegeben. Das findet im Umwandlungsschema durch den Energiebetrag $2m_e c_0^2$ Berücksichtigung.
Die bei der β⁺-Umwandlung emittierten Positronen haben nur eine sehr kurze Lebensdauer. Bei ihrer Abbremsung vereinigen sie sich mit Elektronen unter Zerstrahlung der gemeinsamen Ruheenergie von $2m_e c_0^2 = 1{,}022$ MeV. Es

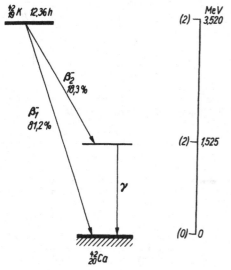

Abb. 24. Umwandlungsschema von $^{42}_{19}$K

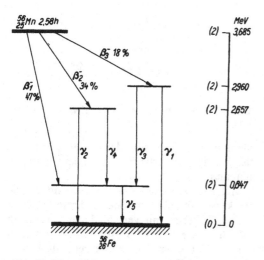

Abb. 25. Umwandlungsschema von $^{56}_{25}$Mn

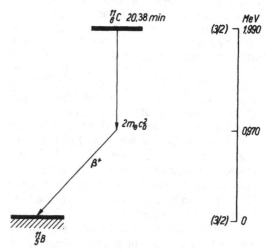

Abb. 26. Umwandlungsschema von $^{11}_{6}$C

entstehen zwei γ-Quanten von je 0,511 MeV, die in entgegengesetzter Richtung emittiert werden. Diese sogenannte *Vernichtungsstrahlung* ist eine Begleiterscheinung jedes β⁺-Strahlers (s. 8.1.2.).

Mit wachsender Kernladungszahl Z verkleinern sich die Radien der inneren Elektronenschalen, so daß die Wahrscheinlichkeit für den E-Einfang zunimmt. Bei schweren Kernen tritt daher bevorzugt E-Einfang auf, während die β⁺-Umwandlung bei leichten Atomkernen dominiert. Beim E-Einfang wird vom Kern keine meßbare Strahlung emittiert. Eine Ausnahme davon bilden lediglich die Fälle, in denen die Folgekerne in angeregten Zuständen entstehen und γ-Strahlung aussenden. Das Elektronen-Neutrino übernimmt beim E-Einfang die gesamte Umwandlungsenergie Q abzüglich der Bindungsenergie $E_{K,L,...}$ des eingefangenen Elektrons aus der K- oder L-Schale:

$$E_{v_e} = Q - E_{K,L,...}. \qquad (2.71)$$

Im Gegensatz zum kontinuierlichen Neutrinospektrum beim β⁻- und β⁺-Prozeß entsteht daher ein Neutrino-Linienspektrum.

Als typisches Merkmal tritt beim E-Einfang die *charakteristische Röntgenstrahlung des Folgeatoms* auf. Sie wird beim Wiederauffüllen der durch das eingefangene Elektron entstandenen Lücke in der Atomhülle emittiert.

Anstatt eines Röntgenquants kann auch ein weiteres Hüllenelektron ausgesandt werden, das man als *Auger-Elektron* bezeichnet. Diese Sekundärstrahlungen gestatten den experimentellen Nachweis des E-Einfangs.

Die Abb. 27 zeigt das Umwandlungsschema des reinen E-Fängers $^{55}_{26}$Fe. Bei diesem Umwandlungsprozeß wird keine meßbare Kernstrahlung, sondern nur die charakteristische Röntgenstrahlung des Folgeatoms $^{55}_{25}$Mn emittiert.

Am Beispiel des in Abb. 28 dargestellten Umwandlungsschemas von $^{64}_{29}$Cu wird schließlich gezeigt, daß es radioaktive Nuklide gibt, bei denen die Umwandlung in stabile Isobare sowohl durch β⁻- und β⁺-Prozesse als auch durch E-Einfang möglich ist.

2.8. Gammaübergänge

Ähnlich wie die Elektronenhülle kann auch der Atomkern in energetisch angeregten Zuständen existieren. Nach einem α- oder β-Umwandlungsprozeß (s. 2.6. und 2.7.) verbleibt der Folgekern oft in einem Zustand höherer Energie. Auch bei künstlichen Kernumwandlungen und unelastischen Streuprozessen (s. 4.1.) können angeregte Atomkerne entstehen. Durch die Resonanzabsorption von γ-Quanten (Mößbauer-Effekt) ist ebenfalls eine Kernanregung möglich.

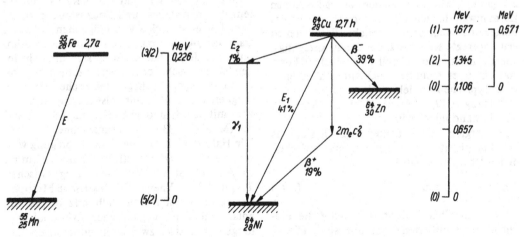

Abb. 27. Umwandlungsschema von $^{55}_{26}$Fe   Abb. 28. Umwandlungsschema von $^{64}_{29}$Cu

Die Anregungszustände der Atomkerne liegen meist 10^4 bis 10^7 eV über dem Zustand der geringsten Energie, dem Grundzustand. Angeregte Atomkerne unterscheiden sich nicht nur im Energieinhalt von gleichartigen Kernen im Grundzustand, sondern auch im Kernspin sowie in der Größe des elektrischen und magnetischen Moments. Trotz gleicher Kernladungs- und Nukleonenzahl sind daher Kerne in verschiedenen Anregungszuständen als unterschiedliche Kernarten anzusehen.

Wenn die Anregungsenergie nicht zur Entfernung eines Nukleons ausreicht, kann ein angeregter Atomkern seine Energie durch einen spontanen γ-Übergang abgeben und dadurch in den Grundzustand zurückkehren. Solche Übergänge erfolgen entweder direkt oder über mehrere dazwischen liegende Anregungsstufen.

Bei γ-Übergängen handelt es sich stets um Folgeerscheinungen von Vorgängen, durch die angeregte Atomkerne entstehen. Den verschiedenen Übergangsarten ist gemeinsam, daß eine Abregung der Kerne ohne Veränderung von Kernladungs- und Nukleonenzahl stattfindet. Die einzelnen Formen der γ-Übergänge werden im folgenden beschrieben.

Emission von γ-Strahlung

Sehr häufig erfolgt der Übergang von Atomkernen aus angeregten Zuständen in energetisch tiefer liegende Zustände unter Aussendung *elektromagnetischer Strahlung* (γ-Quanten, Photonen). Wie bereits in den Abschnitten 2.6. und 2.7. gezeigt, wird insbesondere bei radioaktiven Kernumwandlungen oft der Grundzustand des Folgekerns nicht sofort erreicht. Es entstehen erst angeregte Kernzustände, deren Anregungsenergie meist sehr schnell ($<10^{-14}$ s) in Form von ein oder mehreren γ-Quanten abgegeben wird. Typische Beispiele dafür zeigen die in den Abbildungen 17, 18 sowie 22 bis 25 dargestellten Umwandlungsschemata.

Die Energien der γ-Quanten ergeben sich aus den Energiedifferenzen der Niveaus, zwischen denen Übergänge stattfinden. Es gilt

$$\boxed{E_\gamma = E_2 - E_1 = hf,} \qquad (2.72)$$

wobei h die Planck-Konstante und f die Frequenz der emittierten Strahlung sind. Die γ-Spektren sind daher *Linienspektren*.

Bei radioaktiven Umwandlungsprozessen werden γ-Quanten mit Energien zwischen 10 keV und 7 MeV ausgesandt. Die höchste Quantenenergie wird bei der künstlichen Kernumwandlung

$$_3^7\text{Li}(\text{p},\gamma)_4^8\text{Be} \qquad \text{mit } E_\gamma = 17,6 \text{ MeV beobachtet.}$$

Normalerweise wird die γ-Strahlung von radioaktiven Nukliden *isotrop* abgegeben. Folgen aber zwei oder mehrere γ-Quanten unmittelbar aufeinander, so treten *Winkelkorrelationen* auf. Wenn das erste γ-Quant einer Kaskade in eine bestimmte Richtung emittiert wird, so sind Wahrscheinlichkeitsaussagen über die Ausstrahlungsrichtung des zweiten γ-Quants möglich.

Nach der Theorie der γ-Emission hängen die Übergangswahrscheinlichkeiten für γ-Übergänge von der Nukleonenzahl der Kerne, der Anregungsenergie der Niveaus und der *Multipolordnung* der Strahlung ab. Bei der Emission von γ-Strahlung erfolgt ein Wechsel der Kernspinquantenzahl, weil γ-Quanten einen ganzzahligen Drehimpuls (Quantenzahl l) besitzen. Je nach der Größe von l unterscheidet man *Dipolstrahlung* ($l = 1$), *Quadrupolstrahlung* ($l = 2$), *Oktupolstrahlung* ($l = 3$) usw. Übergänge zwischen Niveaus, die beide die Kernspinquantenzahl 0 haben, sind verboten. Es tritt daher keine Unipolstrahlung ($l = 0$) auf.

Für γ-Übergänge muß stets die Ungleichung

$$|I_a - I_e| \le l \le I_a + I_e \qquad (2.73)$$

erfüllt sein, wenn I_a und I_e die Kernspinquantenzahl im Anfangs- und Endzustand bezeichnen. Bei einer Folge von möglichen l-Werten trägt das γ-Quant meist den kleinsten Drehimpuls fort. Je nachdem, ob es sich um schwingende elektrische oder magnetische Multipolmomente handelt, liegt elektrische (E) bzw. magnetische (M) Multipolstrahlung vor. Sie wird mit den Symbolen El (E1, E2, E3, …) und Ml (M1, M2, M3, …) gekennzeichnet.

Die Halbwertzeit $T_{1/2\gamma}$ der Niveauabregung wird sehr stark durch die Multipolordnung bestimmt. In Abb. 29 ist der Zusammenhang zwischen $T_{1/2\gamma}$ und der γ-Energie für elektrische Multipolstrahlung dargestellt. Die Halbwertzeiten für die entsprechenden magnetischen Multipolstrahlungen sind etwa zwei Größenordnungen länger.

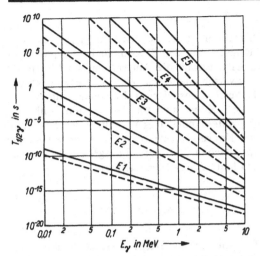

Abb. 29. Halbwertzeit $T_{1/2\,\gamma}$ in Abhängigkeit von der γ-Energie E_γ für γ-Übergänge mit elektrischer Multipolstrahlung bei unterschiedlichen Nukleonenzahlen

—— $A = 20$;   – – – $A = 200$

Wenn ein γ-Quant vom Kern in eine bestimmte Richtung emittiert worden ist, trägt es kein Merkmal des Multipolcharakters des Übergangs mehr, dem es entstammt.

Kernisomerie

Die Verweilzeiten der Kerne in angeregten Zuständen sind meist extrem kurz. In einigen Fällen kann die Lebensdauer der angeregten Zustände jedoch einige Sekunden, Stunden, Tage oder sogar viele Jahre betragen. Diese metastabilen Zustände werden durch die Angabe eines „m" als oberer Index hinter dem Elementsymbol gekennzeichnet. Angeregte Kerne mit *meßbarer* Halbwertzeit $T_{1/2\,\gamma}$ nennt man *Isomere* der Kerne mit gleichem Z und A im Grundzustand. Die γ-Übergänge zwischen isomeren Paaren heißen *isomere Übergänge*. Kernisomerie tritt insbesondere dann auf, wenn die Änderung der Kernspinquantenzahl groß und die γ-Energie klein ist. Häufig handelt es sich daher bei isomeren Übergängen um die Typen E3, E4, M4 und M5. Die Erscheinung der Isomerie wurde bereits im Jahre 1921 von O. HAHN auf chemischem Wege bei der β⁻-Umwandlung des natürlich radioaktiven Nuklids $^{234}_{90}$Th entdeckt. Bei diesem Umwandlungsprozeß entsteht das Kernisomerenpaar $^{234}_{91}$Pa^m/$^{234}_{91}$Pa. Beide Nuklide sind

β⁻-Strahler und wandeln sich mit Halbwertzeiten von 1.17 min bzw. 6,7 h in das Nuklid $^{234}_{92}$U um.

Die Abbn. 30 und 31 zeigen zwei typische Beispiele für Kernisomerie. Der radioaktive Caesiumkern $^{137}_{55}$Cs geht durch Emission von β⁻-Teilchen in 94 % aller Fälle in einen isomeren Zustand des Bariums $^{137}_{56}$Ba^m über, der eine

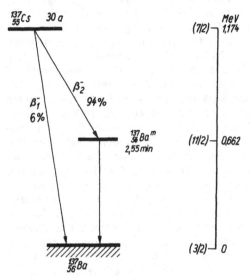

Abb. 30. Umwandlungsschema von $^{137}_{55}$Cs

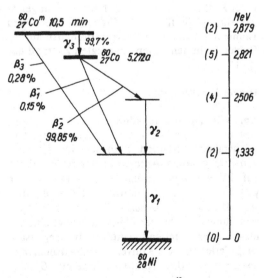

Abb. 31. Umwandlungsschema von $^{60}_{27}$Co

Halbwertzeit von 2,55 min besitzt. Von diesem Zustand erfolgt der Übergang in den Grundzustand des Bariums unter Aussendung von γ-Strahlung mit einer Energie von 0,662 MeV. Außerdem beobachtet man mit 6 % Häufigkeit die direkte β⁻-Umwandlung in den Grundzustand des Bariums. Caesium-137 dient für viele Anwendungen als intensiver γ-Strahler mit langer Halbwertzeit, weil aus der langlebigen Muttersubstanz ständig der kurzlebige isomere Zustand des Bariums nachgebildet wird.

Auch bei der Herstellung des wichtigen radioaktiven Nuklids $^{60}_{27}$Co im Kernreaktor bildet sich zunächst ein isomerer Zustand. Beim Beschuß von $^{59}_{27}$Co mit Neutronen entsteht durch eine (n,γ)-Reaktion (s. 5.2.) ein isomerer Cobaltkern mit einer Halbwertzeit von 10,5 min. Dieser Kern geht relativ schnell unter Emission energiearmer γ-Strahlung in den langlebigen Zustand des Cobalts $^{60}_{27}$Co über. Da in diesem Fall der isomere Zustand des Cobalts nicht dauernd durch eine langlebige Muttersubstanz wie im ersten Beispiel nachgebildet wird, ist er bereits kurze Zeit nach Bestrahlungsende abgeklungen, und es liegt praktisch nur noch der radioaktive Cobaltkern $^{60}_{27}$Co in seinem Grundzustand vor. Dieser Kern wandelt sich mit 99,7 % Häufigkeit unter Emission eines β⁻-Teilchens in einen angeregten Zustand des $^{60}_{28}$Ni um, von dem der Grundzustand durch Aussendung zweier γ-Quanten von 1,173 und 1,333 MeV in Form einer Kaskade erreicht wird. Nur mit sehr geringer Häufigkeit führen β⁻-Prozesse direkt vom isomeren Zustand und vom Grundzustand des Cobalt-60 in den ersten angeregten Zustand des $^{60}_{28}$Ni.

Innere Konversion

Angeregte Atomkerne können auch in Wechselwirkung mit den Hüllenelektronen treten. Die γ-Übergänge verlaufen dann strahlungslos, indem die gesamte Anregungsenergie E_γ direkt auf Hüllenelektronen übergeht, die anstelle der γ-Quanten vom Atom emittiert werden. Bei diesem als *innere Konversion* (IC) oder innere Umwandlung bezeichneten Vorgang erfolgt eine Ionisation der betreffenden Atome. Im Gegensatz zu β-Teilchen sind Konversionselektronen *monoenergetisch*. Ihre kinetische Energie E_e läßt sich mit der Beziehung

$$E_e = E_\gamma - E_{K,L,M,...} \qquad (2.74)$$

berechnen. Darin bedeutet $E_{K,L,M,...}$ die Bindungsenergie der Elektronen in der jeweiligen Schale. Erfolgt die Abtrennung der Elektronen aus verschiedenen Schalen, so entsteht ein einfaches Linienspektrum (Konversionslinien).

Innere Konversion und γ-Emission konkurrieren miteinander. Das Verhältnis der Anzahl N_e der Konversionselektronen zur Anzahl N_γ der im gleichen Zeitintervall ausgesandten γ-Quanten heißt *Konversionskoeffizient*

$$\alpha = \frac{N_e}{N_\gamma} = \alpha_K + \alpha_L + \dots . \qquad (2.75)$$

Der Gesamtkoeffizient α setzt sich aus der Summe der Partialkoeffizienten α_K, α_L, ... für die einzelnen Elektronenschalen zusammen. Der Konversionskoeffizient wächst mit dem Grad der Multipolordnung sowie mit abnehmender Anregungsenergie E_γ. Da die Dichte der Hüllenelektronen in Kernnähe mit Z stark zunimmt, ist die Erscheinung der inneren Konversion bevorzugt bei Nukliden hoher Ordnungszahl anzutreffen. Ein typisches Beispiel für die innere Konversion ist der in Abb. 31 dargestellte isomere Übergang γ₃ des $^{60}_{27}$Co^m. Nur mit 3 % Häufigkeit erfolgt dieser Übergang unter Emission von 0,059-MeV-γ-Strahlung. Mit einer Häufigkeit von 97 % treten Konversionselektronen auf.

Der Vorgang der inneren Konversion darf nicht als eine Art photoelektrischer Effekt aufgefaßt werden, bei dem γ-Quanten im gleichen Atom Elektronen auslösen. Da keine γ-Quanten entstehen, sind sogar Übergänge zwischen Zuständen mit der Kernspinquantenzahl 0 (sog. 0-0-Übergänge) möglich.

Die bei der inneren Konversion entstehende Lücke in der Elektronenhülle wird wie beim E-Einfang unter Emission von Röntgenstrahlung aufgefüllt. Es besteht aber auch hier die Möglichkeit der Energieübertragung auf ein Elektron einer anderen Schale, das als *Auger-Elektron* das Atom verläßt.

Wenn die Anregungsenergie eines Kernzustandes $2 m_e c_0^2$ übertrifft, kann in seltenen Fällen der Grundzustand auch durch Emission eines Elektron-Positron-Paares erreicht werden. Dieser Vorgang heißt *innere Paarbildung*.

In der Strahlungsmeßtechnik ist die Kenntnis des Grades der inneren Konversion oder der inneren Paarbildung für die Wahl eines geeigneten Strahlungsdetektors sehr wichtig. Bei stark konvertierten γ-Übergängen ist ein für Elektronen empfindlicher Detektor einem γ-Detektor stets vorzuziehen.

Mößbauer-Effekt

Kehren Atome nach vorausgegangener Anregung in den Grundzustand zurück, so werden Lichtquanten ausgestrahlt. Diesem Vorgang entspricht in der Kernphysik die γ-Emission angeregter Atomkerne. Im optischen Fall ist auch die Umkehrung des Emissionsprozesses, die sogenannte *Resonanzabsorption*, schon lange wohlbekannt. Atome im Grundzustand vermögen die von gleichartigen Atomen emittierten Lichtquanten zu absorbieren, wobei eine Anregung erfolgt. Die Anregungsenergie wird anschließend unter Emission von Fluoreszenzlicht wieder abgegeben.

Dieses in Übereinstimmung mit Gl. (2.72) stehende Bild der Resonanzabsorption und Resonanzfluoreszenz bedarf jedoch einer Korrektur, um zu erklären, warum analoge Erscheinungen bei γ-Übergängen normalerweise nicht beobachtet werden.

Ein angeregter Zustand der Energie E_a besitzt eine mittlere Lebensdauer τ und damit nach der *Heisenbergschen Unbestimmtheitsrelation* zwischen Energie und Zeit keine ganz scharfe Energie, sondern eine Energieunschärfe

$$\Delta E = \Gamma = \frac{\hbar}{\tau}. \tag{2.76}$$

Die Verbreiterung der Niveaus hat eine Emission von Linien zur Folge, die nicht unendlich dünn sind, sondern eine natürliche Linienbreite Γ besitzen. Diese beträgt im Bereich der Atomphysik bei einer mittleren Lebensdauer der angeregten Niveaus von $\tau \approx 10^{-8}$ s etwa $\Gamma \approx 10^{-7}$ eV. Entsprechend der unterschiedlichen mittleren Lebensdauer angeregter Kernzustände liegen die natürlichen Linienbreiten der γ-Strahlung zwischen 10^{-10} und 10^{-4} eV.

Der entscheidende Effekt für die Resonanzabsorption ist die *Rückstoßverschiebung*. Beim Übergang angeregter Atome oder Kerne in den Grundzustand erteilen die ausgesandten Quan-

ten den emittierenden Gebilden einen Rückstoßimpuls p. Die mit dem Rückstoßimpuls verbundene Rückstoßenergie

$$E_r = \frac{p^2}{2m} = \frac{E_\gamma^2}{2mc_0^2} \tag{2.77}$$

der Atome bzw. Kerne der Masse m geht den Quanten verloren. Die Energie der emittierten Quanten ist daher

$$E_{\gamma, em} = E_a - E_r. \tag{2.78}$$

Andererseits müssen Quanten eine Energie

$$E_{\gamma, abs} = E_a + E_r \tag{2.79}$$

besitzen, damit Resonanzabsorption eintreten kann, weil der Absorption der Energiebetrag E_r als Rückstoßenergie übertragen wird. Für gleichartige Atome oder Kerne sind daher die Emissions- und die Absorptionslinien gegeneinander um den Betrag $2E_r$ verschoben.

Eine Resonanzabsorption kann immer nur dann eintreten, wenn sich beide Linien aufgrund ihrer endlichen Breite überlappen. Das ist im optischen Bereich der Fall, weil infolge der geringen Anregungsenergien der Rückstoß keine merkliche Rolle spielt. In der Kernphysik treten dagegen Rückstoßenergien zwischen 10^{-2} und 10^2 eV auf, so daß wegen $E_r \gg \Gamma$ eine Überlappung der Linien und damit die Resonanzabsorption meist verhindert sind. Diesen Sachverhalt zeigt die Abb. 32 schematisch.

Die starke Verschiebung zwischen den γ-Emissions- und -Absorptionslinien läßt sich durch künstliche Linienverbreiterung mit Hilfe des *Doppler-Effektes* beseitigen.

Im Jahre 1958 entdeckte R. MÖSSBAUER die Möglichkeit, die Resonanzbedingung nicht durch Kompensation des Rückstoßenergieverlustes, sondern durch dessen Vermeidung zu erfüllen. Um die Rückstoßverluste auszuschalten, werden die Atome des γ-Strahlers und des Absorbers in das Kristallgitter eines Festkörpers eingebaut. In diesem Fall übernimmt das gesamte Kristallgitter der Masse M den Rückstoßimpuls. Wegen $M \gg m$ ist nach Gl. (2.77) die Rückstoßenergie vernachlässigbar klein. Die Rückstoßenergie kann aber den Kristall auch

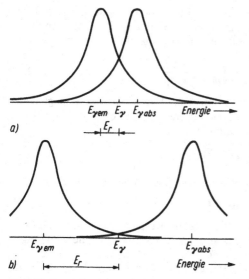

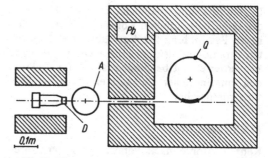

Abb. 33. Versuchsanordnung für den Mößbauer-Effekt

Q rotierender Kryostat mit der Strahlungsquelle; A Absorberkryostat; D Strahlungsdetektor zum Nachweis der γ-Quanten

Abb. 32. Lage der Emissions- und Absorptionslinien bei Berücksichtigung des Rückstoßes
a) Überlappung der Linien (optische Resonanzabsorption); b) keine Überlappung der Linien (Kernresonanzabsorption)

zu Schwingungen anregen. Um das zu vermeiden, beschränkt man sich bei Kernresonanzexperimenten auf kleine Quantenenergien $E_\gamma < 150$ keV und bringt oft die γ-Quelle sowie den Absorber auf tiefe Temperaturen. Damit entfallen alle durch die Rückstoßenergieverluste bewirkten Effekte, wie Linienverschiebung und Linienverbreiterung. Es wird eine außeror-

dentlich scharfe γ-Linie emittiert, deren Breite nur durch die natürliche Linienbreite gegeben ist. Eine solche Linie wird mit hoher Selektivität absorbiert, wenn γ-Quelle und Absorber dem gleichen Nuklid angehören. Diese rückstoßfreie Kernresonanzabsorption oder Kernresonanzabsorption mit eingefrorenem Rückstoß wird als *Mößbauer-Effekt* bezeichnet.

In der Abb. 33 ist die von R. MÖSSBAUER verwendete Versuchsanordnung schematisch dargestellt. Als Strahlungsquelle dient ein $^{191}_{76}$Os-Präparat. Bei der β⁻-Umwandlung des $^{191}_{76}$Os entsteht ein angeregter Zustand von $^{191}_{77}$Ir. Der Übergang in den Grundzustand erfolgt unter γ-Emission mit einer Energie von $E_\gamma = 129$ keV (Abb. 34). Als Resonanzabsorber

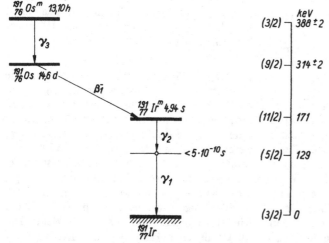

Abb. 34. Umwandlungsschema von $^{191}_{76}$Os

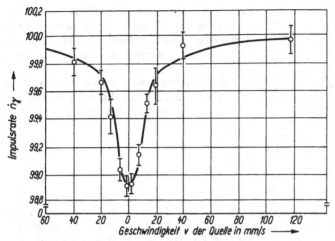

Abb. 35. Transmission der rückstoßfreien 129-keV-γ-Strahlung von $^{191}_{77}$Ir bei −196 °C als Funktion der Relativgeschwindigkeit v zwischen Strahlungsquelle und Absorber

wird natürliches Iridium benutzt, in dem das Nuklid $^{191}_{77}$Ir mit einer Häufigkeit von 38,5 % enthalten ist. Hinter dem Absorber ist ein γ-empfindlicher Strahlungsdetektor angebracht. Bewegt man die Strahlungsquelle mit der Geschwindigkeit v relativ zum Absorber, so ergibt sich infolge des Doppler-Effektes eine Verschiebung zwischen Emissions- und Absorptionslinie um

$$\Delta E = \frac{v}{c_0} E_\gamma. \qquad (2.80)$$

In Abb. 35 ist das Ergebnis des Versuches dargestellt. Wenn die Relativgeschwindigkeit zwischen Strahlungsquelle und Absorber $v = 0$ ist, werden wegen der idealen Überlappung von Emissions- und Absorptionslinie zahlreiche γ-Quanten absorbiert, und es tritt ein Maximum der Kernresonanzabsorption auf. Wegen der außerordentlichen Linienschärfe genügen aber schon sehr kleine Relativgeschwindigkeiten (einige mm/s), um die Resonanzbedingung vollkommen aufzuheben. Die γ-Quanten werden nicht mehr vom Absorber absorbiert, und die Transmission nimmt mit wachsendem v rasch zu.

Als besonders günstig hat sich für Kernresonanzuntersuchungen der 14,4-keV-Anregungszustand des Nuklids $^{57}_{26}$Fe erwiesen. In diesem Fall wird $^{57}_{27}$Co als Strahlungsquelle benutzt. Das Umwandlungsschema ist in Abb. 36 dargestellt.

Die vom untersten Anregungszustand des $^{57}_{26}$Fe ausgehende 14,4-keV-γ-Strahlung besitzt eine sehr kleine natürliche Linienbreite von $\Gamma = 4,7 \cdot 10^{-9}$ eV. Bei dieser häufig verwendeten Mößbauer-Quelle kann auf eine Kühlung verzichtet werden.

Mit Hilfe des Mößbauer-Effektes lassen sich sehr geringe Energiedifferenzen mit hoher Genauigkeit messen. Die Energieauflösung ist dabei durch das Verhältnis Γ/E_γ gegeben. Für $^{191}_{77}$Ir hat diese Größe den Wert $4 \cdot 10^{-11}$ und für $^{57}_{26}$Fe den Wert $3 \cdot 10^{-13}$.

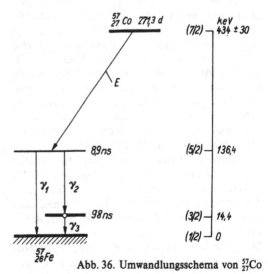

Abb. 36. Umwandlungsschema von $^{57}_{27}$Co

Das erste angeregte Kernniveau charakterisiert die Energie einer Mößbauer-Linie. Die Lage der Energieniveaus hängt jedoch geringfügig von der chemischen Umgebung ab, in der sich der betreffende Kern befindet. Wenn sich die Elektronendichte am Kernort infolge unterschiedlicher chemischer Bindung des Atoms ändert, wird eine Linienverschiebung beobachtet. Diese auf der Coulomb-Wechselwirkung zwischen Kern und Elektronenhülle beruhende Erscheinung wird als *Isomerieverschiebung* bezeichnet. Die Mößbauer-Spektrometrie ermöglicht daher Aussagen über Elektronendichten, Wertigkeiten und den Charakter der chemischen Bindung.

Wenn am Ort eines Mößbauer-Kerns, z. B. $^{57}_{26}$Fe, ein magnetisches Feld oder ein elektrischer Feldgradient vorhanden sind, spalten die Kernniveaus in mehrere diskrete Energieniveaus auf (Hyperfeinstrukturaufspaltung). Diese Erscheinung wird *magnetische Aufspaltung* bzw. *elektrische Quadrupolaufspaltung* genannt. Der betreffende Kern absorbiert dann bei mehreren eng benachbarten Energien. Mit Hilfe der Hyperfeinstrukturaufspaltung können innere Magnetfelder und elektrische Feldgradienten am Kernort präzise gemessen werden. Das wird zur Untersuchung der Eigenschaften von Festkörpern angewendet.

2.9. Spontane Kernspaltung

Spontanspaltung aus dem Grundzustand

Bei schweren Atomkernen ($Z > 90$) tritt als weiterer radioaktiver Umwandlungsprozeß die Spontanspaltung aus dem Grundzustand mit der α-Umwandlung in Konkurrenz. Schwere Kerne können auch ohne äußere Energiezufuhr ähnlich wie bei der künstlichen Kernspaltung (s. 4.7.) in zwei Teile vergleichbarer Größe auseinanderbrechen. Dieser Vorgang wurde im Jahre 1940 von G. N. FLEROV und K. A. PETRŽAK am Uranium entdeckt. Gegenwärtig sind etwa 40 spontan spaltende Nuklide bekannt.

Die Theorie der spontanen Kernspaltung wurde auf der Grundlage des Tröpfchenmodells der Kernmaterie von N. BOHR, J. WHEELER und J. I. FRENKEL ausgearbeitet. Der Formalismus gleicht weitgehend der Theorie der α-Umwandlung.

Der Zerfall eines Atomkerns vom Grundzustand aus ist nur möglich, wenn eine Potential-barriere (Spaltungsschwelle) überwunden wird (s. Abb. 46). Durch sie wird der spontane Spaltungsprozeß stark behindert. Er kann nur durch den quantenmechanischen Tunneleffekt erfolgen.

Die Wahrscheinlichkeit der spontanen Spaltung ist ähnlich wie die Durchdringungswahrscheinlichkeit eines α-Teilchens durch den Ausdruck

$$P \approx e^{-\frac{4\pi}{h} d \sqrt{2mE_f}} \qquad (2.81)$$

gegeben. Darin ist m die reduzierte Masse der Spaltprodukte, $E_f = E_s - E_0$ die Aktivierungsenergie für die Spaltung und d die Breite der Barriere. Der Wert von E_f hängt vom Spaltungsparameter Z^2/A ab.

Grundsätzlich wird jeder Atomkern mit $Z^2/A > 20$ infolge des Tunneleffekts instabil. Erst die schweren Kerne haben meßbare Halbwertzeiten der Spontanspaltung. Für $^{238}_{92}$U ($Z^2/A = 35{,}6$) ist die partielle Halbwertzeit der Spontanspaltung $T_{1/2f} = 8 \cdot 10^{15}$ a noch wesentlich größer als die der α-Umwandlung $T_{1/2\alpha} = 4{,}468 \cdot 10^9$ a. Erst bei den Transuraniumelementen nehmen mit wachsendem Z^2/A die Halbwertzeiten der spontanen Spaltungsprozesse rasch ab (Abb. 37). So besitzen z. B. die Nuklide $^{254}_{98}$Cf ($Z^2/A = 37{,}8$) und $^{256}_{100}$Fm ($Z^2/A = 39{,}1$) nur noch partielle Halbwertzeiten für die Spontanspaltung von 85 d bzw. 3,2 h.

Während für die Spontanspaltung und auch die künstliche Spaltung (bei niedrigen Geschoßenergien) der Kerne mit Nukleonenzahlen $A < 257$ eine stark asymmetrische Massenverteilung der Spaltprodukte charakteristisch ist (s. Abb. 51), wird bei den schwersten Transuraniumelementen in zunehmendem Maße die symmetrische Spaltung beobachtet.

Bisher wurde angenommen, daß die hohe Spontanspaltungsinstabilität bei einem kritischen Spaltungsparameter von $(Z^2/A)_{kr} \approx 49$ der Synthese neuer Elemente und damit dem Periodensystem eine obere Grenze setzt, weil die betreffenden Kerne auch kurzzeitig nicht mehr existenzfähig sind. Neuere Untersuchungen zeigen jedoch, daß bei den schwersten bekannten Elementen $Z = 106$ bis $Z = 109$ die α-Umwandlung wieder gegenüber der Spontanspaltung dominiert.

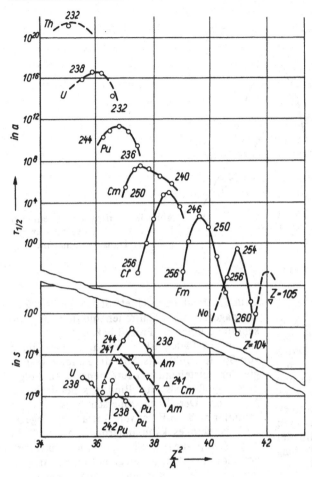

Abb. 37. Halbwertzeiten für die Spontanspaltung aus dem Grundzustand (oben) und aus dem formisomeren Zustand (unten) in Abhängigkeit von Z^2/A

Spontanspaltung aus dem formisomeren Zustand

Schwere Transuraniumkerne, deren Protonen- und Neutronenzahlen weit von magischen Zahlen entfernt liegen, besitzen keine Kugelgestalt, sondern sind elliptisch verformt. Nach einer von V. M. STRUTINSKIJ entwickelten Theorie weisen solche Kerne zwei Gleichgewichtszustände mit einem Minimum an potentieller Energie auf, den Grundzustand I und einen Zustand II, in dem sie stärker deformiert sind (Abb. 38). Da sich in beiden Zuständen befindliche Kerne durch ihre Geometrie unterscheiden, spricht man von einer *Formisomerie*. Statt einer einzigen Spaltbarriere sind nun zwei anzunehmen. Der durch das zweite Minimum dargestellte vordeformierte Zustand ist metastabil. Atomkerne im Minimum II wandeln sich durch Spontanspaltung um. Da die zweite Potentialbarriere niedriger und dünner als die erste ist, sind die Halbwertzeiten bei diesem Vorgang etwa 20 Größenordnungen kürzer als bei der Spontanspaltung aus dem Grundzustand. Sie liegen daher im Milli- und Nanosekundenbereich (Abb. 37).

Heute sind etwa 30 Nuklide bekannt, die aus dem formisomeren Zustand heraus spalten. Entdeckt wurde die Erscheinung im Jahre 1961 von S. M. POLIKANOV am Beispiel des $^{242}_{95}Am^m$, das beim Beschuß von $^{242}_{94}Pu$ mit Neonionen entsteht. Die Halbwertzeit dieses relativ langlebigen Formisomers beträgt $T_{1/2f} = 13$ ms.

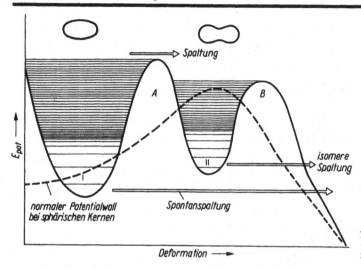

Abb. 38. Verlauf der potentiellen Energie von Atomkernen im Bereich der Transuraniumelemente

Verzögerte Spontanspaltung

Im Jahre 1971 wurde schließlich von N. K. Sko-belev und G. N. Flerov das Phänomen der verzögerten Spontanspaltung nachgewiesen. Durch Beschuß von Bismut- und Thoriumtargets mit schweren Ionen werden die Nuklide $^{228}_{93}$Np und $^{282}_{95}$Am gebildet. Diese Transuraniumkerne gehen durch E-Einfang mit Halbwertzeiten von einigen Minuten in angeregte Kernniveaus ihrer Folgekerne über, deren Energie oberhalb der Spaltungsbarriere liegt, so daß Spontanspaltung aus dem angeregten Zustand erfolgt:

$$^{209}_{83}\text{Bi}(^{22}_{10}\text{Ne},3\text{n})^{228}_{93}\text{Np} \xrightarrow{E} {}^{228}_{92}\text{U}(f),$$

$$^{230}_{90}\text{Th}(^{10}_{5}\text{B},8\text{n})^{232}_{95}\text{Am} \xrightarrow{E} {}^{232}_{94}\text{Pu}(f). \qquad (2.82)$$

Diese Form der radioaktiven Umwandlung ist mit der Emission verzögerter Neutronen und Protonen vergleichbar.

2.10. Spontane Nukleonenemission

Emission verzögerter Neutronen

Nur bei wenigen Nukliden wurde bisher eine spontane Emission von Nukleonen aus dem Grundzustand beobachtet. Schon längere Zeit ist dagegen die Neutronenemission im Anschluß an einen β⁻-Prozeß bekannt.

In einigen Fällen ist bei der β⁻-Umwandlung von Spaltprodukten (s. 5.7.) die Anregungsenergie der entstehenden neutronenreichen Folgekerne größer als die Bindungsenergie eines Neutrons. Der Energieüberschuß wird dann mitunter nicht in Form von γ-Strahlung abgegeben, sondern es kann innerhalb von $\approx 10^{-15}$ s nach dem β⁻-Prozeß eine spontane Neutronenemission aus dem angeregten Kernzustand erfolgen. Diese Neutronenstrahlung klingt daher praktisch mit der Halbwertzeit des β⁻-Strahlers ab.

Im Unterschied zu den unmittelbar bei der Kernspaltung entstehenden prompten Spaltungsneutronen werden die mit einer Zeitverzögerung bei der β⁻-Umwandlung der Spaltprodukte freigesetzten Neutronen als *verzögerte Neutronen* bezeichnet.

Unter den Spaltprodukten schwerer Kerne gibt es etwa 100 Nuklide zwischen $^{79}_{31}$Ga und $^{148}_{57}$La, die verzögerte Neutronen abgeben. Die mit Verzögerungszeiten von 55,7 und 22,0 s emittierten Neutronen entstammen den Nukliden $^{87}_{36}$Kr bzw. $^{137}_{54}$Xe. Beide Nuklide entstehen in angeregten Zuständen durch β⁻-Umwandlung der Spaltprodukte $^{87}_{35}$Br und $^{137}_{53}$I.

Als Beispiel für die Aussendung verzögerter Neutronen ist in Abb. 39 das Umwandlungs-

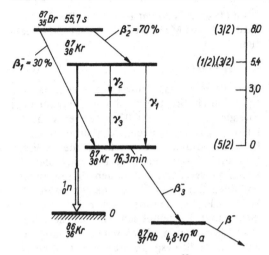

Abb. 39. Umwandlungsschema von $^{87}_{35}$Br

schema von $^{87}_{35}$Br dargestellt. Der radioaktive Kern $^{87}_{35}$Br wandelt sich zu 30 % durch Emission von β⁻-Teilchen in den Grundzustand von $^{87}_{36}$Kr um. Durch weitere β⁻-Prozesse bilden sich aus diesem Kern $^{87}_{37}$Rb und anschließend das stabile $^{87}_{38}$Sr. Zu 70 % entsteht jedoch aus dem primären Spaltprodukt $^{87}_{35}$Br ein angeregter $^{87}_{36}$Kr-Kern. Der Übergang in den Grundzustand dieses Kerns erfolgt zu 97 % unter Emission von γ-Strahlung. Bei 3 % der Übergänge findet aus dem angeregten Zustand des $^{87}_{36}$Kr die Emission von Neutronen statt, die zu dem stabilen Kern $^{86}_{36}$Kr führt.

Die Emission verzögerter Neutronen ist ein schöner Beweis für das Schalenmodell des Atomkerns. Die beiden Neutronenstrahler $^{87}_{36}$Kr ($N = 51$) und $^{137}_{54}$Xe ($N = 83$) enthalten jeweils gerade ein Neutron über eine magische Zahl hinaus. Dieses Neutron ist offenbar ebenso wie das Valenzelektron bei den Alkalien besonders locker gebunden. Durch spontane Neutronenemission wird ein stabiler Schalenabschluß erreicht.

Es gibt außerdem etwa 30 verzögerte Neutronenemitter, die keine Spaltprodukte sind. Sie zeichnen sich in der Regel durch einen hohen Anteil verzögert emittierter Neutronen aus, der in einigen Fällen sogar 100 % erreicht. Die bekanntesten von ihnen gehören den Nuklidgruppen $^{27}_{11}$Na bis $^{35}_{11}$Na, $^{31}_{12}$Mg bis $^{34}_{12}$Mg und $^{48}_{19}$K bis $^{54}_{19}$K an.

Bemerkenswert ist weiterhin die Emission zweier Neutronen nach β⁻-Umwandlung, die R. E. AZUMA und Mitarbeiter erstmals 1979 am Nuklid $^{11}_{3}$Li beobachteten. Die Emission der beiden Neutronen erfolgt aus einem angeregten Zustand ($E = 8,84$ MeV) des Folgekerns $^{11}_{4}$Be, der höher als die Bindungsenergie $E_{2n} = 7,315$ MeV liegt. Inzwischen konnte man an den Nukliden $^{30}_{11}$Na bis $^{33}_{11}$Na, $^{98}_{37}$Rb und $^{100}_{37}$Rb ebenfalls die verzögerte 2n-Emission nachweisen.

Bei der Untersuchung der Eigenschaften von $^{11}_{3}$Li wurde auch der Fall einer verzögerten 3n-Emission festgestellt, so daß insgesamt folgende β-verzögerte Umwandlungsmöglichkeiten dieses Nuklids bekannt sind:

$$^{11}_{3}\text{Li} \xrightarrow[T_{1/2} = 8,7\,\text{ms}]{\beta^-} {}^{11}_{4}\text{Be}
\begin{cases}
{}^{11}_{4}\text{Be} + \gamma & 12\,\% \\
{}^{10}_{4}\text{Be} + {}^{1}_{0}\text{n} & 81\,\% \\
{}^{9}_{4}\text{Be} + 2\,{}^{1}_{0}\text{n} & 4\,\% \\
2\,{}^{4}_{2}\text{He} + 3\,{}^{1}_{0}\text{n} & 2\,\% \\
{}^{6}_{2}\text{He} + {}^{4}_{2}\text{He} + {}^{1}_{0}\text{n} & 1\,\%
\end{cases}
\quad (2.83)$$

Emission verzögerter Protonen

In Analogie zur Emission verzögerter Neutronen nach β⁻-Prozessen ist bei neutronendefiziten Kernen nach β⁺-Umwandlungen eine spontane Emission *verzögerter Protonen* aus Niveaus zu erwarten, deren Anregungsenergie größer als die Bindungsenergie der Protonen in diesen Kernen ist. In den Jahren 1962/1963 wurde diese Erscheinung erstmals von V. A. KARNAUCHOV und Mitarbeitern sowie davon unabhängig von R. BARTON und R. McPHERSON experimentell nachgewiesen. Beim Beschuß von Targetkernen mit energiereichen Protonen oder schweren Ionen können neutronendefizite Kerne erzeugt werden, die durch β⁺-Prozesse in hochangeregte Folgekerne übergehen. In einzelnen Fällen ist nach der β⁺-Umwandlung eine spontane Protonenemission möglich. Im folgenden sind zwei Beispiele für die Erzeugung von Kernen wiedergegeben, die sich anschließend unter Emission von Positronen und verzögerten Protonen umwandeln:

$$^{27}_{13}\text{Al}(p,3n)^{25}_{14}\text{Si} \xrightarrow[T_{1/2} = 218\,\text{ms}]{\beta^+} {}^{25}_{13}\text{Al} \rightarrow {}^{24}_{12}\text{Mg} + {}^{1}_{1}\text{H},$$

$$^{94}_{42}\text{Mo}(^{20}_{10}\text{Ne},3n)^{111}_{52}\text{Te} \xrightarrow[\substack{T_{1/2} = \\ 19,3\,\text{s}}]{\beta^+} {}^{111}_{51}\text{Sb} \rightarrow {}^{110}_{50}\text{Sn} + {}^{1}_{1}\text{H}.$$

$$(2.84)$$

Gegenwärtig kennt man ungefähr 50 Nuklide, die eine verzögerte 1p-Emission aufweisen.

1983 konnten M. CABLE und Mitarbeiter an den Nukliden $^{22}_{11}$Na und $^{26}_{15}$P erstmals auch die Emission von zwei Protonen nach vorheriger β^+-Umwandlung (verzögerte 2p-Emission) beobachten:

$$^{24}_{12}\text{Mg}(^3_2\text{He,p4n})^{22}_{13}\text{Al} \xrightarrow[\substack{T_{1/2} = \\ 70\,\text{ms}}]{\beta^+} {}^{22}_{12}\text{Mg} \rightarrow {}^{20}_{10}\text{Ne} + 2\,^1_1\text{H},$$

$$^{28}_{14}\text{Si}(^3_2\text{He,p4n})^{26}_{15}\text{P} \xrightarrow[T_{1/2} = 20\,\text{ms}]{\beta^+} {}^{26}_{14}\text{Si} \rightarrow {}^{22}_{14}\text{Mg} + 2\,^1_1\text{H}.$$

$$(2.85)$$

Protonenumwandlung

Anfang der 60er Jahre wurde von V. I. GOLDANSKIJ für Kerne mit hohem Neutronendefizit die direkte Emission von Protonen aus dem Grundzustand als energetisch mögliche Umwandlungsart vorhergesagt. Für die Theorie ist dieser Vorgang einfacher als die α-Umwandlung zu interpretieren, weil die Erklärung des schwierigen Problems der Bildung des emittierten Teilchens im Kern von vornherein entfällt. Erst 1981 konnten S. HOFMANN, W. REISDORF, G. MÜNZENBERG u. a. am Nuklid $^{151}_{71}$Lu zweifelsfrei den als *Grundzustands-Protonenradioaktivität* bezeichneten Prozeß nachweisen. Das Nuklid

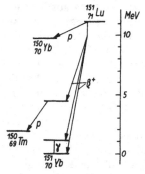

Abb. 40. Umwandlungsschema von $^{151}_{71}$Lu

Tabelle 6. Protonenemitter

Nuklid	Erzeugung	$T_{1/2}$	E_p in MeV
$^{109}_{53}$I	$^{54}_{26}$Fe($^{58}_{28}$Ni,p2n)	>25 μs	0,83 ± 0,08
$^{113}_{55}$Cs	$^{58}_{28}$Ni($^{58}_{28}$Ni,p2n)	(0,9 ± 0,4) s	0,98 ± 0,08
$^{147}_{69}$Tm	$^{92}_{42}$Mo($^{58}_{28}$Ni,p2n)	(0,56 ± 0,04) s	1,055 ± 0,006
$^{150}_{71}$Lu	$^{96}_{44}$Ru($^{58}_{28}$Ni,p3n)	>10 ms	1,261 ± 0,004
$^{151}_{71}$Lu	$^{96}_{44}$Ru($^{58}_{28}$Ni,p2n)	(85 ± 10) ms	1,231 ± 0,003

$^{151}_{71}$Lu ($T_{1/2} \approx 85$ ms) entsteht durch Beschuß von $^{96}_{44}$Ru mit 261 MeV Ni-Ionen über die Reaktion

$$^{96}_{44}\text{Ru}(^{58}_{28}\text{Ni,p2n})^{151}_{71}\text{Lu}.$$

$$(2.86)$$

Abb. 40 zeigt das Umwandlungsschema von $^{151}_{71}$Lu. Durch direkte Emission von Protonen der Energie $E_p = (1{,}231 \pm 0{,}003)$ MeV entsteht das Nuklid $^{150}_{70}$Yb. Die beiden Konkurrenzprozesse, β^+-Umwandlung mit anschließender γ-Emission und β^+-Umwandlung mit nachfolgender Emission verzögerter Protonen führen zu den Nukliden $^{151}_{70}$Yb und $^{150}_{69}$Tm. Die gegenwärtig bekannten Protonenemitter sind in Tab. 6 zusammengestellt. Es deutet sich an, daß die Grundzustands-Protonenradioaktivität ein allgemeines Umwandlungsphänomen von Kernen mit sehr hohem Neutronendefizit ist.

2.11. Spontane Emission schwerer Teilchen ($Z \geq 6$)

Im Jahre 1984 stellten H. J. ROSE und G. A. JONES erstmals fest, daß sich die Umwandlung des natürlich radioaktiven Nuklids $^{223}_{88}$Ra ($T_{1/2} = 11{,}43$ d) nicht nur durch den dominierenden α-Prozeß, sondern in seltenen Fällen auch unter Emission von $^{14}_6$C-Ionen mit einer Energie von 30 MeV vollzieht:

$$^{223}_{88}\text{Ra} \rightarrow {}^{209}_{82}\text{Pb} + {}^{14}_6\text{C}.$$

$$(2.87)$$

Die zunächst mit Skepsis aufgenommene Entdeckung wurde inzwischen von mehreren Arbeitsgruppen bestätigt. Das neue Umwandlungsphänomen schwerer Atomkerne wird

$^{14}_{6}C$-*Radioaktivität* oder auch *superasymmetrische Spaltung* genannt. Allerdings ist die Wahrscheinlichkeit für diese Reaktion außerordentlich klein. Das Verhältnis zwischen $^{14}_{6}C$-Emission und α-Umwandlung beträgt nur $(6,1 \pm 1,0) \cdot 10^{-10}$.

Die Emission von $^{14}_{6}C$-Teilchen läßt sich wie die α-Umwandlung mit Hilfe des quantenmechanischen Tunneleffektes beschreiben. Schwierigkeiten bereitet jedoch die theoretische Interpretation der Bildung (Präformation) von $^{14}_{6}C$-Partikeln in den zerfallenden Radiumkernen.

Durch den Prozeß der $^{14}_{6}C$-Emission wandeln sich die stark deformierten $^{223}_{88}Ra$-Kerne in sphärische $^{209}_{82}Pb$-Kerne um. Diese in unmittelbarer Nähe des doppelt magischen Kerns $^{208}_{82}Pb$ gelegenen Nuklide verfügen über eine große Stabilität. Die Präformation von $^{14}_{6}C$ im $^{223}_{88}Ra$ anstatt der ebenfalls denkbaren Bildung von $^{12}_{6}C$ oder $^{13}_{6}C$ ist möglicherweise Ausdruck dafür, daß das Neutronen-Protonen-Verhältnis der $^{14}_{6}C$-Teilchen dem der Ausgangskerne näherkommt.

Das neue Phänomen der $^{14}_{6}C$-Radioaktivität wurde unterdessen an weiteren Radiumnukliden nachgewiesen. Die bisher genauesten Messungen ergaben $^{14}_{6}C : \alpha$-Verhältnisse von $(3,7 \pm 0,6) \cdot 10^{-10}$ für $^{222}_{88}Ra$ und $(4,3 \pm 1,2) \cdot 10^{-10}$ für $^{224}_{88}Ra$.

Seit Ende 1984 ist auch die $^{24}_{10}Ne$-Emission bei der Umwandlung der Nuklide $^{232}_{92}U$ und $^{231}_{91}Pa$ bekannt. Es wird vermutet, daß noch weitere sehr seltene Umwandlungsereignisse nachgewiesen werden können, die mit der Emission schwerer Teilchen verbunden sind.

3.
Natürlich radioaktive Nuklide

3.1. Natürliche Umwandlungsreihen

In der Natur kommen ungefähr 75 radioaktive Nuklide vor. Sie besitzen entweder Halbwertzeiten von der Größenordnung des Alters der Erde oder sind Folgeprodukte solcher langlebiger *„Urnuklide"*. Langlebige radioaktive Urnuklide, die bei der Bildung der Erde entstanden und noch heute vorhanden sind, bezeichnet man auch als *primordiale Nuklide*. Außerdem werden einige Nuklide ständig in der Atmosphäre durch die kosmische Strahlung nacherzeugt. Ihre Halbwertzeiten sind ausnahmslos viel kürzer als die der radioaktiven Urnuklide.

Insgesamt 46 natürlich radioaktive Nuklide gehören drei genetisch zusammenhängenden *Umwandlungsreihen* an. Am Anfang dieser Reihen stehen die außerordentlich langlebigen Muttersubstanzen $^{232}_{90}$Th, $^{235}_{92}$U und $^{238}_{92}$U. Diese Urnuklide liegen so weit vom Ende des stabilen Streifens (Abb. 2) entfernt, daß viele Umwandlungsprozesse erforderlich sind, bis ein stabiles Nuklid erreicht wird.

In den natürlichen Umwandlungsreihen gehen die einzelnen Glieder durch aufeinanderfolgende α- oder β⁻-Prozesse ineinander über. Wenn sich ein gebildeter Folgekern nicht im Grundzustand befindet, tritt auch γ-Strahlung auf. Die Kerne einiger Nuklide können sich entweder durch Emission von α- oder von β⁻-Teilchen umwandeln. Infolge solcher dualer Umwandlungen treten in den Reihen mehrmals *Verzweigungen* auf.

Da die Nukleonenzahl bei jedem α-Prozeß um 4 Einheiten abnimmt, bei β⁻-Umwandlungen aber unverändert bleibt, sind die Differenzen zwischen den Nukleonenzahlen der Glieder einer Umwandlungsreihe stets Vielfache von 4.

In der Abb. 41 sind die drei natürlichen Umwandlungsreihen, die *Uraniumreihe*, die *Actiniumreihe* und die *Thoriumreihe* dargestellt. Die oberste Zeile enthält die Protonenzahl Z und die Symbole der Elemente. In der linken Randspalte steht der Neutronenüberschuß $N - Z$. Auf den diagonal von links oben nach rechts unten verlaufenden Geraden liegen Nuklide gleicher Nukleonenzahl A. Bei Verzweigungen ist für den selteneren Zweig der Anteil in Prozent angegeben. Die einzelnen während der Umwandlung aufeinanderfolgenden Nuklide sind durch Pfeile verbunden. Ein α-Prozeß ist durch einen waagerecht nach links zeigenden Pfeil gekennzeichnet. Bei der β⁻-Umwandlung weist der Pfeil nach rechts unten. Die Abbildung enthält außerdem die Halbwertzeiten.

Die drei natürlichen Umwandlungsreihen enden alle mit einem stabilen Nuklid des Elements Blei, das die magische Protonenzahl $Z = 82$ besitzt. Außerdem kommt in jeder der drei Reihen das radioaktive Edelgas Radon ($Z = 86$) vor.

Uraniumreihe

Die Muttersubstanz der Uraniumreihe ist das mit einer Häufigkeit von 99,3 % im Natururanium enthaltene Nuklid $^{238}_{92}$U. Es hat eine Halbwertzeit von $T_{1/2} = 4,468 \cdot 10^9$ a. Die Aktivität von Uraniumpräparaten und der mit dem

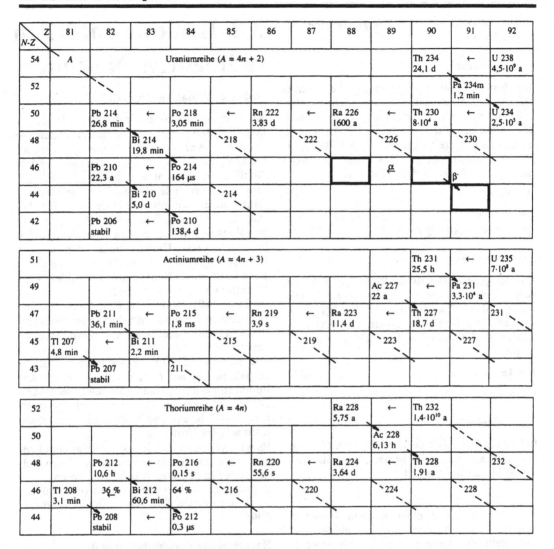

Abb. 41. Natürliche radioaktive Umwandlungsreihen

Uranium im Gleichgewicht befindlichen Folgeprodukte ist daher konstant. Die Uraniumreihe umfaßt 14 Umwandlungsprozesse und enthält mehrere Verzweigungen. Sie endet mit dem stabilen Nuklid $^{206}_{82}$Pb. Die Nukleonenzahlen der in der Uraniumreihe enthaltenen Nuklide lassen sich durch die Beziehung

$$A = 4n + 2 \tag{3.1}$$

mit $n = 59, \ldots, 51$ ausdrücken.
Von den Gliedern dieser Reihe hat insbeson-

dere *Radium-226* mit einer Halbwertzeit von $T_{1/2} = 1\,600$ a große Bedeutung erlangt. Dieses früher sehr häufig therapeutisch genutzte Nuklid findet mitunter auch heute noch in der Medizin Anwendung, obwohl es mehr und mehr durch $^{60}_{27}$Co und $^{137}_{55}$Cs verdrängt wird.
Um den Austritt des gasförmigen Folgeproduktes $^{222}_{86}$Rn zu verhindern, wird $^{226}_{88}$Ra in Pt-Ir-Hülsen von 0,5 mm Wandstärke eingeschlossen. Solche Radiumpräparate emittieren im wesentlichen die intensive γ-Strahlung der Folgepro-

dukte mit einer mittleren Energie zwischen 1,0 und 1,5 MeV.

Actiniumreihe

Der Name dieser Reihe geht auf die Nuklide $^{231}_{91}$Pa und $^{227}_{89}$Ac zurück. Als eigentliche Muttersubstanz hat sich aber das zu 0,7 % im natürlichen Uranium enthaltene Nuklid $^{235}_{92}$U erwiesen. Seine Halbwertzeit beträgt $T_{1/2} = 7,038 \cdot 10^8$ a. Die Nukleonenzahlen der Glieder der Actiniumreihe gehorchen der Beziehung

$$A = 4n + 3 \qquad (3.2)$$

mit $n = 58, ..., 51.$ Am Ende der Reihe steht das stabile Nuklid $^{207}_{82}$Pb.

Thoriumreihe

Das Ausgangsnuklid dieser Reihe ist $^{232}_{90}$Th, das sich mit einer Halbwertzeit von $T_{1/2} = 1,405 \cdot 10^{10}$ a bis zum stabilen $^{208}_{82}$Pb umwandelt. Die Nukleonenzahlen der einzelnen Glieder sind ganzzahlige Vielfache von 4, d. h., es gilt

$$A = 4n \qquad (3.3)$$

mit $n = 58, ..., 52.$

Neptuniumreihe

Bei einem Vergleich der Beziehungen (3.1) bis (3.3) fällt auf, daß eine Umwandlungsreihe mit der Nukleonenzahlformel

$$A = 4n + 1 \qquad (3.4)$$

fehlt. Die Existenz einer solchen Umwandlungsreihe, der Neptuniumreihe, wurde 1947 festgestellt. Die Ausgangssubstanz dieser Reihe ist das künstlich hergestellte Transuraniumnuklid $^{237}_{93}$Np mit einer Halbwertzeit von $T_{1/2} = 2,14 \cdot 10^6$ a. Im Vergleich zum Alter der Erde ist die Lebensdauer dieses Nuklids kurz, so daß die Neptuniumreihe nicht mehr in der Natur vorkommen kann.

Während die drei natürlichen Umwandlungsreihen mit einem stabilen Nuklid des Bleis enden, wird bei der Neptuniumreihe nach 11 Umwandlungsprozessen das nahezu stabile Nuklid $^{209}_{83}$Bi gebildet. Außerdem enthält diese künstliche Umwandlungsreihe kein radioaktives Edelgas.

3.2. Isolierte natürlich radioaktive Nuklide

Isolierte radioaktive Urnuklide

Außer den radioaktiven Urnukliden, die am Anfang der drei Umwandlungsreihen stehen, ist heute eine Anzahl weiterer langlebiger Nuklide bekannt, die in der Natur vorkommen. Diese Nuklide liegen nicht wie $^{232}_{90}$Th, $^{235}_{92}$U und $^{238}_{92}$U sehr weit vom Ende des stabilen Streifens entfernt, sondern unmittelbar in dessen Nähe. Bei ihrer Umwandlung führt bereits der erste Umwandlungsprozeß zu stabilen Nukliden. Es bilden sich keine Umwandlungsreihen. Wegen ihrer sehr großen Lebensdauer sind diese Nuklide noch immer in der Natur vorhanden. Eine Neubildung erfolgt nicht mehr.

Im Jahre 1906 wurden von N. R. Campbell und A. Wood in $^{40}_{19}$K und $^{87}_{37}$Rb die ersten radioaktiven Urnuklide außerhalb der Umwandlungsreihen entdeckt.

Das nur zu 0,0117 % im natürlichen Kalium enthaltene $^{40}_{19}$K hat für die radiometrische Kaliumbestimmung große praktische Bedeutung erlangt. In dem leichten α-Strahler $^{147}_{62}$Sm erkannten G. Hevesy und M. Pahl 1932 ein weiteres instabiles Urnuklid.

Es wird vermutet, daß bis zu 10 % der vom Erdkern produzierten Wärme aus der Umwandlung des radioaktiven Kaliums stammen.

Seither sind noch einige radioaktive Urnuklide gefunden worden. Die Tab. 7 enthält diese Nuklide.

Nacherzeugte radioaktive Nuklide

Auf natürlichem Wege werden in den höheren Schichten der Atmosphäre laufend durch die kosmische Strahlung radioaktive Nuklide erzeugt. Diese sogenannten *kosmogenen* radioaktiven Nuklide sind ohne Ausnahme viel kurzlebiger als die radioaktiven Urnuklide.

Die primäre Komponente der kosmischen Strahlung besteht aus 91,5 % Protonen, 7,8 % α-Teilchen und 0,7 % schweren Kernen mit Kernladungszahlen bis $Z \approx 30$. Bei der Wechselwirkung dieser energiereichen Teilchen mit den Bestandteilen der Luft entstehen durch Spallationsprozesse (s. 4.1.) Protonen, Neutronen, Tritonen und schwere Fragmente. Die Spallationsprodukte der drei atmosphärischen Gase Stickstoff, Sauerstoff und Argon sind radioaktiv. Für die Bildung weiterer radioaktiver Kerne sind die freigesetzten Neutronen verantwortlich.

Das bekannteste Beispiel ist die Erzeugung von radioaktivem Kohlenstoff $^{14}_{6}C$ durch eine (n,p)-Reaktion aus dem Luftstickstoff:

$$^{14}_{7}N(n,p)^{14}_{6}C.$$

Gemittelt über die Erdoberfläche entstehen etwa 25 000 $^{14}_{6}C$-Atome je Quadratmeter und Sekunde. Der energiearme β^{-}-Strahler $^{14}_{6}C$ gelangt als gasförmiges Kohlendioxid zur Erdoberfläche. Anhand des $^{14}_{6}C$-Gehaltes ist eine Altersbestimmung archäologischer Funde möglich.

Das radioaktive Nuklid Tritium $^{3}_{1}H$ entsteht nicht nur direkt als Spallationsprodukt, sondern wird ebenfalls ständig durch eine Neutronenreaktion $^{14}_{7}N(n,{}^{3}_{1}H)^{12}_{6}C$ erzeugt. Die Produktionsrate in der Atmosphäre liegt bei $\approx 2\,500$ Tritiumatomen je Quadratmeter und Sekunde. In der Tab. 8 sind einige längerlebige durch die kosmische Strahlung laufend in der Erdatmosphäre gebildete radioaktive Nuklide mit ihren Halbwertzeiten und Produktionsraten zusammengestellt. Außerdem wird eine größere Anzahl kurzlebiger Nuklide erzeugt. Ihre Produktionsraten sind gering.

Die Spontanspaltung des $^{238}_{92}U$ ist eine weitere Quelle für geringfügige Mengen natürlich vorkommender Nuklide. In Uraniummineralen ist das Gemisch der Spaltprodukte enthalten, und durch Neutroneneinfang im $^{238}_{92}U$ entstehen Spuren der Transuraniumelemente $^{239}_{93}Np$ und $^{239}_{94}Pu$.

In den vergangenen Jahrzehnten sind außerdem durch Kernwaffenversuche und die friedliche Nutzung der Kernenergie künstlich radioaktive Nuklide in Luft, Wasser und Boden gelangt.

Tabelle 7. Natürlich radioaktive Urnuklide (ohne $^{232}_{90}Th$, $^{235}_{92}U$ und $^{238}_{92}U$)

Nuklid	Umwandlungsart	$T_{1/2}$	rel. Häufigkeit in %	stabiles Folgenuklid
$^{40}_{19}K$	β^{-}, E	$1,28 \cdot 10^{9}$ a	0,012 8	$^{40}_{20}Ca$, $^{40}_{18}Ar$
$^{87}_{37}Rb$	β^{-}	$4,8 \cdot 10^{10}$ a	27,83	$^{87}_{38}Sr$
$^{115}_{49}In$	β^{-}	$4,0 \cdot 10^{14}$ a	95,7	$^{115}_{50}Sn$
$^{130}_{52}Te$	$2\beta^{-}$	$1,0 \cdot 10^{21}$ a	33,8	$^{130}_{54}Xe$
$^{138}_{57}La$	β^{-}, E	$1,35 \cdot 10^{11}$ a	0,09	$^{138}_{58}Ce$, $^{138}_{56}Ba$
$^{144}_{60}Nd$	α	$2,1 \cdot 10^{15}$ a	23,80	$^{140}_{58}Ce$
$^{147}_{62}Sm$	α	$1,06 \cdot 10^{11}$ a	15,0	$^{143}_{60}Nd$
$^{176}_{71}Lu$	β^{-}	$3,6 \cdot 10^{10}$ a	2,60	$^{176}_{72}Hf$
$^{174}_{72}Hf$	α	$2,0 \cdot 10^{15}$ a	0,16	$^{170}_{70}Yb$
$^{187}_{75}Re$	β^{-}	$5,0 \cdot 10^{10}$ a	62,6	$^{187}_{76}Os$
$^{186}_{76}Os$	α	$2,0 \cdot 10^{15}$ a	1,58	$^{182}_{74}W$
$^{190}_{78}Pt$	α	$6,1 \cdot 10^{11}$ a	0,01	$^{186}_{76}Os$
$^{204}_{82}Pb$	α	$1,4 \cdot 10^{17}$ a	1,4	$^{200}_{80}Hg$

Tabelle 8. Erzeugung radioaktiver Nuklide durch die kosmische Strahlung in der Erdatmosphäre

Nuklid	Umwandlung	$T_{1/2}$ in a	Prod.-Rate in Atome/$(m^{2} \cdot s)$	globales Inventar
$^{10}_{4}Be$	β^{-}	$1,6 \cdot 10^{6}$	420	400 t
$^{26}_{13}Al$	β^{+}	$7,16 \cdot 10^{5}$	1,4	1 t
$^{36}_{17}Cl$	β^{-}, β^{+}, E	$3,0 \cdot 10^{5}$	11	4,7 t
$^{14}_{6}C$	β^{-}	5 730	25 000	75 t
$^{39}_{18}Ar$	β^{-}	269	56	22 kg
$^{32}_{14}Si$	β^{-}	105	1,6	0,3 kg
$^{3}_{1}H$	β^{-}	12,43	2 500	3,5 kg

4.
Künstliche Kernumwandlungen

4.1. Arten der künstlichen Kernumwandlung

Die Umwandlung eines radioaktiven Atomkerns stellt eine *mononukleare Reaktion* dar, wenn ein Kern X spontan unter Aussendung eines Teilchens y in den Kern Y übergeht:

$$X \rightarrow Y + y. \qquad (4.1)$$

Seit den grundlegenden Untersuchungen von E. RUTHERFORD im Jahre 1919 kennt man auch *binukleare Reaktionen.*
Eine binukleare Reaktion kann analog einer chemischen Gleichung geschrieben werden. Ein ruhender Targetkern X (target, engl. = Schießscheibe) wird durch das Eindringen eines Geschoßpartikels x in unmeßbar kurzer Zeit in einen anderen Kern Y umgewandelt, wobei ein Teilchen y entsteht:

$$X + x \rightarrow Y + y. \qquad (4.2)$$

Oft wird zur Darstellung einer Kernreaktion die verkürzte Schreibweise

$$X(x,y)Y \qquad (4.3)$$

benutzt.
Damit eine Kernreaktion überhaupt eintreten kann, müssen sich die Reaktionspartner so weit nähern, daß sie in den Wirkungsbereich ihrer Kernkräfte gelangen. Kernreaktionen können durch geladene und ungeladene Teilchen ausgelöst werden.
Die wichtigsten Geschoßpartikel sind Neutronen (n), Protonen (p), Deuteronen (d), Tritonen (t), α-Teilchen (α), Photonen (γ) und mehrfach geladene schwere Ionen.
Der in der Kernreaktion gebildete Restkern Y kann stabil oder radioaktiv sein.
Die erste echte binukleare Reaktion entdeckte E. RUTHERFORD. Durch Nebelkammeraufnahmen wurde festgestellt, daß sich Stickstoffkerne beim Beschuß mit den energiereichen α-Teilchen des $^{210}_{84}$Po ($E_\alpha = 5{,}305$ MeV) unter Emission von Protonen in Sauerstoffkerne $^{17}_{8}$O umwandeln:

$$^{14}_{7}N + ^{4}_{2}He \rightarrow ^{17}_{8}O + ^{1}_{1}H. \qquad (4.4)$$

Die ersten Kernumwandlungen, bei denen *künstlich radioaktive Nuklide* entstanden, gelangen 1934 I. CURIE und F. JOLIOT. Die Restkerne von (α,n)-Reaktionen an Bor, Magnesium und Aluminium waren sämtlich radioaktiv und wandelten sich unter Emission von Positronen um:

$$^{10}_{5}B(\alpha,n)^{13}_{7}N; \qquad ^{13}_{7}N \xrightarrow{9{,}96 \text{ min}} ^{13}_{6}C + \beta^+;$$

$$^{24}_{12}Mg(\alpha,n)^{27}_{14}Si; \qquad ^{27}_{14}Si \xrightarrow{4{,}16 \text{ s}} ^{27}_{13}Al + \beta^+; \qquad (4.5)$$

$$^{27}_{13}Al(\alpha,n)^{30}_{15}P; \qquad ^{30}_{15}P \xrightarrow{2{,}5 \text{ min}} ^{30}_{14}Si + \beta^+.$$

Die wichtigsten Kernreaktionstypen sind:

Elastische Streuung, (x,x)-Prozeß
Nach der Wechselwirkung verläßt das Geschoßteilchen selbst oder ein anderes Teilchen der gleichen Art den Targetkern. Im *Schwerpunktsystem*[1] haben beide Teilchen die gleiche kinetische Energie.

---

[1] Bezugssystem, in dem der Schwerpunkt eines Systems von Teilchen ruht.

Unelastische Streuung, (x,x′)-Prozeß
Bei der unelastischen Streuung wird der Targetkern angeregt. Geschoßteilchen x und emittiertes Teilchen x′ sind von der gleichen Art, jedoch hat x′ im Schwerpunktsystem eine kleinere kinetische Energie als x.

Austauschreaktion, (x,y)-Prozeß
Das Geschoßpartikel x dringt in den Targetkern ein, und ein anderes Teilchen y wird emittiert. Wenn sich die Kernladungszahlen beider Teilchen unterscheiden, tritt eine Elementumwandlung ein. Typische Austauschreaktionen sind die Prozesse (n,p), (n,α), (p,n) (p,α), (d,n), (d,p), (α,n) und (α,p). Schwere Geschoßteilchen können auch ganze Nukleonengruppen auf die Targetkerne (oder umgekehrt) übertragen. Solche Austauschprozesse werden Multinukleonen-Transferreaktionen genannt.

Einfangreaktion, (x,γ)-Prozeß
Das Geschoßteilchen x wird vom Targetkern absorbiert und die dabei freiwerdende Energie in Form eines Photons emittiert. Einfangreaktionen werden häufig von langsamen Neutronen ausgelöst.

Kernphotoeffekt, (γ,y)-Prozeß
Ein Photon wird vom Targetkern vollständig absorbiert und ein Nukleon y, meist ein Neutron, emittiert.

Kernspaltung, (x,f)-Prozeß
Beim Beschuß schwerer Atomkerne mit Neutronen oder energiereichen geladenen Teilchen kann eine Kernspaltung in zwei große Bruchstücke erzielt werden. Als Begleiterscheinung tritt eine Emission von zwei oder drei Neutronen auf (Spaltung = fission, engl.).

Spallation, (x,s)-Prozeß
Sehr energiereiche Geschoßteilchen können eine Zersplitterung des Targetkerns bewirken. Aus dem Kern wird eine größere Zahl von Nukleonen herausgeschlagen.
Zur Herstellung künstlich radioaktiver Nuklide (s. 5.) werden vorwiegend Einfangreaktionen, Austauschreaktionen und die Spaltung schwerer Kerne ausgenutzt. Die Veränderung von Nukleonenzahl A und Ordnungszahl Z eines Kerns bei verschiedenen Kernreaktionen geht anschaulich aus Abb. 42 hervor. Oft gibt es mehrere Möglichkeiten, um von einem Kern zu

einem anderen zu gelangen. So sind z. B. die (d,p)- und die (n,γ)-Reaktion im Endergebnis gleich.

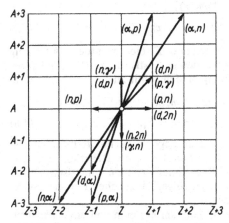

Abb. 42. Änderung von Nukleonenzahl und Ordnungszahl bei den wichtigsten Kernreaktionen („Reaktionsspinne")

4.2. Reaktionsenergie

Kernreaktionen verlaufen wie chemische Reaktionen unter Freisetzung oder Verbrauch von Energie. Im Vergleich mit chemischen Reaktionen ist die Energietönung der Kernreaktionen aber ungefähr 10^5-mal größer. Während bei chemischen Reaktionen keine meßbaren Massenveränderungen auftreten, ist das bei Kernreaktionen nicht mehr der Fall.
Unter Berücksichtigung der *Reaktionsenergie Q* ist eine Kernreaktion vollständiger in der Form

$$X + x \rightarrow Y + y + Q \qquad (4.6)$$

zu schreiben.
Sind bei einer Kernreaktion $m_k(X)$, $m_k(Y)$, $m_k(y)$ die Ruhemassen der beteiligten Teilchen im Grundzustand und E_x, E_Y, E_y ihre kinetischen Energien im *Laborsystem*[1]), in dem der

---

[1]) Bezugssystem, in dem der Beobachter und seine Geräte ruhen.

Targetkern ruht ($E_X = 0$), so lautet unter Berücksichtigung der Einsteinschen Masse-Energie-Äquivalenz der Energieerhaltungssatz

$$[m_k(X) + m_k(x)] c_0^2 + E_x$$
$$= [m_k(Y) + m_k(y)] c_0^2 + E_Y + E_y + E_a. \qquad (4.7)$$

Dabei bezeichnet E_a eine eventuelle Anregung des entstandenen Restkerns Y. Die Reaktionsenergie ergibt sich somit zu

$$Q = \{[m_k(X) + m_k(x)] - [m_k(Y) + m_k(y)]\} c_0^2$$
$$= E_Y + E_y + E_a - E_x. \qquad (4.8)$$

Ist $Q = 0$, dann liegt elastische Streuung vor. Ist $Q > 0$, dann nennt man die Reaktion *exotherm*. Solche Reaktionen können praktisch durch Teilchen beliebiger kinetischer Energie ausgelöst werden.
Ist $Q < 0$, dann spricht man von einer *endothermen* Reaktion. Endotherme Kernreaktionen sind nur möglich, wenn die kinetische Energie E_x der Geschoßteilchen die positive Größe $-Q$ übertrifft und die *Schwellenenergie E_s* überschreitet. Diese Schwellenenergie beträgt im Laborsystem

$$E_s = -Q \frac{m_k(X) + m_k(x)}{m_k(X)}. \qquad (4.9)$$

Nach Gl. (4.8) kann die Reaktionsenergie entweder aus der Differenz der kinetischen Gesamtenergien vor und nach der Reaktion oder einfacher aus dem auftretenden *Massendefekt*

$$\Delta m = [m_k(X) + m_k(x)]$$
$$- [m_k(Y) + m_k(y)] \qquad (4.10)$$

berechnet werden. Anstelle der Kernmassen können in (4.10) auch die Massen der neutralen Atome eingesetzt werden, weil die Bindungsenergien der Elektronen zu vernachlässigen sind. Die Elektronenmassen heben sich bei der Differenzbildung auf.

Unter Verwendung massenspektrographischer Daten kann z. B. die Reaktionsenergie der ersten Umwandlungsreaktion (4.4) von RUTHERFORD berechnet werden:

$$\Delta m = (14{,}003\,075\,u + 4{,}002\,603\,u) - (16{,}999\,132\,u$$
$$+ 1{,}007\,825\,u) = -0{,}001\,279\,u,$$

$$Q = -0{,}001\,279\,u \cdot 931{,}5 \frac{MeV}{u} = -1{,}19 \text{ MeV}.$$

Die Reaktion ist endotherm. Die Energie der α-Teilchen muß mindestens die Schwellenenergie

$$E_s = 1{,}19 \text{ MeV} \frac{14 + 4}{14} = 1{,}53 \text{ MeV}$$

übertreffen.
Die Umkehrreaktion $^{17}_{8}O(p,\alpha)^{14}_{7}N$ ist exotherm. Die freigesetzte Energie beträgt $Q = +1{,}19$ MeV.
Wendet man Gl. (4.8) auf den Fall der radioaktiven Umwandlung (4.1) an, so beträgt

$$Q = \{m_k(X) - [m_k(Y) + m_k(y)]\} c_0^2$$
$$= E_Y + E_y + E_\gamma. \qquad (4.11)$$

Dabei berücksichtigt E_γ die unter Umständen bei der Umwandlung freigesetzte γ-Strahlung. Der Q-Wert ist stets positiv (s. 2.1.).

4.3. Wirkungsquerschnitt

Neben der Reaktionsenergie ist die *Ausbeute* einer Kernreaktion, d.h. die Wahrscheinlichkeit für das Auftreten des Kernprozesses, eine wichtige Größe. Da geladene Geschoßteilchen die Coulomb-Schwelle des Targetkerns überwinden müssen, ist die Wahrscheinlichkeit für einen Umwandlungsprozeß kleiner als bei Bestrahlung mit Neutronen. Bei der Rutherfordschen Kernreaktion (4.4) sind im Mittel $5 \cdot 10^5$ α-Teilchen nötig, um eine einzige Kernumwandlung auszulösen.
Es ist jedoch nicht üblich, die Ausbeute einer Kernreaktion durch die Anzahl der Geschoßpartikel bestimmter Energie zu charakterisieren, die zu einer Kernumwandlung führen. Als Maß für die Ausbeute eines beliebigen Wechselwirkungsprozesses zwischen Geschoßteilchen und Targetkernen dient eine Größe, die man als *Wirkungsquerschnitt σ* bezeichnet. Sie hat die Dimension einer Fläche.
Vom Wirkungsquerschnitt kann man sich folgendermaßen ein anschauliches Bild machen: Das Geschoßteilchen wird als punktförmig angesehen und der Targetkern als kleines kreisförmiges Scheibchen, dessen Flächennormale par-

allel zur Einfallsrichtung steht. Die Größe dieser „Zielscheibe" wird so bemessen, daß alle Geschoßteilchen eine Reaktion auslösen, die auf die Scheibenfläche auftreffen. Diese fiktive Fläche ist der zur betreffenden Kernreaktion gehörende Wirkungsquerschnitt. Die gebräuchliche Einheit für σ ist

$$1\ \text{fm}^2 = 10^{-30}\ \text{m}^2.\ ^{1)}$$

Häufig ist die Fläche σ von der Größenordnung der geometrischen Querschnittsfläche $R^2\pi$ des kugelförmig gedachten Targetkerns. Sie kann aber auch sehr viel kleiner oder sehr viel größer sein.

Wenn ein Geschoßteilchen mehrere Prozesse mit den Teilquerschnitten σ_1, σ_2, ... hervorrufen kann, dann gilt für den totalen Wirkungsquerschnitt

$$\sigma_{\text{tot}} = \sigma_1 + \sigma_2 + ... \tag{4.12}$$

Mit Hilfe des Wirkungsquerschnitts läßt sich die Anzahl der auftretenden Kernreaktionen bei Bestrahlung eines Targets berechnen. Es wird angenommen, daß ein paralleles und homogenes Bündel von Geschoßteilchen der *Flußdichte φ* (Teilchen je Fläche und Zeit, s. 9.5.1.) einfällt (Abb. 43). Die volumenbezogene Zahl

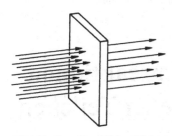

Abb. 43. Zum Begriff des Wirkungsquerschnittes

der Atomkerne im Target sei $_a N$ (Anzahldichte). Es soll nur eine einzige Kernart in der Probe vorkommen und nur ein Reaktionstyp ausgelöst werden. Nach Durchstrahlung der Schichtdicke $\mathrm{d}x$ nimmt die Flußdichte um

$$\mathrm{d}\varphi = -\varphi\,_a N \sigma\,\mathrm{d}x \tag{4.13}$$

ab. Die Integration dieser Gleichung liefert die Flußdichte φ nach Durchqueren der Schichtdicke x:

$$\int_{\varphi(0)}^{\varphi} \frac{\mathrm{d}\varphi}{\varphi} = -\int_0^x {}_a N\sigma\,\mathrm{d}x,$$

$$\boxed{\varphi = \varphi(0)\,\mathrm{e}^{-_a N\sigma x}.} \tag{4.14}$$

Für die Verringerung der Flußdichte erhält man dann

$$\varphi(0) - \varphi = \varphi(0)\,(1 - \mathrm{e}^{-_a N\sigma x}). \tag{4.15}$$

Im Fall von dünnen Targets und Kernreaktionen mit kleinem σ verändert sich die Flußdichte $\varphi(0)$ nur unwesentlich, so daß sich Gl. (4.15) zu

$$\varphi(0) - \varphi = \varphi(0)\,_a N\sigma x \tag{4.16}$$

vereinfacht.

Von den auf die Fläche A auftreffenden Geschoßteilchen gehen somit in der Zeit t

$$(\varphi(0) - \varphi)\,A \cdot t = \varphi(0)\,_a N\sigma x A t \tag{4.17}$$

verloren. Diese Zahl ist gleich der Anzahl der ausgelösten Kernreaktionen.

Es ist üblich, die Größe

$$\Sigma = {}_a N\sigma \tag{4.18}$$

als Gesamtwirkungsquerschnitt oder *makroskopischer Wirkungsquerschnitt* mit der Einheit m^{-1} zu bezeichnen.

Der Wirkungsquerschnitt einer Kernreaktion ist von der Energie der Geschoßteilchen abhängig. Die Funktion $\sigma(E)$ heißt *Anregungs-* oder *Ausbeutefunktion*.

4.4. Zwischenkernprozeß

Die Schreibweise X(x,y)Y charakterisiert zwar den Anfangs- und Endzustand einer Kernreaktion, macht aber keine Aussage über ihren Mechanismus. Im Jahr 1936 wurde von N. Bohr die Theorie aufgestellt, daß sich eine Kernum-

---

$^{1)}$ Bisher wurde die SI-fremde Einheit Barn (Kurzzeichen b) benutzt:

$$1\ \text{b} = 10^{-28}\ \text{m}^2 = 100\ \text{fm}^2.$$

wandlung in zwei zeitlich getrennten Schritten vollzieht. Im ersten Reaktionsschritt verschmilzt das Geschoßteilchen mit dem Targetkern zu einem *Zwischen-* oder *Compoundkern Z**, der sich in einem Zustand hoher Anregung befindet. Seine Anregungsenergie ist gleich der Bindungsenergie des angelagerten Teilchens zuzüglich der kinetischen Energie des Geschosses vor der Reaktion im Schwerpunktsystem. Sie ist um so niedriger, je geringer der Massenunterschied zwischen Geschoßteilchen und Targetkern ist (s. 5.6. „heiße" und „kalte" Fusion). Der angeregte Zwischenkern hat eine unmeßbar kurze mittlere Lebensdauer von $\tau < 10^{-15}$ s und wandelt sich im zweiten Reaktionsschritt rein *spontan* wie jeder radioaktive Kern um.

Nach dieser Vorstellung muß eine Kernreaktion ausführlicher in der Form

$$X + x \rightarrow Z^* \rightarrow Y + y \qquad (4.19)$$

geschrieben werden. Mit Hilfe von Nebelkammeraufnahmen und Kernspurenemulsionen konnte gezeigt werden, daß tatsächlich viele Kernreaktionen bei niedrigen Energien ($E_x < 10$ MeV) auf dem Wege der Zwischenkernbildung ablaufen.

Die erste künstliche Kernreaktion (4.4) am Stickstoff führt z. B. über einen $^{18}_{9}\text{F}^*$-Zwischenkern:

$$^{14}_{7}\text{N} + ^{4}_{2}\text{He} \rightarrow ^{18}_{9}\text{F}^* \rightarrow ^{17}_{8}\text{O} + ^{1}_{1}\text{H}. \qquad (4.20)$$

Eine wichtige Eigenschaft des Zwischenkernprozesses besteht darin, daß die beiden Reaktionsschritte, die Bildung und die Umwandlung des Zwischenkerns, voneinander unabhängig sind.

Ein bestimmter Zwischenkern läßt sich daher durch verschiedene Kernreaktionen erzeugen. Andererseits sind mehrere Umwandlungsarten möglich. Ein Beispiel dafür sind die verschiedenen Bildungs- und Umwandlungsmöglichkeiten des Zwischenkerns $^{18}_{9}\text{F}^*$:

$$
\begin{aligned}
^{14}_{7}\text{N} + ^{4}_{2}\text{He} \searrow & \qquad \nearrow ^{17}_{8}\text{O} + ^{1}_{1}\text{H} \\
^{17}_{8}\text{O} + ^{1}_{1}\text{H} \rightarrow & ^{18}_{9}\text{F}^* \rightarrow ^{14}_{7}\text{N} + ^{4}_{2}\text{He} \qquad (4.21) \\
^{17}_{9}\text{F} + ^{1}_{0}\text{n} \nearrow & \qquad \searrow ^{18}_{9}\text{F} + \gamma
\end{aligned}
$$

Nicht alle Kernreaktionen können jedoch durch die Bildung eines Zwischenkerns gedeutet werden. Es sind auch *direkte Kernreaktionen* möglich, die sich mit

der Bohrschen Vorstellung nicht vereinbaren. Die Untersuchung von Deuteronenreaktionen an schweren Kernen führte zur Entdeckung eines weiteren Mechanismus für Kernreaktionen. Das Deuteron besitzt eine sehr kleine Bindungsenergie von nur 2,25 MeV, und der Abstand seiner beiden Nukleonen ist mit $\approx 4 \cdot 10^{-15}$ m verhältnismäßig groß. Wenn es in den Wirkungsbereich der Kernkräfte des Targetkerns gelangt, kann daher ohne Bildung eines Zwischenkerns eines der Nukleonen abgestreift und vom Kern eingefangen werden, während das restliche Teilchen mit fast unveränderter Richtung seinen Weg fortsetzt. Je nachdem, ob das Neutron oder das Proton vom Targetkern aufgenommen wird, findet eine (d,p)- oder (d,n)-Reaktion statt. Man bezeichnet diesen Vorgang als *Abstreifprozeß* (Stripping-Reaktion). Er ist bei hohen und niedrigen Deuteronenenergien möglich. Nicht immer lösen Deuteronen Abstreifreaktionen aus, sondern es werden auch Einfangreaktionen unter Zwischenkernbildung beobachtet.

Beim Beschuß von Targetkernen mit schweren Ionen hoher Energie können ganze Nukleonenpakete übertragen werden. Ein Beispiel für eine derartige *Multinukleonen-Transferreaktion* ist die Erzeugung des Nuklids $^{64}_{26}\text{Fe}$ durch Beschuß von natürlichem Wolfram mit Se-Ionen. Vom Projektil $^{82}_{34}\text{Se}$ werden dabei 8 Protonen und 10 Neutronen abgestreift.

Als inverse Abstreifreaktion ist der *Aufpickprozeß* (Pick-up-Reaktion) aufzufassen. Das Geschoßteilchen nimmt hierbei Nukleonen des Targetkerns auf, anstatt selbst welche zu verlieren. Kernreaktionen vom Typ (p,d) und (p,t) können so verlaufen.

4.5. Kernreaktionen ungeladener Teilchen

Kernreaktionen mit Neutronen

Neutronen können als ungeladene Teilchen viel leichter in Kerne eindringen als geladene Teilchen. Sie sind daher als Geschoßpartikel zur Auslösung von Kernreaktionen besonders geeignet. Die bewirkten Reaktionen hängen vom Targetkern und von der Neutronenenergie ab. Folgende Klassifikation der Neutronen hat sich als zweckmäßig erwiesen:

langsame (thermische und epithermische) Neutronen
$E_n < 0,5$ eV,

mittelschnelle (intermediäre) Neutronen
0,5 eV < E_n < 0,5 MeV,

schnelle Neutronen
0,5 MeV < E_n < 20 MeV,

sehr schnelle Neutronen
E_n > 20 MeV.

Unter den langsamen Neutronen haben die sogenannten *thermischen Neutronen* eine besondere Bedeutung. Man versteht darunter Neutronen, die sich im Temperaturgleichgewicht mit den Atomen ihrer Umgebung befinden. Das Geschwindigkeitsspektrum der thermischen Neutronen wird durch die *Maxwellsche Geschwindigkeitsverteilung*

$$dN = \frac{4N}{\sqrt{\pi}} \frac{v^2}{v_m^3} e^{-\frac{v^2}{v_m^2}} dv \qquad (4.22)$$

charakterisiert. Hierbei gibt N die Anzahl der Neutronen je Volumeneinheit, v die Neutronengeschwindigkeit und v_m die wahrscheinlichste Geschwindigkeit an. Bei Zimmertemperatur ist $v_m \approx 2\,200\ \text{m} \cdot \text{s}^{-1}$. Das entspricht einer Neutronenenergie von $E_n = 0,025$ eV.

In sehr vielen Fällen kann man Kernreaktionen mit langsamen Neutronen durchführen. Besonders thermische Neutronen haben große Wahrscheinlichkeiten, mit Targetkernen zu reagieren. Da langsame Neutronen keine nennenswerte kinetische Energie besitzen, können sie grundsätzlich nur exotherme Reaktionen auslösen.
Bei der Neutronenabsorption entstehen angeregte Zwischenkerne. Die Anregungsenergie wird vorwiegend durch Emission von γ-Strahlung abgegeben. Die dominierenden Kernumwandlungsprozesse sind daher bei schweren und mittelschweren Kernen die (n,γ)-Einfangreaktionen. Nur bei vereinzelten leichten Kernen (z. B. ^6_3Li, $^{10}_5\text{B}$, $^{14}_7\text{N}$) reicht die Anregungsenergie des Zwischenkerns zur Aussendung eines Protons oder α-Teilchens aus. Darüber hinaus können langsame Neutronen auch elastische Streuprozesse bewirken. Bei einigen sehr schweren Kernen ist schließlich die künstliche Spaltung (s. 4.7.) möglich.
Der Wirkungsquerschnitt der häufigen (n,γ)-Einfangreaktionen nimmt mit zunehmen-

der Neutronengeschwindigkeit ab und befolgt in vielen Fällen das *Fermische 1/v-Gesetz*:

$$\sigma_{(n,\gamma)} \sim \frac{1}{v} \sim \frac{1}{\sqrt{E_n}}. \qquad (4.23)$$

Im linken Teil der Abb. 44 ist ein reiner 1/v-Abfall des Wirkungsquerschnittes zu erkennen. Auch die Wirkungsquerschnitte der wenigen exothermen Reaktionen mit langsamen Neutronen, bei denen geladene Teilchen emittiert werden, zeigen die 1/v-Abhängigkeit.

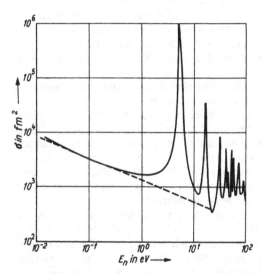

Abb. 44. Wirkungsquerschnitt von Silber in Abhängigkeit von der Neutronenenergie

Das 1/v-Gesetz für σ gilt jedoch meist nur in einem begrenzten Energiebereich. Häufig zeigen die σ, E_n-Kurven bei bestimmten Energien scharfe Maxima, sogenannte *Resonanzstellen*. Resonanzmaxima sind bei Neutronenenergien zu erwarten, bei denen der gebildete Zwischenkern ein eigenes Energieniveau erreichen kann. Im Fall einer einzigen Resonanz läßt sich die Abhängigkeit des Wirkungsquerschnittes von der Neutronenenergie in der Umgebung der Resonanzstelle durch die Breit-Wigner-Formel angeben:

$$\sigma_{(n,\gamma)} = \sigma_{res} \sqrt{\frac{E_r}{E_n}} \frac{\Gamma^2}{\Gamma^2 + 4(E_n - E_r)^2}. \qquad (4.24)$$

Dabei bedeuten σ_{res} der Wirkungsquerschnitt an der Resonanzstelle, E_r die energetische Lage der Resonanz und Γ die Breite des Resonanzniveaus (Linienbreite an der Halbwertstelle). Typische Neutronenresonanzen zeigt die Abb. 44 im rechten Teil.

Wenn die Neutronen eine genügend hohe kinetische Energie besitzen (schnelle und mittelschnelle Neutronen), sind neben (n,γ)-Reaktionen auch (n,p)- und (n,α)-Reaktionen möglich. Geladene Teilchen können nur emittiert werden, wenn die Anregungsenergie zur Überwindung der Coulomb-Schwelle ausreicht.

Im Fall von (n,p)-Reaktionen an stabilen Targetkernen entstehen Isobare mit einer um eine Einheit verminderten Kernladungszahl, die nach der Mattauchschen Isobarenregel stets radioaktiv sind und meist β⁻-Emission zeigen. Auch die Restkerne von (n,α)-Reaktionen sind vorwiegend β-Strahler.

Weitere Reaktionsmöglichkeiten bei höheren Neutronenenergien sind die unelastische Streuung und der (n,2n)-Prozeß. Auch zur Spaltung einiger sehr schwerer Kerne mit gerader Nukleonenzahl ($^{232}_{90}$Th, $^{238}_{92}$U, $^{240}_{94}$Pu) sind schnelle Neutronen mit Energien in der Größenordnung von 1 MeV erforderlich.

Während langsame Neutronen nur exotherme Reaktionen auslösen, sind mit Neutronen höherer Energie auch endotherme Kernreaktionen zu beobachten. Solche Reaktionen haben im allgemeinen eine scharfe Schwellenenergie E_s [s. Gl. (4.9)].

Zahlreiche (n,p)- und (n,α)-Reaktionen und alle (n,2n)-Reaktionen sind endotherm. In manchen Fällen werden endotherme Neutronenreaktionen zur Neutronenspektrometrie ausgenutzt. Der Wirkungsquerschnitt endothermer (n,p)- und (n,α)-Reaktionen steigt oberhalb der Schwelle im wesentlichen exponentiell mit der Geschwindigkeit des emittierten Teilchens y an.

Kernreaktionen mit Photonen

Kernumwandlungen können auch mit Photonen ausgelöst werden, wenn die γ-Energie die Bindungsenergie eines Nukleons übertrifft. Energetisch ist dann die Emission eines Neutrons oder eines Protons möglich. Man bezeichnet eine derartige Reaktion als *Kernphotoeffekt*.

Die Photonenenergie der von radioaktiven Nukliden emittierten γ-Strahlung liegt praktisch immer unter 3 MeV. Nur bei zwei Targetnukliden sind einige γ-Strahler zur Ablösung von Neutronen geeignet:

$$^2_1\text{H}(\gamma,\text{n})^1_1\text{H} \quad \text{mit} \quad Q = -2,23 \text{ MeV} \qquad (4.25)$$

und $^9_4\text{Be}(\gamma,\text{n})^8_4\text{Be}$ mit $Q = -1,67 \text{ MeV}$. $\qquad (4.26)$

Beide Reaktionen werden zur Erzeugung monoenergetischer Neutronen benutzt (s. 6.5.). In allen übrigen Fällen können γ-induzierte Reaktionen nur mit Photonen hoher Energie durchgeführt werden, wie sie in der Bremsstrahlung von Elektronenbeschleunigern zur Verfügung stehen. Die Wirkungsquerschnitte von Kernphotoeffekten sind verhältnismäßig klein. Kernumwandlungen mit Photonen zeigen stets stark negative Energietönungen. Das trifft besonders für (γ,p)- und (γ,α)-Prozesse zu (Coulomb-Schwelle). Bei sehr schweren Atomkernen kann die Absorption energiereicher γ-Strahlung zu einer *Photospaltung* führen.

4.6. Kernreaktionen geladener Teilchen

Geladene Teilchen rufen nur bei höheren Energien Kernumwandlungen hervor. Um in einen Targetkern eindringen zu können, müssen sie den Coulomb-Wall überwinden (s. 1.2.). Die Höhe E_C des Potentialberges um einen Targetkern (Ladung $Z_1 e_0$, Radius R_1) ist für ein die Kernoberfläche berührendes Teilchen (Ladung $Z_2 e_0$, Radius R_2) gegeben durch

$$E_C = \frac{1}{4\pi\varepsilon_0} \frac{Z_1 Z_2 e_0^2}{(R_1 + R_2)} . \qquad (4.27)$$

Die Kernradien erhält man aus Gl. (1.3). Für die Rutherfordsche Kernreaktion (4.4) ist die Potentialschwelle ungefähr 3,4 MeV hoch. Nach klassischen Vorstellungen müßten die α-Teilchen eine kinetische Energie von $\frac{14+4}{14} \cdot 3,4 \text{ MeV} = 4,4 \text{ MeV}$ haben, bevor sie in den Kern gelangen.

In Abschnitt 4.2. wurde aber gezeigt, daß die

Reaktion bereits bei einer Schwellenenergie von $E_s = 1,53\,\text{MeV}$ einsetzt. Eine Erklärung für dieses Verhalten gibt der *Tunneleffekt* der Quantenmechanik. Auch bei Teilchenenergien $E_x < E_C$ besteht eine endliche Wahrscheinlichkeit für die Durchdringung des Coulomb-Walls. Mit abnehmender Teilchenenergie sinkt aber diese Wahrscheinlichkeit rasch ab, so daß dicht oberhalb der Schwellenenergie der Wirkungsquerschnitt klein bleibt. Erst mit zunehmender Geschoßenergie wächst die Reaktionsausbeute an.

Während früher zur Auslösung derartiger Kernreaktionen energiereiche α-Teilchen natürlich radioaktiver Nuklide dienten, wird heute geladenen Teilchen mit Hilfe von Beschleunigern (Zyklotron, Synchrozyklotron, Linearbeschleuniger u. a.) eine ausreichende kinetische Energie erteilt.

Kernreaktionen mit Protonen

Mit Protonen können (p,n)-, (p,γ)- und (p,α)-Prozesse ausgelöst werden.

Bei (p,n)-Reaktionen erhöht sich die Kernladungszahl um eine Einheit, so daß im Fall stabiler Targetkerne radioaktive Restkerne entstehen (Mattauchsche Isobarenregel). Vorwiegend werden Positronenstrahler oder E-Fänger gebildet. Solche Kernreaktionen sind endotherm.

Von wenigen Ausnahmen abgesehen, führen auch (p,γ)-Prozesse an stabilen Ausgangskernen zu β⁺-Strahlern. Die (p,α)-Reaktionen sind auf leichte Kerne beschränkt. Sie finden bereits bei kleinen Protonenenergien statt und sind stark exotherm. Sehr energiereiche Protonen von einigen hundert MeV bis zu einigen GeV führen zu einer Zersplitterung der Targetkerne in mehrere Bruchstücke (Spallation).

Kernreaktionen mit Deuteronen

Die wichtigsten Deuteronenreaktionen bei kleinen Energien sind die (d,n)-Prozesse. Einige von ihnen haben große Bedeutung zur Erzeugung monoenergetischer Neutronen erlangt [s. Reaktionen (6.2) und (6.3)]. Auch (d,p)-Reaktionen verlaufen schon bei kleinen Deuteronenenergien. Zur Auslösung von (d,2n)-Prozessen sind größere Energien erforderlich. Während sich bei leichten Targetkernen die Reaktionen unter Zwischenkernbildung vollziehen,

tritt bei schweren Kernen der Abstreifprozeß in den Vordergrund.

Kernreaktionen mit α-Teilchen

Die α-Teilchen müssen eine hohe kinetische Energie besitzen, damit sie den Coulomb-Wall überwinden und eine Kernreaktion auslösen können. Die Anregungsenergie des Zwischenkerns reicht in den meisten Fällen zur Emission eines Nukleons aus. Energiereiche α-Teilchen radioaktiver Nuklide und künstlich beschleunigte Heliumionen bewirken daher in erster Linie (α,n)- und (α,p)-Prozesse.

Mit (α,n)-Reaktionen werden vorwiegend β⁺-Strahler erzeugt. Einige Beispiele wurden bereits im Abschnitt 4.1. [Reaktionen (4.5)] angegeben.

Im Jahr 1932 entdeckte J. CHADWICK durch eine solche Reaktion das *Neutron*:

$$^{9}_{4}\text{Be}(\alpha,\text{n})^{12}_{6}\text{C} \quad \text{mit} \quad Q = +5,65\,\text{MeV}. \quad (4.28)$$

Heute wird dieser Prozeß häufig zur Neutronenerzeugung ausgenutzt (s. 6.5.).

Ein Beispiel für einen (α,p)-Prozeß ist die schon oft erwähnte künstliche Kernumwandlung RUTHERFORDS (4.4). H. POSE beobachtete 1930 an der Reaktion

$$^{27}_{13}\text{Al}(\alpha,\text{p})^{30}_{14}\text{Si} \quad \text{mit} \quad Q = +2,37\,\text{MeV} \quad (4.29)$$

erstmalig *Resonanzerscheinungen*.

Kernreaktionen mit schweren Ionen

Energiereiche Schwerionen können mit Targetkernen zu neuen Atomkernen verschmelzen. Auf dem Wege der sogenannten „heißen" und „kalten" Fusion wurden die bisher schwersten Atomkerne der Transuraniumelemente $Z = 101$ bis $Z = 111$ erzeugt (s. 5.6.).

4.7. Künstliche Kernspaltung

Unter den künstlichen Kernreaktionen besitzt die Spaltung schwerer Atomkerne die größte praktische Bedeutung. Im Jahre 1938 gelang es O. HAHN und F. STRASSMANN, den Uraniumkern durch Neutronenbeschuß in zwei große Bruchstücke zu spalten. Später wurde gezeigt, daß Kernspaltungen nicht nur mit Neutronen, sondern auch durch Beschuß von Targetkernen mit Protonen, Deuteronen, Heliumionen und Photonen ausgelöst werden. Bei hinreichend großen Geschoßenergien (>50 bis 100 MeV) lassen sich auch leichte Kerne spalten. Die technische Nutzung der Reaktionsenergie und Gewinnung künstlich radioaktiver Nuklide sind nur bei der Spaltung der Kerne $^{232}_{90}$Th, $^{233}_{92}$U, $^{235}_{92}$U und $^{239}_{94}$Pu mit Neutronen möglich. Bei den allerschwersten Atomkernen wird mit sehr geringer Wahrscheinlichkeit die Kernspaltung auch als spontaner Umwandlungsprozeß beobachtet (s. 2.9.).

Vorgang der Kernspaltung

Anschaulich kann der Prozeß der Kernspaltung mit dem Tröpfchenmodell des Atomkerns dargestellt werden (Abb. 45). Durch die Anlage-

Abb. 45. Schematische Darstellung der Spaltung eines Kerns nach dem Tröpfchenmodell

rung des Geschoßteilchens, z. B. eines Neutrons, wird ein angeregter instabiler Zwischenkern gebildet. Die Anregungsenergie wird zu Schwingungen benutzt. Der anfänglich kugelförmige Kern (Phase a) nimmt die Form eines Rotationsellipsoides (Phase b) an, schnürt sich ein (Phase c) und bricht schließlich auseinander. Es ist zu bemerken, daß der Zwischenkern nur bei starker Anregung in zwei mittelschwere Bruchstücke aufspaltet. Die Spaltung steht immer in Konkurrenz mit dem Einfang, bei dem die Anregungsenergie in Form von γ-Quanten abgestrahlt wird. Bedingungen für die Spaltbarkeit schwerer Kerne lassen sich aus Energiebetrachtungen herleiten. In Abb. 46 ist die potentielle Energie des spaltenden Kerns als Funktion des Abstandes r der Schwerpunkte der beiden Bruchstücke aufgetragen. Zwischen dem Energiezustand E_0 eines spaltbaren Kerns und dem Energiezustand der Kernhälften besteht

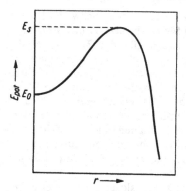

Abb. 46. Potentialbarriere für die Spaltung eines schweren Atomkerns (potentielle Energie in Abhängigkeit vom Abstand der Schwerpunkte der entstehenden Bruchstücke)

eine Potentialbarriere. Erst wenn die Anregungsenergie des deformierten Zwischenkerns die sogenannte *Aktivierungsenergie*

$$E_f = E_s - E_0 \qquad (4.30)$$

übertrifft, kann er in zwei Bruchstücke zerreißen. Die Wahrscheinlichkeit für Kernspaltung ist dann erheblich größer als die Wahrscheinlichkeit für die γ-Emission. Liegt die Anregungsenergie in der Nähe von E_f, so treten Spalt- und Einfangprozesse mit vergleichbarer Häufigkeit auf.

Bei der künstlichen Kernspaltung wird dem Kern die Anregungsenergie meistens durch ein Neutron zugeführt. Sie setzt sich zusammen aus der kinetischen Energie E_n und der Bindungsenergie E_B, die bei der Bildung des Zwischenkerns frei wird. Die Bedingung für die Spaltbarkeit lautet daher

$$E_n + E_B \geqq E_f. \qquad (4.31)$$

In Tab. 9 sind für einige spaltbare Nuklide die Bindungs- und Aktivierungsenergien zusammengestellt.

Es ist zu erkennen, daß die aufgeführten Kerne hinsichtlich ihrer Spaltbarkeit in zwei Gruppen zerfallen. Für Nuklide mit ungerader Neutronenzahl ($^{233}_{92}$U, $^{235}_{92}$U, $^{239}_{94}$Pu) ist

$$E_B > E_f. \qquad (4.32)$$

Diese Kerne sind daher leicht spaltbar. Bereits thermische Neutronen können die Spaltung

Tabelle 9. Bindungsenergie des letzten Neutrons an den entstehenden Zwischenkern und Aktivierungsenergie für die Spaltung

Targetkern	E_B in MeV	E_f in MeV
$^{232}_{90}\mathrm{Th}$	5,4	7,5
$^{233}_{92}\mathrm{U}$	7,0	6,0
$^{235}_{92}\mathrm{U}$	6,8	6,5
$^{238}_{92}\mathrm{U}$	5,5	7,0
$^{239}_{94}\mathrm{Pu}$	6,6	5,0

auslösen. Nuklide mit gerader Neutronenzahl ($^{232}_{90}\mathrm{Th}$, $^{238}_{92}\mathrm{U}$) lassen sich mit thermischen Neutronen nicht spalten. Für die Spaltung dieser Kerne sind schnelle Neutronen mit kinetischen Energien $E_n > 1\,\mathrm{MeV}$ erforderlich.

Die Ursache für dieses Verhalten ist das Bestreben der Neutronen, sich stets paarweise fest zu binden

(Paarungsenergie). Bei einem Kern mit ungerader Neutronenzahl kann das Geschoßneutron mit einem noch nicht abgesättigten Neutron eine besonders feste Bindung eingehen, so daß die Beziehung (4.32) erfüllt ist. Kerne mit gerader Neutronenzahl besitzen schon paarweise abgesättigte Neutronen. Ein zusätzliches Neutron wird daher weniger fest gebunden, und die Beziehung (4.32) gilt nicht.

Dieser Sachverhalt kommt in der Abhängigkeit des Wirkungsquerschnittes σ_f für die Spaltung von der Neutronenenergie zum Ausdruck (Abb. 47). Für thermische Neutronen mit $E_n = 0{,}025\,\mathrm{eV}$ erreicht der Spaltungsquerschnitt von $^{235}_{92}\mathrm{U}$ den beträchtlichen Wert von $\approx 5{,}5 \cdot 10^4\,\mathrm{fm}^2$. Mit wachsender Neutronenenergie fällt σ_f ab, wobei im thermischen Gebiet annähernd das $1/v$-Gesetz gilt. Bei höheren Neutronenenergien (epithermischer Bereich) treten zahlreiche Resonanzen auf. Schließlich sinkt σ_f für schnelle Neutronen bis auf $\approx 100\,\mathrm{fm}^2$ ab.

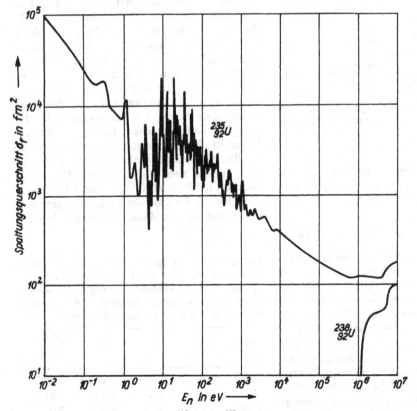

Abb. 47. Spaltungsquerschnitt von $^{235}_{92}\mathrm{U}$ und $^{238}_{92}\mathrm{U}$ in Abhängigkeit von der Neutronenenergie

Für den nur mit schnellen Neutronen spalten-
den Kern $^{238}_{92}$U wächst σ_f oberhalb einer Energieschwelle rasch an, erreicht aber nur einen Wert
in der Größenordnung von 100 fm².

Spaltungsneutronen

Durch die Spaltung eines schweren Kerns entstehen zwei hochangeregte mittelschwere Kerne
mit großem Neutronenüberschuß, der durch
mehrere Prozesse abgebaut wird. Innerhalb von
10^{-13} s nach der Aufspaltung des Zwischenkerns
werden zwei bis drei *prompte Spaltungsneutronen*
emittiert. Wie die Abb. 48 zeigt, erstreckt sich

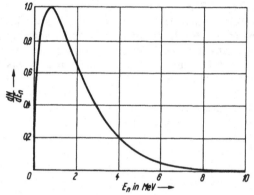

Abb. 48. Energiespektrum der Spaltungsneutronen
bei der Spaltung von $^{235}_{92}$U durch thermische Neutronen

das Energiespektrum dieser Neutronen von sehr
kleinen Energien bis über 10 MeV. Es läßt sich
gut mit der empirischen Beziehung

$$N \, dE_{sn} \sim \sqrt{E_{sn}} \, e^{-\frac{E_{sn}}{a}} \, dE_{sn} \qquad (4.33)$$

darstellen, wobei $N \, dE_{sn}$ die Zahl der Spaltungsneutronen im Energieintervall von E_{sn} bis
$E_{sn} + dE_{sn}$ und a eine Konstante bedeuten. Die
häufigste Energie liegt bei etwa 0,65 MeV, und
die mittlere Energie beträgt ungefähr 1,9 MeV.
Für andere Spaltungsprozesse werden ähnliche
Energiespektren beobachtet. Die je Spaltung
emittierte mittlere Anzahl ν von Spaltungsneutronen ist für verschiedene Targetkerne unterschiedlich. Wegen der Möglichkeit des Auftre-
tens von (n,γ)-Einfangprozessen unterscheidet
sie sich von der mittleren Zahl η der je absor-

biertes Neutron erzeugten Spaltungsneutronen.
In der Tab. 10 sind diese Daten für die mit thermischen Neutronen spaltbaren Kerne angegeben. Da bei einer durch ein einziges Neutron
ausgelösten Spaltung etwa 2,5 neue Neutronen
entstehen, ist die Möglichkeit einer *Kettenreak-
tion* gegeben, indem diese Neutronen selbst wieder die Spaltung anderer Targetkerne verursachen können. Dieser Vorgang bildet die
physikalische Grundlage für die technische
Ausnutzung der Kernspaltung im *Kernreaktor*.
Auf dem Prinzip der ungeregelten Kettenreak-
tion der Kernspaltung beruhen die *Kernspal-
tungswaffen* (Atombombe).
Die Massenverteilung der Spaltprodukte ist unsymmetrisch (s. Abb. 51). Nur in 0,5 % aller
Fälle tritt annähernd symmetrische Spaltung
ein. Erst bei hohen Geschoßenergien wird die
symmetrische Aufspaltung des Zwischenkerns
wahrscheinlicher. Die primären Spaltprodukte
sind sämtlich β⁻-Strahler und bilden im allgemeinen die Anfangsglieder kurzer radioaktiver
Umwandlungsreihen. Durch wiederholte β⁻-
Prozesse wird der Neutronenüberschuß schrittweise abgebaut. Diese bei der Spaltung entstehenden radioaktiven Spaltprodukte werden im
Abschnitt 5.4. näher behandelt.
Durch die β⁻-Umwandlung der Spaltbruch-
stücke entstehen angeregte Kerne, die meist
durch Aussendung von γ-Strahlung in den
Grundzustand übergehen. In einigen wenigen
Fällen ist die Anregungsenergie aber größer als
die Bindungsenergie eines Neutrons, so daß im
Anschluß an den β⁻-Prozeß eine Neutronenemission möglich ist. Im Gegensatz zu den unmittelbar bei der Spaltung emittierten prompten
Neutronen werden diese Neutronen als *verzö-*

Tabelle 10. *Mittlere Zahl ν der Spaltungsneutronen je
Spaltung, mittlere Zahl η der Spaltungsneutronen je absorbiertes Neutron, Verhältnis α der Einfang- zu den Spal-
tungsprozessen und mittlere Energie $\bar{E}_{sn}$ der Spaltungsneutronen (Spaltung durch thermische Neutronen)*

Target-kern	ν	η	α	$\bar{E}_{sn}$ in MeV
$^{233}_{92}$U	2,51	2,30	0,09	1,96
$^{235}_{92}$U	2,47	2,08	0,18	1,94
$^{239}_{94}$Pu	2,90	2,03	0,42	2,00

gerte Spaltungsneutronen bezeichnet (s. 2.10.). Der Anteil der verzögerten Neutronen an der Gesamtzahl der Spaltungsneutronen ist kleiner als 1 %. Außerdem werden bei jeder Spaltung im Mittel 7 bis 8 prompte γ-Quanten mit Energien von rund 1 MeV ausgesandt.

Energiegewinn bei der Kernspaltung

Schließlich soll kurz auf die Reaktionsenergie der künstlichen Kernspaltung am Beispiel der Spaltung von $^{235}_{92}$U mit thermischen Neutronen eingegangen werden.
Eine mögliche Spaltungsreaktion ist

$$^{235}_{92}\text{U} + ^{1}_{0}\text{n} \rightarrow ^{236}_{92}\text{U}^*$$
$$\rightarrow ^{141}_{56}\text{Ba} + ^{93}_{36}\text{Kr} + 2^{1}_{0}\text{n} + \gamma. \qquad (4.34)$$

Die Kernspaltung ist stark exotherm. Der Q-Wert läßt sich aus dem Massendefekt berechnen, wenn man beachtet, daß sich die Spaltprodukte $^{141}_{56}$Ba und $^{93}_{36}$Kr in mehreren Stufen durch β^--Prozesse in die stabilen Endkerne $^{141}_{59}$Pr und $^{93}_{41}$Nb umwandeln. Es gilt

$$\Delta_m = [(235{,}043\,93\,\text{u} + 1{,}008\,67\,\text{u})$$
$$-(140{,}907\,39\,\text{u} + 92{,}906\,02\,\text{u}$$
$$+2 \cdot 1{,}008\,67\,\text{u})] = 0{,}221\,85\,\text{u}\,,$$

$$Q = 0{,}221\,85\,\text{u} \cdot 931{,}5\,\frac{\text{MeV}}{\text{u}} = 206\,\text{MeV}\,.$$

Andere Spaltungsreaktionen haben ähnliche Energietönungen.
Die bei einer Spaltungsreaktion im Mittel freigesetzte Reaktionsenergie von 200 MeV teilt sich wie folgt auf:

kinetische Energie der Spaltprodukte	167 MeV
kinetische Energie der Spaltungsneutronen	5 MeV
Energie der prompten γ-Strahlung	8 MeV
Energie der β^-- und γ-Strahlung der Spaltprodukte	11 MeV
Energie der Antineutrino-Strahlung der Spaltprodukte	10 MeV
Summe	201 MeV

4.8. Thermonukleare Reaktionen

Prinzipiell ist es möglich, Kernenergie entweder durch die Spaltung schwerer Atomkerne oder die Verschmelzung leichter Atomkerne zu gewinnen. Bei der *Kernverschmelzung* oder *Kernfusion* werden unter der Abgabe von Bindungsenergie aus sehr leichten Kernen schwere gebildet. Damit sich zwei positiv geladene Kerne in einer Fusionsreaktion vereinigen können, müssen sie entgegen der elektrostatischen Abstoßungskraft einander stark angenähert werden. Die hierzu erforderliche kinetische Energie können die Stoßpartner durch extreme Temperaturerhöhung aus der Wärmebewegung erlangen. Solche Kernfusionsreaktionen werden als *thermonukleare Reaktionen* bezeichnet. Selbst bei einer Temperatur von $T = 10^7$ K übertrifft jedoch die mittlere Translationsenergie

$$\bar{E} = \frac{3}{2}\,kT \quad (k = \text{Boltzmann-Konstante}) \text{ der Teil-}$$

chen den bescheidenen Betrag von $\approx 1\,700$ eV nicht. Nach der klassischen Theorie ist schon bei Wasserstoffkernen zur Überwindung der Coulomb-Barriere eine wesentlich größere Energie von mindestens 0,28 MeV erforderlich. Thermonukleare Kernreaktionen sind aber auch dann möglich, wenn die Reaktionspartner nicht genügend Energie haben, um den Coulombschen Potentialwall zu überwinden. Nach der Aussage des wellenmechanischen Tunneleffekts besitzen solche Teilchen eine gewisse Wahrscheinlichkeit für die Durchdringung des Potentialwalls. Zwar nimmt der Wirkungsquerschnitt für Fusionsprozesse mit fallender Energie ab, ist aber selbst bei sehr geringen Energien endlich. Thermonukleare Reaktionen werden daher schon bei Energien beobachtet, die weit unter den nach klassischen Vorstellungen geforderten Werten liegen.
Da mit wachsender Ordnungszahl die Höhe des Coulomb-Walls zunimmt, sind für Kernverschmelzungsreaktionen Wasserstoffkerne ganz besonders geeignet. Die Wirkungsquerschnitte thermonuklearer Reaktionen mit Helium- oder Lithiumkernen sind bereits wesentlich kleiner.

Thermonukleare Kernreaktionen bilden die wichtigste Energiequelle in der Natur. Im hocherhitzten *Plasma*[1]) der sonnenähnlichen Fixsterne vollziehen sich im großen Maßstab Fusionsprozesse mit gewöhnlichem Wasserstoff. Die wichtigsten Reaktionen sind hierbei die *Wasserstoff-Wasserstoff-Reaktion* (F. G. HOUTERMANS und R. D'E. ATKINSON, 1929) und der *Kohlenstoff-Stickstoff-Zyklus* (H. A. BETHE und C. F. v. WEIZSÄCKER, 1938). Das Endresultat ist in beiden Fällen das gleiche: Vier Wasserstoffkerne verschmelzen zu einem Heliumkern.

Die Wasserstoff-Wasserstoff-Reaktion verläuft in folgenden Schritten:

$$\begin{aligned}
{}^1_1\text{H} + {}^1_1\text{H} &\rightarrow {}^2_1\text{H} + {}^0_{+1}\text{e} + \nu_e, \\
{}^1_1\text{H} + {}^2_1\text{H} &\rightarrow {}^3_2\text{He}, \\
{}^3_2\text{He} + {}^3_2\text{He} &\rightarrow {}^4_2\text{He} + 2{}^1_1\text{H}.
\end{aligned} \qquad (4.35)$$

Der Kohlenstoff-Stickstoff-Prozeß vollzieht sich in Form einer zyklischen Reaktionskette:

$$\begin{aligned}
{}^{12}_6\text{C} + {}^1_1\text{H} &\rightarrow {}^{13}_7\text{N} \rightarrow {}^{13}_6\text{C} + {}^0_{+1}\text{e} + \nu_e, \\
{}^{13}_6\text{C} + {}^1_1\text{H} &\rightarrow {}^{14}_7\text{N}, \\
{}^{14}_7\text{N} + {}^1_1\text{H} &\rightarrow {}^{15}_8\text{O} \rightarrow {}^{15}_7\text{N} + {}^0_{+1}\text{e} + \nu_e, \\
{}^{15}_7\text{N} + {}^1_1\text{H} &\rightarrow {}^{12}_6\text{C} + {}^4_2\text{He}.
\end{aligned} \qquad (4.36)$$

Der zu Beginn in die Reaktion eingehende Kohlenstoffkern wird am Ende des Zyklus wieder frei. Er spielt gewissermaßen die Rolle eines „Katalysators". Im Sonneninneren ($T \approx 2 \cdot 10^7$ K) laufen die Reaktionen (4.35) und (4.36) nebeneinander ab. Bei kälteren Fixsternen überwiegt die Wasserstoff-Wasserstoff-Reaktion, bei heißeren dagegen der Kohlenstoff-Stickstoff-Zyklus. Die insgesamt freiwerdende Energie beträgt bei beiden Prozessen 26,7 MeV.

Unter irdischen Bedingungen erscheinen Kernfusionsreaktionen zwischen Wasserstoffkernen zur Gewinnung von Energie aussichtsreich. In der sogenannten *D-D-Reaktion* vereinigen sich zwei Deuteriumkerne, wobei in einem großen Energiebereich mit annähernd gleicher Häufigkeit zwei Prozesse auftreten:

$$ {}^2_1\text{H} + {}^2_1\text{H} \bigg\langle \begin{array}{l} {}^3_2\text{He} + {}^1_0\text{n}, \quad Q = 3{,}27\ \text{MeV}; \\ {}^3_1\text{H} + {}^1_1\text{H}, \quad Q = 4{,}03\ \text{MeV}. \end{array} \qquad (4.37)$$

Das im „Protonenzweig" dieser Reaktion gebildete Tritium kann mit Deuterium im *D-T-Prozeß* mit guter Energieausbeute reagieren:

$$ {}^2_1\text{H} + {}^3_1\text{H} \rightarrow {}^4_2\text{He} + {}^1_0\text{n}, \quad Q = 17{,}6\ \text{MeV}. \qquad (4.38)$$

Schließlich kann auch das im „Neutronenzweig" der D-D-Reaktion gebildete ${}^3_2\text{He}$ mit Deuterium verschmolzen werden:

$$ {}^2_1\text{H} + {}^3_2\text{He} \rightarrow {}^4_2\text{He} + {}^1_1\text{H}, \quad Q = 18{,}3\ \text{MeV}. \qquad (4.39)$$

Damit ein Kernfusionsreaktor eine positive Energiebilanz aufweist, muß das sogenannte *Lawson-Kriterium* erfüllt sein. Es besagt, daß die Temperatur T des Fusionsplasmas sowie das Produkt aus seiner Teilchendichte n und der mittleren Verweilzeit τ der Teilchen im Plasma bestimmte minimale Werte nicht unterschreiten darf. Diese betragen für die

D-D-Reaktion $T \approx 10^9$ K, $\qquad n\tau > 10^{21}$ m$^{-3} \cdot$ s
und für die
D-T-Reaktion $T \approx 3 \cdot 10^8$ K, $\quad n\tau > 5 \cdot 10^{19}$ m$^{-3} \cdot$ s.

Die bisher beste Annäherung an einen stationär arbeitenden Fusionsreaktor wurde mit der zuerst von L. A. ARCIMOVIČ und Mitarbeitern vorgeschlagenen Tokamak-Anordnung, einer toroidalen, in ein Magnetfeld eingebetteten Gasentladung, erreicht. Zur Erfüllung des Lawson-Kriteriums fehlen gegenwärtig noch etwa je eine Größenordnung für die Plasmatemperatur T und die Einschlußzeit τ.

Lediglich in den *Kernfusionswaffen* (*Wasserstoffbombe*) hat die unkontrollierte Energiefreisetzung von Kernverschmelzungen Verwirklichung gefunden. Die für die Verschmelzung leichter Kerne erforderliche hohe Temperatur wird dabei durch Zündung von Kernspaltungsbomben erzeugt.

---

[1]) Als Plasma bezeichnet man ein hochionisiertes Gas, das aus positiven Ionen, Elektronen und neutralen Teilchen besteht. Es ist quasineutral, d. h., die Dichte der positiven und der negativen Ladung ist überall gleich.

5.
Herstellung radioaktiver Nuklide

Die Herstellung *künstlich radioaktiver Nuklide* beruht auf der Ausnutzung von Kernreaktionen mit guter Ausbeute. Wirtschaftliche Bedeutung haben drei Verfahren erlangt:
- die Herstellung radioaktiver Nuklide durch Neutronenreaktionen im *Kernreaktor*,
- die Herstellung radioaktiver Nuklide mit geladenen Teilchen im *Zyklotron* und
- die Abtrennung radioaktiver Nuklide aus *Spaltproduktgemischen*.

Für die meisten praktischen Anwendungen können die erforderlichen radioaktiven Nuklide von großen Produktionszentren fertig bezogen werden. Kurzlebige radioaktive Nuklide lassen sich mit *Generatorsystemen* gewinnen.

5.1. Aktivierungsgleichung

Der weitaus größte Teil der bekannten radioaktiven Nuklide wird auf dem Weg der Bestrahlung stabiler Targetkerne mit ungeladenen oder geladenen Teilchen produziert (*Aktivierung*). Vor der Bestrahlung ist es erforderlich, sich Gedanken über die zu erwartende Aktivität der bestrahlten Probe zu machen. Der Zusammenhang zwischen der gebildeten *Aktivität $\mathscr{A}$* und der *Bestrahlungszeit t_B* wird durch die Aktivierungsgleichung gegeben, in die als wichtigste Größen der *Aktivierungsquerschnitt σ_a* der bestrahlten Targetkerne, die *Umwandlungskonstante λ* des gebildeten radioaktiven Nuklids und die *Teilchenflußdichte φ* am Bestrahlungsort eingehen. Ist N_0 die Zahl aller Atomkerne des zu aktivierenden Elements im Target, so ergibt

sich für die Bildungsgeschwindigkeit der radioaktiven Kerne

$$\left(\frac{dN}{dt}\right)_{\text{Bildung}} = \varphi\sigma_a N_0. \tag{5.1}$$

Mit dem Entstehen radioaktiver Kerne beginnen sich diese gleichzeitig mit charakteristischer Halbwertzeit umzuwandeln. Nach dem Umwandlungsgesetz ist die Umwandlungsgeschwindigkeit der Anzahl der gerade vorhandenen radioaktiven Kerne proportional:

$$\left(\frac{dN}{dt}\right)_{\text{Umwandlung}} = -\lambda N. \tag{5.2}$$

Die Zuwachsrate für das gebildete radioaktive Nuklid während der Bestrahlung ergibt sich dann durch Addition der Bildungs- und Umwandlungsgeschwindigkeit zu

$$\left(\frac{dN}{dt}\right) = \varphi\sigma_a N_0 - \lambda N. \tag{5.3}$$

Integriert man über die Bestrahlungszeit t_B, so erhält man die Anzahl der gebildeten radioaktiven Atomkerne:

$$N = \frac{\varphi\sigma_a N_0}{\lambda}\left(1 - e^{-\lambda t_B}\right). \tag{5.4}$$

Unmittelbar am Ende der Bestrahlung besitzt daher die Probe die Aktivität

$$\mathscr{A} = \lambda N = \varphi\sigma_a N_0\left(1 - e^{-\lambda t_B}\right). \tag{5.5}$$

Wird die Aktivität nicht sofort nach Entnahme der Probe aus der Bestrahlungsanlage gemessen, sondern infolge Transport und Verarbeitung erst nach einer gewissen *Wartezeit t_W*, so klingt sie gemäß der Umwandlungsgleichung ab. Die Beziehung (5.5) muß dann noch mit dem Faktor $e^{-\lambda t_W}$ multipliziert werden.

Die Zahl N_0 der aktivierbaren Targetkerne läßt sich aus der Masse m der Probe, der relativen Atommasse A_r und der atomaren Masseeinheit m_u berechnen. Da häufig keine Reinelemente, sondern isotope Nuklidgemische vorliegen, muß man noch die relative Häufigkeit $h \leqq 1$ des aktivierbaren Nuklids berücksichtigen. Daher gilt

$$N_0 = \frac{mh}{A_r m_u}. \tag{5.6}$$

Fügt man diesen Ausdruck in Gl. (5.5) ein, so ergibt sich die *Aktivierungsgleichung* in der Form

$$\mathscr{A} = \varphi \sigma_a \, \frac{mh}{A_r m_u} \, (1 - e^{-\lambda t_B}). \tag{5.7}$$

Eine genauere Behandlung der Aktivierung zeigt, daß unter Umständen Korrekturen an der Aktivierungsgleichung erforderlich sind. Der Wirkungsquerschnitt σ ist von der Energie der Geschoßteilchen abhängig, so daß im Fall eines Energiespektrums über alle Energien integriert werden muß. Außerdem ist zu berücksichtigen, daß große Proben bzw. Elemente mit hohem Wirkungsquerschnitt eine Beeinflussung der Teilchenflußdichte (*Flußdichtedepression*) bewirken können. Weiterhin kann sich die sogenannte *Selbstabschirmung* störend bemerkbar machen, wenn die Geschoßteilchen bereits in Schichten nahe der Oberfläche absorbiert werden, so daß das Targetmaterial nicht homogen aktiviert wird.

Die unter gegebenen Bestrahlungsbedingungen maximal erreichbare Aktivität ist die sogenannte *Sättigungsaktivität*

$$\mathscr{A}_\infty = \varphi \sigma_a \, \frac{mh}{A_r m_u}. \tag{5.8}$$

Sie ergibt sich, wenn in Gl. (5.7) der Ausdruck $e^{-\lambda t_B}$ gegen Null strebt, d. h., wenn die Bestrahlungszeit groß im Vergleich zur Halbwertzeit des entstehenden radioaktiven Nuklids ist.

Der Abb. 49 ist zu entnehmen, daß nach einer Bestrahlungsdauer von einer Halbwertzeit bereits 50 % der Sättigungsaktivität erreicht werden. Nach 5 Halbwertzeiten sind 97 %, nach 7 Halbwertzeiten über 99 % der maximalen Aktivität gebildet.

In der Praxis bestrahlt man daher in der Regel nur 1 bis 2 Halbwertzeiten lang bezüglich des gewünschten radioaktiven Nuklids, weil längere Bestrahlungen keine wesentliche Aktivitätszu-

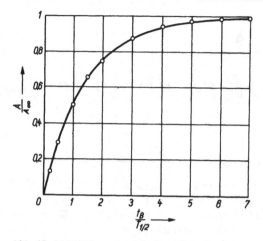

Abb. 49. Aktivitätsanstieg als Funktion der Bestrahlungszeit

nahme mehr bringen. Während kurzlebige radioaktive Nuklide ihre Sättigungsaktivität schnell erreichen, sind zur Erzeugung radioaktiver Nuklide mit großer Halbwertzeit lange Bestrahlungszeiten erforderlich.

Um hohe Aktivitäten erzeugen zu können, müssen Bestrahlungsanlagen mit möglichst großer Teilchenflußdichte φ benutzt werden. Das ist der Grund dafür, daß für eine industrielle Großproduktion radioaktiver Nuklide nur Kernreaktoren und Teilchenbeschleuniger (Zyklotrons) in Betracht kommen.

Das für die Bestrahlungen benötigte Targetmaterial muß eine hohe chemische Reinheit besitzen, um die Aktivierung unerwünschter Elemente möglichst zu vermeiden.

5.2. Herstellung radioaktiver Nuklide im Kernreaktor

Der Kernreaktor ist als intensive Neutronenquelle die wichtigste Anlage zur Herstellung radioaktiver Nuklide. Eine besondere Rolle spielen zwei Kernreaktionstypen, die (n,γ)- und die (n,p)-Reaktion. Von geringerer Bedeutung ist die (n,α)-Reaktion. Auch aus dem Spaltproduktgemisch werden einige radioaktive Nuklide gewonnen.

(n,γ)-Reaktionen

Die (n,γ)-Reaktion wird bis auf wenige Ausnahmen durch thermische Neutronen ausgelöst. Die weitaus meisten in der Praxis verwendeten radioaktiven Nuklide entstehen durch diese Einfangreaktion, bei der sich die Nukleonenzahl um eine Einheit erhöht, während die Kernladungszahl unverändert bleibt.

Typische Beispiele für die Erzeugung radioaktiver Nuklide durch Neutroneneinfang sind folgende Reaktionen:

$$^{31}_{15}P(n,\gamma)^{32}_{15}P,$$

$$^{23}_{11}Na(n,\gamma)^{24}_{11}Na, \qquad (5.9)$$

$$^{59}_{27}Co(n,\gamma)^{60}_{27}Co.$$

Größtenteils führen (n,γ)-Reaktionen zu β^--Strahlern.

In Tab. 11 sind einige wichtige radioaktive Nuklide zusammengestellt, die durch (n,γ)-Reaktionen im Kernreaktor hergestellt werden.

Beim (n,γ)-Prozeß entsteht stets ein radioaktives Nuklid des bestrahlten Elements. Das bedeutet, daß das radioaktive Nuklid *nicht trägerfrei* erzeugt werden kann. Nach einer (n,γ)-Reaktion liegt stets ein chemisch nicht trennbares Gemisch von radioaktiver und stabiler Substanz vor. Die spezifische Aktivität solcher Präparate bleibt daher gering. Das kann unter Umständen bei Anwendungen in der Biologie und Medizin sehr störend sein.

Eine Möglichkeit zur *trägerfreien* Herstellung bestimmter radioaktiver Nuklide eröffnet sich, wenn der durch eine (n,γ)-Reaktion erzeugte Kern ein kurzlebiger β-Strahler ist. Durch die β-Umwandlung ändert sich die Kernladung um eine Einheit, und man kann das entstandene radioaktive Nuklid von dem primär durch Neutroneneinfang gebildeten Produkt abtrennen. Ein praktisches Beispiel ist die Erzeugung von $^{131}_{53}$I. Durch eine (n,γ)-Reaktion am Tellur entsteht ein kurzlebiger Tellurkern, der sich unter Aussendung von β^--Teilchen in Radioiod umwandelt. Man kann diesen Prozeß in Form einer Reaktionskette schreiben:

$$^{130}_{52}Te(n,\gamma)^{131}_{52}Te \xrightarrow[25\,min]{\beta^-} {}^{131}_{53}I. \qquad (5.10)$$

Eine weitere Möglichkeit zur *trägerarmen* Herstellung radioaktiver Nuklide eröffnet in einigen Fällen der sogenannte *Szilard-Chalmers-Effekt*. Man versteht darunter die Erscheinung, daß die Rückstoßenergie bei Emission des γ-Quants zum Bindungsbruch ausreicht. Die aktivierten Atome werden aus dem Molekülverband

Tabelle 11. Einige radioaktive Nuklide, die durch (n,γ)-Reaktionen im Kernreaktor hergestellt werden

Nuklid	Targetkern (Häufigkeit h in %)	Bestrahltes Material	σ_{th} in fm^2	$T_{1/2}$	$E_{\beta\,max}$ in MeV	E_γ in MeV
$^{24}_{11}$Na	$^{23}_{11}$Na (100)	Na$_2$CO$_3$	53	14,96 h	β^- 1,389	1,369 2,754
$^{42}_{19}$K	$^{41}_{19}$K (6,73)	K$_2$CO$_3$	146	12,36 h	β^- 3,52 β^- 1,97	1,525
$^{59}_{26}$Fe	$^{58}_{26}$Fe (0,3)	Fe$_2$O$_3$	115	45,1 d	β^- 0,461 β^- 0,269	1,099 1,292
$^{60}_{27}$Co	$^{59}_{27}$Co (100)	Co	3 700	5,272 a	β^- 0,315	1,173 1,333
$^{75}_{34}$Se	$^{74}_{34}$Se (0,9)	SeO$_2$	5 180	120 d	E	0,265 0,136 0,280
$^{192}_{77}$Ir	$^{191}_{77}$Ir (37,3)	Ir	92 400	74,0 d	β^- 0,672 β^- 0,536 β^- 0,240	0,317 0,468
$^{198}_{79}$Au	$^{197}_{79}$Au (100)	Au	9 880	2,6935 d	β^- 0,961	0,412

herausgeschlagen, so daß sie in einer chemisch veränderten Form vorliegen und eine Trennung vom Ausgangsprodukt möglich wird.

Ein typisches Beispiel für diesen Vorgang ist die Herstellung des radioaktiven Nuklids $^{128}_{53}$I. Wird Ethyliodid (C_2H_5I) mit thermischen Neutronen bestrahlt, so bildet sich durch Neutroneneinfang nach der folgenden Reaktion ein radioaktives Nuklid des Iods:

$$^{127}_{53}I(n,\gamma) \rightarrow ^{128}_{53}I \xrightarrow[25\,min]{\beta^-} ^{128}_{54}Xe \quad (stabil). \quad (5.11)$$

Die Bindungsenergie des eingefangenen Neutrons beträgt $\approx 8,5$ MeV. Beim Übergang des angeregten Kerns in den Grundzustand wird diese Energie abgegeben. Wenn man annimmt, daß nur ein γ-Quant mit der vollen Energie emittiert wird, beträgt die Rückstoßenergie des Iodkerns etwa 300 eV. Diese Rückstoßenergie übertrifft die Bindungsenergie der C-I-Bindung (1 bis 6 eV) bei weitem und führt zu ihrer Sprengung. Ein großer Teil der radioaktiven $^{128}_{53}$I-Atome liegt daher nicht mehr in organisch gebundener Form vor und läßt sich leicht abtrennen. Das Szilard-Chalmers-Verfahren ist besonders zur trägerarmen Herstellung radioaktiver Halogene geeignet.

(n,p)- und (n,α)-Reaktionen

Die (n,p)-Reaktion wird vorwiegend von schnellen Neutronen ausgelöst. Sie führt zu einem radioaktiven Produktkern, der meist ein β⁻-Strahler ist. Nur selten entsteht ein β⁺-Strahler oder ein E-Fänger. In einigen Fällen bewirken bereits thermische Neutronen (n,p)- und (n,α)-Reaktionen. Durch beide Reaktionen lassen sich

trägerfreie Präparate herstellen, weil eine normale chemische Abtrennung der erzeugten radioaktiven Nuklide vom Target möglich ist.

Ein typisches Beispiel ist die trägerfreie Herstellung von radioaktivem Phosphor durch Bestrahlung von hochreinem Schwefel im Reaktor:

$$^{32}_{16}S(n,p)^{32}_{15}P. \quad (5.12)$$

Durch Sublimation oder Extraktion mit chlorierten Kohlenwasserstoffen wird nach der Bestrahlung der Schwefel abgetrennt.

In der Tab. 12 sind einige häufig verwendete radioaktive Nuklide aufgeführt, die im Kernreaktor durch (n,p)-Reaktionen hergestellt werden können.

5.3. Herstellung radioaktiver Nuklide im Zyklotron

Einige radioaktive Nuklide lassen sich nicht durch Neutronenreaktionen im Kernreaktor herstellen, weil keine geeigneten Targetkerne zur Verfügung stehen. In solchen Fällen kann die *Aktivierung im Zyklotron* mit künstlich beschleunigten geladenen Teilchen ausgeführt werden. Auch zur trägerfreien Herstellung bestimmter radioaktiver Nuklide, die im Kernreaktor nur durch (n,γ-)Prozesse erzeugt werden können, sind Kernreaktionen mit geladenen Teilchen geeignet.

Tabelle 12. Einige radioaktive Nuklide, die durch (n,p)-Reaktionen im Kernreaktor hergestellt werden

Nuklid	Targetkern (Häufigkeit h in %)	Bestrahltes Material	σ in fm^2	$T_{1/2}$	$E_{\beta\,max}$ in MeV	E_γ in MeV
$^{14}_{6}C$	$^{14}_{7}N$ (99,63)	Al_3N_4	181	5 730 a	β⁻ 0,155	–
$^{32}_{15}P$	$^{32}_{16}S$ (95,02)	S	6,9	14,3 d	β⁻ 1,711	–
$^{35}_{16}S$	$^{35}_{17}Cl$ (75,77)	KCl	7,8	87,5 d	β⁻ 0,167	–
$^{59}_{26}Fe$	$^{59}_{27}Co$ (100)	Co	0,142	45,1 d	β⁻ 0,461	1,099
					β⁻ 0,269	1,292
$^{58}_{27}Co$	$^{58}_{28}Ni$ (67,76)	Ni	11,3	70,78 d	β⁺ 0,474	0,811
					E (86 %)	

Zur praktischen Herstellung radioaktiver Nuklide finden fast ausschließlich im Zyklotron beschleunigte Protonen und Deuteronen als Geschoßpartikel Verwendung. Meist wird eine der folgenden Kernreaktionen ausgelöst:

(p,n); (p,α); (p,2n); (p,pn); (d,n);

(d,α); (d,2n); (d,p); (d,2p).

Lediglich bei der (p,pn)- und der (d,p)-Reaktion tritt keine Veränderung der Kernladungszahl ein. In den übrigen Fällen ist eine chemische Trennung des entstehenden radioaktiven Nuklids vom Targetmaterial möglich.

Bei der Bestrahlung im Zyklotron werden vorwiegend neutronenarme Kerne gebildet, die sich unter Emission von Positronen oder E-Einfang umwandeln. Es ist zu berücksichtigen, daß sich das Target beim Teilchenbeschuß stark erwärmt. Um eine thermische Zersetzung der bestrahlten Substanz zu verhindern, ist eine gute Kühlung erforderlich. Während sich im Kernreaktor gleichzeitig viele Proben aktivieren lassen, kann mit dem Zyklotron stets nur ein einziges Target bestrahlt werden. Die Kosten sind daher auch wesentlich höher.

Die bei der Bestrahlung im Zyklotron gebildete Aktivität $\mathscr{A}$ läßt sich aus dem Strahlstrom I, der Aktivierungsausbeute η und der Bestrahlungszeit t_B berechnen:

$$\mathscr{A} = \eta I t_B. \tag{5.13}$$

In Tab. 13 sind einige gebräuchliche radioaktive Nuklide zusammengestellt, die im Zyklotron hergestellt werden können.

Die bei der Beschleunigung geladener Teilchen bestehende Möglichkeit der Veränderung der

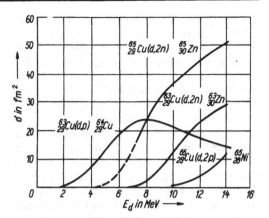

Abb. 50. Aktivierungsquerschnitt für Deuteronenreaktionen an Kupfer in Abhängigkeit von der Deuteronenenergie

Geschoßenergie kann dazu ausgenutzt werden, ein gewünschtes radioaktives Nuklid bevorzugt herzustellen, wenn mehrere konkurrierende Kernreaktionen ausgelöst werden. Ein Beispiel hierfür ist die Bestrahlung von Kupfer mit Deuteronen. In Abb. 50 ist der Aktivierungsquerschnitt für die nebeneinander ablaufenden Kernreaktionen als Funktion der Partikelenergie dargestellt. Bei genügend hoher Deuteronenenergie treten vier Reaktionen auf:

$$\begin{aligned} &^{63}_{29}\text{Cu(d,p)}^{64}_{29}\text{Cu}, \\ &^{65}_{29}\text{Cu(d,2n)}^{65}_{30}\text{Zn}, \\ &^{63}_{29}\text{Cu(d,2n)}^{63}_{30}\text{Zn}, \\ &^{65}_{29}\text{Cu(d,2p)}^{65}_{28}\text{Ni}. \end{aligned} \tag{5.14}$$

Tabelle 13. Einige radioaktive Nuklide, die im Zyklotron hergestellt werden

Nuklide	Erzeugende Reaktion	Target	$T_{1/2}$	$E_{\beta\,max}$ in MeV	E_γ in MeV
$^{11}_{6}\text{C}$	$^{10}_{5}\text{B(d,n)}$	B_2O_3	20,38 min	β⁺ 0,961	–
$^{13}_{7}\text{N}$	$^{12}_{6}\text{C(d,n)}$	CO_2	9,96 min	β⁺ 1,19	–
$^{15}_{8}\text{O}$	$^{14}_{7}\text{N(d,n)}$	N_2	2,03 min	β⁺ 1,7	–
$^{18}_{9}\text{F}$	$^{17}_{8}\text{O(d,n)}$	$LiCO_3$	109,7 min	β⁺ 0,635	–
$^{67}_{31}\text{Ga}$	$^{66}_{30}\text{Zn(d,n)}$	Zn	78,3 h	E	0,093 0,185 0,300
$^{81}_{37}\text{Rb}$	$^{79}_{35}\text{Br}(\alpha,2n)$	NaBr	4,58 h	β⁺ 1,1	0,446
$^{123}_{53}\text{I}$	$^{122}_{52}\text{Te(d,n)}$	TeO_2	13,2 h	E	0,159

Für die erste dieser Reaktionen beträgt die Schwellenenergie annähernd 2 MeV. Die Schwellenwerte der konkurrierenden Reaktionen liegen bei höheren Energien. Soll z. B. $^{64}_{29}$Cu allein erzeugt werden, muß lediglich die Deuteronenenergie kleiner als 5 MeV gewählt werden. Die radioaktiven Nuklide $^{63}_{30}$Zn, $^{65}_{30}$Zn und $^{65}_{28}$Ni können dann gar nicht entstehen.

Wenn zwei konkurrierende Kernreaktionen allerdings annähernd die gleiche Energieschwelle besitzen, versagt dieses Verfahren. Mitunter kann dann durch verschiedene Bestrahlungszeiten erreicht werden, daß von zwei gleichzeitig entstehenden radioaktiven Nukliden das eine oder das andere bevorzugt gebildet wird. Das setzt jedoch voraus, daß sich die Aktivierungsausbeuten der beiden Reaktionen bei gleicher Teilchenenergie und Teilchenflußdichte stark voneinander unterscheiden.

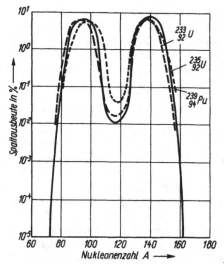

Abb. 51. Spaltausbeute für die Spaltung von $^{233}_{92}$U, $^{235}_{92}$U und $^{239}_{94}$Pu mit thermischen Neutronen

5.4. Abtrennung radioaktiver Nuklide aus Spaltprodukt-gemischen

Bei der Spaltung schwerer Atomkerne in thermischen Reaktoren entsteht ein kompliziertes Gemisch radioaktiver Nuklide. Es ist in den ausgebrannten Brennstoffelementen enthalten, bzw. in gesonderten Uraniumtargets, die nur wenige Wochen im Reaktor verbleiben. Bei der Aufarbeitung der bestrahlten Kernbrennstoffe werden die interessierenden Spaltprodukte chemisch abgetrennt.

Die hochradioaktive Lösung der Spaltprodukte ist eine wichtige Quelle für zahlreiche radioaktive Nuklide. In der Abb. 51 ist die Verteilung der Spaltprodukte für die Spaltung von $^{233}_{92}$U, $^{235}_{92}$U und $^{239}_{94}$Pu dargestellt. Man erkennt, daß die Massenverteilung unsymmetrisch ist. Am häufigsten tritt eine Spaltung in zwei Kerne mit Nukleonenzahlen um 95 und 140 auf. Zwischen den Nukleonenzahlen 110 und 125 liegt ein tiefes Minimum in der Häufigkeitsverteilung.

Unmittelbar nach ihrer Bildung sind die Spaltprodukte hochangeregt und besitzen einen starken Neutronenüberschuß, der durch sukzessive β^--Prozesse in Form kurzer Umwandlungsketten abgebaut wird. Beispiele für solche β^--Umwandlungsketten sind im folgenden dargestellt:

$$^{131}_{52}\text{Te} \xrightarrow[25 \text{ min}]{\beta^-} {}^{131}_{53}\text{I} \xrightarrow[8,02 \text{ d}]{\beta^-} {}^{131}_{54}\text{Xe} ;$$

$$^{137}_{53}\text{I} \xrightarrow[24,2 \text{ s}]{\beta^-} {}^{137}_{54}\text{Xe} \xrightarrow[3,83 \text{ min}]{\beta^-} {}^{137}_{55}\text{Cs} \xrightarrow[30,17 \text{ a}]{\beta^-} {}^{137}_{56}\text{Ba} ; \quad (5.15)$$

$$^{90}_{36}\text{Kr} \xrightarrow[32,2 \text{ s}]{\beta^-} {}^{90}_{37}\text{Rb} \xrightarrow[2,6 \text{ min}]{\beta^-} {}^{90}_{38}\text{Sr} \xrightarrow[28,5 \text{ a}]{\beta^-} {}^{90}_{39}\text{Y} \xrightarrow[64,1 \text{ h}]{\beta^-} {}^{90}_{40}\text{Zr}.$$

Für eine Reihe von Nukliden wurden Extraktionsvorschriften ausgearbeitet. In Tab. 14 sind einige wichtige radioaktive Nuklide zusammengestellt, die aus Spaltproduktgemischen gewonnen werden.

Sowohl bei der neutroneninduzierten künstlichen Spaltung als auch bei der Spontanspaltung schwerer Atomkerne werden mit geringer Wahrscheinlichkeit auch leichte Teilchen emittiert. Diese reichen bei der Spontanspaltung des Transuraniumnuklids $^{252}_{98}$Cf bis zum Element Beryllium (Tab. 15). Die Bildung von Tritium in den Brennelementen eines Kernreaktors ist im wesentlichen auf diesen Vorgang zurückzuführen.

Tabelle 14. Einige radioaktive Nuklide, die aus Spaltprodukten abgetrennt werden

Nuklid	Ausbeute bei $^{235}_{92}U(n,f)$ in %	$T_{1/2}$	$E_{\beta\,max}$ in MeV	E_γ in MeV
$^{85}_{36}Kr$	0,24	10,76 a	β^- 0,672	0,514
$^{90}_{38}Sr$ $\downarrow$	5,3	28,5 a	β^- 0,546	–
$^{90}_{39}Y$		64,1 h	β^- 2,288	–
$^{99}_{42}Mo$	6,0	66,0 h	β^- 1,225 β^- 0,450	0,740 0,182 0,778
$^{131}_{53}I$	2,8	8,02 d	β^- 0,606	0,364 0,637 0,284
$^{133}_{54}Xe$	6,6	5,25 d	β^- 0,347	0,081
$^{137}_{55}Cs$ $\downarrow$	6,2	30,17 a	β^- 0,512 β^- 1,174	–
$^{137}_{56}Ba^m$		2,55 min		0,662
$^{147}_{61}Pm$	2,6	2,62 a	β^- 0,225	–

Ein Pfeil markiert eine radioaktive Tochtersubstanz

Tabelle 15. Bildung leichter geladener Teilchen bei der Spontanspaltung des Nuklids $^{252}_{98}Cf$

Teilchen- art	Teilchenzahl je 10^3 Spontanspaltungen
$^4_2He(\alpha)$	$3,334 \pm 0,11$
$^3_1H(T)$	$0,243 \pm 0,017$
$^2_1H(D)$	$0,022 \pm 0,002$
$^1_1H(p)$	$0,062 \pm 0,003$
^6_2He	$0,086 \pm 0,018$
^8_2He	$0,003\,1 \pm 0,000\,3$
Li	$0,003\,9 \pm 0,000\,2$
Be	$0,012\,9 \pm 0,004\,8$

5.5. Herstellung radioaktiver Nuklide mit Generatorsystemen

In der nuklearmedizinischen Diagnostik und für technische Traceruntersuchungen benötigt man oft kurzlebige radioaktive Nuklide, die auf Grund ihrer geringen Halbwertzeiten nicht direkt vom Hersteller bezogen werden können. In speziellen Fällen läßt sich diese Schwierigkeit durch die Verwendung eines Generatorsystems überwinden. Voraussetzung dafür ist, daß das gewünschte kurzlebige radioaktive Nuklid durch die Umwandlung einer langlebigen Muttersubstanz entsteht. Ein Generatorsystem besteht aus einer Chromatographiesäule (Ionenaustauscher, Al_2O_3), auf der die langlebige Muttersubstanz durch Sorption festgehalten wird (Abb. 52).

Die bei der Umwandlung des Mutternuklids erzeugte kurzlebige Tochtersubstanz kann bei Bedarf mit einem speziellen Elutionsmittel herausgelöst („gemolken") werden. Die Muttersubstanz selbst verbleibt in der Säule. Nach Entnahme der Tochtersubstanz entsteht durch die Umwandlung der Muttersubstanz erneut Tochteraktivität. Nach einiger Zeit bildet sich ein radioaktives Gleichgewicht aus.

Der am häufigsten verwendete Generator ist der Technetiumgenerator. Er besteht aus einer Al_2O_3-Säule, die mit $^{99}_{42}Mo$ imprägniert ist:

$$^{99}_{42}Mo(66\,h) \rightarrow {}^{99}_{43}Tc^m(6h) + \beta^- . \qquad (5.16)$$

Das durch β^--Umwandlung entstehende $^{99}_{43}Tc^m$ wird mit destilliertem Wasser oder isotonischer Kochsalzlösung eluiert. Entsprechend der Halbwertzeit der Muttersubstanz kann etwa eine Woche lang $^{99}_{43}Tc^m$-Lösung entnommen werden. In Tab. 16 sind einige wichtige Generatorsysteme zusammengestellt.

Tabelle 16. Generatorsysteme zur Herstellung kurzlebiger radioaktiver Nuklide

Mutter-substanz	$T_{1/2}$	Tochter-substanz	$T_{1/2}$	Strahlung der Tochtersubstanz (Energie in MeV)
$^{68}_{32}$Ge	288 d	$^{68}_{31}$Ga	68,3 min	β^+ (1,9); γ (1,077)
$^{81}_{37}$Rb	4,58 h	$^{81}_{36}$Kr^m	13,3 s	γ (0,190)
$^{90}_{38}$Sr	28,5 a	$^{90}_{39}$Y	64,1 h	β^- (2,288)
$^{87}_{39}$Y	80,3 h	$^{87}_{38}$Sr^m	2,81 h	γ (0,388)
$^{99}_{42}$Mo	66,0 h	$^{99}_{43}$Tc^m	6,0 h	γ (0,141)
$^{113}_{50}$Sn	115,1 d	$^{113}_{49}$In^m	99,48 min	γ (0,392)
$^{132}_{52}$Te	76,3 h	$^{132}_{53}$I	2,30 h	β^- (2,156); γ (0,688; 0,773; 0,955; 0,523)
$^{137}_{55}$Cs	30,17 a	$^{137}_{56}$Ba^m	2,55 min	γ (0,662)

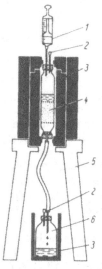

Abb. 52. Schematische Darstellung eines Generatorsystems
1 Elutionsmittel; *2* Luftkanüle; *3* Bleiabschirmung; *4* Generator mit radioaktiver Muttersubstanz; *5* Ständer; *6* Auffangbehälter für eluierte radioaktive Tochtersubstanz

5.6. Herstellung von Transuranium-elementen

Bis zum Jahre 1939 waren einschließlich des Uraniums ($Z = 92$) 88 Elemente bekannt. Inzwischen wurden sowohl die vier fehlenden leichten Elemente Technetium ($Z = 43$), Promethium ($Z = 61$), Astat ($Z = 85$) und Francium ($Z = 87$) aufgefunden, als auch die *Transuraniumelemente* bis zum Element mit der Kernladungszahl $Z = 112$ entdeckt.

Die angebliche Erzeugung der Elemente 116 und 118 im Jahre 1999 ist infolge Datenfälschung als Wissenschaftsbetrug in die Geschichte eingegangen. Im Frühjahr 2004 gab indes eine russische Forschergruppe um J. T. OGANESSIAN die Entdeckung von Kernen des Elementes 115 durch Beschuss von Americium mit Calciumionen bekannt. Diese gehen durch α-Emission in das ebenfalls bisher unbekannte Element $Z = 113$ über.

Alle Nuklide der Transuraniumelemente sind radioaktiv. Sie wandeln sich durch α-Prozesse und Spontanspaltung um. Ihre Halbwertzeiten verringern sich rasch mit steigendem Z. Bei den höheren Transuraniumelementen werden die leichteren Nuklide durch die α-Umwandlung und die schweren durch die Spontanspaltung so kurzlebig, daß ihre Identifizierung und Herstellung immer größere Schwierigkeiten bereiten. Dadurch wird offenbar der Synthese weiterer Elemente eine natürliche Grenze gesetzt.

Quantenmechanische Rechnungen führten zu der Annahme, daß jenseits der heute bekannten Transuraniumelemente bei der Kernladungszahl $Z = 114$ ein Gebiet mit einer großen Stabilität der Atomkerne (*Stabilitätsinsel*) existieren könnte. Anlaß zu dieser Vermutung bildet die hohe Stabilität der Atomkerne mit abgeschlossenen Neutronen- und Protonenschalen. Es wurde bereits darauf hingewiesen (s. 1.5.), daß doppelt magische Kerne ganz besonders stabil sind. Als weitere magische Zahlen werden $Z = 114$ für Protonen und $N = 184$ für Neutronen in Betracht gezogen. Das auf $^{208}_{82}$Pb folgende doppelt magische Nuklid $^{298}_{114}$X müßte daher ebenfalls relativ stabil sein. Für Kerne in der Nachbarschaft dieses Nuklids werden Halbwertzeiten bis zu 10^8 a erwartet. Bisher ist weder die Synthese dieser *superschweren Elemente* im Laboratorium noch ihr Nachweis in der Natur geglückt.

Tabelle 17. Transuraniumelemente

Z	Element	Zahl der Nuklide	Nukleonenzahlen der Nuklide	Herstellung des zuerst gefundenen Nuklids	Jahr der Entdeckung
93	Neptunium Np	15	228 bis 242	$^{238}_{92}U(n, \gamma) \xrightarrow{\beta^-}$	1940
94	Plutonium Pu	15	232 bis 246	$^{238}_{92}U(d, 2n) \xrightarrow{\beta^-}$	1940
95	Americium Am	13	232 bis 247	$^{239}_{94}Pu(n, \gamma)(n, \gamma) \xrightarrow{\beta^-}$	1944
96	Curium Cm	14	238 bis 251	$^{239}_{94}Pu(\alpha, n)$	1944
97	Berkelium Bk	11	240 bis 251	$^{241}_{95}Am(\alpha, 2n)$	1949
98	Californium Cf	18	239 bis 256	$^{242}_{96}Cm(\alpha, n)$	1950
99	Einsteinium Es	14	243 bis 256	Thermonukleare Reaktion	1952
100	Fermium Fm	18	242 bis 259	Thermonukleare Reaktion	1952
101	Mendelevium Md	16	245 bis 260	$^{253}_{99}Es(\alpha,n)$	1955
102	Nobelium No	11	250 bis 259	$^{241}_{94}Pu(^{16}_8O,5n)$	1957
103	Lawrencium Lr	10	253 bis 262	$^{249-252}_{98}Cf + {}^{10,11}_5B$	1959
104	Rutherfordium Rf	10	253 bis 262	$^{242}_{94}Pu(^{22}_{10}Ne,4n)$	1964
105	Dubnium Db	8	255 bis 263	$^{243}_{94}Pu(^{22}_{10}Ne,4n)$	1968
106	Seaborgium Sg	7	258 bis 266	$^{249}_{98}Cf(^{18}_8O,4n)$	1974
107	Bohrium Bh	3	261 bis 264	$^{209}_{83}Bi(^{54}_{24}Cr,n)$	1981
108	Hassium Hs	3	264 bis 267	$^{208}_{82}Pb(^{58}_{26}Fe,n)$	1984
109	Meitnerium Mt	2	266, 268	$^{209}_{83}Bi(^{58}_{26}Fe,n)$	1982
110	Darmstadtium Ds	2	269, 271	$^{208}_{82}Pb(^{62}_{28}Ni,n)$	1994
111	Roentgenium Rg	1	272	$^{209}_{83}Bi(^{64}_{28}Ni,n)$	1994
112		1	277	$^{208}_{82}Pb(^{70}_{30}Zn,n)$	1996

Zur Herstellung von Transuraniumelementen dienen die im folgenden aufgeführten Methoden.

Herstellung von Transuraniumelementen im Kernreaktor

Während des Abbrandes der Kernbrennstoffe im Reaktor entstehen nicht nur die verschiedensten Spaltprodukte, sondern durch Neutroneneinfang im $^{238}_{92}U$ und anschließende sukzessive β⁻-Prozesse bauen sich auch wertvolle Transuraniumelemente auf. Die folgenden Kernreaktoren sind typische Beispiele dafür:

$$^{238}_{92}U(n, \gamma) \, ^{239}_{92}U \xrightarrow{\beta} \, ^{239}_{93}Np \xrightarrow{\beta} \, ^{239}_{94}Pu,$$

$$^{239}_{94}Pu(n, \gamma) \, ^{240}_{94}Pu(n, \gamma) \xrightarrow{\beta} \, ^{241}_{94}Pu \xrightarrow{\beta} \, ^{241}_{95}Am, \quad (5.17)$$

$$^{238}_{92}U(n, 2n) \, ^{237}_{92}U \xrightarrow{\beta} \, ^{237}_{93}Np(n, \gamma) \xrightarrow{\beta} \, ^{228}_{93}Np \xrightarrow{\beta} \, ^{241}_{95}Pu.$$

Die Wiederaufbereitung der radioaktiven Rückstände von Kernreaktoren verfolgt daher auch das Ziel der Gewinnung von Transuraniumelementen. Das Verfahren der Synthese von Transuraniumelementen durch aufeinanderfolgende Neutroneneinfänge und β-Prozesse läßt sich bis zum Fermium (Z = 100) mit Erfolg anwenden.

Gegenwärtig lassen sich nur mit Kernreaktoren wägbare Mengen von Transuraniumelementen mit Ordnungszahlen $Z < 100$ herstellen. Für die angewandte Radioaktivität haben in den letzten Jahren insbesondere die Nuklide $^{237}_{92}Np$, $^{238}_{94}Pu$, $^{241}_{95}Am$, $^{242}_{96}Cm$ und $^{252}_{98}Cf$ Bedeutung erlangt.

Synthese von Transuraniumelementen durch thermonukleare Reaktionen

Die Elemente Einsteinium (Z = 99) und Fermium (Z = 100) wurden in den Produkten der ersten thermonuklearen Explosion (1952, Bikini-Atoll) entdeckt. Es wird angenommen, daß $^{238}_{92}U$ während des Neutronenblitzes bis zu 19 Neutronen aufnimmt. Die gebildeten Kerne gehen anschließend durch mehrere β⁻-Prozesse in die längstlebigen isobaren Kerne über:

$$^{238}_{92}U(n, \gamma)^{19} \, ^{257}_{92}U(n, \gamma) \xrightarrow{8\beta} \, ^{257}_{100}Fm. \quad (5.18)$$

Herstellung von Transuraniumelementen mit Beschleunigern

Die schwersten Elemente lassen sich nur durch

Kernreaktionen mit energiereichen schweren Ionen synthetisieren. Zur Herstellung der Elemente mit den Ordnungszahlen 102 bis 106 werden Nuklide der selbst nur künstlich darstellbaren Transuraniumnuklide Plutonium, Americium, Curium und Californium mit „relativ" leichten Bor-, Kohlenstoff-, Sauerstoff- oder Neonionen beschossen. Durch sogenannte „heiße" Kernfusion entstehen hochangeregte und sehr kurzlebige Zwischenkerne, die sich durch Emission mehrerer Neutronen in die eigentlichen Produktkerne umwandeln. Beispiele für derartige heiße Kernverschmelzungen sind:

$$^{241}_{94}Pu(^{16}_{8}O,5n)^{251}_{103}No\,,$$

$$^{248}_{96}Cm(^{18}_{8}O,5n)^{261}104\,, \qquad (5.19)$$

$$^{243}_{95}Am(^{22}_{10}Ne,4n)^{261}105\,.$$

Mitte der siebziger Jahre haben J.T.OGANESSIAN und Mitarbeiter vom Vereinigten Institut für Kernforschung in Dubna einen neuen Weg zur Synthese der schwersten Elemente mit Ordnungszahlen $Z > 106$ vorgeschlagen. Der Beschuß von Blei- oder Bismuttargets mit Kernen von Titanium ($Z = 22$) bis Nickel ($Z = 28$) führt über „kalte" Kernfusionsreaktionen zu relativ wenig angeregten Compoundkernen, die sich bereits durch Emission eines einzigen Neutrons

„abkühlen" können. Auf diese Weise wurden mit Hilfe des Schwerionenbeschleunigers UNILAC und des Geschwindigkeitsfilters SHIP von der Arbeitsgruppe um P. Armbruster, S. Hoffmann und G. Münzenberg in Darmstadt erstmalig Nuklide der Elemente 107 bis 111 erzeugt:

$$^{209}_{83}Bi(^{54}_{24}Cr,n)^{262}107\,,$$

$$^{208}_{82}Pb(^{58}_{26}Fe,n)^{265}108\,,$$

$$^{209}_{83}Bi(^{58}_{26}Fe,n)^{266}109\,, \qquad (5.20)$$

$$^{208}_{82}Pb(^{62}_{28}Ni,n)^{269}110\,,$$

$$^{209}_{83}Bi(^{64}_{28}Fe,n)^{272}111\,.$$

Die Wirkungsquerschnitte dieser Kernreaktionen sind außerordentlich klein.

In Abb. 53 sind Nuklide der Elemente mit Ordnungszahlen $Z \geq 104$ einschließlich ihrer Halbwertzeiten und der Umwandlungsart (α-Umwandlung, sf-Spontanspaltung, E-Elektroneneinfang) zusammengestellt.

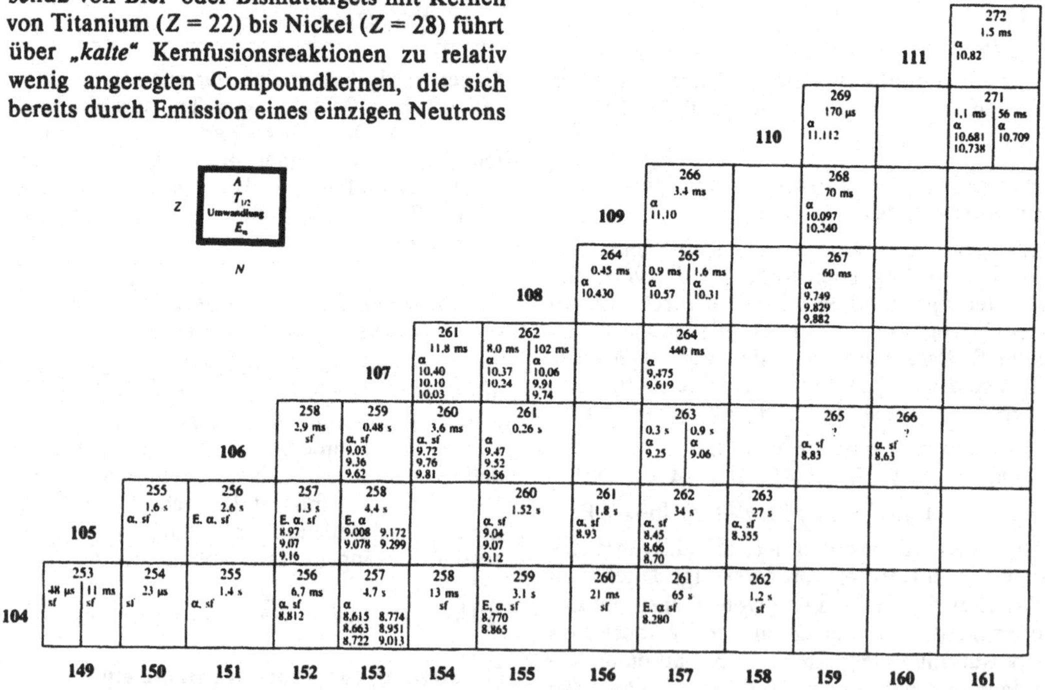

Legende: Z (vertikal), N (horizontal); Zellenschema: A / $T_{1/2}$ / Umwandlung / E_α

Z	149	150	151	152	153	154	155	156	157	158	159	160	161
111													272 1.5 ms α 10.82
110											269 170 µs α 11.112		271 1.1 ms | 56 ms α | α 10.681 | 10.709 10.738
109									266 3.4 ms α 11.10		268 70 ms α 10.097 10.240		
108								264 0.45 ms α 10.430	265 0.9 ms | 1.6 ms α | α 10.57 | 10.31		267 60 ms α 9.749 9.829 9.882		
107						261 11.8 ms α 10.40 10.10 10.03	262 8.0 ms | 102 ms α | α 10.37 | 10.06 10.24 | 9.91 9.74		264 440 ms α 9.475 9.619				
106				258 2.9 ms sf	259 0.48 s α, sf 9.03 9.36 9.62	260 3.6 ms α, sf 9.72 9.76 9.81	261 0.26 s α 9.47 9.52 9.56		263 0.3 s | 0.9 s α | α 9.25 | 9.06		265 α, sf 8.83	266 α, sf 8.63	
105		255 1.6 s α, sf	256 2.6 s E, α, sf	257 1.3 s E, α, sf 8.97 9.07 9.16	258 4.4 s E, α 9.008 9.172 9.078 9.299		260 1.52 s α, sf 9.04 9.07 9.12	261 1.8 s α, sf 8.93	262 34 s α, sf 8.45 8.66 8.70	263 27 s α, sf 8.355			
104	253 48 µs | 11 ms sf | sf	254 23 µs sf	255 1.4 s α, sf	256 6.7 ms α, sf 8.812	257 4.7 s α, sf 8.615 8.774 8.663 8.951 8.722 9.013	258 13 ms sf	259 3.1 s E, α, sf 8.770 8.865	260 21 ms sf	261 65 s E, α, sf 8.280	262 1.2 s sf			

Abb. 53. Nuklide der schwersten Elemente mit Ordnungszahlen $Z \geq 104$ (α-Umwandlungsenergien in MeV) Nach S. Hoffmann: Production and Stability of New Elements, GSI-95-25.

6.
Radioaktive Strahlungsquellen

Die im Kernreaktor oder Zyklotron erzeugten radioaktiven Nuklide müssen geeignet verarbeitet werden, bevor sie als Strahlungsquellen verfügbar sind. Grundsätzlich werden radioaktive Nuklide in umschlossener oder offener Form eingesetzt. Offene radioaktive Lösungen, Salze oder Gase werden bevorzugt für Markierungen verwendet. Ihre Verarbeitung erfordert spezielle radiochemische Laboratorien.

Für viele Anwendungen werden *umschlossene Strahlungsquellen* benötigt. Als umschlossen bezeichnet man eine Strahlungsquelle, wenn die radioaktive Substanz so fixiert und ummantelt ist, daß unter normalen Einsatzbedingungen eine Kontamination (Verseuchung) der Umgebung unmöglich ist. Für umschlossene Strahlungsquellen werden radioaktive Nuklide mit langer Halbwertzeit ($T_{1/2} > 75$ d) bevorzugt.

Die Herstellung einer umschlossenen Strahlungsquelle beinhaltet die Fixierung der radioaktiven Substanz und das Verschließen. Durch das Fixieren wird das radioaktive Material in eine kompakte stabile Form überführt, so daß bei einer ungewollten Beschädigung der Quelle eine Verbreitung von Aktivität weitgehend vermieden wird. Außerdem läßt sich auf diese Weise eine konstante Geometrie in bezug auf die Aktivitätsverteilung innerhalb der Strahlungsquelle erreichen.

Das für die Herstellung umschlossener Strahlungsquellen verwendete radioaktive Ausgangsmaterial liegt meist als Metall, Salz, Lösung oder Gas vor. Folgende Arten der Fixierung werden angewendet:

a) Pressen und, wenn möglich, Sintern pulverförmiger Metalle und fester Verbindungen (z. B. $^{60}_{27}$Co, $^{137}_{55}$Cs, $^{170}_{69}$Tm, $^{241}_{95}$Am);

b) elektrolytische Abscheidung auf metallische Unterlagen (z. B. $^{106}_{44}$Ru, $^{147}_{61}$Pm, $^{204}_{81}$Tl, $^{210}_{84}$Po);

c) Fixierung in Gläsern oder Keramiken (z. B. $^{90}_{38}$Sr, $^{137}_{55}$Cs, $^{144}_{58}$Ce, $^{239}_{94}$Pu);

d) Fixierung in metallischen Sinterkörpern aus Gold oder Silber (z. B. $^{90}_{38}$Sr, $^{106}_{44}$Ru, $^{147}_{61}$Pm);

e) Adsorption radioaktiver Gase an Metallen oder Aktivkohle (z. B. $^{3}_{1}$H, $^{85}_{36}$Kr).

Nach dem Fixieren der radioaktiven Substanz folgt der zweite Schritt im Herstellungsprozeß, das Verschließen der Quelle. Normalerweise wird der radioaktive Körper in eine inaktive Metallkapsel eingesetzt, die durch Bördeln, Weich- oder Hartlöten bzw. besondere Schweiß- oder Klebeverfahren hermetisch verschlossen wird.

Mitunter nutzt man zur Herstellung spezieller γ-Strahlungsquellen (z. B. $^{60}_{27}$Co, $^{192}_{77}$Ir, $^{170}_{69}$Tm) noch eine weitere Möglichkeit. Die Quellen werden inaktiv vorgefertigt und erst nach der Kapselung in reinem Aluminium im Kernreaktor aktiviert.

Zur Charakterisierung radioaktiver Strahlungsquellen dienen die *Aktivität $\mathcal{A}$* (s. 2.3.) und die *Quellenstärke B*. Letztere ist als der gesamte Teilchenstrom durch die Oberfläche der Quelle definiert, d. h. als die Anzahl dN der im Zeitintervall dt austretenden Teilchen, geteilt durch dieses Zeitintervall:

$$B = \frac{dN}{dt}. \tag{6.1}$$

Die gebräuchliche Einheit der Quellstärke ist die reziproke Sekunde (s^{-1}).

6.1. Alpha-strahlungsquellen

In Tab. 18 sind die zur Herstellung umschlossener α-Strahlungsquellen verwendeten radioaktiven Nuklide zusammengestellt. Wegen der geringen Durchdringungsfähigkeit der α-Strahlung besitzen die Quellen sehr dünne Austrittsfenster. Mitunter verzichtet man sogar auf eine durchgehende Abdeckung, damit der Strahlungsaustritt gewährleistet ist.

Zur Fixierung der radioaktiven Substanz wendet man oft das Verfahren der elektrolytischen Abscheidung auf Metallflächen an. Allerdings sind elektrolytische Niederschläge nicht besonders wisch- und abriebfest. Die Abb. 54 zeigt den Schnitt durch eine α-Strahlungsquelle mit einem dünnen Glimmerfenster.

Plutoniumsalze läßt man bei erhöhter Temperatur in aufgerauhte Glasoberflächen eindiffundieren.

Zur Herstellung von Folien können die in stabile unlösliche Verbindungen überführten Nuklide ($^{241}_{96}$Am, $^{242}_{96}$Cm oder $^{226}_{86}$Ra) auch in eine Silber- oder Goldmatrix von ca. 0,2 mm Dicke eingelagert und durch einen Sinterprozeß fixiert werden. Die aktive Oberflächenschicht wird anschließend mit einer dünnen Gold- oder Palladiumschicht von etwa 0,003 mm Stärke abgedeckt.

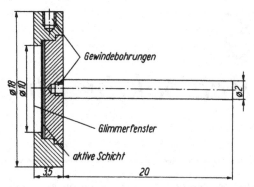

Abb. 54. Umschlossene Alphastrahlungsquelle mit $^{210}_{82}$Pb oder $^{210}_{94}$Po (Maße in mm)

6.2. Beta-strahlungsquellen

Die Tab. 19 enthält eine Zusammenstellung der in umschlossenen β-Strahlungsquellen am häufigsten eingesetzten radioaktiven Nuklide. Bei energiearmen β-Strahlern gelten hinsichtlich der Gewährleistung des Strahlungsaustritts ähnliche Überlegungen wie beim Bau von α-Strahlungsquellen. Während man Tritium durch Adsorption an Titanium anlagert, wird Nickel-63 elektrolytisch auf dünne Bleche abgeschieden.

Tabelle 18. Radioaktive Nuklide zur Herstellung umschlossener Alphastrahlungsquellen

Nuklid	$T_{1/2}$	α-Energie in MeV	Relative Intensität in %	Zusätzliche Strahlung (Energie in MeV)
$^{210}_{84}$Po	138,38 d	5,305	100	γ (0,803)
$^{226}_{88}$Ra	1 600 a	4,785	94,5	γ (0,186)
		4,602	5,6	
$^{239}_{94}$Pu	$2,411 \cdot 10^4$ a	5,157	73,3	γ (0,039 bis 0,41)
		5,143	15,1	
		5,105	11,5	
$^{241}_{95}$Am	432,6 a	5,486	86,0	γ (0,06)
		5,443	12,7	
$^{242}_{96}$Cm	162,8 d	6,115	74,2	–
		6,071	26,0	
$^{244}_{96}$Cm	18,11 a	5,805	76,7	–
		5,763	23,3	

Tabelle 19. Radioaktive Nuklide zur Herstellung umschlossener Betastrahlungsquellen

Nuklid	$T_{1/2}$	$E_{\beta\,max}$ in MeV	Zusätzliche Strahlung (Energie in MeV)
$^{3}_{1}$H	12,43 a	0,018 6	–
$^{14}_{6}$C	5 730 a	0,155	–
$^{32}_{15}$P	14,3 d	1,711	–
$^{63}_{28}$Ni	100 a	0,066	–
$^{85}_{36}$Kr	10,76 a	0,672	γ(0,514)
$^{90}_{38}$Sr	28,5 a	0,546	–
$\downarrow$			
$^{90}_{39}$Y	64,1 h	2,288	–
$^{147}_{61}$Pm	2,62 a	0,225	α(2,234) von $^{147}_{62}$Sm
$^{204}_{81}$Tl	3,78 a	0,763	E-Einfang (2 %)

Zur Herstellung von $^{14}_{6}$C-Quellen dient markiertes Polymethylmethacrylat.

Radioaktive Nuklide mit mittlerer und hoher maximaler β-Energie werden häufig in scheibenförmige Preßkörper aus Silber eingelagert und nach Möglichkeit in der porösen Trägermasse chemisch ausgefällt (z. B. $^{90}_{38}$Sr als $SrCO_3$). Nach einer thermischen Vorbehandlung werden auf diese Körper beiderseits Metallfolien aufgewalzt oder aufgepreßt. Anschließend werden diese Scheiben in oberflächenveredelte Stahlkörper eingesetzt, in die Strahlungsaustrittsfenster aus etwa 25 µm dickem Reinstnickel eingelötet sind. Auch die Fixierung der Aktivität in Glas oder Keramik ist gebräuchlich. Die Abb. 55 zeigt Beispiele für solche Strahlungsquellen. Die für industrielle Zwecke häufig verwendeten Kryptonquellen bestehen aus verlöteten Nickelkapseln mit Gasfüllung. Stärkere Quellen lassen sich durch Adsorption von $^{85}_{36}$Kr an Aktivkohle herstellen.

6.3. Gammastrahlungsquellen

Die Eigenschaften der wichtigsten radioaktiven Nuklide, die zur Herstellung umschlossener γ-Strahlungsquellen mit unterschiedlicher Photonenenergie dienen, sind in Tab. 20 zusammengestellt. Die Fixierung der radioaktiven Sub-

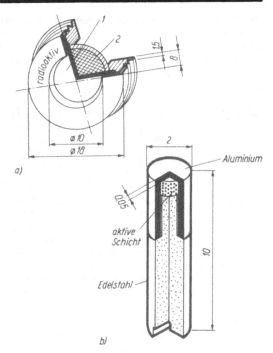

Abb. 55. Umschlossene Betastrahlungsquellen (Maße in mm)
a) $^{90}_{38}$Sr/$^{90}_{39}$Y- oder $^{144}_{58}$Ce/$^{144}_{59}$Pr-Quelle; b) punktförmige $^{204}_{81}$Tl-Quelle
1 Folie; *2* aktiver Körper

stanz kann nach verschiedenen Verfahren erfolgen.

Zur Herstellung von $^{60}_{27}$Co-Quellen wendet man häufig die Methode der nachträglichen Aktivierung der inaktiv vorgefertigten und gekapselten Targets an. Durch Pressen und Sintern von hochreinem Cobaltpulver entstehen Körper, die anschließend zu Scheiben, Stiften oder Drähten verarbeitet werden. Diese Cobaltkörper werden mit Edelstahl oder Feingold von 0,1 mm Dicke ummantelt und im Kernreaktor aktiviert.

Thulium-170 und Americium-241 kann man in Form der Oxide zu Tabletten verpressen und nach Ummantelung mit Aluminium in Edelstahlkapseln einsetzen.

Bei Caesium-137 hat sich die Fixierung in Gläsern bewährt. Zur Herstellung stärkerer Caesiumquellen ist die zweifache Kapselung des stark korrosiven CsCl in Tablettenform üblich. Zwei Ausführungsformen umschlossener γ-Strahlungsquellen zeigt die Abb. 56.

Tabelle 20. Radioaktive Nuklide zur Herstellung umschlossener Gammastrahlungsquellen

Nuklid	$T_{1/2}$	E_γ in MeV	Zusätzliche Strahlung (Energie in MeV)	Γ_{20} in $\dfrac{\text{mGy} \cdot \text{m}^2}{\text{h} \cdot \text{GBq}}$
$^{60}_{27}$Co	5,272 a	1,173 1,333	β^- (0,315)	0,307
$^{137}_{55}$Cs/$^{137}_{56}$Ba^m	30,17 a	0,662	β^- (0,512) β^- (1,174)	0,0768
$^{170}_{69}$Tm	128,6 d	0,084 0,052	β^- (0,968) β^- (0,884)	0,0008
$^{192}_{77}$Ir	74,0 d	0,317 0,468	β^- (0,672) β^- (0,536) β^- (0,240)	0,109
$^{226}_{88}$Ra	1 600 a	0,186	α (4,782) α (4,599) γ-Strahlung der Folgeprodukte	0,197
$^{241}_{95}$Am	432,6 a	0,0595	α (5,486) α (5,443)	0,00576

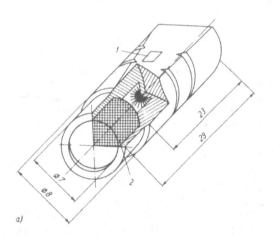
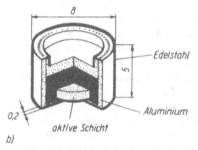

Abb. 56. Umschlossene Gammastrahlungsquellen (Maße in mm)
a) $^{60}_{27}$Co- oder $^{137}_{55}$Cs-Quelle; b) $^{170}_{69}$Tm-Quelle
1 Typenbezeichnung und Präparatenummer; *2* aktiver Zylinder (gekapselt)

6.4. Bremsstrahlungsquellen

Eine β-Strahlungsquelle sendet stets auch Bremsstrahlung aus, die bei der Abbremsung der β-Teilchen in der radioaktiven Substanz und in der Quellenkapsel entsteht. Gegebenenfalls kann außerdem charakteristische Röntgenstrahlung emittiert werden. Zur Erzielung einer großen Ausbeute an Bremsstrahlung setzt man Aktivitäten bis zu einigen GBq sowie geeignete Targetmaterialien ein.

Je nach Anordnung von β-Strahler und Targetschicht unterscheidet man Durchstrahlungs-, Reflexions- und Sandwichanordnungen. Auch homogene Mischungen der radioaktiven Substanz mit dem Targetmaterial werden verwendet.

Tabelle 21. Bremsstrahlungsquellen

Nuklid	$T_{1/2}$	Target	nutzbarer Energiebereich in keV
$^{3}_{1}$H	12,43	Titanium	4 bis 8
		Zirconium	5 bis 9
$^{85}_{36}$Kr	10,76 a	Kohlenstoff	25 bis 80
$^{90}_{38}$Sr/$^{90}_{39}$Y	28,5 a	Aluminium	60 bis 150
$^{147}_{61}$Pm	2,62 a	Aluminium	12 bis 45
		Silicium	20 bis 50
		Zirconium	12 bis 20
		Aluminium	

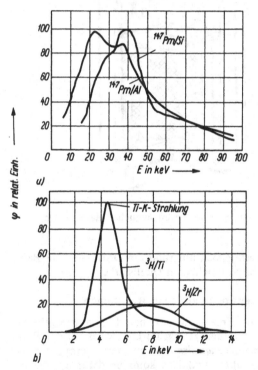

φ in relat. Einh.

a)

b)

Abb. 57. Spektrale Verteilung der Bremsstrahlung
a) $^{147}_{61}$Pm/Al- und $^{147}_{61}$Pm/Si-Quelle; b) $^{3}_{1}$H/Ti- und $^{3}_{1}$H/Zr-Quelle

Gute Ausbeuten liefert insbesondere die Sandwichmethode, bei der die β-Strahlungsquelle zwischen zwei Targetfolien angeordnet ist.
In der Tab. 21 sind gebräuchliche Nuklid-Target-Kombinationen zusammengestellt.

Tritiumquellen bestehen gewöhnlich aus Wolframblech von 0,5 mm Stärke mit einem 0,01 mm dicken Überzug aus Titanium oder Zirconium, an dem das radioaktive Gas adsorbiert ist. Die spektrale Verteilung der von solchen Quellen emittierten Bremsstrahlung zeigt Abb. 57.
Eine $^{147}_{61}$Pm/Al-Quelle besteht aus einer mit Aluminium umhüllten Sintertablette aus Promethiumoxid. Bei $^{147}_{61}$Pm/Si-Quellen ist das Nuklid in einer metallgekapselten Keramikpille enthalten. Die zugehörigen Spektren der Bremsstrahlung sind in Abb. 57 dargestellt.
Der Aufbau einer $^{85}_{36}$Kr/C-Bremsstrahlungsquelle ist aus Abb. 58 ersichtlich. Als Targetmaterial dient mit Gold beladene Aktivkohle, die gleichzeitig durch Absorption die Aktivität bindet. Zur Erhöhung der Ausbeute werden zusätzliche Rückstreu- und Fronttargets aus Blei verwendet.

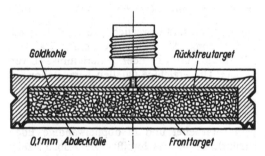

Goldkohle   Rückstreutarget

0,1mm Abdeckfolie   Fronttarget

Abb. 58. $^{85}_{36}$Kr/C-Bremsstrahlungsquelle

6.5. Neutronenquellen

Freie Neutronen werden mittels geeigneter Kernreaktionen auf künstlichem Wege erzeugt bzw. von spontanspaltenden Nukliden emittiert.
Zur Auslösung neutronenliefernder Reaktionen werden als Geschoßpartikel α-Teilchen natürlicher und künstlicher radioaktiver Nuklide, beschleunigte Protonen oder Deuteronen sowie energiereiche γ-Quanten verwendet. Intensive

Tabelle 22. Radioaktive Neutronenquellen

Nuklid/Reaktion	$T_{1/2}$	$\bar{E}_n$ in MeV	Quellstärke Aktivität	Bemerkungen
$^{226}_{88}$Ra-Be(α,n)	1 600 a	2,8	410 s$^{-1}\cdot$MBq^{-1}	hoher γ-Anteil
$^{239}_{94}$Pu-Be(α,n)	2,411$\cdot 10^4$ a	3,4	41 s$^{-1}\cdot$MBq^{-1}	
$^{241}_{95}$Am-Be(α,n)	432,6 a	3,9	54 s$^{-1}\cdot$MBq^{-1}	
$^{124}_{51}$Sb-Be(γ,n)	60,3 d	0,025	43 s$^{-1}\cdot$MBq^{-1}	hoher γ-Anteil
$^{252}_{98}$Cf Spontanspaltung	2,64 a	2,13	2,3$\cdot 10^{12}$ s$^{-1}\cdot$g^{-1}	

Neutronenstrahlung entsteht bei der künstlichen Spaltung schwerer Kerne im Kernreaktor. Auch einige Transuraniumelemente mit spontaner Spaltung dienen als Neutronenquellen.

Neutronen aus (α,n)-Reaktionen

Die meisten kleineren Neutronenquellen (s. Tab. 22) beruhen auf der Reaktion

$$^{9}_{4}\text{Be}(\alpha,n)^{12}_{6}\text{C} \quad \text{mit} \quad Q = +5,71\,\text{MeV}. \qquad (6.2)$$

Die Quellen sind beweglich und einfach in der Handhabung. Als α-Strahler werden Radium-226, Plutonium-239 oder Americium-241 verwendet. Um ergiebige Quellen herzustellen, ist eine innige Durchmischung der radioaktiven Substanz mit dem Berylliumpulver erforderlich. Diese Mischung wird zu kompakten Preßkörpern verarbeitet und in doppelwandige Edelstahlzylinder eingeschweißt. Die Abb. 59 zeigt den Aufbau einer (α,n)-*Neutronenquelle*.
Die höchsten Quellstärken je eingesetzter Aktivität sind mit Radium-Beryllium-Quellen zu erreichen. Die Neutronenflußdichten liegen zwischen 10^{10} und 10^{11} m$^{-2}\cdot$s^{-1}. Allerdings stört bei diesen Quellen die intensive γ-Strahlung, da je Neutron etwa 1 000 γ-Quanten emittiert werden.
Durch Verwendung der α-Strahler Americium-241[1]) und Plutonium-239 kann dieser Nachteil weitgehend vermieden werden.
Alpha-Beryllium-Quellen emittieren Neutronen mit einem breiten kontinuierlichen Energiespektrum. Die obere Energiegrenze liegt bei etwa 11 MeV. In Abb. 60 sind die Energiespektren einiger Neutronenquellen dargestellt.
Anstelle von Beryllium können auch (α,n)-Reaktionen an anderen leichten Elementen, wie z. B. Lithium, Bor oder Fluor, zur Neutronenerzeugung ausgenutzt werden. Diese Targets lie-

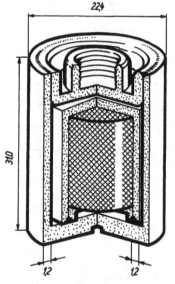

Abb. 59. (α,n)-Neutronenquelle (Maße in mm)

fern jedoch nur rund ein Drittel der mit Beryllium erreichbaren Quellstärke.

Neutronen aus (γ,n)-Reaktionen

Die Erzeugung annähernd monoenergetischer Neutronen gelingt im Labormaßstab mit *Photoneutronenquellen*, die auf dem Kernphotoeffekt beruhen. Praktisch kommen dafür nur die Reaktionen (4.25) und (4.26) am Deuterium oder Beryllium in Frage. Bei einer Photoneutronenquelle ist das Target (Beryllium oder D$_2$O) gewöhnlich in Form eines Hohlzylinders um einen energiereichen γ-Strahler angeordnet.

---

[1]) Die weiche γ-Strahlung des $^{241}_{95}$Am schirmt bereits die Quellenkapsel hinreichend ab.

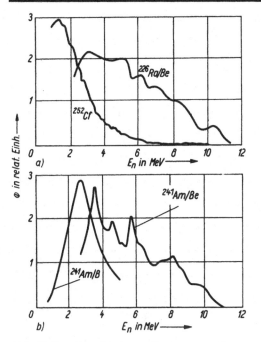

Abb. 60. Energiespektren von Neutronenquellen
a) $^{226}_{88}$Ra/Be- und $^{252}_{98}$Cf-Quelle; b) $^{241}_{95}$Am/Be- und $^{241}_{95}$Am/B-Quelle

Vorwiegend wird die γ-Strahlung von Antimon-124 mit einer Energie von 1,69 MeV zur Auslösung des Kernphotoeffekts verwendet. Die emittierten Neutronen besitzen Energien von etwa 25 keV. Die 2,75-MeV-γ-Strahlung des Natrium-24 ($T_{1/2} = 14,96$ h) erzeugt in Beryllium Neutronen mit einer Energie von annähernd 0,8 MeV.

In Anbetracht der kurzen Halbwertzeiten der einsetzbaren radioaktiven Nuklide bleibt die Anwendung von Photoneutronenquellen auf wenige Spezialfälle beschränkt.

Neutronen aus (d,n)-Reaktionen

Wesentlich größere Neutronenflußdichten als mit radioaktiven Neutronenquellen lassen sich mit *Neutronengeneratoren* erzielen. Mit Hilfe einer Beschleunigeranlage werden Deuteronen auf Energien zwischen 100 und 400 keV beschleunigt und auf leichtatomige Targetmaterialien aufgeschossen. Handelsübliche Geräte dieser Art benutzen entweder die

D-D-Reaktion $^2_1$H(d,n)$^3_2$He mit $Q = +3,27$ MeV
$$\tag{6.3}$$

oder die

D-T-Reaktion $^3_1$H(d,n)$^4_2$He mit $Q = +17,6$ MeV.
$$\tag{6.4}$$

Mit Neutronengeneratoren lassen sich weitgehend monoenergetische Neutronen erzeugen. Die Neutronenenergie hängt dabei von der Reaktionsenergie Q, der Energie der Geschoßpartikel und vom Winkel, unter dem die Neutronen emittiert werden, ab. Mit der *D-D-Reaktion* lassen sich Neutronen von etwa 2,5 MeV erzeugen (im Schwerpunktsystem). Die vielbenutzte *D-T-Reaktion* ergibt monoenergetische Neutronen mit Energien ab 14,1 MeV (im Schwerpunktsystem).

Neutronengeneratoren liefern bis zu 10^{11} Neutronen je Sekunde.

Neutronen aus der künstlichen Kernspaltung

Zu den stärksten Neutronenquellen gehören die *Kernreaktoren*. Im Inneren des Reaktors entsteht ein Gemisch aus primären Spaltungsneutronen, abgebremsten Neutronen und thermischen Neutronen (s. 4.7.). In der aktiven Zone herrschen je nach der Reaktorleistung Neutronenflußdichten zwischen 10^{14} und 10^{17} m$^{-2} \cdot$ s^{-1}. In Abb. 61 ist die spektrale Energieverteilung der Neutronenflußdichte für Reaktorneutronen dargestellt.

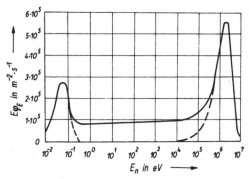

Abb. 61. Spektrale Verteilung der Neutronenflußdichte in einem thermischen Kernreaktor

Neutronen aus der spontanen Kernspaltung

Bei einigen der schwersten Nuklide ist die spontane Spaltungsrate so groß, daß sie als Neutronenquellen verwendet werden können. Als besonders geeignet hat sich Californium-252 erwiesen. Dieses Transuraniumnuklid wandelt sich durch α-Emission $(T_{1/2\alpha} = 2{,}73$ a$)$ und Spontanspaltung $(T_{1/2f} = 85{,}5$ a$)$ um. Die effektive Halbwertzeit beträgt 2,64 a. Zur Herstellung von Neutronenquellen wird Californiumoxid doppelt in rostfreie Stahlhülsen eingeschweißt. Sehr vorteilhaft ist die hohe Quellstärke von $\approx 2{,}3 \cdot 10^9$ s^{-1} je mg $^{252}_{98}$Cf. Das Neutronenenergiespektrum entspricht weitgehend dem reinen Spaltspektrum (Abb. 60). Der Preis dieser Neutronenquellen ist verhältnismäßig hoch.

7.
Wechselwirkung ionisierender Strahlung mit Atomen

Die von radioaktiven Nukliden, Röntgenanlagen und Teilchenbeschleunigern emittierte Strahlung vermag beim Durchgang durch Stoffe Atome und Moleküle anzuregen und zu ionisieren. Aus diesem Grunde werden alle Strahlungsarten, die Ionisation hervorrufen, unter dem Begriff der *ionisierenden Strahlung* zusammengefaßt. Bei einer genauen Definition dieses Begriffes ist zwischen direkt und indirekt ionisierender Strahlung zu unterscheiden.

Direkt ionisierende Strahlung besteht aus geladenen Teilchen mit nicht verschwindender Ruhemasse (α-, β^--, β^+-Teilchen, Protonen usw.), deren kinetische Energie ausreicht, um durch Stoß Ionen zu erzeugen.
Indirekt ionisierende Strahlung besteht aus ungeladenen Teilchen mit nicht verschwindender Ruhemasse (Neutronen) oder Photonen (Quanten der Röntgen- und γ-Strahlung) mit der Ruhemasse Null, die im durchstrahlten Material energiereiche geladene Teilchen freisetzen oder Kernumwandlungen auslösen.

Durchdringt ionisierende Strahlung Stoffe, so tritt sie mit den Atomen in Wechselwirkung. Das Ergebnis der Wechselwirkung besteht in einer Beeinflussung der Strahlung und der bestrahlten Stoffe. Die Strahlung erleidet Energieverluste und Streuung. Auf das Wechselwirkungsmaterial wird Energie übertragen, so daß eine Erwärmung oder Veränderung der physikalischen, chemischen und biologischen Stoffeigenschaften eintreten kann.
Die Wechselwirkung von Teilchen und Photonen mit Atomen ist von fundamentaler Bedeutung für den Nachweis und die Anwendung der

ionisierenden Strahlung sowie für den Strahlenschutz.
Dieses Kapitel behandelt die wichtigsten Elementarprozesse der Wechselwirkung mit Ausnahme der künstlichen Kernumwandlungen (s. 4.). Da die Wechselwirkung der einzelnen Strahlungsarten mit Atomen sehr verschieden ist, wird sie für geladene Teilchen, Neutronen und Photonen getrennt besprochen.

7.1. Wechselwirkung geladener Teilchen mit Atomen

7.1.1. Übersicht

Geladene Teilchen treten beim Stoß mit Atomen in Wechselwirkung mit den Hüllenelektronen und den Atomkernen. Es lassen sich vier Arten der Wechselwirkung unterscheiden:

Unelastische Stöße mit Hüllenelektronen

Unelastische Stöße geladener Teilchen mit Hüllenelektronen führen zu einer Anregung oder Ionisation der Atome. Die dadurch bewirkte Abbremsung der Teilchen wird als *Ionisationsbremsung* bezeichnet. Der auftretende Energieverlust heißt *Ionisationsverlust*. Diese Stoßprozesse sind bei Teilchen kleiner Masse mit Richtungsänderung der Teilchenbahnen verbunden.

Unelastische Stöße mit Atomkernen

Bei unelastischen Stößen geladener Teilchen mit Atomkernen erfolgt durch die Wechselwirkung mit den Coulombfeldern eine Änderung der Teilchengeschwindigkeit nach Betrag und Richtung. Dabei emittieren die Teilchen auf Kosten ihrer Energie eine elektromagnetische Strahlung, die sog. *Bremsstrahlung*. Der Energieverlust infolge Photonenemission wird *Bremsstrahlungsverlust* genannt.

Elastische Stöße mit Hüllenelektronen

Elastische Stöße geladener Teilchen mit Hüllenelektronen spielen nur bei kleinen Energien eine Rolle. Die Teilchenenergie verändert sich bei dieser Wechselwirkungsart nur wenig, da das gesamte Atom am Stoßprozeß beteiligt ist.

Elastische Stöße mit Atomkernen

Bei der elastischen Wechselwirkung geladener Teilchen mit Atomkernen werden die Teilchen aus ihrer ursprünglichen Bewegungsrichtung abgelenkt. Die auftretenden Streuwinkel sind im Mittel bei schweren Teilchen wesentlich kleiner als bei Elektronen. Infolge der Impulsübertragung auf die Atomkerne verlieren die Teilchen einen Teil ihrer kinetischen Energie.

Durchsetzen geladene Teilchen Stoffe, so tragen alle vier Wechselwirkungsarten zu ihrer Abbremsung bei. Im Vordergrund stehen aber die bei unelastischen Stoßprozessen auftretenden Energieverluste. Die Teilchen verlieren ihre Energie schrittweise. Um Teilchen mit einer Anfangsenergie von 1 MeV vollständig abzubremsen, können bis zu 10^4 Einzelstöße erforderlich sein. Die Energieabnahme wird durch den *mittleren differentiellen Energieverlust je Wegelement* $-\overline{\left(\dfrac{\mathrm{d}E}{\mathrm{d}x}\right)}$ charakterisiert. Diese Größe wird auch als *lineares Bremsvermögen*

$$S = -\overline{\left(\frac{\mathrm{d}E}{\mathrm{d}x}\right)} \qquad (7.1)$$

bezeichnet. Die Division von S durch die Dichte ϱ des Stoffes ergibt das *Massen-Bremsvermögen* S/ϱ.

In den folgenden Abschnitten werden die beiden wichtigsten Arten der Abbremsung geladener Teilchen behandelt.

7.1.2. Ionisationsbremsung

Schwere geladene Teilchen

Schwere geladene Teilchen, wie Protonen, Deuteronen, α-Teilchen oder Spaltprodukte verlieren ihre Energie fast ausschließlich durch *Ionisationsbremsung*. Bei einem Ionisations- oder Anregungsakt wird nur ein kleiner Energiebetrag abgegeben, so daß eine sehr große Anzahl von unelastischen Zusammenstößen mit Hüllenelektronen bis zur vollständigen Abbremsung der Teilchen erforderlich ist. Teilchen, deren Masse groß gegen die Elektronenmasse ist, erfahren bei der Ionisation kaum eine Richtungsänderung. Der mittlere differentielle Energieverlust je Wegstrecke durch Ionisation und Anregung *(Ionisationsverlust)* läßt sich mit der Bethe-Bloch-Gleichung berechnen:

$$S_{\text{Stoß}} = -\overline{\left(\frac{\mathrm{d}E}{\mathrm{d}x}\right)}_{\text{Stoß}} = \left(\frac{1}{4\pi\varepsilon_0}\right)^2 \frac{4\pi e_0^4 z^2}{m_e v^2}$$

$$\times {}_a N Z \left(\ln \frac{2m_e v^2}{\bar{I}(1-\beta^2)} - \beta^2\right). \qquad (7.2)$$

Hierin bedeuten ε_0 die elektrische Feldkonstante, e_0 die Elementarladung, z die Kernladungszahl des sich mit der Geschwindigkeit v bewegenden Teilchens, m_e die Elektronenruhemasse, ${}_a N$ die Anzahldichte der Atome des Wechselwirkungsmaterials, Z ihre Kernladungszahl und β das Verhältnis v/c_0 (c_0 = Vakuumlichtgeschwindigkeit). Mit $\bar{I}$ wird die mittlere Ionisierungsenergie der Atome des durchstrahlten Stoffes bezeichnet. In guter Näherung kann diese Größe mit Hilfe der empirischen Beziehung

$$\bar{I} = k_1 Z (1 + k_2 Z^{-2/3}) \qquad (7.3)$$

berechnet werden, wobei für $k_1 = 7{,}6$ eV und $k_2 = 0{,}6$ zu setzen sind.

Für Teilchen mit Geschwindigkeiten v wesentlich kleiner als c_0 können in der Energieverlustbeziehung alle Terme, die β enthalten, vernachlässigt werden. Somit ergibt sich der nichtrelativistische Ausdruck

$$S_{\text{Stoß}} = -\overline{\left(\frac{\mathrm{d}E}{\mathrm{d}x}\right)}_{\text{Stoß}} = \left(\frac{1}{4\pi\varepsilon_0}\right)^2 \frac{4\pi e_0^4 z^2}{m_e v^2}$$

$$\times {}_a N Z \ln \frac{2m_e v^2}{\bar{I}}. \qquad (7.4)$$

Die Gln. (7.2) und (7.4) zeigen, daß der Ionisationsverlust unabhängig von der Masse der einfallenden Teilchen ist. Er wird in erster Linie von deren Geschwindigkeit und Ladung bestimmt. Teilchen gleicher Geschwindigkeit und Ladung, aber unterschiedlicher Masse, erleiden demzufolge denselben Ionisationsverlust. Der Einfluß des Wechselwirkungsmaterials wird durch den Faktor

$$_aNZ = \frac{1}{A_r m_u}\, \varrho Z \qquad (7.5)$$

charakterisiert, wobei A_r die relative Atommasse, m_u die atomare Masseeinheit und ϱ die Dichte bedeuten. Da das Verhältnis Z/A_r näherungsweise konstant ist, hängt der Energieverlust im wesentlichen von der Dichte des durchstrahlten Stoffes ab. Eine geringe Z-Abhängigkeit wird durch die mittlere Ionisierungsenergie $\bar{I}$ verursacht.

Für kleine Teilchengeschwindigkeiten fällt $-\left(\dfrac{dE}{dx}\right)_{\text{Stoß}}$ mit $1/v^2$ bzw. $1/E$ ab, weil sich in Gl. (7.2) das Glied $\ln\dfrac{2m_e v^2}{\bar{I}}$ nur wenig mit der Geschwindigkeit ändert. Im relativistischen Bereich ist v annähernd konstant. Nun bewirkt der Faktor $(1 - \beta^2)$ im Nenner des Logarithmus der Gl. (7.3) einen langsamen Wiederanstieg des mittleren Energieverlustes mit wachsender Geschwindigkeit.

In Abb. 62 ist das Massen-Bremsvermögen $(S/\varrho)_{\text{Stoß}}$ verschiedener geladener Teilchen in Luft in Abhängigkeit von der Teilchenenergie dargestellt. Die Minima der Kurven liegen etwa bei dem dreifachen Wert der Ruheenergie der Teilchen.

Im Bereich sehr kleiner Teilchenenergien wird die Berechnung des Ionisationsverlustes nach Gl. (7.4) fehlerhaft. Es tritt mit sinkender Teilchenenergie statt einer Zunahme ein starker Abfall von $-\left(\dfrac{dE}{dx}\right)_{\text{Stoß}}$ auf. Die Ursache dafür sind *Umladungsprozesse*, die schwere geladene Teilchen bei starker Abbremsung erfahren. Sehr langsam gewordene Teilchen vermögen beim Durchgang durch die Atomhüllen Elektronen einzufangen, so daß sich ihre Kernladungszahl z verringert. Ein Bündel von α-Teilchen (He^{2+}-Ionen) enthält z. B. am Bahnende neben einfach ionisierten Teilchen (He^+-Ionen) auch neutrale Heliumatome.

Die Abbremsung schwerer geladener Teilchen durch unelastische Stöße mit Hüllenelektronen führt vorwiegend zu Ionisation. Der nach der Bethe-Bloch-Gleichung berechnete Ionisationsverlust ist daher in erster Näherung der Anzahl der gebildeten Ionenpaare je Weglänge proportional. Diese Größe wird als *spezifische Ionisation s* bezeichnet. Es folgt daher

$$-\left(\frac{dE}{dx}\right)_{\text{Stoß}} = s\overline{W}_i, \qquad (7.6)$$

wobei $\overline{W}_i$ der *mittlere Energieaufwand zur Bildung eines Ionenpaares* ist. Diese für die Strahlungsmeßtechnik bedeutsame Größe ist weitgehend unabhängig von der Energie und Art der Teilchen. In Tab. 23 sind die $\overline{W}_i$-Werte einiger Gase für α-Teilchen und Elektronen zusammengestellt.

Tabelle 23. $\overline{W}_i$-Werte für die Abbremsung von α-Teilchen und Elektronen in verschiedenen Gasen

Gas	α-Teilchen $\overline{W}_i$ in eV	Elektronen $\overline{W}_i$ in eV
H_2	$36{,}2 \pm 0{,}2$	$36{,}6 \pm 0{,}3$
N_2	$36{,}39 \pm 0{,}04$	$34{,}6 \pm 0{,}3$
O_2	$32{,}3 \pm 0{,}1$	$30{,}8 \pm 0{,}3$
CO_2	$34{,}1 \pm 0{,}1$	$32{,}9 \pm 0{,}3$
Luft	$34{,}98 \pm 0{,}05$	$33{,}73 \pm 0{,}15$
CH_4	$29{,}1 \pm 0{,}1$	$27{,}3 \pm 0{,}3$

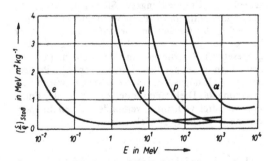

Abb. 62. Massen-Bremsvermögen infolge Anregung und Ionisation von Elektronen, Myonen, Protonen und α-Teilchen in Luft in Abhängigkeit von der Teilchenenergie

Der mittlere Energieaufwand zur Bildung eines Ladungsträgerpaares in einem Festkörper (z. B. Halbleiter) beträgt nur etwa 1/10 des $\overline{W}_i$-Wertes für ein Gas (s. Tab. 29).

Die spezifische Ionisation ist ebenso wie der mittlere Energieverlust proportional $1/v^2$. Am Ende ihrer Reichweite verlangsamen sich die Teilchen ständig, so daß s anwächst. Die Abb. 63 gibt die Änderung der spezifischen Ionisation von α-Teilchen längs ihres Weges in Luft wieder. Dieser Kurvenverlauf wird als *Bragg-Kurve* bezeichnet. Aufgrund von Umladungserscheinungen nimmt die spezifische Ionisation nicht bis zum Bahnende zu, sondern fällt nach Überschreiten eines Maximums ab.

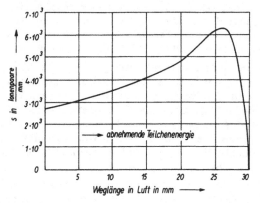

Abb. 63. Spezifische Ionisation s von α-Teilchen in Luft entlang der Bahn

Die von schweren geladenen Teilchen primär durch Ionisation erzeugten Elektronen können zum Teil soviel Energie erhalten, daß sie selbst wieder ionisieren. Solche Elektronen werden als *δ-Elektronen* bezeichnet. Es muß daher zwischen der spezifischen Primärionisation s_{prim} und der spezifischen Gesamtionisation s unterschieden werden. Letztere ist in Luft etwa zwei- bis dreimal so groß wie die spezifische Primärionisation.

Elektronen und Positronen

Elektronen mit kinetischen Energien $10\,keV < E < 1\,MeV$ werden ebenso wie schwere geladene Teilchen im wesentlichen durch unelastische Zusammenstöße mit den Hüllenelektronen der Atome abgebremst und rufen Anregung und Ionisation im Wechselwirkungsmaterial hervor. Während schwere Teilchen bei der Ionisationsbremsung praktisch keine Richtungsänderung erfahren, werden Elektronen stark abgelenkt. Außerdem ist zu beachten, daß Elektronen am Bahnende keine Umladung erleiden.

Für den mittleren Energieverlust von Elektronen und Positronen infolge Anregung und Ionisation gilt die der Gl. (7.2) entsprechende Beziehung

$$S_{Stoß} = -\overline{\left(\frac{dE}{dx}\right)}_{Stoß} = \left(\frac{1}{4\pi\varepsilon_0}\right)^2 \frac{2\pi e_0^4}{m_e v^2}$$

$$\times {}_aNZ \left\{ \ln \frac{m_e v^2 E}{2\bar{I}^2(1-\beta^2)} - (2\sqrt{1-\beta^2} \right.$$

$$-1 + \beta^2) \ln 2 + (1-\beta^2)$$

$$\left. + \frac{1}{8}(1-\sqrt{1-\beta^2})^2 \right\}. \tag{7.7}$$

Im nichtrelativistischen Energiebereich kann die Formel

$$S_{Stoß} = -\overline{\left(\frac{dE}{dx}\right)}_{Stoß} = \left(\frac{1}{4\pi\varepsilon_0}\right)^2 \frac{2\pi e_0^4}{m_e v^2}$$

$$\times {}_aNZ \left[\ln \sqrt{\frac{e}{2}} \, \frac{m_e v^2}{2\bar{I}} \right] \tag{7.8}$$

verwendet werden.

Eine genaue Betrachtung liefert geringe Unterschiede des mittleren Energieverlustes für Elektronen und Positronen, die in der Größenordnung einiger Prozent liegen.

Positronen vereinigen sich nach ihrer vollständigen Abbremsung mit Elektronen, wobei γ-Strahlung *(Vernichtungsstrahlung)* emittiert wird. Dieser Prozeß heißt *Paarvernichtung* oder *Positronenannihilation*.

Positronen und Elektronen können kurzzeitig ein dem Wasserstoffatom ähnliches System, das *Positronium*, bilden. Es existiert in zwei Grundzuständen mit verschiedener mittlerer Lebensdauer τ und unterschiedlicher Umwandlungsart. Stehen die Spins beider Partner antiparallel (Parapositronium, $\tau = 125\,ps$), so zerfällt das Gebilde in zwei γ-Quanten mit einer Energie von je $E_\gamma = m_e c_0^2 = 0,511\,MeV$, die in entgegengesetzten Richtungen emittiert werden. In seltenen Fällen ist bei parallelem Elektronen- und Positronenspin (Orthopositronium, $\tau = 142\,ns$) wegen der Erhaltung des Drehimpulses der Zerfall mit der Emission von drei γ-Quanten verbunden, deren Energiesumme ebenfalls 1,022 MeV beträgt.

7.1.3. Strahlungsbremsung

Energieverlust durch Bremsstrahlung

Geladene Teilchen mit der Masse m und der

Kernladungszahl z erfahren im Coulombfeld der Atomkerne Richtungsänderungen. Die damit verbundene Beschleunigung ist proportional zu $\dfrac{zZ}{m}$. Nach der klassischen Theorie emittieren geladene Teilchen bei der Abbremsung eine elektromagnetische Strahlung, die *Bremsstrahlung*. Der auftretende Energieverlust je Wegelement ist proportional dem Quadrat der Beschleunigung

$$-\overline{\left(\frac{\mathrm{d}E}{\mathrm{d}x}\right)_{\mathrm{Str}}} \sim \frac{z^2 Z^2}{m^2} \qquad (7.9)$$

und steigt mit der Teilchenenergie an. Daraus folgt, daß für schwere geladene Teilchen die Energieverluste infolge Erzeugung von Bremsstrahlung keine Rolle spielen. *Bremsstrahlungsverluste* müssen nur bei Teilchen mit kleiner Masse, d. h. bei Elektronen mit Energien $E > m_e c_0^2$, berücksichtigt werden. Während Elektronen bei der Ionisationsbremsung ihre Energie in vielen Einzelprozessen verlieren, vermögen sie bei der Strahlungsbremsung in einem einzigen Wechselwirkungsakt einen beliebig großen Teil ihrer Energie abzugeben. Im Grenzfall entspricht der Energieverlust der gesamten kinetischen Energie. Aus diesem Grunde besitzt die Bremsstrahlung ein kontinuierliches Energiespektrum. Die kurzwellige Grenzwellenlänge dieses Kontinuums ist gegeben durch

$$\lambda_{\mathrm{g}} = \frac{h c_0}{E}, \qquad (7.10)$$

wobei E die kinetische Anfangsenergie der Elektronen bedeutet.

Der mittlere differentielle Energieverlust je Wegstrecke durch Bremsstrahlung beträgt für Elektronen nach HEITLER

$$S_{\mathrm{Str}} = -\overline{\left(\frac{\mathrm{d}E}{\mathrm{d}x}\right)_{\mathrm{Str}}}$$

$$= \frac{e_0^6}{8\pi^2 \varepsilon_0^3 m_e^2 h c_0^5} {}_a N Z^2 (E + m_e c_0^2)$$

$$\times \left[\ln \frac{2(E + m_e c_0^2)}{m_e c_0^2} - \frac{1}{3}\right]. \qquad (7.11)$$

Diese Beziehung ist gültig für relativistische Energien

$$m_e c_0^2 \ll E \ll \frac{2\varepsilon_0 m_e h c_0^3}{e_0^2} Z^{-1/3},$$

z. B. für Blei im Bereich $0{,}5\,\mathrm{MeV} \ll E \ll 16\,\mathrm{MeV}$.

Während die Energieverluste durch Anregung und Ionisation im wesentlichen mit steigender Teilchenenergie absinken, wachsen die Bremsstrahlungsverluste mit zunehmender Energie. Außerdem hängen die Bremsstrahlungsverluste von Z^2, die Ionisationsverluste dagegen nur von Z ab. Für das Verhältnis beider Energieverluste gilt näherungsweise

$$\frac{S_{\mathrm{Str}}}{S_{\mathrm{Stoß}}} \approx \frac{ZE}{1\,600\,m_e c_0^2}. \qquad (7.12)$$

Bei der kritischen Energie

$$E_{\mathrm{krit}} \approx \frac{1\,600\,m_e c_0^2}{Z} \qquad (7.13)$$

sind die Bremsstrahlungs- und Ionisationsverluste gleich groß. Das ist für Blei bei $\approx 10\,\mathrm{MeV}$ und für Luft bei $\approx 100\,\mathrm{MeV}$ der Fall. Oberhalb der kritischen Energie überwiegen die Energieverluste durch Bremsstrahlungserzeugung, darunter die durch Anregung und Ionisation.

Bei der Abbremsung von Elektronen müssen beide Energieverlustarten berücksichtigt werden. Das totale Massen-Bremsvermögen ergibt sich daher durch Addition

$$\left(\frac{S}{\varrho}\right)_{\mathrm{t}} = \left(\frac{S}{\varrho}\right)_{\mathrm{Stoß}} + \left(\frac{S}{\varrho}\right)_{\mathrm{Str}}. \qquad (7.14)$$

In der Abb. 64 ist diese Größe für verschiedene Elemente als Funktion der kinetischen Anfangsenergie der Elektronen wiedergegeben. Der Darstellung ist zu entnehmen, daß bei niedrigen Energien die Ionisationsverluste und bei hohen Energien die Bremsstrahlungsverluste vorherrschen.

Energieverlust durch Čerenkov-Strahlung

Bewegen sich Teilchen mit der Ladung $z e_0$ durch ein dielektrisches Medium, in dem die Phasengeschwindigkeit des Lichtes c_0/n (n Brechzahl) kleiner als die Teilchengeschwindigkeit v ist, so erleiden sie zusätzlich zum Ionisations- und Bremsstrahlungsverlust einen Energieverlust infolge Emission einer elektro-

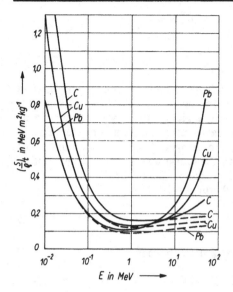

Abb. 64. Totales Massen-Bremsvermögen von Kohlenstoff, Kupfer und Blei für Elektronen als Funktion der kinetischen Anfangsenergie. Das Massen-Bremsvermögen ohne Bremsstrahlungsverluste, d. h. nur infolge von Anregung und Ionisation, ist gestrichelt gezeichnet

magnetischen Stoßwelle. Diese Erscheinung wurde 1934 von P. A. ČERENKOV entdeckt und 1937 von I. M. FRANK und I. E. TAMM theoretisch gedeutet.

Die *Čerenkov-Strahlung* fällt teilweise in den sichtbaren Spektralbereich. Sie ist das optische Analogon zur Machschen Kopfwelle, wie sie ein mit Überschallgeschwindigkeit bewegter Körper in Luft erzeugt. Die Lichtemission ist auf die unsymmetrische Polarisation des Dielektrikums in der nächsten Umgebung der Teilchenbahn zurückzuführen. Die Čerenkov-Strahlung bleibt stets auf einen Kegel beschränkt (Abb. 65). Der Winkel ϑ zwischen Teilchenbahn und Wellennormale ist gegeben durch

$$\cos \vartheta = \frac{1}{\beta n} \leq 1, \quad \beta = \frac{v}{c_0}. \tag{7.15}$$

Das Spektrum der Strahlung erstreckt sich über alle Frequenzen f, für die $\beta n(f) \geq 1$ ist. Das Intensitätsmaximum liegt im Blau oder im nahen Ultraviolett.

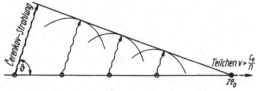

Abb. 65. Emission von Čerenkov-Strahlung

Der mittlere Energieverlust je Wegstrecke durch Čerenkov-Strahlung ergibt sich zu

$$S_{\check{C}} = -\overline{\left(\frac{\mathrm{d}E}{\mathrm{d}x}\right)_{\check{C}}}$$

$$= \frac{\pi z^2 e_0^2}{\varepsilon_0 c_0^2} \int\limits_{\beta n > 1} \left(1 - \frac{1}{(\beta n)^2}\right) f \, \mathrm{d}f. \tag{7.16}$$

Er hängt nicht von der Ruhemasse der Teilchen, sondern nur von deren Geschwindigkeit und Ladung ab. Gegenüber den Energieverlusten durch Anregung, Ionisation und Bremsstrahlungserzeugung ist $-\overline{\left(\dfrac{\mathrm{d}E}{\mathrm{d}x}\right)_{\check{C}}}$ meist vernachlässigbar. Der als Čerenkov-Strahlung emittierte Energieverlust beträgt nur ein Tausendstel bis ein Hundertstel der gesamten Energieverluste schnell bewegter geladener Teilchen.

7.2. Wechselwirkung von Neutronen mit Atomen

7.2.1. Übersicht

Da Neutronen keine Ladung besitzen, verhalten sie sich beim Durchgang durch Stoffe völlig anders als geladene Teilchen. Sie verlieren weder infolge von Ionisationsbremsung noch infolge von Strahlungsbremsung Energie. Ihre Wechselwirkung mit den Hüllenelektronen der Atome ist so schwach, daß sie vernachlässigt werden kann. Für die Abbremsung von Neutronen sind ausschließlich Wechselwirkungsprozesse mit den Atomkernen maßgebend. Erst dadurch werden geladene Sekundärteilchen erzeugt, die ihrerseits ionisieren und anregen können. Es sind drei Elementarprozesse der Kernwechselwirkung zu unterscheiden:

Elastische Streuung an Atomkernen

Die elastische Streuung an Atomkernen führt zur Änderung der Bewegungsrichtung und Energie der Neutronen. Die Summe der kinetischen Energien der Neutronen und Kerne bleibt erhalten. Es handelt sich entweder um eine *Potentialstreuung* im Feld der Kernkräfte oder um eine *Zwischenkernstreuung*, die mit der Bildung von Zwischenkernen (s. 4.4.) verbunden ist.

Unelastische Streuung an Atomkernen

Bei der unelastischen Streuung an Atomkernen verändert sich ebenfalls die Richtung und die Energie der Neutronen. Die Energieverluste werden teilweise zur Kernanregung verbraucht, so daß die Summe der kinetischen Energien der Stoßpartner vor der Wechselwirkung größer als danach ist. Die angeregten Atomkerne kehren unter Emission von γ-Strahlung in den Grundzustand zurück.

Neutronenabsorption

Die Wechselwirkung von Neutronen mit Atomkernen ist nicht auf die elastische und unelastische Streuung beschränkt. Außerdem können Neutronen in die Atomkerne des absorbierenden Mediums eindringen und Kernreaktionen bewirken. Es treten hauptsächlich Einfang-, Austausch- und Spaltungsreaktionen auf (s. 4.1., 4.5., 4.7.).

Im folgenden werden die elastische und unelastische Neutronenstreuung ausführlicher behandelt.

7.2.2. Elastische Streuung

Die elastische Streuung eines Neutrons mit der Masse m_n und der Geschwindigkeit v_n an einem anfangs ruhenden Atomkern der Masse m_k ist mit der Übertragung von Bewegungsenergie und einer Richtungsänderung verbunden. Nach dem Stoß besitzen m_n und m_k die Geschwindigkei-

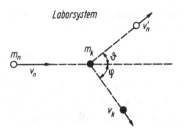

Abb. 66. Elastische Neutronenstreuung

ten v'_n und v_k. In der Abb. 66 ist der Streuvorgang im Laborsystem dargestellt. Die Winkel ϑ und φ werden als *Streu-* bzw. *Rückstoßwinkel* bezeichnet. Impulserhaltungssatz und Energieerhaltungssatz gestatten Aussagen über die kinetischen Energien der Teilchen nach dem Stoß.

Der Impulserhaltungssatz liefert die beiden Beziehungen

$$m_n v_n = m_n v'_n \cos \vartheta + m_k v_k \cos \varphi,$$
$$0 = m_n v'_n \sin \vartheta - m_k v_k \sin \varphi. \tag{7.17}$$

Nach dem Energieerhaltungssatz ist

$$\frac{m_n v_n^2}{2} = \frac{m_n v'^2_n}{2} + \frac{m_k v_k^2}{2}. \tag{7.18}$$

Aus diesen Gleichungen folgt

$$E'_n = E_n \frac{m_n^2}{(m_n + m_k)^2} \times \left[\cos \vartheta + \sqrt{\frac{m_k^2}{m_n^2} - \sin^2 \vartheta} \right]^2, \tag{7.19}$$

wobei E_n die kinetische Energie des primären Neutrons und E'_n die kinetische Energie des gestreuten Neutrons sind.

Der Energieverlust des Neutrons entspricht der *Rückstoßenergie* des Atomkerns

$$\Delta E_n = E_n - E'_n = E_k. \tag{7.20}$$

Es gilt folglich

$$E_k = E_n \left\{ 1 - \frac{m_n^2}{(m_n + m_k)^2} \times \left[\cos \vartheta + \sqrt{\frac{m_k^2}{m_n^2} - \sin^2 \vartheta} \right]^2 \right\}. \tag{7.21}$$

Führt man anstatt des Streuwinkels den Rückstoßwinkel φ ein, so gilt

$$E_k = 4E_n \frac{m_n m_k}{(m_n + m_k)^2} \cos^2 \varphi. \qquad (7.22)$$

Den Gln. (7.21) und (7.22) ist zu entnehmen, daß die übertragene kinetische Energie nur von der Masse des gestoßenen Atomkerns und von den Winkeln ϑ bzw. φ abhängt. Die Energieabgabe des Neutrons ist um so größer, je weniger sich die Kern- und die Neutronenmasse unterscheiden und je größer der Streuwinkel ϑ, bzw. je kleiner der Rückstoßwinkel φ, ist. Maximale Energieübertragung findet beim zentralen Stoß ($\vartheta = 180°$, $\varphi = 0°$) statt. In diesem Fall ist

$$\Delta E_{n,\,max} = E_{k,\,max} = 4E_n \frac{m_n m_k}{(m_n + m_k)^2}. \qquad (7.23)$$

Wird dagegen über alle möglichen Streuwinkel summiert und der Mittelwert gebildet, so ergibt sich

$$\overline{\Delta E_n} = \overline{E}_k = 2E_n \frac{m_n m_k}{(m_n + m_k)^2}. \qquad (7.24)$$

Beim elastischen Zusammenstoß mit einem Proton erleidet ein Neutron wegen der Massengleichheit der beiden Stoßpartner den größten Energieverlust. Im statistischen Mittel verliert es nach Gl. (7.24) dabei die Hälfte seiner kinetischen Energie. Ein schnelles Neutron mit einer kinetischen Anfangsenergie von einigen MeV wird bereits nach etwa 25 Stößen mit Wasserstoffkernen auf die thermische Energie der Moleküle abgebremst. Diesen Vorgang nennt man *Neutronenmoderation*. Gute Moderatorsubstanzen sind folglich wasserstoffhaltige Stoffe wie Wasser, Paraffin und Polyethylen. Die elastische Neutronenstreuung an schweren Atomkernen ($m_k \gg m_n$) ist dagegen nur mit geringen Energieverlusten verbunden.

Der Charakter des elastischen Streuprozesses kommt in den Gln. (7.21) bis (7.24) nicht zum Ausdruck. Die Energieübertragung auf den gestoßenen Atomkern ist bei der Potentialstreuung und bei der Zwischenkernstreuung gleich. Lediglich die Energieabhängigkeit des Wirkungsquerschnittes (s. 4.3.) ist in beiden Fällen unterschiedlich. Der Wirkungsquerschnitt der Potentialstreuung ist in einem weiten Bereich von der Neutronenenergie unabhängig und durch den Ausdruck

$$\sigma_{pot} \approx 4\pi R^2 \qquad (7.25)$$

gegeben. Darin ist R der Radius des streuenden Atomkerns. Zwischenkernstreuung kann im gesamten Energiebereich resonanzartig auftreten. Sie wird daher oft auch als *Resonanzstreuung* bezeichnet. Die Abb. 67 zeigt den Verlauf des Wirkungsquerschnittes für die elastische Streuung von Neutronen an Protonen in Abhängigkeit von der Neutronenenergie.

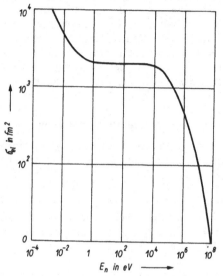

Abb. 67. Wirkungsquerschnitt σ_{el} für die elastische Streuung von Neutronen an Protonen in Abhängigkeit von der Neutronenenergie E_n

7.2.3. Unelastische Streuung

Atomkerne besitzen ein diskretes Spektrum von Anregungszuständen. Wenn die kinetische Energie eines Neutrons einen Anregungszustand des getroffenen Kerns übersteigt, jedoch nicht zur Auslösung einer Kernumwandlung ausreicht, kann eine unelastische Streuung stattfinden. Die kinetische Energie des gestreuten Neutrons ist gleich der Differenz zwischen der kinetischen Energie des stoßenden Teilchens und der Anregungsenergie des Atomkerns. Es können nur solche Energiebeträge übertragen werden, die einem Anregungszustand entsprechen. Bei der Rückkehr des Atomkerns in den Grundzustand wird die Anregungsenergie durch γ-Strahlung wieder abgegeben. Die unelastische Neutronenstreuung dient oft zur Bestimmung von Kernenergieniveaus. Hierzu wird entweder das Energiespektrum der unelastisch gestreuten Neutronen oder das Energiespektrum der emittierten γ-Strahlung aufgenommen.

Bei Atomkernen mit kleiner Nukleonenzahl liegt die Energie des niedrigsten Anregungszustandes in der Größenordnung von einigen MeV. An leichten Atomkernen spielt daher die unelastische Streuung von Neutronen mit kinetischen Energien von wenigen MeV keine Rolle. Bei den meisten schweren Kernen beträgt dagegen die Energiedifferenz zwischen dem Grundzustand und dem ersten angeregten Zustand nur 50 bis 100 keV. Die unelastische Streuung schneller Neutronen an schweren Atomkernen ist daher in der Regel mit erheblich größeren Energieverlusten verbunden als die elastische Streuung. Der Wirkungsquerschnitt σ_{unel} der unelastischen Steuung steigt mit der Neutronenenergie und mit der Nukleonenzahl der streuenden Kerne an.

7.3. Wechselwirkung von Photonen mit Atomen

7.3.1. Übersicht

Zwischen den Photonen (Quanten) der Röntgen- und γ-Strahlung und Atomen treten mehrere Arten der Wechselwirkung auf. Wechselwirkungspartner der Photonen sind die Elektronen der Atomhülle, die Coulombfelder im Atom und die Nukleonen des Atomkerns. Die wichtigsten Wechselwirkungsprozesse sind: der *Photoeffekt*, der *Comptoneffekt*, der *Paarbildungseffekt* und der *Kernphotoeffekt*.

Photoeffekt

Bei dieser Wechselwirkungsart wird die gesamte Energie $E_\gamma = hf$ eines Photons auf ein Hüllenelektron übertragen. Das Elektron wird aus der Elektronenhülle des Atoms herausgeschlagen, das Photon vollständig absorbiert.

Comptoneffekt

Die inkohärente Streuung eines Photons an einem quasifreien Elektron wird als Comptoneffekt bezeichnet. Das Photon überträgt dabei dem Elektron nur einen Teil seiner Energie. Beide Partner fliegen nach dem Zusammenstoß in verschiedenen Richtungen auseinander.

Paarbildungseffekt

Beim Paarbildungseffekt wandelt sich ein Photon im Coulombfeld des Atomkerns oder eines Hüllenelektrons in ein Elektron-Positron-Paar um und verschwindet völlig.

Kernphotoeffekt

Bei der Wechselwirkung zwischen einem Photon hoher Energie und dem Atomkern kann aus dem Kernverband ein Nukleon herausgelöst werden. Die damit verbundene Kernumwandlung wird als Kernphotoeffekt bezeichnet (s. 4.5.).

Welcher dieser vier Wechselwirkungsprozesse vorherrscht, hängt von der Photonenenergie und von der Ordnungszahl der Atome ab. Photoeffekt, Comptoneffekt und Paarbildungseffekt werden in den folgenden Abschnitten behandelt.

7.3.2. Photoeffekt

In Abb. 68 ist der Photoeffekt schematisch dargestellt. Wenn die Photonenenergie $E_\gamma = hf$ die Bindungsenergie E_K (E_L, E_M, ...) der Elektronen in der K-(L-, M-, ...) Schale übertrifft, kann

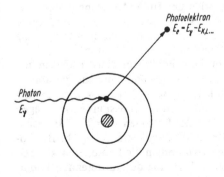

Abb. 68. Schematische Darstellung des Photoeffektes

ein Photon ein Hüllenelektron herausschlagen. Dadurch wird das Atom ionisiert. Das abgelöste Elektron bezeichnet man als *Photoelektron*. Der Photoeffekt kann nur an gebundenen Elektronen stattfinden. Freie Elektronen sind aus Gründen der Impulserhaltung nicht in der Lage, Photonen vollständig zu absorbieren. Der Photonenimpuls muß beim Photoeffekt immer von zwei Partnern aufgenommen werden, dem Photoelektron und dem ionisierten Atom. Die auf das ionisierte Restatom übertragene kinetische Energie ist jedoch vernachlässigbar klein. Aus diesem Grunde ergibt sich die kinetische Anfangsenergie des Photoelektrons einfach aus der Differenz zwischen der Energie des Photons und der Bindungsenergie des Elektrons im Atom

$$E_e = E_\gamma - E_{K, L, M, \ldots} \qquad (7.26)$$

Die Bindungsenergie der Hüllenelektronen wächst rasch mit steigender Ordnungszahl Z und zunehmender Kernnähe an. Am stärksten sind daher stets die Elektronen der K-Schale gebunden. Es gilt für die

K-Schale $\quad E_K = Rhc_0 (Z - 1)^2,$

L-Schale $\quad E_L = \frac{1}{4} Rhc_0 (Z - 5)^2, \qquad (7.27)$

M-Schale $\quad E_M = \frac{1}{9} Rhc_0 (Z - 13)^2.$

Dabei ist R die Rydberg-Konstante und $Rhc_0 = 13,61$ eV. Wenn die Photonenenergie größer als die Bindungsenergie der K-Elektronen wird, ereignen sich etwa 80 % aller Absorptionsprozesse in der K-Schale und nur 20 % in den äußeren Elektronenschalen. Da die Bindungsenergien der Hüllenelektronen genau bekannt sind, kann durch Messung der kinetischen Energie der Photoelektronen zuverlässig die Photonenenergie ermittelt werden.

Die beim Photoeffekt emittierten Elektronen besitzen eine von der Photonenenergie abhängige Winkelverteilung. Für $E_\gamma \ll m_e c_0^2$ beträgt der wahrscheinlichste Emissionswinkel gegen die Richtung der Photonen $\vartheta_e \approx 90°$. Mit wachsender Photonenenergie nimmt ϑ_e ab. Bei hohen γ-Energien werden die Photonenelektronen bevorzugt in Richtung der auftretenden Photonen (Vorwärtsstreuung) ausgesandt.

Im Anschluß an die Photonenabsorption erfolgt eine Auffüllung der in der Atomhülle entstandenen Lücke durch ein Elektron aus einer höheren Schale. Die dabei freiwerdende Energie kann in Form von charakteristischer Röntgenstrahlung *(Röntgenfluoreszenzstrahlung)* abgegeben werden. Der Übergang eines äußeren Elektrons in das tiefer gelegene Niveau, z.B. aus der L- in die K-Schale, ist aber auch strahlungslos möglich. Anstatt eines Röntgenquants emittiert das Atom in diesem Fall aus der L-Schale ein *Auger-Elektron* mit der kinetischen Energie

$$E_{Auger} = E_K - 2E_L. \qquad (7.28)$$

Der Wirkungsquerschnitt[1]) σ_{Ph} des Photoeffektes hängt von der Photonenenergie und von der Ordnungszahl der Atome ab. Am größten wird die Wahrscheinlichkeit dieses Wechselwirkungsprozesses, wenn E_γ der Bindungsenergie eines Hüllenelektrons in einer bestimmten Schale entspricht. Trägt man σ_{Ph} in Abhängigkeit von der Photonenenergie auf, so zeigen sich daher scharfe Maxima, sog. *Absorptionskanten*, wenn E_γ gerade zur Ablösung von Elektronen aus einer Schale ausreicht. Bei der K-Kante ($E_\gamma = E_K$) kann sich z. B. σ_{Ph} um den Faktor 5 bis 10 ändern. Wenn E_γ die Bindungsenergie der Elektronen in der K-Schale unterschreitet, ist die Ablösung von K-Elektronen nicht mehr möglich. Für $E_\gamma > E_K$ sinkt σ_{Ph} ebenfalls rasch ab. Entsprechend der Unterstruktur der Elektronenschalen besitzen Atome mit höherer Ordnungszahl eine K-, drei L- und fünf M-Absorptionskanten. Die Abb. 69 zeigt $_a\sigma_{Ph}$ für Blei, Kupfer und Sauerstoff in Abhängigkeit von der Photonenenergie.

Für den nichtrelativistischen Energiebereich ($E_\gamma \ll m_e c_0^2$) oberhalb der K-Kante ergibt die quantenmechanische Behandlung des Photoeffektes einen atomaren Wirkungsquerschnitt

$$_a\sigma_{Ph} \sim \frac{Z^5}{E_\gamma^{7/2}}. \qquad (7.29)$$

---

[1]) Da die Wechselwirkung von Photonen bevorzugt mit Elektronen stattfindet, wird der Wirkungsquerschnitt anstatt auf Atome (atomarer Wirkungsquerschnitt $_a\sigma$) auch häufig auf Elektronen ($_e\sigma$) bezogen. Zwischen $_a\sigma$ und $_e\sigma$ besteht der Zusammenhang $_a\sigma = Z_e\sigma$.

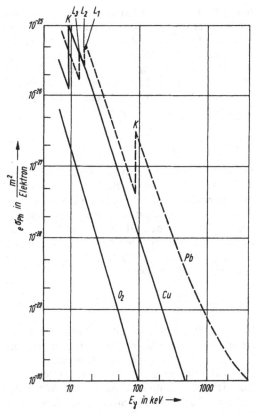

Abb. 69. Wirkungsquerschnitte $_e\sigma_{Ph}$ für den Photoeffekt in Sauerstoff, Kupfer und Blei in Abhängigkeit von der Photonenenergie

Für hohe Energien $(E_\gamma \gg m_e c_0^2)$ gilt dagegen

$$_a\sigma_{Ph} \sim \frac{Z^5}{E_\gamma}. \qquad (7.30)$$

Diese Beziehungen lassen erkennen, daß die Wahrscheinlichkeit für den Photoeffekt rasch mit steigender Photonenenergie abnimmt, aber mit der Ordnungszahl sehr stark anwächst. Der Photoeffekt ist daher der dominierende Wechselwirkungsprozeß niederenergetischer Photonenstrahlung mit Atomen hoher Ordnungszahl.

7.3.3. Comptoneffekt

Während beim Photoeffekt das Photon seine ge-

samte Energie an ein gebundenes Elektron abgibt, wird mit zunehmender Energie $(E_\gamma > E_{K, L, M \ldots})$ die *Comptonstreuung* immer wahrscheinlicher, bei der das Photon nur einen Teil seiner Energie auf ein locker gebundenes oder ein freies Elektron überträgt und eine Richtungsänderung erfährt. In Abb. 70 ist dieser Prozeß schematisch dargestellt.

Die Behandlung der Wechselwirkung zwischen einem Photon mit der Energie $E_\gamma = hf$ und dem Impuls $p_\gamma = E_\gamma/c_0$ mit einem freien Elektron erfolgt nach den Gesetzmäßigkeiten des elastischen Stoßes im Laborsystem (Abb. 71). Nach dem Stoß hat das Photon die verminderte Energie $E'_\gamma = hf'$ und den Impuls $p'_\gamma = E'_\gamma/c_0$. Der Impuls des anfangs ruhenden Elektrons ist Null und seine Energie gleich der Ruheenergie $m_e c_0^2$. Das Rückstoßelektron *(Comptonelektron)* bewegt sich mit hoher Geschwindigkeit, so daß sich seine Masse entsprechend der relativistischen Masseformel

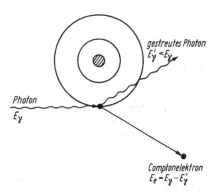

Abb. 70. Schematische Darstellung des Comptoneffektes

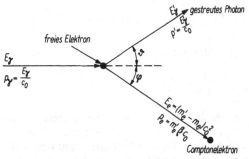

Abb. 71. Comptoneffekt als Stoß zwischen Photon und freiem Elektron

$$m'_e = \frac{m_e}{\sqrt{1 - \beta^2}}, \quad \beta = \frac{v}{c_0} \quad (7.31)$$

verändert. Die Energie und der Impuls dieses Elektrons sind gegeben durch

$$m'_e c_0^2 = \frac{m_e c_0^2}{\sqrt{1 - \beta^2}}$$

und $\quad m'_e v = \dfrac{m_e c_0 \beta}{\sqrt{1 - \beta^2}}. \quad (7.32)$

Die Gesamtenergie und der Gesamtimpuls bleiben beim Comptoneffekt erhalten. Der relativistische Energieerhaltungssatz liefert

$$E_\gamma + m_e c_0^2 = E'_\gamma + m'_e c_0^2$$

bzw. $\quad E_\gamma = E'_\gamma + m_e c_0^2 \left(\dfrac{1}{\sqrt{1 - \beta^2}} - 1 \right). \quad (7.33)$

Der Impulserhaltungssatz lautet in Komponentenschreibweise

$$\frac{E_\gamma}{c_0} = \frac{E'_\gamma}{c_0} \cos \vartheta + \frac{m_e c_0 \beta}{\sqrt{1 - \beta^2}} \cos \varphi,$$

$$0 = \frac{E'_\gamma}{c_0} \sin \vartheta - \frac{m_e c_0 \beta}{\sqrt{1 - \beta^2}} \sin \varphi. \quad (7.34)$$

Aus den Erhaltungssätzen gewinnt man die folgenden Beziehungen für die Energie E'_γ des gestreuten Photons, die kinetische Energie E_e des Comptonelektrons sowie die Winkel ϑ und φ:

$$E'_\gamma = \frac{E_\gamma}{1 + \varepsilon (1 - \cos \vartheta)}, \quad (7.35)$$

$$E_e = E_\gamma \frac{\varepsilon (1 - \cos \vartheta)}{1 + \varepsilon (1 - \cos \vartheta)}, \quad (7.36)$$

$$E_e = E_\gamma \frac{2\varepsilon \cos^2 \varphi}{1 + 2\varepsilon + \varepsilon^2 \sin^2 \varphi}, \quad (7.37)$$

$$\cot \varphi = (1 + \varepsilon) \tan \frac{\vartheta}{2}. \quad (7.38)$$

Darin ist $\varepsilon = \dfrac{E_\gamma}{m_e c_0^2}$.

Die Änderung der Photonenenergie beim Comptoneffekt hängt vom Streuwinkel ϑ des Photons ab. Es sind sämtliche Streuwinkel im Bereich $0 \leq \vartheta \leq 180°$ möglich. Bei kleiner Primärenergie ist die Winkelverteilung der gestreu-

ten Photonen symmetrisch zu $\vartheta = 90°$. Mit wachsender Energie E_γ wird mehr und mehr die Streuung in Vorwärtsrichtung (kleine Winkel ϑ) bevorzugt. Gemäß Gl. (7.35) verliert ein Photon bei Vorwärtsstreuung $(\vartheta = 0°)$ keine Energie $(E'_\gamma = E_\gamma)$. Den größten Energieverlust erleidet es bei Rückwärtsstreuung, wenn der Streuwinkel $\vartheta = 180°$ beträgt. Es gilt dann

$$(E'_\gamma)_{min} = \frac{E_\gamma}{1 + 2\varepsilon}. \quad (7.39)$$

Die durch Comptoneffekt rückgestreuten Photonen weisen daher ein breites Energiespektrum zwischen $(E'_\gamma)_{min}$ auf E_γ auf. Der Rückstoßwinkel φ des Comptonelektrons liegt im Bereich $0 \leq \varphi \leq 90°$. Aus den Gl. (7.36) und (7.37) geht hervor, daß dieses Elektron eine kinetische Energie zwischen $E_e = 0$ (für $\vartheta = 0°$, $\varphi = 90°$) und einem Maximalwert

$$(E_e)_{max} = \frac{2\varepsilon E_\gamma}{1 + 2\varepsilon} \quad (7.40)$$

(für $\vartheta = 180°$, $\varphi = 0°$) besitzen kann. Im Energiespektrum der Rückstoßelektronen bestimmt $(E_e)_{max}$ die Lage der sog. *Comptonkante*.
Die Wahrscheinlichkeit für den Comptoneffekt läßt sich auf quantenmechanischem Wege berechnen. Der über alle Streuwinkel integrierte totale Wirkungsquerschnitt je Elektron wird durch die Klein-Nishina-Formel angegeben:

$$_e\sigma_C = 2\pi r_e^2 \left\{ \frac{1 + \varepsilon}{\varepsilon^2} \left[\frac{2(1 + \varepsilon)}{1 + 2\varepsilon} - \frac{1}{\varepsilon} \ln (1 + 2\varepsilon) \right] \right.$$
$$\left. + \frac{1}{2\varepsilon} \ln (1 + 2\varepsilon) - \frac{1 + 3\varepsilon}{(1 + 2\varepsilon)^2} \right\}. \quad (7.41)$$

Dabei ist

$$r_e = \left(\frac{1}{4\pi\varepsilon_0} \right) \frac{e_0^2}{m_e c_0^2} = 2{,}817\,9 \cdot 10^{-15} \text{ m} \quad (7.42)$$

der *klassische Elektronenradius*.
Da beim Comptoneffekt nur ein Teil der Photonenenergie in kinetische Energie der Comptonelektronen umgewandelt und echt absorbiert wird, die restliche Energie aber in Form der gestreuten Photonenstrahlung erhalten bleibt, ist es zweckmäßig, den Gesamtquerschnitt $_e\sigma_c$ in den Wirkungsquerschnitt für die *Comptonabsorption* $_e\sigma_{Ca}$ und den Wirkungsquerschnitt für die *Comptonstreuung* $_e\sigma_{Cs}$ zu zerlegen:

$$_e\sigma_C = {_e\sigma_{Ca}} + {_e\sigma_{Cs}}. \quad (7.43)$$

Die Abb. 72 zeigt diese Wirkungsquerschnitte in Abhängigkeit von der Photonenenergie. Für große Photonenenergien ($E_\gamma \gg m_e c_0^2$, $\varepsilon \gg 1$) ergibt sich aus der Beziehung (7.41) der Ausdruck

$$_e\sigma_C \approx \pi r_e^2 \frac{1}{\varepsilon}\left(\frac{1}{2} + \ln 2\varepsilon\right). \tag{7.44}$$

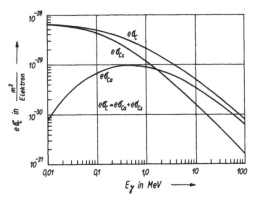

Abb. 72. Wirkungsquerschnitte für den Comptoneffekt in Abhängigkeit von der Photonenenergie

Hieraus folgt, daß der Streuquerschnitt je Elektron unabhängig von den Eigenschaften des Wechselwirkungsmaterials ist und in erster Näherung umgekehrt proportional von der Energie des Primärphotons abhängt. Berücksichtigt man alle Z Hüllenelektronen, so gilt daher für den totalen atomaren Wirkungsquerschnitt des Comptoneffektes

$$_a\sigma_C \sim \frac{Z}{E_\gamma}. \tag{7.45}$$

Der Comptoneffekt ist bei Elementen mit kleiner Ordnungszahl zwischen 50 keV und 15 MeV und bei Elementen mit hoher Ordnungszahl zwischen 0,5 MeV und 5 MeV der wahrscheinlichste Wechselwirkungsprozeß.

7.3.4. Paarbildungseffekt

Überschreitet die Photonenenergie die doppelte Ruheenergie eines Elektrons, $E_\gamma \geqq 2m_e c_0^2 = 1,022$ MeV, dann kann im Coulombfeld eines Atomkerns aus einem Photon ein Elektron-Positron-Paar entstehen. Die Abb. 73 veranschau-

licht diesen Wechselwirkungsprozeß. Da bei der Paarbildung die Sätze von der Erhaltung der Energie, des Impulses und der elektrischen Ladung erfüllt sein müssen, ist stets ein dritter

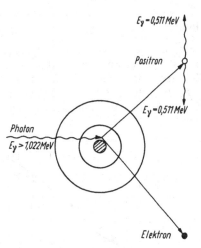

Abb. 73. Schematische Darstellung des Paarbildungseffektes

Stoßpartner erforderlich. Dieser Partner ist meist ein Atomkern. Er übernimmt Impuls, aber wegen seiner großen Masse praktisch keine Rückstoßenergie. Die überschüssige Energie verteilt sich daher als kinetische Energie auf das Elektron und das Positron

$$E_{e^-} + E_{e^+} = E_\gamma - 2m_e c_0^2. \tag{7.46}$$

Mit geringer Wahrscheinlichkeit ist bei Energien $E_\gamma \geqq 4m_e c_0^2 = 2,044$ MeV die Paarerzeugung auch im Coulombfeld eines Elektrons möglich. Sie wird auch als *Triplettbildung* bezeichnet, weil in diesem Fall die Paarteilchen und das beteiligte Elektron kinetische Energie aufnehmen.

Die Energieverteilung auf Elektron und Positron ist näherungsweise symmetrisch zu $1/2\,(E_\gamma - 2m_e c_0^2)$. Der mittlere Emissionswinkel des Elektrons oder Positrons gegen die Richtung des auftreffenden Photons hat für $E_\gamma \gg m_e c_0^2$ etwa den Wert $m_e c_0^2 / E_e$.

Der Paarbildung folgt stets die Zerstrahlung des erzeugten Positrons (s. 7.1.2.). Beim Paarbildungsprozeß wird daher nur die kinetische Energie des Elektron-Positron-Paares $E_\gamma - 2m_e c_0^2$ vom Wechselwirkungsmaterial absorbiert.

Der atomare Wirkungsquerschnitt für den Paarbildungseffekt zeigt im Energiebereich $5m_{e}c_{0}^{2}$ $< E_{\gamma} < 50m_{e}c_{0}^{2}$ eine Proportionalität zu Z^{2} und eine logarithmische Abhängigkeit von der Photonenenergie

$$_{a}\sigma_{\text{Paar}} \sim Z^{2} \ln E_{\gamma}. \tag{7.47}$$

Für $E_{\gamma} < 5m_{e}c_{0}^{2}$ und $E_{\gamma} > 50m_{e}c_{0}^{2}$ wächst $_{a}\sigma_{\text{Paar}}$ langsamer mit steigender Energie. In Abb. 74 ist $_{a}\sigma_{\text{Paar}}/Z^{2}$ für verschiedene Elemente in Abhängigkeit von E_{γ} dargestellt. Bis etwa 10 MeV ist diese Größe annähernd unabhängig von der Ordnungszahl.

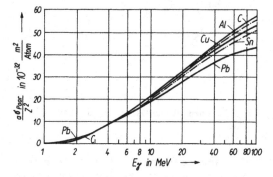

Abb. 74. Atomare Wirkungsquerschnitte $_{a}\sigma_{\text{Paar}}$ für den Paarbildungseffekt in Abhängigkeit von der Photonenenergie

Die Paarbildung ist bei Elementen mit niedriger Ordnungszahl für $E_{\gamma} > 15$ MeV und bei Elementen mit großer Ordnungszahl $E_{\gamma} > 5$ MeV der vorherrschende Wechselwirkungsprozeß. Bei der Umwandlung radioaktiver Nuklide wird selten γ-Strahlung mit Energien größer als 2 MeV emittiert. Für die Wechselwirkung dieser Strahlung mit Atomen besitzt daher der Paarbildungseffekt nur geringe Bedeutung.

8.
Wechselwirkung ionisierender Strahlung mit Materialschichten

8.1. Wechselwirkung von geladenen Teilchen mit Materialschichten

8.1.1. Absorption von Alphastrahlung

Beim Durchdringen einer Materialschicht verlieren α-Teilchen infolge einer großen Anzahl unelastischer Stöße schrittweise ihre Bewegungsenergie (s. 7.1.2.). Ihre Bahnen sind wegen der großen Teilchenmasse nahezu geradlinig. Die Wegstrecke im Wechselwirkungsmaterial bis zur vollständigen Abbremsung wird als *Reichweite R* bezeichnet.

Die Reichweiten von α-Teilchen mit einheitlicher Anfangsenergie sind ungefähr, aber nicht völlig gleich. Die maximalen Unterschiede betragen etwa 3 %. Diese *Reichweitenstreuung* der α-Teilchen wird durch den statistischen Charakter der Energieverlustprozesse verursacht. Da der Energieverlust je Stoß und die Zahl der Stöße je Wegelement nicht für alle Teilchen mit derselben Anfangsenergie gleich sind, streuen die Reichweiten R um eine *mittlere Reichweite* R_m. Die Reichweitenstreuung wird durch eine Gaußverteilung beschrieben

$$w_R = \frac{1}{\alpha\sqrt{2\pi}}\exp\left\{-\frac{(R-R_m)^2}{2\alpha^2}\right\}. \qquad (8.1)$$

Der Streuparameter α ergibt sich für α-Teilchen mit Reichweiten zwischen 30 und 100 mm in Luft aus der Zahlenwertgleichung

$$\alpha = 0,011\,5\,R_m + 0,2 \qquad (8.2)$$

(α und R_m in mm).

Die Bestimmung von Reichweiten erfolgt i. allg. durch Aufnahme von *Absorptionskurven*. Es wird die Teilchenflußdichte φ (s. 4.3.) hinter Absorbern unterschiedlicher Dicke x gemessen und die Durchlässigkeit $\varphi(x)/\varphi(0)$ in Abhängigkeit von der Schichtdicke aufgetragen. Die Abb. 75

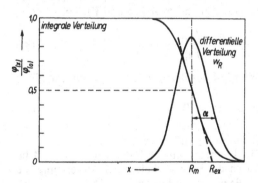

Abb. 75. Schematische Darstellung der Absorptionskurve und Reichweitenstreuung w_R für α-Strahlung

zeigt schematisch den Verlauf einer Absorptionskurve (integrale Verteilung) für α-Strahlung. Die Durchlässigkeit bleibt zunächst unverändert und fällt erst gegen Ende der Teilchenbahnen sehr rasch auf Null ab. Die zur Herabsetzung der Teilchenflußdichte auf die Hälfte des Anfangswertes erforderliche Schichtdicke wird als mittlere Reichweite R_m bezeichnet. Legt man die Wendetangente an die Absorptionskurve und verlängert diese bis zum Schnitt mit der Abszisse, so ergibt sich die *extrapolierte Reichweite* R_{ex}. Zwischen beiden Reichweiten besteht der Zusammenhang

$$R_{ex} = R_m + \frac{\alpha}{2} \sqrt{\pi} \,. \tag{8.3}$$

Die in Abb. 75 außerdem eingetragene Reichweitenverteilung w_R ergibt sich durch Differentiation aus der Integralkurve. Die Reichweite von α-Strahlung in Gasen ist der Dichte ϱ umgekehrt proportional. Sie hängt deshalb von der Temperatur und vom Druck ab. Für die Reichweite bei der Temperatur T und beim Gasdruck p gilt

$$R_{T,p} = R_{T_0,p_0} \frac{Tp_0}{T_0 p}, \tag{8.4}$$

wobei R_{T_0,p_0} die Reichweite bei $T_0 = 288 \text{ K} \triangleq 15\,°C$ und $p_0 = 1,013\,25 \cdot 10^5$ Pa ist.

In zwei Elementen nicht zu hoher Ordnungszahl mit den Dichten ϱ_1 und ϱ_2 und den relativen Atommassen A_{r1} und A_{r2} verhalten sich die Reichweiten von α-Teilchen mit derselben Anfangsenergie nach BRAGG und KLEEMAN wie

$$\frac{R_1}{R_2} = \frac{\varrho_2}{\varrho_1} \frac{\sqrt{A_{r1}}}{\sqrt{A_{r2}}} \,. \tag{8.5}$$

Wird Luft als Bezugssubstanz gewählt, so gilt

$$R_1 = 0,32 \frac{\sqrt{A_{r1}}}{\varrho_1} R_{\text{Luft}} \tag{8.6}$$

(R in mm, ϱ_1 in kg $\cdot$ m^{-3}).
Für Elemente mit Ordnungszahlen $Z < 20$ betragen die Unsicherheiten bei Anwendung dieser Beziehungen höchstens $\pm 15\%$.
Die Reichweite der α-Teilchen in einem zusammengesetzten Stoff erhält man mit Hilfe der Beziehung

$$R = \frac{0,32\, R_{\text{Luft}}}{\varrho \left(\dfrac{p_1}{\sqrt{A_{r1}}} + \dfrac{p_2}{\sqrt{A_{r2}}} + \dots \right)} \tag{8.7}$$

(R in mm, ϱ in kg $\cdot$ m^{-3}).

Hierin bedeuten p_1, p_2, ... die relativen Massenanteile der chemischen Elemente in dem betreffenden Stoff.

Da sich die Reichweiten von α-Teilchen in Gasen sehr genau experimentell bestimmen lassen, finden oft empirische *Reichweite-Energie-Beziehungen* praktische Verwendung. Für die mittlere Reichweite von α-Strahlung ($E_\alpha > 2,5$ MeV) in Luft gilt z. B.

$$R_m = 3,1 \cdot E_\alpha^{3/2} \tag{8.8}$$

(R_m in mm, E_α in MeV). In Abb. 76 sind Reichweite-Energie-Kurven wiedergegeben.

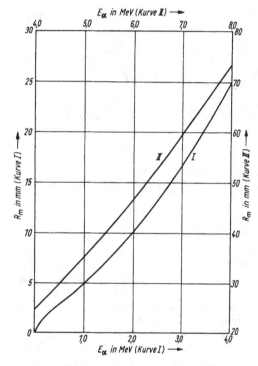

Abb. 76. Mittlere Reichweite R_m von α-Strahlung in Luft (15 °C, $1,013\,25 \cdot 10^5$ Pa) in Abhängigkeit von der Anfangsenergie E_α

8.1.2. Absorption von Betastrahlung

Im Gegensatz zum geradlinigen Weg der α-Teilchen sind die Bahnen von Elektronen we-

gen der starken Streuung unregelmäßig ge-
krümmt (Abb. 77). Die wahren Längen der
zickzackförmigen Elektronenbahnen sind meist
wesentlich größer als die bis zur vollständigen
Absorption in Einfallsrichtung durchquerten
Schichtdicken (Reichweite R). Das Verhältnis
von wahrer Bahnlänge zur Reichweite R, der
sog. *Umwegfaktor*, kann bei kleinen Elektronenenergien ($E < m_e c_0^2$) und Absorbern hoher Ordnungszahl Werte bis maximal vier erreichen.

In Abb. 78 sind Absorptionskurven für ursprünglich monoenergetische Elektronen (z. B.
Konversionselektronen) dargestellt. Das für α-
Absorptionskurven charakteristische horizontale Kurvenstück fehlt völlig. Die Kurven sind
durch einen schwach abfallenden Anfangsteil,
ein ausgedehntes lineares Mittelstück und
einen flachen Ausläufer bei großen Schichtdik-
ken gekennzeichnet. Die Einmündungspunkte
der Kurven in die Abszissenachse sind experimentell schwer zu ermitteln. Man extrapoliert
daher meist die linearen Kurventeile bis zur Abszisse und bezeichnet die Schnittpunkte als
praktische Reichweite R_p.

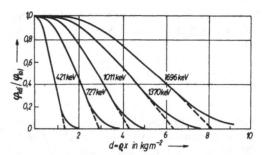

Abb. 78. Absorptionskurven für monoenergetische
Elektronen verschiedener Anfangsenergie (Absorber:
Aluminium)

Die kinetische Energie der Elektronen nimmt
mit wachsender Absorberdicke ab, so daß bei
der Abbremsung anfänglich monoenergetischer
Elektronen typische Energiespektren entstehen,
deren Form von der durchsetzten Schichtdicke
abhängig ist.

Die Absorptionskurven für β-Teilchen unterscheiden sich auf Grund der kontinuierlichen
Energieverteilung der Strahlung von denen monoenergetischer Elektronen. Bereits kleine
Schichtdicken absorbieren zahlreiche β-Teil-
chen, weil in einem β-Strahlungsbündel stets
verhältnismäßig viele energiearme Teilchen enthalten sind. Die Teilchenflußdichte φ bzw. die
mit einem Strahlungsdetektor registrierte Im-
puls- oder Zählrate $\dot{n}$ (Zahl der elektrischen Impulse je Zeiteinheit) nimmt zunächst mit
wachsender Schichtdicke x exponentiell ab. Es
gilt in erster Näherung das Absorptionsgesetz

$$\varphi(x) = \varphi(0)\, e^{-\mu x} \text{ bzw. } \dot{n}(x) = \dot{n}(0)\, e^{-\mu x},$$

(8.9)

wobei μ als *linearer Absorptionskoeffizient* bezeichnet wird. Häufig verwendet man anstatt
der Schichtdicke x die Flächenmasse $d = \varrho x$.
Das exponentielle Absorptionsgesetz lautet
dann

$$\varphi(d) = \varphi(0)\, e^{-\frac{\mu}{\varrho} d} \text{ bzw. } \dot{n}(d) = \dot{n}(0)\, e^{-\frac{\mu}{\varrho} d}.$$

(8.10)

Die Größe μ/ϱ heißt *Massen-Absorptionskoeffizient*. Aus den Beziehungen (8.9) und (8.10) ergibt sich leicht die *Halbwertdicke*, die zur Redu-

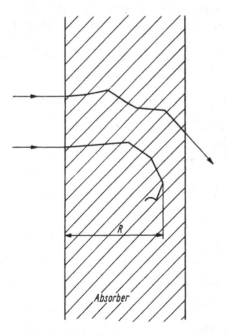

Abb. 77. Wahrer Weg und Reichweite eines Elektrons
in einer Absorberschicht

zierung der Teilchenflußdichte oder der Impulsrate auf die Hälfte des Anfangswertes nötig ist:

$$x_{1/2} = \frac{\ln 2}{\mu} \quad \text{bzw.} \quad d_{1/2} = \frac{\ln 2}{\dfrac{\mu}{\varrho}}. \tag{8.11}$$

Falls die Halbwertdicke durch Messung bekannt ist, kann mit Hilfe der Beziehung (8.11) der lineare Absorptionskoeffizient oder der Massen-Absorptionskoeffizient berechnet werden. Für den Massen-Absorptionskoeffizienten gilt im Energiebereich $0,1 \text{MeV} < E_{\beta\max} < 3,5 \text{MeV}$ die empirische Näherungsformel

$$\frac{\mu}{\varrho} = 1,7 E_{\beta\max}^{-1,43} \tag{8.12}$$

(μ/ϱ in $\text{m}^2 \cdot \text{kg}^{-1}$, $E_{\beta\max}$ in MeV).
Das exponentielle Absorptionsgesetz vereinbart sich jedoch nicht mit der endlichen Reichweite der β-Strahlung und gilt nur für kleine Schichtdicken. Wenn die Absorberdicke eine Halbwertdicke überschreitet, treten bereits Abweichungen vom exponentiellen Kurvenverlauf auf. Die Abb. 79 zeigt zwei typische β-Absorptionskurven in halblogarithmischer Darstellung. Nach einem exponentiellen Abfall sinken die Impuls

raten mit wachsenden Absorberdicken schneller ab, als es dem exponentiellen Verlauf entspricht, so daß die Kurven mehr und mehr von der Geraden abweichen. Am Ende mündet jede Absorptionskurve in einen mit der Absorberdicke nur allmählich abklingenden Kurventeil ein, der auf die bei der Abbremsung der β-Teilchen entstehende Bremsstrahlung (Abb. 79a) bzw. auf gleichzeitig vorhandene γ-Strahlung (Abb. 79b) zurückzuführen ist. Der Einmündungspunkt der Absorptionskurve in diesen Untergrund wird als *maximale Reichweite $R_{\max}$* bezeichnet. Ihr entspricht die Reichweite der energiereichsten Teilchen des β-Spektrums.
Bei allen β-Absorptionsmessungen ist zu beachten, daß die genaue Gestalt der Kurven von der Form der β-Spektren sowie von der Beobachtungsgeometrie abhängt. Angaben in der Literatur über experimentell bestimmte Reichweiten, Halbwertdicken und Absorptionskoeffizienten unterscheiden sich daher oft merklich.
Es gibt zahlreiche empirische Näherungsformeln für die Beziehung zwischen der maximalen Massen-Reichweite $\varrho R_{\max}$ und der maximalen β-Energie $E_{\beta\max}$ bzw. zwischen der praktischen Massen-Reichweite ϱR_p und der Anfangsenergie E monoenergetischer Elektronen (Tab. 24). Sie gelten für Aluminiumabsorber,

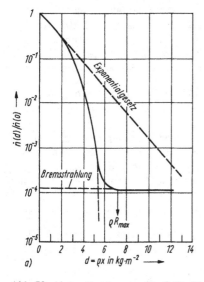
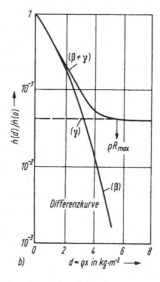

Abb. 79. Absorptionskurven für β-Strahlung (Absorber: Aluminium)
a) reine β-Strahlung mit einfachem Energiespektrum; b) β-Strahlung mit einfachem Energiespektrum und γ-Anteil

Tabelle 24. Reichweite-Energie-Beziehungen für β-Strahlung und monoenergetische Elektronen

Autor	Reichweite-Energie-Beziehung (ϱR in kg/m², E in MeV)	Gültigkeitsbereich	Gleichungs-numerierung
FLAMMERSFELD	$\varrho R_{max} = 1{,}1\left(\sqrt{1 + 22{,}4E_{\beta\,max}^2} - 1\right)$	$0 < E_{\beta\,max} < 3$ MeV	(8.13)
GLENDENIN	$\varrho R_{max} = 5{,}42 E_{\beta\,max} - 1{,}33$	$E_{\beta\,max} > 0{,}8$ MeV	(8.14)
GLENDENIN	$\varrho R_{max} = 4{,}07 E_{\beta\,max}^{1{,}38}$	$0{,}15$ MeV $< E_{\beta\,max} < 0{,}8$ MeV	(8.15)
WEBER	$\varrho R_{max} = 5 E_{\beta\,max}\left(1 - \dfrac{0{,}983}{1 + 4{,}3 E_{\beta\,max}}\right)$	$0{,}003$ MeV $< E_{\beta\,max} < 3$ MeV	(8.16)
KATZ und PENFOLD	$\varrho R_p = 5{,}3 E - 1{,}06$	$0{,}5$ MeV $< E < 30$ MeV	(8.17)
GLOCKER	$\varrho R_p = 0{,}65\left(\sqrt{1 + 53{,}6E^2} - 1\right)$	$0{,}01$ MeV $< E < 3$ MeV	(8.18)

sowie näherungsweise auch für andere Stoffe kleiner Ordnungszahl. In Abb. 80 ist der Zusammenhang zwischen der maximalen Reichweite und der maximalen β-Energie graphisch dargestellt.

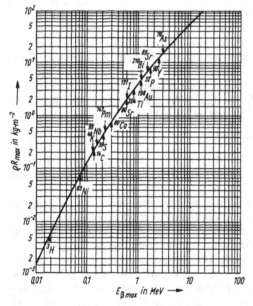

Abb. 80. Maximale Massenreichweite ϱR_{max} von β-Strahlung in Aluminium in Abhängigkeit von der Maximalenergie $E_{\beta\,max}$

8.1.3. Rückstreuung von Betastrahlung

Elektronen erfahren beim Durchdringen von Materialschichten starke Richtungsänderungen.

Ist die Schichtdicke sehr gering, so kann *Einzel-* oder *Mehrfachstreuung* auftreten. Mit zunehmender Dicke wächst die mittlere Zahl der Streuprozesse. Wenn jedes Teilchen mehr als 20 Richtungsänderungen erleidet, so spricht man von *Vielfachstreuung*. Bei einer sehr großen Zahl von Richtungsänderungen geht diese in den Grenzfall der vollständigen *Elektronendiffusion* über. Ein Teil von den in das Material eingetretenen Elektronen verläßt infolge der Richtungsänderungen die Absorberschicht auf der Eintrittsseite wieder. Diese Streuung in den rückwärtigen Halbraum wird *Rückstreuung* genannt. Zur Beschreibung der Rückstreuung dienen die Begriffe *Rückstreurate* $\dot{n}_R$ und *Rückstreufaktor* f_R. Als Rückstreurate bezeichnet man die Anzeige (z. B. Impulsrate) eines im rückwärtigen Halbraum angeordneten Strahlungsdetektors. Der Rückstreufaktor ist als Verhältnis der Detektoranzeige mit Reflektorschicht zur Detektoranzeige ohne Reflektorschicht definiert, so daß stets $f_R \geqq 1$ gilt. Bei der Rückstreuung von β-Teilchen an dicken Materialschichten verändert sich nicht nur die Richtung der Strahlung, sondern auch ihr Energiespektrum. Wie die Abb. 81 zeigt, enthält die rückgestreute β-Strahlung einen wesentlich größeren Anteil energiearmer Teilchen als die Primärstrahlung.

Zur Erreichung gleichgroßer Streuwinkel sind in einem Rückstreumaterial kleiner Ordnungszahl weitaus mehr Wechselwirkungsprozesse erforderlich als in einem Stoff mit hohem Z. Die Verschiebung des Energiespektrums zu niedrigen Teilchenenergien ist deshalb um so ausgeprägter, je kleiner die Ordnungszahl des Rückstreumaterials ist.

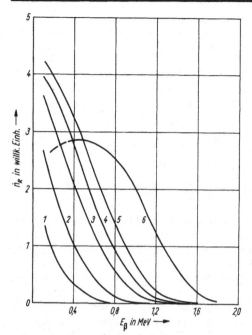

Abb. 81. Energiespektren der Primärstrahlung und der an verschiedenen Materialien zurückgestreuten β-Strahlung von $^{32}_{15}$P
1 Polymethylmethacrylat; *2* Aluminium; *3* Kupfer; *4* Zinn; *5* Gold; *6* Direktstrahlung

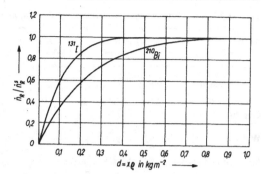

Abb. 82. Rückstreurate in Abhängigkeit von der Dicke der rückstreuenden Aluminiumschicht

Die Flußdichte der zurückgestreuten β-Strahlung hängt vom Streuwinkel Θ ab. Trifft die Primärstrahlung senkrecht auf eine dicke Reflektorschicht auf, dann erreicht die Teilchenflußdichte i. allg. bei $\Theta \approx 180°$ ein Maximum. Abweichungen von dieser Regel treten bei Rückstreumaterialien sehr kleiner Ordnungszahl auf.

Die Rückstreurate und der Rückstreufaktor hängen von der Dicke und von der Ordnungszahl der Reflektorschicht ab. In Abb. 82 ist die Rückstreurate als Funktion der Reflektordicke dargestellt. Mit wachsender Schichtdicke nimmt $\dot{n}_R$ zu und erreicht bei der *Sättigungsdicke* x_R^S den konstanten Wert $\dot{n}_R^S$. Eine derartige Rückstreukurve läßt sich in guter Näherung durch die Gleichung

$$\dot{n}_R = \dot{n}_R^S (1 - e^{-\mu_R x}) \tag{8.19}$$

erfassen, wobei μ_R als Rückstreukoeffizient bezeichnet wird. Theoretisch wäre zu erwarten, daß *Sättigungsrückstreuung* etwa bei der halben

maximalen Reichweite der β-Strahlung einsetzt, weil die in tiefer liegenden Schichten gestreuten Teilchen die Oberfläche nicht mehr erreichen können. Die Wahrscheinlichkeit ist aber gering, daß β-Teilchen, die bis in eine Tiefe von $1/2\ R_{max}$ eingedrungen sind, auf der Eintrittsseite wieder aus der Schicht austreten. Experimentell ist Sättigungsrückstreuung schon bei einer Dicke von $x_R^S \approx 0,2 R_{max}$ zu beobachten. Die Sättigungsrückstreurate ist um so größer, je höher die Ordnungszahl des Reflektormaterials ist. Es gilt die Beziehung

$$x_R^S = b Z^{2/3}, \tag{8.20}$$

wobei der Faktor b von der Meßgeometrie und von der Aktivität der Strahlungsquelle abhängt.

In Abb. 83 sind für zwei verschiedene geometrische Anordnungen Rückstreufaktoren f_R^S bei Sättigungsdicke des Reflektormaterials in Abhängigkeit von der Ordnungszahl graphisch dargestellt. Die *Sättigungsrückstreufaktoren* sind für $E_{\beta\,max} > 0,6\ MeV$ praktisch unabhängig von der Strahlungsenergie. Zwischen der Rückstreuung von Elektronen und Positronen gleicher Maximalenergie sind deutliche Unterschiede festzustellen.

Die Nichtbeachtung der Rückstreuung von β-Teilchen an der Unterlage von Strahlungsquellen kann bei der Messung von β-Strahlung zur Verfälschung der Meßergebnisse führen. Um reproduzierbare Ergebnisse zu erhalten, wird die radioaktive Substanz entweder auf sehr dünne Kunststofffolien ($f_R = 1$) oder auf sehr dicke Unterlagen ($f_R = f_R^S$) mit niedrigem Z aufgebracht.

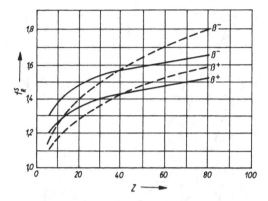

Abb. 83. Sättigungsrückstreufaktor in Abhängigkeit von der Ordnungszahl für zwei verschiedene Meßanordnungen:
– – – Messung unter kleinem Raumwinkel ($\theta = 180° \pm 4°$), —— 2π-Geometrie ($90° \leqq \theta \leqq 270°$)

8.2. Wechselwirkung von ungeladenen Teilchen mit Materialschichten

8.2.1. Schwächung von Photonenstrahlung

Durchdringt ein schmales Photonenstrahlungsbündel einheitlicher Energie eine Materialschicht der Dicke x, so verringert sich durch die in 7.3. beschriebene Wechselwirkung mit den Atomen die Photonenflußdichte φ. Es gilt das bereits früher hergeleitete exponentielle Schwächungsgesetz (s. 4.3.)

$$\varphi(x) = \varphi(0)\, e^{-{_a}N_{a}\sigma_{t}x}, \qquad (8.21)$$

wobei $_aN$ die Anzahldichte der Atome und $_a\sigma_t$ der totale atomare Wirkungsquerschnitt bedeuten. Der als makroskopischer Wirkungsquer-

schnitt Σ oder *linearer Schwächungskoeffizient* μ bezeichnete Ausdruck $_aN_a\sigma_t$ ergibt sich aus

$$\mu = {_a}N_{a}\sigma_{t} = {_a}\sigma_{t}\,\frac{\varrho}{A_{r}m_{u}} = {_e}\sigma_{t}\,\frac{Z\varrho}{A_{r}m_{u}}. \qquad (8.22)$$

Für den häufig verwendeten *Massen-Schwächungskoeffizienten* μ/ϱ (s. Tab. A3) gilt entsprechend

$$\frac{\mu}{\varrho} = {_a}\sigma_{t}\,\frac{1}{A_{r}m_{u}} = {_e}\sigma_{t}\,\frac{Z}{A_{r}m_{u}}. \qquad (8.23)$$

Das Schwächungsgesetz läßt sich somit in der Form

$$\varphi(x) = \varphi(0)\, e^{-\mu x} \quad \text{bzw.} \quad \varphi(d) = \varphi(0)\, e^{-\frac{\mu}{\varrho}d} \qquad (8.24)$$

schreiben.

Während dieses Exponentialgesetz für β-Strahlung nur näherungsweise bei kleinen Schichtdicken Gültigkeit besitzt, ist es für schmale Photonenstrahlungsbündel exakt erfüllt. Das bedeutet, daß für Photonen die Angabe einer maximalen Reichweite nicht möglich ist. Zur Charakterisierung von Photonenstrahlung benutzt man daher häufig die Begriffe *Halbwertschichtdicke* (HWS) und *Halbwertflächenmasse*. Für $\varphi(x_{1/2}) = \varphi(0)/2$ und $\varphi(d_{1/2}) = \varphi(0)/2$ folgt aus (8.24)

$$\text{HWS} = x_{1/2} = \frac{\ln 2}{\mu} \quad \text{bzw.} \quad d_{1/2} = \frac{\ln 2}{\frac{\mu}{\varrho}}. \qquad (8.25)$$

Der in Gl. (8.22) enthaltene totale atomare Wirkungsquerschnitt kann für ein einzelnes Element aus den atomaren Wirkungsquerschnitten $_a\sigma_{Ph}$ für Photoeffekt, $_a\sigma_C = {_a}\sigma_{Cs} + {_a}\sigma_{Ca}$ für Comptoneffekt und $_a\sigma_{Paar}$ für Paarbildungseffekt berechnet werden:

$$_a\sigma_{t} = {_a}\sigma_{Ph} + {_a}\sigma_{C} + {_a}\sigma_{Paar}. \qquad (8.26)$$

Entsprechend setzt sich der lineare Schwächungskoeffizient additiv aus drei Anteilen zusammen, dem Photoabsorptionskoeffizienten μ_{Ph}, dem Gesamtschwächungskoeffizienten des Comptoneffektes μ_C und dem Paarbildungskoeffizienten μ_{Paar}:

$$\mu = \mu_{Ph} + \mu_{C} + \mu_{Paar}. \qquad (8.27)$$

Dabei ist μ_C die Summe aus dem Comptonstreukoeffizienten μ_{Cs} und dem Comptonabsorptionskoeffizienten μ_{Ca}:

$$\mu_C = \mu_{Cs} + \mu_{Ca}. \tag{8.28}$$

Die Division durch die Dichte ϱ ergibt den Massen-Schwächungskoeffizienten

$$\frac{\mu}{\varrho} = \left(\frac{\mu}{\varrho}\right)_{Ph} + \left(\frac{\mu}{\varrho}\right)_C + \left(\frac{\mu}{\varrho}\right)_{Paar}. \tag{8.29}$$

Der Massen-Schwächungskoeffizient eines Stoffgemisches aus n Elementen ergibt sich aus den Massen-Schwächungskoeffizienten $(\mu/\varrho)_i$ der einzelnen Elemente und ihren relativen Masseanteilen p_i nach der Beziehung

$$\frac{\mu}{\varrho} = \sum_{i=1}^{n} p_i \left(\frac{\mu}{\varrho}\right)_i. \tag{8.30}$$

Der Schwächungskoeffizient ist ein Maß für die Zahl der Photonen, die beim Durchdringen einer Materialschicht mit den Atomen in Wechselwirkung treten und das Primärstrahlungsbündel verlassen. Aus den besprochenen Eigenschaften der Wechselwirkungsquerschnitte folgt die Abhängigkeit der Teilschwächungskoeffizienten von der Ordnungszahl des Wechselwirkungsmaterials und von der Photonenenergie. In der Abb. 84 sind im Z-E_γ-Diagramm zwei Kurven dargestellt, die für die $\mu_{Ph} = \mu_C$ und $\mu_C = \mu_{Paar}$ sind. Damit werden die Wirkungsbereiche des Photo-, Compton- und Paarbildungseffekts veranschaulicht. Die Abhängigkeit des linearen Schwächungskoeffizienten von der Photonenenergie zeigt die Abb. 85 für verschiedene Stoffe.

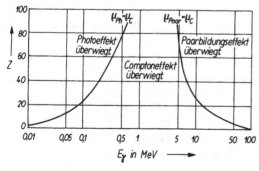

Abb. 84. Wirkungsbereich von Photoeffekt, Comptoneffekt und Paarbildungseffekt

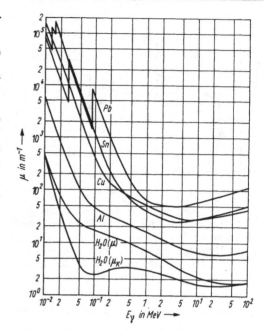

Abb. 85. Linearer Schwächungskoeffizient μ für Blei, Zinn, Kupfer, Aluminium und Wasser und linearer Energieübertragungskoeffizient μ_K für Wasser in Abhängigkeit von der Photonenenergie

Das exponentielle Schwächungsgesetz (8.24) gilt jedoch nur für schmale Strahlungsbündel. Im Falle breiter Photonenstrahlungsbündel gelangt zu einem hinter der Materialschicht angeordneten Strahlungsdetektor nicht nur geschwächte Primärstrahlung, sondern auch solche Strahlung, die einmal oder mehrmals gestreut wurde. Zur mathematischen Behandlung der Schwächung breiter Strahlungsbündel führt man daher in die Gl. (8.24) den *Aufbaufaktor* (build up factor) $B > 1$ ein, der in komplizierter Weise von der Ordnungszahl, der Photonenenergie und dem Produkt μx abhängig ist. Die Photonenflußdichte hinter einer Schicht der Dicke x errechnet sich dann nach der Beziehung

$$\varphi(r) = \varphi(0)\, B(\mu x, E_\gamma, Z)\, e^{-\mu x}. \tag{8.31}$$

Der Aufbaufaktor B kann bei niedrigen Photonenenergien für Stoffe kleiner Ordnungszahl und großer Schichtdicke Werte bis zu 500 annehmen.

Bei der Wechselwirkung von Photonen mit Materialschichten muß streng zwischen der *Schwächung* der Strahlung und der *Energieübertragung* auf das Wechselwirkungsmaterial unterschieden werden. Zur Berechnung der in einem Stoff absorbierten Energie wird zunächst der *Massen-*

Energieübertragungskoeffizient μ_K/ϱ eingeführt. Er ist definiert durch

$$\frac{\mu_K}{\varrho} = \frac{1}{E_\gamma \varrho} \frac{dE_K}{dx};$$ (8.32)

dabei sind E_γ die Summe der Energien der Photonen, die senkrecht auf eine Schicht der Dicke dx und der Dichte ϱ auftreffen, und dE_K die Summe der kinetischen Energien von allen in dieser Schicht freigesetzten geladenen Teilchen. Es gilt daher offensichtlich

$$\frac{\mu_K}{\varrho} = \frac{\mu_{Ph}}{\varrho} \left(1 - \frac{E_{ch}}{E_\gamma}\right) + \frac{\mu_{Ca}}{\varrho}$$
$$+ \frac{\mu_{Paar}}{\varrho} \left(1 - \frac{2m_e c_0^2}{E_\gamma}\right).$$ (8.33)

Darin bedeutet E_{ch} die mittlere Energie der charakteristischen Röntgenstrahlung, die unmittelbar nach Eintreten des Photoeffektes je Photon emittiert wird. Schließlich muß Beachtung finden, daß die geladenen Sekundärteilchen einen Teil ihrer Energie als Bremsstrahlung abgeben. Die Bremsstrahlung kann aus dem Volumen, in dem sie entstanden ist, austreten. Zur Berücksichtigung des Bremsstrahlungsverlustes b wird der Massen-Energieübertragungskoeffizient m_K/ϱ korrigiert und der *Massen-Energieabsorptionskoeffizient* μ_{en}/ϱ eingeführt:

$$\frac{\mu_{en}}{\varrho} = \frac{\mu_K}{\varrho} (1 - b).$$ (8.34)

Hierin ist b der Anteil der Energie der geladenen Sekundärteilchen der in Bremsstrahlung umgesetzt wird.
Der Massen-Energieabsorptionskoeffizient gestattet die Berechnung der im Material absorbierten Energie und besitzt daher für die Photonendosimetrie Bedeutung (s. 9.5.3.).

8.2.2. Rückstreuung von Photonenstrahlung

Bei der Wechselwirkung von Photonen mit Materialschichten tritt wie im Falle der β-Strahlung ein Rückstreueffekt auf. Während zurückgestreute β-Teilchen bis zu 1 000 Streuereignisse erfahren haben, liegt bei Photonenstrahlung in erster Linie Einzelstreuung vor. Seltener

werden Photonen zweimal oder mehrmals gestreut. Die zurückgestreute Strahlung enthält im wesentlichen Comptonstreustrahlung. Außerdem entstehen im Wechselwirkungsmaterial Photoelektronen und Bremsstrahlung. Die befreiten Photoelektronen werden größtenteils bereits in der Schicht selbst absorbiert oder bei Rückstreumessungen durch eine vor dem Strahlungsdetektor befindliche Absorberfolie ausgeschaltet. Die Bremsstrahlungskomponente bewirkt lediglich eine geringfügige Erhöhung des Detektornulleffektes.

Die Rückstreurate der Photonen nimmt ähnlich wie die der β-Teilchen mit wachsender Dicke des Streukörpers monton zu und erreicht einen Sättigungswert. Die Meßergebnisse lassen sich daher in guter Näherung ebenfalls durch die Gl. (8.19) erfassen. Genaugenommen kann es für Photonen eine Sättigungsdicke nicht geben, weil die Strahlung keine definierte Reichweite besitzt. Bei großen Materialdicken ändert sich aber die Rückstreurate praktisch nur noch innerhalb des statistischen Meßfehlers, so daß man auch für Photonenstrahlung den Begriff der Sättigungsdicke verwendet. Die Größe der Sättigungsdicke hängt bei einem gegebenen Material von der Photonenenergie und von der geometrischen Form des Reflektors ab. In Abb. 86 ist die Rückstreurate von ^{60}Co-γ-Strahlung als Funktion der Dicke zylindrischer Aluminiumreflektoren unterschiedlicher Durchmesser dargestellt. Die Rückstreuung von Photonen ist außerdem in komplizierter Weise

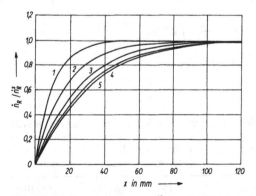

Abb. 86. Rückstreurate von ^{60}Co-γ-Strahlung als Funktion der Dicke von Aluminiumreflektoren verschiedener Durchmesser (*1* Ø 50 mm; *2* Ø 100 mm; *3* Ø 200 mm; *4* Ø 300 mm; *5* Ø 500 mm)

von der Reflektorordnungszahl, der mittleren Probendichte (Masse je Gesamtvolumen, einschließlich Porenvolumen), der Meßgeometrie sowie von der Photonenenergie der Primärstrahlung abhängig. Es ist daher schwierig, die experimentellen Ergebnisse verschiedener Autoren zu verallgemeinern.

8.2.3. Bremsung von Neutronen

Radioaktive Neutronenquellen und Neutronengeneratoren emittieren primär schnelle Neutronen. Durchdringen diese eine Substanz, so verlieren sie infolge elastischer Streuprozesse an den Atomkernen (s. 7.2.) schrittweise ihre kinetische Energie. Bei hinreichend großer Ausdehnung des Mediums dauert der Bremsvorgang so lange, bis die Neutronen die thermische Energie erreicht haben (s. 4.5.). Wenn die Eigenschaften des Bremsmediums und der Neutronenquelle bekannt sind, ist die Berechnung der Flußdichte an verschiedenen Orten in einer Substanz möglich. Durch Anwendung der sog. Alterstheorie und der elementaren Diffusionsgleichung erhält man für die Flußdichte φ_{th} der thermischen Neutronen im Abstand r von einer Punktquelle schneller Neutronen in einem unendlich ausgedehnten Medium den Ausdruck

In Gl. (8.35) ist B die Quellstärke der Neutronenquelle, r die Ortskoordinate und D die Diffusionskonstante. Die Größe

$$L = \sqrt{\frac{D}{\Sigma_a}} \qquad (8.36)$$

wird als Diffusionslänge bezeichnet, wobei Σ_a der makroskopische Absorptionsquerschnitt ist. Das sog. „Fermialter" τ besitzt die Dimension einer Fläche.

Mit Hilfe der in Tab. 25 für verschiedene Stoffe zusammengestellten Zahlenwerte erlaubt die Beziehung (8.35) die Berechnung der Abbremsung von Spaltungsneutronen auf thermische Energie. In Abb. 87 ist die Flußdichte thermischer Neutronen φ_{th} in Abhängigkeit vom Abstand r von einer Punktquelle schneller Neutronen der Quellstärke $B = 1\,s^{-1}$ in Wasser und Graphit dargestellt. Es ist ersichtlich, daß Wasser schnelle Neutronen stärker abbremst als Graphit, da in unmittelbarer Nähe der Neutronenquelle ($r \approx 0$) die Flußdichte der thermischen Neutronen in Wasser wesentlich größer ist als in Graphit. Die Flußdichte φ_{th} nimmt um so rascher mit wachsendem Abstand r ab, je besser die Bremseigenschaften des Wechselwirkungsmaterials sind.

$$\varphi_{th}(r) = \frac{B \exp(\tau/L^2)}{8\pi Dr} \left\{ e^{-\frac{r}{L}}\left[1 + \mathrm{erf}\left(\frac{r}{2\sqrt{\tau}} - \frac{\sqrt{\tau}}{L}\right)\right] - e^{-\frac{r}{L}}\left[1 - \mathrm{erf}\left(\frac{r}{2\sqrt{\tau}} + \frac{\sqrt{\tau}}{L}\right)\right] \right\}. \qquad (8.35)$$

Dabei ist

$$\mathrm{erf}(x) = \frac{2}{\sqrt{\pi}} \int_0^x e^{-t^2}\,dt$$

das Fehlerintegral.

Tabelle 25. Brems- und Diffusionsparameter einiger Stoffe

Stoff	Dichte in $kg \cdot m^{-3}$	L in m	D in m	Σ_a in m^{-1}	τ in m^2
H_2O	$1{,}0 \cdot 10^3$	0,02755	$1{,}44 \cdot 10^{-3}$	1,89	$2{,}786 \cdot 10^{-3}$
D_2O	$1{,}1 \cdot 10^3$	1,61	$8{,}10 \cdot 10^{-3}$	0,0031	$1{,}09 \cdot 10^{-2}$
Beryllium	$1{,}85 \cdot 10^3$	0,212	$4{,}95 \cdot 10^{-3}$	0,11	$8{,}02 \cdot 10^{-3}$
Graphit	$1{,}6 \cdot 10^3$	0,525	$8{,}58 \cdot 10^{-3}$	0,0311	$3{,}125 \cdot 10^{-2}$

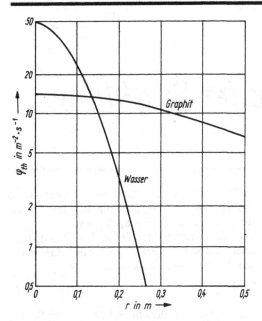

Abb. 87. Flußdichte thermischer Neutronen φ_{th} in Abhängigkeit vom Abstand r von einer punktförmigen Quelle schneller Neutronen für Wasser und Graphit

9.
Messung ionisierender Strahlung

9.1. Strahlungs-detektoren

Der Nachweis und die Messung ionisierender Strahlung beruhen auf der Wechselwirkung geladener und ungeladener Teilchen mit Atomen. Grundsätzlich kann jeder Stoff zum Strahlungsnachweis dienen, der bei der Einwirkung ionisierender Strahlung infolge Energieübertragung eine meßbare Änderung seines physikalischen oder chemischen Zustandes erfährt. Geladene Teilchen bewirken primär eine Ionisation und Anregung der Wechselwirkungsatome. Diese Prozesse führen in Gasen und Halbleitern zur Erzeugung beweglicher elektrischer Ladungsträger. Bestimmte Kristalle, Lösungen und Gase können Lumineszenzlicht emittieren. Als sekundäre Folge der Ionisations- und Anregungsprozesse treten oft strahlenchemische Umsetzungen und strahleninduzierte Festkörperreaktionen auf. Ungeladene Teilchen, wie Photonen und Neutronen, lassen sich nur über die im Wechselwirkungsmaterial gebildeten geladenen Sekundärteilchen nachweisen. Im Falle von Neutronen sind das meist Rückstoßprotonen, α-Teilchen oder energiereiche Spaltprodukte. Photonen der Röntgen- und γ-Strahlung erzeugen Photo-, Compton- und Paarelektronen.

Die wichtigsten Strahlungsdetektoren liefern unter der Einwirkung ionisierender Strahlung elektrische Ausgangssignale, die als statistische Folge von Ladungsimpulsen erscheinen. Sie werden charakterisiert durch die Impulsdauer, die mittlere elektrische Ladung je Impuls q und die Impulshöhe. Mit geeigneten elektronischen Geräten werden diese Impulse umgeformt, ver-

stärkt und registriert. Es können verschiedene Größen gemessen werden, die als Maß für die nachzuweisende Strahlung dienen.

Aus der mittleren Zahl der je Zeitelement registrierten Impulse, der *Impuls-* oder *Zählrate* $\dot{n}$ und der mittleren *Detektorstromstärke*

$$I = \dot{n}q \tag{9.1}$$

kann auf die Teilchenflußdichte φ (s. 9.5.1.), die Energieflußdichte ψ (s. 9.5.1.), die Aktivität $\mathcal{A}$ (s. 2.3.) oder die Energiedosisleistung $\dot{D}$ (s. 9.5.2.) geschlossen werden.

Durch Messung der *Impulszahl*

$$n = \int_0^t \dot{n}(t)\,\mathrm{d}t \tag{9.2}$$

oder der vom Detektor in einer bestimmten Zeit erzeugten elektrischen *Gesamtladung*

$$Q = \int_0^t I(t)\,\mathrm{d}t \tag{9.3}$$

lassen sich die Teilchenfluenz Φ (s. 9.5.1.), die Energiefluenz Ψ (s. 9.5.1.) und die Energiedosis D (s. 9.5.2.) ermitteln.

Schließlich gibt es Strahlungsdetektoren, bei denen die *Impulshöhe* der Energie proportional ist, die von direkt oder indirekt ionisierenden Teilchen auf das Detektormaterial übertragen wird. Bei vollständiger Absorption der Teilchenenergie gewinnt man daher aus der Impulshöhenverteilung Aussagen über das Energiespektrum der Strahlung.

In den folgenden Abschnitten werden solche Strahlungsdetektoren behandelt, die für die angewandte Radioaktivität, die Nuklearmedizin, die Dosimetrie und den Strahlenschutz praktische Bedeutung besitzen.

9.1.1. Ionisationskammern

Wirkungsweise von Ionisationskammern

Eine Ionisationskammer besteht im wesentlichen aus zwei gegenüberliegenden, voneinander isolierten Elektroden, zwischen denen sich Luft oder ein anderes Gas befindet. Durch Anlegen einer Spannung wird zwischen beiden Elektroden ein elektrisches Feld erzeugt. Wenn ionisierende Strahlung in das empfindliche Kammervolumen einfällt, entstehen positive Ionen und Elektronen, die sich unter dem Einfluß des elektrischen Feldes in entgegengesetzter Richtung zu den beiden Elektroden bewegen. Es können mittlere Ionisationsströme (Stromkammern), elektrische Ladungsmengen (Integrationskammern) oder Einzelimpulse (Impulskammern) gemessen werden.

Die Spannung zwischen den Elektroden einer Ionisationskammer ist so zu wählen, daß alle durch die Strahlung erzeugten Ionen-Elektronen-Paare die Elektroden erreichen *(Sättigungsbereich)*. Zwischen der gebildeten Primärladung Q_p und der Signalladung Q besteht dann die einfache Beziehung

$$Q = Q_p. \tag{9.4}$$

Bei zu kleiner Feldstärke können Ladungsträgerverluste durch Rekombination der Ionen und Elektronen während des Absaugvorganges und Diffusion der Ladungsträger aus dem empfindlichen Kammervolumen auftreten. Andererseits darf die Feldstärke nicht zu groß ausfallen, weil sonst durch Stoßionisation die Bildung zusätzlicher Ionenpaare (Gasverstärkung) einsetzt. Die Abb. 88 zeigt die Strom-Spannungs-Charakteristik einer Ionisationskammer. Bei konstanter Einstrahlung steigt der Ionisationsstrom mit wachsender Spannung zunächst linear an (Ohmscher Bereich) und nähert sich schließlich, wenn keine Rekombinationsverluste mehr auftreten, einem konstanten Wert, dem *Sättigungsstrom I_s*. Wenn im Bereich des elektrischen Feldes der Kammer N_i Ionenpaare je Zeiteinheit gebildet werden, dann beträgt der Sättigungsstrom

$$I_s = N_i e_0. \tag{9.5}$$

Berücksichtigt man, daß $\dot{N}$ geladene Teilchen je

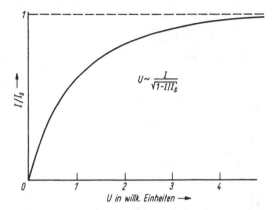

Abb. 88. Strom-Spannungs-Charakteristik einer Parallelplattenkammer

Zeiteinheit das empfindliche Kammervolumen durchsetzen und im Mittel die Energie E_{abs} abgeben, so folgt

$$I_s = \dot{N} e_0 \frac{E_{abs}}{\overline{W}_i}, \tag{9.6}$$

wobei $\overline{W}_i$ der mittlere Energieaufwand zur Bildung eines Ionenpaares ist (s. Tab. 23). Die zur Sättigung erforderliche Spannung liegt bei Ionisationskammern je nach der Größe, der Gasfüllung und der spezifischen Ionisation der Strahlung zwischen einigen hundert und einigen tausend Volt.

Aufbau von Ionisationskammern

Der Aufbau einer Ionisationskammer wird durch die Meßaufgabe bestimmt. Am häufigsten finden *Parallelplattenkammern* und *Zylinderkammern*, seltener auch *Kugelkammern*, Verwendung. Die Abb. 89 zeigt zwei bewährte Kammerkonstruktionen. In der Regel dient die Innenelektrode als Sammelelektrode. Sie steht mit dem Meßinstrument in Verbindung. An der Außenelektrode liegt meist die Kammerspannung. Das Kammer- und Elektrodenmaterial richtet sich nach der Art der nachzuweisenden Strahlung. Übliche Materialien sind Aluminium, Kupfer, Messing, Graphit und elektrisch leitende Kunststoffe. Als Füllgase werden Luft, Wasserstoff, Stickstoff, Kohlendioxid, Argon und Bortrifluorid verwendet. Das Vorhandensein von Gasen, die durch Elektronenanlage-

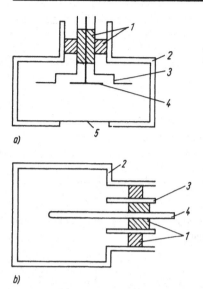

Abb. 89. Schematische Darstellung des Aufbaus von Ionisationskammern
a) Parallelplattenkammer; b) Zylinderkammer
1 Isolator; *2* Gehäuse; *3* Schutzring; *4* Sammelelektrode; *5* Fenster

rung negative Ionen bilden, sollte vermieden werden.

Von besonderer Bedeutung für die Güte einer Ionisationskammer ist der Isolierstoff zwischen Sammelelektrode und Kammerwand. An seinen spezifischen Widerstand ($>10^{13}$ Ωm) werden höchste Anforderungen gestellt. Als geeignet haben sich Isolatoren aus Bernstein, Polytetrafluorethylen, Quarz, Polystyren und Sinterkeramik erwiesen. Um zu verhindern, daß Kriechströme über die Isolatoroberfläche fließen und die Meßwerte verfälschen, ist es zweckmäßig, den Isolator durch einen metallischen Schutzring zu unterteilen und diesen auf das Potential der Sammelelektrode zu legen. Verwendet man die Außenelektrode als Spannungselektrode, dann kann der Schutzring einfach geerdet werden. Durch diese Maßnahme liegt am Innenteil des Isolators nur noch eine sehr kleine Spannung. Das hat eine beträchtliche Reduzierung der störenden Isolationsströme zur Folge. Mit geeignet geformten Schutzringen, die bis in das Innere der Kammer reichen, ist außerdem eine Verbesserung des Feldverlaufes zwischen den Elektroden möglich.

Eine neuere Entwicklung ist die *Elektret-Ionisationskammer*. Unter einem Elektreten versteht man ein Dielektrikum (z. B. Polytetrafluorethylen), das infolge der Ausrichtung innerer Dipole eine permanente elektrische Polarisation aufweist. Eine Elektret-Ionisationskammer ist prinzipiell wie eine herkömmliche Ionisationskammer aufgebaut. Eine oder beide Elektroden werden durch stabile Elektrete ersetzt. Das äußere Elektretfeld liefert die für den Betrieb der Ionisationskammer erforderliche Spannung. Tritt ionisierende Strahlung in die Kammer ein, so werden im Gasvolumen Ladungsträger gebildet, die eine teilweise Kompensation der Oberflächenladungen der Elektrete bewirken. Die Änderung der Oberflächenladung dient als Meßsignal. Die erneute Formierung der Elektrete erfolgt entweder auf thermischem Wege oder durch eine Koronaaufladung. Elektret-Ionisationskammern werden vorwiegend zur Dosimetrie ionisierender Strahlung eingesetzt.

Messung von Ionisationsströmen und gesammelten Ladungen

Die Messung des Sättigungsstromes I_s von Stromkammern erfolgt meist indirekt durch Anzeige einer dem Strom proportionalen Spannung nach der Methode des Spannungsabfalls an einem hochohmigen Arbeitswiderstand R (Abb. 90 a). Als elektrometrische Meßverstärker werden Verstärkerschaltungen mit hohen Eingangswiderständen, vorwiegend mit Feldeffekttransistoreingängen, benutzt. Durch die kosmische Strahlung, die Umgebungsstrahlung sowie Spuren radioaktiver Stoffe im Kammermaterial und Füllgas wird auch bei Abwesenheit einer Strahlungsquelle ein Ionisationsstrom erzeugt, den man als *Nulleffekt* bezeichnet. Mit Hilfe geeigneter Schaltungen läßt sich dieser natürliche Untergrundstrom automatisch kompensieren. Kompensationsschaltungen mit zwei verschiedenen Ionisationskammern (Abb. 90 b) bewähren sich auch, wenn zwei Strahlungsarten eines Gemisches, z. B. Neutronenstrahlung und γ-Strahlung, gemessen werden sollen.

Bei Integrationskammern bestimmt man die während der Meßzeit erzeugte Ladungsmenge entweder nach der *Auflade-* oder nach der *Entlademethode*. Das Prinzip der Auflademethode ist in Abb. 90 c dargestellt. Zur Entladung des Elektrometers und zur Nullpunkteinstellung wird vor Beginn der Messung der Schalter *S* kurzzeitig geschlossen. Nach dem Öffnen des Schalters fließt die durch die Strahlung erzeugte Ladungsmenge Q auf die Sammelelektrode. Es gilt

$$Q = C \, \Delta U, \tag{9.7}$$

wobei C die Summe der Kapazitäten der Kammer und des Elektrometers und ΔU die Potentialänderung an der Sammelelektrode bedeuten. Die auftretende Potentialänderung darf jedoch nicht so groß werden, daß die Spannung zwischen Sammel- und Spannungselektrode unter den zur Aufrechterhaltung des Sättigungsstromes erforderlichen Wert absinkt.

Bestimmte in der Dosimetrie verwendete Integrationskammern (z. B. Füllhalterdosimeter) arbeiten nach der Entlademethode gemäß

Abb. 90d. Vor Beginn der Messung werden durch kurzes Schließen des Schalters S die Kammer und das Elektrometer auf die Kammerspannung $U = Q/C$ aufgeladen. Beim Durchgang von Strahlung durch die Kammer entlädt der erzeugte Ionisationsstrom teilweise das System, so daß das Elektrometer die kleinere Spannung $U' = Q'/C$ anzeigt. Die Spannungsänderung

$$U - U' = \frac{1}{C}(Q - Q') \tag{9.8}$$

ist der Ladungsabnahme proportional und dient als Maß für die während der Meßzeit aufgetroffene Strahlung.

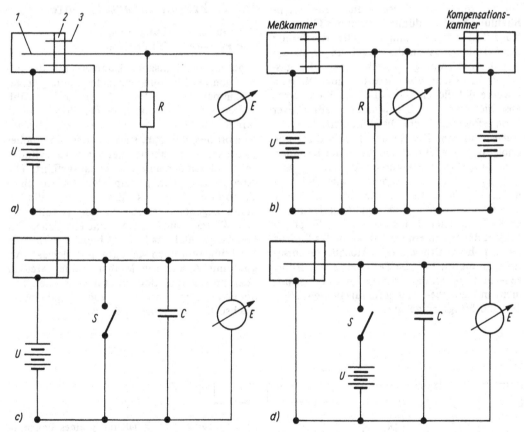

Abb. 90. Schaltung bei Ionisationskammermessungen Stromkammern: a) Spannungsabfallmethode; b) Spannungsabfallmethode mit Kompensationskammer

Integrationskammern: c) Auflademethode; d) Entlademethode
1 Sammelelektrode; *2* Isolator; *3* Schutzring; *E* Elektrometer; *S* Schalter

Ionisationskammertypen und Anwendung

Ionisationskammern haben wegen ihres einfachen und robusten Aufbaus, des ausgedehnten linearen Meßbereichs sowie ihrer hohen Zuverlässigkeit große Bedeutung für die verschiedensten Meßprobleme erlangt. Sie finden in vielfältigen Formen und Größen in der industriellen Strahlungsmeßtechnik, im Strahlenschutz, in der Dosimetrie und in der Reaktormeßtechnik Anwendung.

Alpha- und Betakammern. Wegen der geringen Durchdringungsfähigkeit der Strahlung werden α-Strahlungsquellen und energiearme β-Strahler (z. B. $^3_1$H, $^{14}_6$C) meist direkt in das Innere der Kammer gebracht. Die Kammerdimensionen wählt man möglichst so, daß die Teilchen bis zu ihrem Bahnende im elektrischen Feld verlaufen. Kammern zur Messung energiereicher β-Strahlung besitzen dünne Fenster aus Glimmer, Kunststoff oder Aluminium. Die Reichweite der β-Teilchen ist in der Regel größer als die Kammerausdehnung. Durch hohe Füllgasdrücke kann man erreichen, daß auch energiereichere β-Teilchen vollständig im Kammergas absorbiert werden. Die Messung radioaktiver Gase erfolgt häufig im Durchflußbetrieb.

Gammakammern. Der Nachweis von γ-Strahlung erfolgt in erster Linie durch die in der Kammerwand ausgelösten Sekundärelektronen. Es werden häufig Ionisationskammern aus Stahl benutzt. Die Wanddicke sollte mindestens der maximalen Reichweite der Sekundärelektronen im Kammermaterial entsprechen. Die Empfindlichkeit der Kammern wächst, wenn das Füllgas unter hohem Druck steht (Hochdruckionisationskammern). Für die Dosimetrie von Röntgen- und γ-Stahlung werden Ionisationskammern mit gewebe- oder luftäquivalenten Wänden und Füllgasen gebaut.

Neutronenkammern. Zur Messung langsamer Neutronen eignen sich Ionisationskammern, die mit BF_3-Gas (Bortrifluorid) gefüllt sind, bzw. deren Wände einen Borbelag tragen. Zum Nachweis führen die durch die Kernreaktion

$$^{10}_5B(n,\alpha)^7_3Li \qquad (9.9)$$

erzeugten α-Teilchen. Bei der Kernspaltung entstehen stark ionisierte Spaltprodukte, die ebenfalls die Messung langsamer Neutronen gestatten. Die sog. Spaltkammern besitzen dünne Elektrodenüberzüge aus angereichertem $^{235}_{92}$U. Schnelle Neutronen sind durch die aus wasserstoffhaltigen Kammerwänden und Füllgasen ausgelösten Rückstoßprotonen nachweisbar.

9.1.2. Proportionalzählrohre

Aufbau und Wirkungsweise von Proportionalzählrohren

Während bei Ionisationskammern nur die primär von der Strahlung erzeugten Ladungsträger gesammelt werden, findet in Proportionalzählrohren eine Vervielfachung der Primärladung durch Stoßionisation *(Gasverstärkung)* statt. Proportionalzählrohre sind zur Erzielung hoher elektrischer Feldstärken meist in Form zylindrischer Elektrodenanordnungen ausgeführt. Die Abb. 91 zeigt den prinzipiellen Aufbau eines Proportionalzählrohres. Ein in der Zylinderachse angebrachter Anodendraht (Radius r_A) aus Wolfram dient als Sammelelektrode. Der Gehäusemantel (Radius r_K) bildet die Katode. Als Füllgase werden vorzugsweise Edelgase (Argon) mit Zusatz von Methan, reines Methan oder Propan und Bortrifluorid verwendet. Mit abnehmendem Abstand r vom Anodendraht wächst die elektrische Feldstärke

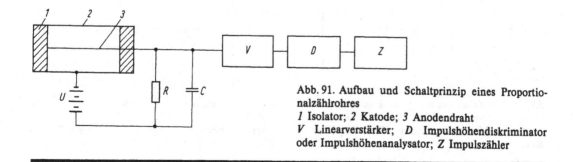

Abb. 91. Aufbau und Schaltprinzip eines Proportionalzählrohres
1 Isolator; *2* Katode; *3* Anodendraht
V Linearverstärker; *D* Impulshöhendiskriminator oder Impulshöhenanalysator; *Z* Impulszähler

$$E(r) = \frac{1}{r} \frac{U}{\ln \frac{r_K}{r_A}} \qquad (9.10)$$

stark an. Die primär durch Strahlung gebildeten Elektronen werden in Richtung auf die Anode beschleunigt. In Drahtnähe ist ihre kinetische Energie so groß, daß sie durch Stöße weitere Gasatome und -moleküle ionisieren und anregen. Die durch Stoßionisation erzeugten Sekundärelektronen vermögen wiederum Ionenpaare zu bilden. Dieser Prozeß kann sich mehrmals wiederholen. Ein Primärelektron löst auf diese Weise eine Lawine von n Elektronen aus. Jede Lawine ist örtlich begrenzt und von gleichzeitig entstandenen anderen Lawinen unabhängig. Die angeregten Atome und Moleküle emittieren Photonen, die im Füllgas oder an der Zählrohrwand durch Photoeffekt zusätzlich Photoelektronen auslösen können, so daß die Ladungsträgerzahl noch weiter ansteigt. Bezeichnet γ die Wahrscheinlichkeit, daß je Elektron in der Lawine ein Photoelektron entsteht, dann treten γn Photoelektronen auf. Diese sind in der Lage, selbst wieder anzuregen und weitere Lawinen γn^2 usw. zu bilden. Insgesamt erreichen aufgrund dieser Vorgänge schließlich

$$A_g = n + \gamma n^2 + \gamma^2 n^3 + \ldots = \frac{n}{1 - \gamma n} \qquad (9.11)$$

Elektronen je Primärelektron den Anodendraht. Der Faktor A_g wird als *Gasverstärkung* bezeichnet. Im sog. *Proportionalitätsbereich*, in dem die Proportionalzählrohre arbeiten, ist A_g von der primär gebildeten Ladungsträgerzahl unabhängig. Die gesammelte Ladung Q ist der Primärladung Q_p streng proportional. Es gilt

$$Q = A_g Q_p \quad \text{mit} \quad A_g(U) > 1. \qquad (9.12)$$

Die Gasverstärkung A_g hängt von der Gasart, vom Gasdruck und von der Zählrohrspannung U ab.

Bei ein- und zweiatomigen Gasen steigt A_g sehr steil mit U an. Es sind nur Gasverstärkungen bis $A_g \approx 10^2$ erreichbar. In den Lawinen entsteht eine so große Anzahl von Photonen, daß bei höheren Spannungen wegen $\gamma n \approx 1$ (s. Gl. 9.11) eine Dauerentladung einsetzen würde. Der Zusatz mehratomiger organischer Gase (Methan, Propan) zum Füllgas oder die ausschließliche Verwendung solcher Gase ermöglicht Gasverstärkungen bis maximal $A_g \approx 10^6$. Mehrato-

mige organische Gasmoleküle absorbieren unter Zerfall die emittierten Lichtquanten, so daß sich nach Gl. (9.11) mit $\gamma \approx 0$ die Gasverstärkung $A_g = n$ ergibt. Außerdem bewirken organische Gaszusätze eine Verringerung der Spannungsabhängigkeit von A_g.

Die durch Proportionalität zwischen gesammelter Ladung und Primärionisation charakterisierte Arbeitsweise der Proportionalzählrohre ist bei sehr starker spezifischer Ionisation und hoher Gasverstärkung nicht mehr gewährleistet. Es setzt eine Behinderung der Ausbildung der Ladungsträgerlawinen durch Raumladung ein, so daß die Zahl der an die Elektroden gelangenden Ladungsträger nicht mehr der Primärladung proportional ist.

Betrieb und Eigenschaften von Proportionalzählrohren

Proportionalzählrohre sind für *Impulszählungen* und *Energiemessungen* geeignet. Der Anodendraht wird mit dem Eingang eines Linearverstärkers verbunden. Für jedes geladene Teilchen, welches das Zählrohr durchsetzt, entsteht am RC-Glied des Verstärkers ein Spannungsimpuls. Rauscharme Verstärker besitzen ein äquivalentes Rauschen von ≈ 1000 Ionenpaaren. Bei einer Gasverstärkung von $A_g = 10^3$ kann man daher mit einem Proportionalzählrohr ein einzelnes Elektron nachweisen.

Der zeitliche Verlauf von Impulsen eines Proportionalzählrohres ist in Abb. 92 dargestellt. Wird die Zeitkonstante RC sehr groß gegen die Sammelzeit t_+ (0,1 bis 1 ms) der positiven Ionen

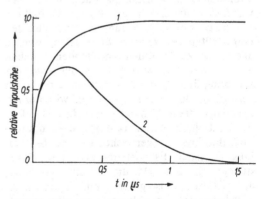

Abb. 92. Verlauf von Spannungsimpulsen bei Proportionalzählrohren
Kurve *1*: $RC \gg t_+$; Kurve *2*: $t_- \ll RC \ll t_+$

gewählt, so entsteht die durch Kurve *1* wieder-
gegebene Impulsform. Der Spannungsimpuls
steigt infolge der kurzen Wanderungszeit t_- (0,1
bis 0,5 µs) der Elektronen zur Anode erst sehr
steil, dann langsamer (Ionenkomponente) an.
Die Endhöhe des Impulses ergibt sich nach der
Beziehung

$$u_{max} = A_g \frac{e_0}{C} \frac{E_{abs}}{\overline{W}_i} \sim E_{abs}, \qquad (9.13)$$

wobei E_{abs} die je Teilchen im Füllgas absorbierte Energie, $\overline{W}_i$ die mittlere Energie zur Bildung eines Ionenpaares und C die Kapazität bedeuten. Wählt man dagegen $t_- \ll RC \ll t_+$, so
entsteht der Kurvenverlauf *2*. In diesem Falle
ist die Impulshöhe kleiner, aber der Zahl der
primär gebildeten Ionenpaare $E_{abs}/\overline{W}_i$ ebenfalls
streng proportional. Da die Impulsdauer bei
kleinen Zeitkonstanten sehr kurz ist, können
Zählraten bis 10^6 s^{-1} registriert werden, ohne
daß Zählverluste eintreten. Proportionalzählrohre zeichnen sich daher durch ein hohes *zeitliches Auflösungsvermögen* ($\approx 10^{-6}$ s) aus. Eine
Totzeit wie bei den Geiger-Müller-Zählrohren
macht sich nicht bemerkbar.
Die Form der *Zählrohrcharakteristik* $\dot{n} = f(U)$
hängt von der Strahlungsart, vom Verstärkungs-
grad des Linearverstärkers und von der An-
sprechspannung (Diskriminatorschwelle) der
nachfolgenden Elektronik ab. Es werden nur
solche Teilchen registriert, die Impulshöhen erzeugen, welche die regelbare Ansprechschwelle
des Diskriminators überschreiten. Durch Erhöhung der Zählrohrspannung wachsen die Gasverstärkung und die Impulshöhe an, so daß die
Impulsrate steigt. Wenn sämtliche Impulse den
eingestellten Schwellwert übertreffen, werden
alle in das Zählvolumen einfallenden Teilchen
gezählt. Bei weiterer Erhöhung der Zählrohrspannung ändert sich die Impulsrate nur noch
geringfügig. In dieses sog. „Plateau" wird der Ar-
beitspunkt des Zählrohres gelegt. In Abb. 93 ist
die Zählrohrcharakteristik eines Methandurch-
flußzählrohres für gemischte α- und β-Strahlung dargestellt. Es existieren zwei deutlich getrennte Plateaus. Da die durch α-Teilchen
ausgelösten Impulse größer sind, als die von β-
Teilchen, werden bei kleinen Zählrohrspannun-
gen nur die α-Teilchen allein gezählt. Bei höheren Spannungen überschreiten auch die von

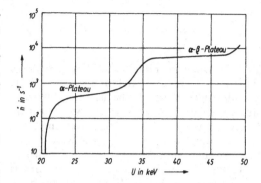

Abb. 93. Charakteristik eines Methandurchflußzähl-
rohres

β-Teilchen erzeugten Impulse die Diskriminatorschwelle und werden registriert. Durch Differenzbildung läßt sich der reine β-Anteil ermitteln. Proportionalzählrohre gestatten somit die
getrennte Messung von Strahlungsarten unterschiedlicher spezifischer Ionisation. Bei der
Messung niedriger Aktivitäten ist es daher
durch geeignete Wahl der Zählrohrspannung
oder der Ansprechschwelle der Zählapparatur
möglich, den durch die kosmische Strahlung
und die Umgebungsstrahlung verursachten
Nulleffekt stark zu reduzieren. Auf die gleiche
Weise kann bei der Messung von Neutronen ein
störender γ-Anteil unterdrückt werden.
Die *Lebensdauer* geschlossener Proportionalzählrohre beträgt etwa 10^{12} Impulse. Bei höheren Impulszahlen verschlechtern sich infolge
der zunehmenden Dissoziation der organischen
Gaszusätze allmählich die Zähleigenschaf-
ten.
Proportionalzählrohre sind nicht nur zu *Teil-
chenzählungen*, sondern auch zur *Spektrometrie*
von Teilchen- und Photonenstrahlung geeignet.
Nach linearer elektronischer Impulsverstärkung
kann mittels *Impulshöhenanalyse* das Energiespektrum der Strahlung bestimmt werden.
Durch geeignete Zählrohrausführungen ist
allerdings dafür Sorge zu tragen, daß die zu
messende Strahlung ihre Energie vollständig im
Füllgas abgibt.
Die Aufnahme des Impulshöhenspektrums erfolgt mit
Hilfe eines Impulshöhenanalysators und eines Im-
pulszählers. Ein Impulshöhenanalysator besteht aus
zwei in Antikoinzidenz geschalteten Diskriminator-
stufen. Es werden nur Impulse mit Amplituden u_{max}

hindurchgelassen und an den Impulszähler weitergeleitet, die zwischen den Ansprechschwellen der beiden Diskriminatoren U_D und $U_D + \Delta U_D$ liegen (Abb. 94). Für die untere Diskriminatorschwelle U_D ist die Bezeichnung *Kanallage* gebräuchlich. Die Spannungsdifferenz ΔU_D wird *Kanalbreite* oder Fenster genannt. Bei fester Kanalbreite wird die Kanallage schrittweise verschoben und für jede Einstellung die Impulsrate bestimmt *(Einkanalimpulshöhenanalysator)*. Die differentielle Impulshöhenverteilung ergibt sich durch Auftragen der Impulsrate je Kanal über der Kanalmitte. Auch eine kontinuierliche Kanalverschiebung und Meßwertregistrierung mit einem Schreiber ist möglich. Da immer nur ein Teil des Spektrums erfaßt wird, sind im Falle kleiner Impulsraten lange Meßzeiten erforderlich. Bei kurzlebigen radioaktiven Nukliden versagt dieses Verfahren daher.

Durch die heute vorwiegend benutzten *Vielkanalimpulshöhenanalysatoren* werden diese Nachteile vermieden. Hierbei tastet man das Spektrum nicht schrittweise durch Verschiebung eines Kanals ab, sondern ordnet die einzelnen Impulse sofort entsprechend ihrer Höhe bestimmten Amplitudenintervallen zu. Die in jeden Amplitudenkanal fallenden Impulszahlen werden in einem Ferritkern- oder Halbleiterspeicher summiert. Über einen Digital-Analog-Wandler können die gespeicherten Spektren auf einem Bildschirm oder mittels eines Schreibers dargestellt werden. Digital ist die Datenausgabe an Lochbandstanzer, Drucker oder Magnetbandspeicher möglich. Handelsübliche Geräte besitzen 1 024 bis 4 096 Kanäle und Speicherkapazitäten von 10^5 bis 10^6 Impulsen je Kanal.

Zählrohrtypen und Anwendung

Proportionalzählrohre werden in vielfältigen Ausführungsformen von der Industrie angeboten. Sie finden Anwendung im Strahlenschutz (Kontaminationskontrolle, Neutronenmeßtechnik), in der Analysenmeßtechnik und zur Strukturaufklärung (Röntgenemissionsanalyse, Mößbauerspektrometrie), der Reaktormeßtechnik (Neutronenflußdichtemessung, Neutronenspektrometrie), der Metrologie (Aktivitätsmessung) sowie zur radiometrischen Altersbestimmung (^{14}C- und Tritiummeßtechnik). Im folgenden sind einige spezielle Zählrohrtypen angeführt.

Fensterzählrohre. Proportionalzählrohre lassen sich wegen der hohen Gasverstärkung zum Nachweis und zur Spektrometrie niederenergetischer Teilchen und Photonen verwenden. Damit energiearme Elektronenstrahlung sowie weiche γ- und Röntgenstrahlung (bis herab zu etwa 1 keV) in das empfindliche Volumen gelangen kann, werden Zählrohrkonstruktionen mit einem im Katodenmantel befindlichen gasdichten Glimmerfenster verwendet. Es sind Glimmerfolien bis zu einer Dicke von etwa 3,5 µm gebräuchlich.

Gasdurchflußzählrohre. Zur Aktivitätsbestimmung von α- und β-Strahlungsquellen sind im Proportionalitätsbereich arbeitende Methandurchflußzählrohre hervorragend geeignet. Die radioaktiven Quellen werden unmittelbar in das Zählrohrinnere gebracht. Reines Methan durchströmt laufend unter geringem Überdruck die zylindrische Zählkammer. Die Anode hat meist die Form einer isoliert aufgehängten Draht-

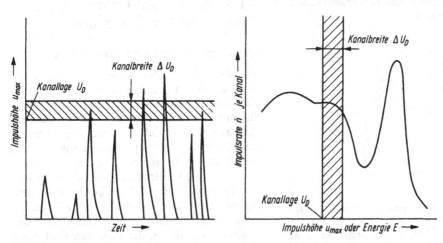

Abb. 94. Schematische Darstellung der Impulshöhenanalyse mit dem Einkanalimpulshöhenanalysator

schleife. Da mit solchen Zählrohren alle in den Halbraum emittierten Teilchen erfaßt werden, bezeichnet man sie als 2π-Zählrohre. Wird auf jeder Seite einer flächenhaften Strahlungsquelle ein Gasdurchflußzählrohr angeordnet, so entsteht eine 4π-Anordnung. Die praktische Ausführungsform von Gasdurchflußzählrohren zeigt die Abb. 95.

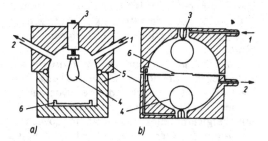

a)   b)

Abb. 95. Schnitt durch Gasdurchfluß-Proportionalzählrohre
a) 2π-Zähler; b) 4π-Zähler
1 Gaszuführung; *2* Gasabführung; *3* Isolator; *4* Anodendrahtschleife; *5* Gehäuse (Katode); *6* Probe

Neutronenzählrohre. Fensterlose abgeschlossene Proportionalzählrohre mit BF_3-Füllung dienen zur Messung langsamer Neutronen. Der Neutronennachweis erfolgt über die bereits erwähnte Kernreaktion (9.9). Zur Registrierung schneller Neutronen kann man BF_3-Zählrohre in Paraffin einbetten (Long Counter). Die schnellen Neutronen werden durch elastische Zusammenstöße mit Wasserstoffkernen auf die Energie thermischer Neutronen abgebremst und vom Zählrohr gezählt.

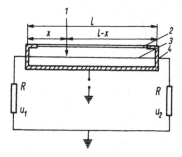

Abb. 96. Aufbau eines eindimensionalen ortsempfindlichen Zählrohres
1 einfallendes Teilchen; *2* Zählrohrfenster; *3* Anodendraht; *4* Katode

Ortsempfindliche Zählrohre. Mit ortsempfindlichen Zählrohren können ionisierende Teilchen nicht nur gezählt, sondern auch die Orte genau bestimmt werden, an denen sie in das Zählrohrinnere eintreten. Abb. 96 zeigt die Prinzipskizze eines eindimensionalen ortsempfindlichen Zählrohres. Das einfallende Teilchen erzeugt eine örtlich begrenzte Entladung im Abstand x vom Anodendrahtende. Die den hochohmigen Zähldraht erreichenden Elektronen fließen über den linken und rechten Kreis ab, wobei sich die Teilladungen wie die elektrischen Widerstände verhalten. An den Arbeitswiderständen R werden die Spannungsimpulse u_1 und u_2 hervorgerufen und es gilt der Zusammenhang

$$\frac{u_{1\,max}}{u_{2\,max}} = \frac{R + (l - x)\varrho}{R + x\varrho}, \qquad (9.14)$$

wobei l die Zähldrahtlänge und ϱ der Zähldrahtwiderstand je Längenelement bedeuten. In Verbindung mit einem Vielkanalanalysator gestattet dieses Verhältnis die Bestimmung der Ortskoordinate x.

Durch Parallelschaltung vieler Proportionalzählrohre erhält man eine Proportionalkammer. Sie besteht aus parallelen Zähldrähten, die senkrecht zu streifenförmigen Katoden verlaufen. Mit einer solchen zweidimensionalen Anordnung können x-y-Koordinatenpaare ermittelt werden.

9.1.3. Auslösezählrohre (Geiger-Müller-Zählrohre)

Wirkungsweise von Auslösezählrohren

Auslöse- oder Geiger-Müller-Zählrohre unterscheiden sich im Aufbau nicht von Proportionalzählrohren. Sie bestehen wie diese aus gasgefüllten zylindrischen Anordnungen mit dünnem Zähldraht. Die Betriebsspannung liegt oberhalb des Proportionalitätsbereiches im sog. *Auslösebereich.* In diesem Gebiet ist die Gasverstärkung ($A_g = 10^6$ bis 10^8) nicht mehr von der Primärionisation unabhängig. Infolge der höheren elektrischen Feldstärke entstehen beim Aufbau der Ladungsträgerlawinen in zunehmendem Maße angeregte Gasatome, die Photonen emittieren. Durch Photoeffekt an der Katodenwand und im

Zählgas werden im ganzen Zählrohr Sekundärelektronen gebildet, die neue Ladungsträgerlawinen auslösen. Im Gegensatz zu den Proportionalzählrohren bleibt die Lawinenbildung jedoch nicht auf die Orte der Primärionisation beschränkt, sondern breitet sich über das gesamte Zählrohr aus. Während die gebildeten Elektronen in etwa 10^{-8}s abgesaugt werden, baut sich um den Zähldraht eine schlauchförmige Raumladungswolke schwerbeweglicher Ionen auf. Diese wirkt als virtuelle Anode und setzt die Feldstärke in Nähe des Zähldrahtes so stark herab, daß die Lawinenbildung zunächst abbricht.

Die in Auslösezählrohren erzeugte Ladungsmenge Q ist von der Primärladung Q_p unabhängig. Sie ist nur eine Funktion der elektrischen Feldstärke und der Zähldrahtlänge. Es gilt

$$Q(U) \gg Q_p, \quad \text{unabhängig von } Q_p. \tag{9.15}$$

Zwischen dieser Signalladung und der absorbierten Strahlungsenergie besteht keine Proportionalität. Die in das empfindliche Zählrohrvolumen einfallenden Teilchen lösen lediglich den Entladungsvorgang aus. Unabhängig von der Primärionisation entstehen stets Impulse gleicher Höhe. Damit Auslösezählrohre zur Zählung aufeinanderfolgender Teilchen verwendet werden können, muß der einmal eingeleitete Entladungsvorgang abbrechen. Das ist zunächst nicht der Fall. In etwa 10^{-4}s wandern die positiven Ionen zur Katode und können bei ihrer Neutralisation aus der Oberfläche Sekundärelektronen befreien. Außerdem entstehen durch angeregte Gasatome Photoelektronen. Da inzwischen die elektrische Feldstärke am Anodendraht wieder angestiegen ist, setzt durch diese Ladungsträger der Entladungsvorgang von selbst erneut ein. Die durch ein einziges Teilchen gezündete Entladung würde in eine intermittierende Dauerentladung übergehen und nicht zum Erlöschen kommen. Damit eine neue Gasentladung erst dann wieder ausgelöst wird, wenn ein ionisierendes Teilchen das Zählrohr durchsetzt, muß durch besondere Vorkehrungen die Unterbrechung dieses Vorganges erzwungen werden. Die Löschung der Entladung kann auf zweierlei Weise erfolgen. Je nach der Art des Löschprozesses unterscheidet man nichtselbstlöschende und selbstlöschende Zählrohre.

Löschung der Zählrohrentladung

Bei den mit ein- oder zweiatomigen Gasen gefüllten *nichtselbstlöschenden* Zählrohren bewirkt eine äußere elektronische Schaltung die Löschung der Entladung. Die Zählrohrspannung wird nach der Zündung der Entladung solange unter den zur Vermehrung der Ladungsträger erforderlichen Wert abgesenkt, bis alle positiven Ionen den Katodenmantel erreicht haben. Das läßt sich mit einem hochohmigen Arbeitswiderstand ($\approx 10^9\,\Omega$) oder einem speziellen elektronischen Löschkreis erreichen.

Heute werden vorwiegend *selbstlöschende Zählrohre* benutzt. Wenn man dem Zählgas (Argon) ein sog. Löschgas beimengt, bricht die Entladung ohne äußere Hilfsmittel ab. Als Löschzusätze eignen sich mehratomige organische Dämpfe und Gase (Ethanol, Methan) oder Halogene (Brom, Chlor). Eine oft verwendete Zählrohrfüllung besteht aus Argon und Ethanol im Verhältnis 10:1 bei einem Gesamtdruck von etwa 13 kPa. Der Löschzusatz beeinflußt den Entladungsmechanismus in zweifacher Weise. Zunächst bildet sich auch in einem selbstlöschenden Zählrohr die erste Ladungsträgerlawine aus. Die Löschgasmoleküle absorbieren nun aber weitgehend die längs des Zähldrahtes von angeregten Edelgasatomen ausgesandten Photonen, so daß diese nicht bis zur Katode gelangen und Photoelektronen befreien können. Außerdem übergeben die positiven Edelgasionen den Löschgasmolekülen bei Zusammenstößen ihre Ladung, weil deren Ionisierungsenergie geringer als die der Zählgasatome ist. Anstatt der Zählgasionen wandern daher geladene Löschgasmoleküle zur Zählrohrwand. Die bei der Neutralisation an der Katode freiwerdende Anregungsenergie führt in der Regel zur Dissoziation der Moleküle, so daß auch die Bildung von Sekundärelektronen unterbleibt. Damit kommt der Entladungsvorgang zum Stillstand. Eine Gasentladung kann erst dann wieder gezündet werden, wenn ein neues Teilchen in das Zählrohr eintritt und das Füllgas ionisiert.

Eigenschaften von Auslösezählrohren

Zählrohrcharakteristik. Bei konstanter Einstrahlung ergibt sich die Charakteristik eines Geiger-

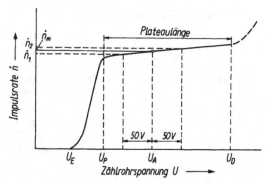

Abb. 97. Charakteristik eines Auslösezählrohres
U_E Einsatzspannung; U_P Plateauanfangsspannung;
U_D Plateauendspannung; U_A Arbeitsspannung

Müller-Zählrohres durch Messung der Impulsrate in Abhängigkeit von der angelegten
Spannung. Die Abb. 97 zeigt schematisch eine
solche Kennlinie. Erst ab einer bestimmten
Mindestspannung, der *Einsatzspannung* U_E, be-
ginnt das Zählrohr zu arbeiten. Dieser Span-
nungswert ist von der Ansprechschwelle der
Zählanordnung und von den Eigenschaften des
Zählrohres abhängig. Bei selbstlöschenden
Zählrohren mit organischem Löschgas beträgt
U_E etwa 800 bis 1 000 V. Halogenzählrohre besitzen Einsatzspannungen zwischen 200 und
400 V. Oberhalb der Einsatzspannung steigt die
Impulsrate zunächst steil an und verändert sich
zwischen den Spannungswerten U_P und U_D nur
noch wenig. Dieser Bereich annähernd konstanter Impulsrate wird *Zählrohrplateau* genannt.
Bei guten Zählrohren beträgt die Plateaulänge
$U_D - U_P$ etwa 100 bis 200 V. Die *Arbeitsspannung* U_A wird in das untere Drittel des Plateaus
gelegt. Meist betreibt man Auslösezählrohre
etwa 100 V oberhalb der Einsatzspannung:

$$U_A = U_E + 100 \text{ V.} \tag{9.16}$$

Außer der Plateaulänge ist die *Steigung s* des
Plateaus ein Kriterium für die Güte von Zählrohren. Sie wird als relative Impulsratenände-
rung je 100 V Spannungsänderung definiert und
in Prozent je 100 V angegeben. Es ist

$$s = \frac{\dot{n}_2 - \dot{n}_1}{\dot{n}_m} \cdot 100 \text{ %/100 V.} \tag{9.17}$$

Die Steigung sollte 5 %/100 V nicht überschreiten. Eine Spannungserhöhung über U_D hinaus

führt zur Dauerentladung und zur Zerstörung
des Zählrohres.

Zeitliches Auflösungsvermögen. Das zeitliche Auflösungsvermögen eines selbstlöschenden Gei-
ger-Müller-Zählrohres steht in engem Zusammenhang mit der bereits beschriebenen Ausbildung einer positiven Raumladungswolke um
den Zähldraht. Solange sich die Ionen in unmittelbarer Nähe des Anodendrahtes befinden,
ist die elektrische Feldstärke soweit herabgesetzt, daß einfallende Teilchen keinen Impuls
auslösen können. Nach der Zündung einer Entladung ist daher das Zählrohr während der sog.
Totzeit t_T für einfallende Teilchen unempfindlich. Mit wachsendem Abstand des Ionen-
schlauches von der Anode nimmt die Feldstärke allmählich zu, so daß erneut eine
Lawinenbildung einsetzen kann. Die entstehenden Impulse sind zunächst klein und erreichen
erst nach Ablauf der *Auflösungszeit* t_A die erforderliche Minimalgröße u_{min}, um das Zählgerät
wieder zum Ansprechen zu bringen. Der Zeitabschnitt von der Zündung einer Entladung bis
zur Ausbildung von Impulsen der ursprünglichen Höhe heißt *Erholungszeit* t_E. Die Abb. 98
veranschaulicht diese charakteristischen Zeiten
eines Zählrohres anhand der schematischen
Darstellung des zeitlichen Verlaufes der Impulshöhe und der Zählrohrspannung. Die Totzeit handelsüblicher Auslösezählrohre beträgt
etwa 100 bis 300 μs. Das zeitliche Auflösungsvermögen wird durch die etwas größere Auflösungszeit bestimmt. Insbesondere bei hohen

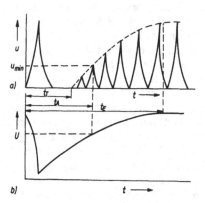

**Abb. 98. Impulshöhe am Arbeitswiderstand (*a*) und
Spannung am Zähldraht (*b*) in Abhängigkeit von der
Zeit**

Teilchenflußdichten treten infolge der Auflösungszeit Zählverluste auf. Von einer Zählanordnung werden daher grundsätzlich zu wenig Impulse registriert. Die wahre Impulsrate $\dot{n}_w$ kann bei bekannter Auflösungszeit t_A aus der gemessenen Impulsrate $\dot{n}$ mit Hilfe des Auflösungsfaktors f_t rechnerisch ermittelt werden:

$$f_t = \frac{\dot{n}}{\dot{n}_w} = 1 - \dot{n} t_A. \qquad (9.18)$$

Nachweiseffektivität. Unter der Nachweiseffektivität f_{eff} eines Zählrohres versteht man die Wahrscheinlichkeit, mit der ein in das empfindliche Volumen eindringendes direkt oder indirekt ionisierendes Teilchen einen Impuls auslöst. Es wird durch das Verhältnis der registrierten Impulszahl zur Anzahl der einfallenden Teilchen ausgedrückt. Für α- und β-Teilchen ist das Ansprechvermögen nahezu 100 % ($f_{eff} \approx 1$). Der Nachweis von Röntgen- und γ-Strahlung beruht auf den aus der Zählrohrwand befreiten Sekundärelektronen. Die Nachweiseffektivität hängt daher für diese Strahlungsarten in starkem Maße von der Art und Dicke des Katodenmaterials ab. Während für weiche Röntgenstrahlung eine Ansprechwahrscheinlichkeit bis zu 50 % erreichbar ist, liegt sie für energiereiche Röntgen- und γ-Strahlung nur in der Größenordnung von 1 %.

Lebensdauer selbstlöschender Zählrohre. Selbstlöschende Zählrohre haben infolge der Dissoziation der Löschgasmoleküle eine begrenzte Lebensdauer. Wenn die Plateaulänge 100 V unterschreitet und die Plateausteigung 10 % je 100 V übertrifft, ist die Grenze der Nutzungsdauer erreicht. Sie liegt bei Zählrohren mit organischem Löschdampf in der Größenordnung von 10^8 Impulsen. Halogenzählrohre besitzen dagegen eine Impulslebensdauer von mindestens 10^{10} Impulsen, weil die dissoziierten Halogenmoleküle wieder rekombinieren, so daß der Halogenanteil weitgehend erhalten bleibt.

Zählrohrtypen und Anwendung

Geiger-Müller-Zählrohre sind im Gegensatz zu Proportionalzählrohren wegen der Unabhängigkeit der Impulshöhe von der Primärionisation weder zur Messung der Strahlungsenergie noch zur Teilchendiskriminierung geeignet. Sie können lediglich als reine Zähler verwendet werden. Von Vorteil sind die großen Impulshöhen (1 bis 100 V), so daß der Einsatz einfacher und robuster Impulszählgeräte oder Impulsdichtemesser möglich ist. Von der Industrie werden für die verschiedensten Verwendungszwecke Zählrohre angeboten. Die Ausführungsformen sind dem Aggregatzustand der Meßproben sowie der nachzuweisenden Strahlungsart angepaßt. Die Abb. 99 zeigt den schematischen Aufbau von drei häufig angewendeten Zählrohrtypen. Zylindrische Mantelzählrohre dienen zur

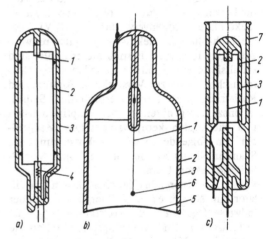

Abb. 99. Schematische Darstellung von Geiger-Müller-Zählrohren
a) Zylindrisches Mantelzählrohr; b) Glockenzählrohr; c) Becherzählrohr
1 Zähldraht (Anode); *2* Katode; *3* Glaskolben; *4* Spannfeder; *5* Zählrohrfenster; *6* Glasperle; *7* Glasbecher

Messung von energiereicher β- und γ-Strahlung. Für den Nachweis von α- und energiearmer β-Strahlung werden sog. Glocken- oder Endfensterzählrohre benutzt. Die Strahlung tritt durch ein dünnes Glimmerfenster, das den Katodenzylinder abschließt, in das Zählrohrinnere. Radioaktive Flüssigkeiten lassen sich mit Becher-, Eintauch- oder Durchflußzählrohren ausmessen.

9.1.4. Szintillationszähler

Aufbau und Wirkungsweise von Szintillationszählern

Während der Nachweis ionisierender Strahlung mit Ionisationskammern und Zählrohren auf der Bildung elektrischer Ladungsträger in Gasen beruht, nutzt man bei Szintillationszählern die von angeregten Atomen oder Molekülen fester und flüssiger Körper emittierten Fluoreszenzlichtblitze (Szintillationen) zur Strahlungsmessung aus. Szintillationszähler bestehen im wesentlichen aus einem *Szintillator*, in dem von der nachzuweisenden Strahlung Fluoreszenzlicht erzeugt wird, und einem *Photovervielfacher* (Sekundärelektronenvervielfacher, SEV), der die Lichtblitze in elektrische Impulse umwandelt (Abb. 100). Zum Betrieb dieser Zähler sind stabilisierte Hochspannungsquellen sowie elektronische Geräte zur Verstärkung, Analyse und Registrierung der Impulse erforderlich. Szintillationszähler gehören zu den empfindlichsten und wichtigsten kernphysikalischen Meßgeräten. Im folgenden wird die Entstehung des Spannungsimpulses am Ausgang eines Szintillationsdetektors betrachtet.

Fällt ein ionisierendes Teilchen in den Szintillator ein, so gibt es seine Energie E entweder teilweise ($E_{abs} < E$) oder vollständig ($E_{abs} = E$) in Ionisations- und Anregungsprozessen an die Atome bzw. Moleküle der Szintillatorsubstanz ab. Ein durch die *Szintillationsausbeute* η_s charakterisierter Bruchteil der absorbierten Energie wird vom Szintillator in Form von Fluoreszenz-

licht emittiert. Die Dauer der Lichtausstrahlung wird durch die *Abklingzeit* τ der Fluoreszenzerscheinung bestimmt. Vernachlässigt man die spektrale Verteilung des Fluoreszenzlichtes, so ergibt sich die mittlere Photonenenergie eines Lichtquants zu

$$E_L = hf = h\frac{c_0}{\lambda_m}, \tag{9.19}$$

wenn λ_m die Wellenlänge der stärksten Emission bezeichnet. Vom Szintillator werden daher

$$N_L = \eta_s \frac{E_{abs}}{E_L} \tag{9.20}$$

Fluoreszenzlichtquanten in alle Richtungen ausgesandt. Diese Lichtquanten sollen möglichst vollständig die Photokatode des Photovervielfachers erreichen. Der Szintillator wird deshalb entweder direkt oder über einen Lichtleiter aus Plexiglas oder Quarz an das Fenster des Vervielfachers angekoppelt. Dünne Silikonölschichten zwischen Szintillator, Lichtleiter und Glaswand des Photovervielfachers dienen zur Verringerung von Reflexionsverlusten. Außerdem werden die nicht am Vervielfacher anliegenden Szintillatorflächen mit einem diffus reflektierenden Anstrich aus MgO, TiO_2 oder Al_2O_3 versehen. An die Photokatode gelangen schließlich $N_L k_L$ Lichtquanten. Der *Lichtüberführungsfaktor* k_L kennzeichnet die Güte der optischen Ankopplung. Durch den äußeren Photoeffekt werden aus der Photokatode

$$N_K = N_L k_L \eta_Q \tag{9.21}$$

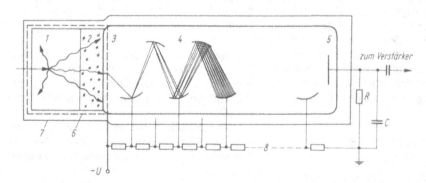

Abb. 100. Aufbau eines Szintillationszählers
1 Szintillator; *2* Lichtleiter; *3* Photokatode; *4* Dynoden; *5* Anode; *6* Reflektor; *7* Lichtdichtes Gehäuse; *8* Spannungsteiler

Photoelektronen ausgelöst. Die Größe η_Q heißt *Quantenausbeute* der Photokatode. Sie ist gleich dem Quotienten aus der Zahl der emittierten Photoelektronen und der Zahl der auftreffenden Lichtquanten. Ein elektronenoptisches Fokussierungssystem überführt den Bruchteil k_E *(Elektronenüberführungsfaktor)* der Photoelektronen auf die erste Prallelektrode (Dynode) des Vervielfachers. Die Dynoden erhalten über einen Spannungsteiler eine in Richtung auf die Anode zunehmende positive Spannung, wobei zwischen je zwei Stufen eine konstante Beschleunigungsspannung von 100 bis 200 V liegt. Beim Aufprall auf die erste Dynode löst jedes Photoelektron eine Anzahl von δ Sekundärelektronen aus dem Elektrodenmaterial heraus. Diese Elektronen gelangen zur nächsten Dynode, und der Vorgang wiederholt sich. Auf diese Weise erfolgt an jeder Dynode im Mittel eine Vermehrung um den Faktor δ, so daß bei n Stufen der *Verstärkungsfaktor* δ^n beträgt. Jedesmal, wenn ein ionisierendes Teilchen den Szintillator durchsetzt, gelangen daher

$$N_E = N_K k_E \delta^n \qquad (9.22)$$

Elektronen an die Anode des Photovervielfachers. Das entspricht einer Ladungsmenge von $Q = e_0 N_E$.

Wenn die Zeitkonstante RC am Ausgang des Vervielfachers groß gegen die Dauer der geschilderten Elementarprozesse ist, verursacht die Aufladung der Ausgangskapazität C einen Spannungsimpuls von der Größe $u_{max} = Q/C$. Die Zusammenfassung aller Beziehungen ergibt dafür den Ausdruck

$$u_{max} = \frac{e_0}{C} \eta_S \frac{E_{abs}}{E_L} k_L \eta_Q k_E \delta^n . \qquad (9.23)$$

Man erkennt, daß die Höhe des Ausgangsimpulses ein Maß für die absorbierte Strahlungsenergie ist. Es muß allerdings eine energieunabhängige Szintillationsausbeute vorausgesetzt werden. Wird bei Einfall eines ionisierenden Teilchens die Energie vollständig im Szintillator absorbiert, so ist die Impulshöhe der Teilchenenergie proportional. Durchdringt das Teilchen den Szintillator, dann kennzeichnet der Ausgangsimpuls den Energieverlust.

Die Größenordnung der Faktoren in Gl. (9.23) veranschaulicht das folgende Beispiel: Der Energieverlust eines Elektrons in einem NaI:Tl-Szintillator betrage $E_{abs} = 1$ MeV. Das Emissionsmaximum dieses Szintillators liegt bei $\lambda_m = 410$ nm, so daß die Lichtquanten eine mittlere Photonenenergie von $E_L = 3$ eV besitzen. Im Szintillator ($\eta_s = 0,1$) entstehen somit $N_L = 3,3 \cdot 10^4$ Fluoreszenzlichtquanten. Diese befreien unter der Voraussetzung $k_L = 0,75$ und $\eta_Q = 0,1$ aus der Photokatode $N_K = 2,5 \cdot 10^3$ Photoelektronen. Bei Verwendung eines gut fokussierten Vervielfachers ($k_E \approx 1$) mit $\delta = 3$ und $n = 12$ folgt für die Zahl der an die Anode gelangenden Elektronen $N_E = 1,3 \cdot 10^9$. Das entspricht einer elektrischen Ladung von $Q = 21,3 \cdot 10^{-11}$ C. An einem Kondensator der Kapazität $C = 30$ pF entsteht somit ein Spannungsimpuls der Größe $u_{max} = 7,1$ V. Dieser Impuls erfordert nur eine geringe elektronische Nachverstärkung.

Es gibt Bestrebungen, den Photovervielfacher beim Szintillationszähler durch Festkörperphotodetektoren (Silicium-Photodiode, Silicium-Avalanche-Photodiode) zu ersetzen. Diese Bauelemente besitzen kleinere Abmessungen und sind unempfindlich gegenüber Magnetfeldern sowie mechanischen Belastungen.

Szintillatoren

Als Szintillatorsubstanzen eignen sich verschiedene anorganische und organische Stoffe, die bei Anregung mit ionisierender Strahlung fluoreszenzfähig sind. Die Auswahl eines Fluoreszenzstoffes richtet sich nach der Strahlungsart und dem Meßzweck. Für die Brauchbarkeit einer Verbindung als Szintillatormaterial sind folgende Eigenschaften entscheidend: hohe, möglichst energieunabhängige Szintillationsausbeute, kurze Abklingzeit der Fluoreszenz, gute Übereinstimmung des Fluoreszenzspektrums mit der spektralen Empfindlichkeitsverteilung der Photokatode des Vervielfachers, geringe Eigenabsorption des erzeugten Fluoreszenzlichtes und Fehlen von Phosphoreszenzstrahlung (Afterglow). Die Szintillatorabmessungen wählt man so, daß die nachzuweisende Strahlung möglichst vollständig absorbiert wird. Für die Zählung von α- und β-Teilchen genügen dünne Schichtdicken in der Größenordnung der Teilchenreichweite. Der Nachweis von Röntgen- und γ-Strahlung beruht auf dem durch Photo-, Compton- und Paarbildungseffekt im Szintillator erzeugten Sekundärelektronen. Es sind dicke Schichten aus Materialien großer Dichte und hoher effektiver Ordnungszahl geeignet. Der Nachweis schneller Neutronen erfolgt über die in wasserstoffreichen Szintillatorsubstanzen gebildeten Rückstoßprotonen. Zur Messung langsamer Neutronen haben sich Szintillatoren bewährt, die Lithium enthalten.

Die in der angewandten Radioaktivität gebräuchlichen Szintillatoren lassen sich in vier Gruppen einteilen:

anorganische Kristallphosphore,
organische Kristallphosphore,
organische Flüssigkeitsszintillatoren und
organische Plastszintillatoren.

Anorganische Kristall- und Glasszintillatoren. Anorganische Verbindungen erlangen erst durch den Einbau von Fremdatomen (Aktivatoren) in das Gitter oder Gitterbaufehler ihre Fluoreszenzfähigkeit. Die wichtigsten Substanzen dieser Gruppe sind in Tab. 26 zusammengestellt.

Die größte Bedeutung besitzt das mit Thallium aktivierte Natriumiodid NaI. Infolge der großen Dichte dieser Verbindung ist es ebenso wie das seltener verwendete Caesiumiodid CsI:Tl besonders für den Nachweis und die Spektrometrie von Röntgen- und γ-Strahlung geeignet. NaI-Kristalle sind stark hygroskopisch und müssen luftdicht eingekapselt werden.

Neben NaI:Tl hat Bismutgermanat $Bi_4Ge_3O_{12}$ (BGO) für spektrometrische Messungen von Photonenstrahlung große Bedeutung erlangt.

Auch Cadmiumwolframat $CdWO_4$ dient als Szintillator zum Nachweis von Röntgen- und Gammastrahlung.

Bariumfluorid BaF_2 und Caesiumfluorid CsF sind Kristallszintillatoren mit sehr kurzen Fluoreszenz-Abklingzeiten für spezielle Anwendungsgebiete (Flugzeitmessung).

Zur empfindlichen Messung langsamer Neutronen werden wegen des großen Wirkungsquerschnittes der Reaktion

$$^6_3Li(n,\alpha)^3_1H$$

Lithiumiodid LiI:Eu-Szintillatoren und Li-haltige Gläser benutzt.

Dünne Szintillatorschichten aus Zinksulfid ZnS:Ag dienen zur Zählung und Spektrometrie schwerer geladener Teilchen (α-Teilchen, Protonen, Deuteronen). In Mischung mit wasserstoffhaltigen Kunststoffen gestattet ZnS:Ag die Messung schneller Neutronen (Hornyak-Szintillator).

Organische Kristallszintillatoren. Organische Szintillatoren enthalten keine Aktivatoren. Das Fluoreszenzvermögen ist eine Moleküleigenschaft und beruht auf dem Vorhandensein eines konjugierten Doppelbindungssystems. Organische Verbindungen zeichnen sich durch sehr kurze Abklingzeiten aus. Die Szintillationsausbeuten für stark ionisierende Teilchen sind jedoch merklich kleiner als bei anorganischen Szintillatoren. Tab. 27 enthält die wichtigsten organischen Kristallszintillatoren. Der Hauptvertreter dieser Gruppe ist *Anthracen.* Anthracen-Einkristalle werden bevorzugt zur Zählung und Energiebestimmung von β-Teilchen eingesetzt. Wie die Abb. 101 zeigt, sind bei diesem

Tabelle 26. Eigenschaften anorganischer Kristall- und Glasszintillatoren

Szintillator	Dichte ϱ in kg/m³	effektive Ordnungszahl Z_{eff}	Emissionsmaximum λ_m in nm	Abklingzeit τ in ns	Szintillationsausbeute relativ zu NaI:Tl
NaI:Tl	3 670	50	410	250	1,00
CsI:Tl	4 510	54	565	980	0,45
LiI:Eu	4 060	52	440	1 400	0,36
$Bi_4Ge_3O_{12}$ (BGO)	7 130	72	485	300	0,10
$CdWO_4$	7 900	59	530	800	0,40
CaF_2:Eu	3 180	17	435	940	0,50
BaF_2	4 830	51	225	0,6	0,10
CsF	4 640	52	390	5	0,06
ZnS:Ag	4 100	27	450	3 000	1,00
Lithium-Glas	2 630	18	390	52	0,04
Bor-Glas	2 370	23	400	43	0,08

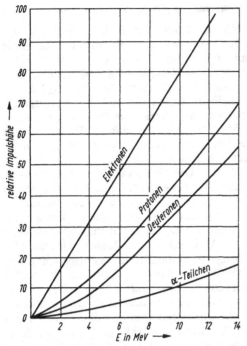

Abb. 101. Impulshöhe in Abhängigkeit von der Teilchenenergie und Teilchenart für einen Anthracenkristall

Szintillator nur die durch Elektronen ausgelösten Impulse der Teilchenenergie proportional. Für stark ionisierende Teilchen treten Abweichungen von der Linearität auf. Andere organische Kristallszintillatoren zeigen ein ähnliches Verhalten.

Organische Flüssigkeitsszintillatoren. Die Fluoreszenzfähigkeit organischer Verbindungen ist nicht an das Kristallgitter gebunden, sondern bleibt auch im gelösten Zustand erhalten. Es lassen sich daher leicht Flüssigkeitsszintillatoren in beliebiger Form und Größe herstellen (Tab. 28). Einem Lösungsmittel wie Toluen oder Xylen werden geringe Mengen zweier Szintillatorsubstanzen zugesetzt. Als wirksame *Primärszintillatoren* haben sich die Verbindungen

p-Terphenyl (Φ_3) und

2,5-Diphenyloxazol (PPO)

2-(Biphenyl-4-yl)-5-phenyl-1,3,4,-oxadiazol (PBD)

Tabelle 27. Eigenschaften organischer Kristallszintillatoren

Szintillator	Dichte ϱ in kg/m³	effektive Ordnungszahl Z_{eff}	Emissionsmaximum λ_m in nm	Abklingzeit τ in ns	Szintillationsausbeute relativ zu Anthracen
Anthracen	1 250	5,8	445	25	1,00
Naphthalen	1 150	5,8	345	75	0,15
trans-Stilben	1 160	5,7	410	7	0,73
p-Terphenyl	1 120	5,8	415	12	0,55
Tolan (Diphenylethin)	1 180	5,8	390	7	0,26 bis 0,92

Tabelle 28. Eigenschaften organischer Flüssigkeits- und Plastszintillatoren

Szintillator	Lösungsmittel/Plast	optimale Konzentration in g/l	Dichte ϱ in kg/m³	Emissionsmaximum λ_m in nm	Abklingzeit τ in ns	Szintillationsausbeute relativ zu Anthracen
Φ_3	Xylen	5	870	360	3	0,50
PPO	Xylen	5	870	380	3	0,50
Φ_3 + POPOP	Toluen	4/0,1	870	430	3	0,61
PBD	Xylen	10	870	361	3	0,70
Φ_3 + POPOP	Polyvinyltoluen	36/1	1 040	430	2,7	0,51

bewährt. Das an der Grenze des UV-Bereiches liegende Emissionsspektrum der Primärszintillatorlösung wird zur besseren Anpassung an die spektrale Empfindlichkeitskurve blauempfindlicher Photovervielfacher durch Zugabe eines *Sekundärszintillators (Frequenzwandler)* nach größeren Wellenlängen verschoben. Sehr häufig verwendet man hierfür die Verbindungen

1,4-Bis(5-phenyloxazol-2-yl)-benzen (POPOP) und

p-Bis(o-Methylstyryl)-benzen(MSB).

Die Szintillationsausbeuten der Flüssigkeitsszintillatoren entsprechen etwa denen organischer Kristalle. Ihre Abklingzeiten sind dagegen wesentlich kürzer und liegen in der Größenordnung weniger Nanosekunden. Flüssige Szintillatoren dienen vornehmlich zur Zählung der energiearmen β-Strahlung der Nuklide ^3_1H, $^{14}_6C$ und $^{35}_{16}S$. Die radioaktiven Proben werden direkt im Szintillator gelöst, so daß keine Absorptionsverluste auftreten. Um wäßrige Lösungen messen zu können, setzt man den Szintillatoren Dioxan oder Gele zu, die Wasser aufnehmen. Darüber hinaus können mit Flüssigkeitsszintillatoren große empfindliche Volumina für den Nachweis hochenergetischer Teilchen und die Ganzkörperzählung hergestellt werden.

Organische Plastszintillatoren. Plastszintillatoren unterscheiden sich von Flüssigkeitsszintillatoren nur dadurch, daß anstelle des flüssigen Lösungsmittels ein polymerisierter Plast verwendet wird. Es kommen hierfür Polystyren und Polyvinyltoluen in Frage. Die Szintillationseigenschaften dieser festen Lösungen sind mit denen flüssiger Szintillatoren vergleichbar. Plastszintillatoren eignen sich besonders zum Nachweis von β-Strahlung.

Eigenschaften von Szintillationszählern

Zählcharakteristik. Der Szintillationszähler besitzt ähnlich wie das Zählrohr eine Kennlinie mit einem mehr oder weniger ausgedehnten Plateau. Der Plateauanfang wird erreicht, wenn bei konstanter Diskriminatorspannung alle Impulshöhen mindestens gleich der Ansprechschwelle des angeschlossenen elektronischen Zählgerätes sind. Am Ende des Plateaus nimmt die Impulsrate infolge des wachsenden Nulleffektes stark zu.

Nulleffekt. Der Nulleffekt eines Szintillationszählers hat zwei Ursachen. Wie bei jedem Strahlungsdetektor erzeugen die kosmische Strahlung und die Umgebungsstrahlung meßbare Impulse. Dieser Anteil am Nulleffekt kann durch Abschirmung des Zählers mit Blei oder günstige Wahl der Diskriminatorspannung herabgedrückt werden. Schwieriger ist die Unterdrückung des thermischen Nulleffektes *(thermisches Rauschen, Dunkelstrom)* des Photovervielfachers. Auch wenn vom Szintillator kein Licht auf die Photokatode gelangt, findet eine Elektronenemission statt. Der mit wachsender Temperatur stark zunehmende Emissionsstrom gehorcht der Richardson-Gleichung

$$I = KAT^2 \exp\left(-\frac{W_a}{kT}\right). \qquad (9.24)$$

Dabei sind K eine Konstante, A die emittierende Oberfläche, T die Temperatur, W_a die Elektronenaustrittsarbeit und k die Boltzmann-Konstante. Das Dynodensystem vervielfacht die thermisch befreiten Elektronen, so daß am Vervielfacherausgang meßbare Impulse des thermischen Nulleffektes auftreten. Diese Rauschimpulse werden gemeinsam mit den Nutzimpulsen registriert und vermindern die Genauigkeit von Strahlungsmessungen. Es ist daher erforderlich, den Einfluß des thermischen Nulleffektes zu reduzieren. Hierfür gibt es verschiedene Möglichkeiten. Wenn die Nutzimpulse hinreichend groß sind, kann die Unterdrückung der kleineren Rauschimpulse mit Hilfe eines Diskriminators erfolgen. Eine weitere Möglichkeit zur Herabsetzung der thermischen Emission bildet die Kühlung der Photokatode. Besonders wirksam ist die Verminderung des thermischen Nulleffektes durch Anwendung einer Koinzidenzschaltung. Die Abb. 102 zeigt das Prinzip

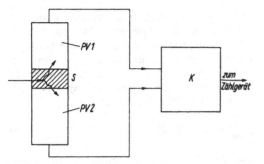

Abb. 102. Koinzidenzanordnung zur Unterdrückung des thermischen Nulleffektes
S Szintillator; *PV* Photovervielfacher; *K* Koinzidenzstufe

dieser Methode. Die im Szintillator von einem Teilchen ausgelösten Lichtquanten werden nach allen Seiten emittiert und treffen auf die Photokatoden zweier Vervielfacher. Eine angeschlossene Koinzidenzstufe leitet nur solche Impulse weiter, die gleichzeitig von beiden Photovervielfachern kommen. Da die Wahrscheinlichkeit gering ist, daß in beiden Vervielfachern gleichzeitig zwei thermische Rauschimpulse auftreten, werden im wesentlichen die Nutzimpulse allein erfaßt.

Zeitauflösung. Das zeitliche Auflösungsvermögen eines Szintillationszählers wird durch die Abklingzeit des Szintillators und die Laufzeit der Elektronenkaskade im Photovervielfacher bestimmt. Während die Abklingzeit je nach der Wahl des Szintillators zwischen 10^{-6} und 10^{-9} s liegt, kann für die Laufzeit der Elektronen etwa 10^{-9} s angenommen werden. Infolge der Kürze dieser Zeiten ist das Auflösungsvermögen des Szintillationszählers um Größenordnungen besser als das des Zählrohres. Der Szintillationszähler ermöglicht die verlustlose Registrierung von Impulsraten bis zu $10^7\,\mathrm{s}^{-1}$.

Nachweiseffektivität. Die Nachweiseffektivität eines Szintillationszählers für geladene Teilchen beträgt nahezu 100 %. Aufgrund der großen Dichte und hohen mittleren Ordnungszahl einiger Szintillatorsubstanzen läßt sich aber auch für γ- und harte Röntgenstrahlung eine hohe Nachweiseffektivität von 50 % und mehr erreichen. Darin besteht der Hauptvorteil des Szintillationszählers gegenüber dem Zählrohr und der Ionisationskammer.

Energieauflösung. Das energetische Auflösungsvermögen des Szintillationszählers wird begrenzt durch die statistischen Schwankungen der Zahl der ausgelösten Photoelektronen, die Schwankungen des Vervielfachungsprozesses, die ungleichmäßige Empfindlichkeit der Photokatode und die unterschiedliche Lichtsammlung im Szintillator. Für $^{137}_{55}\mathrm{Cs}/^{137}_{56}\mathrm{Ba^m}$-γ-Strahlung ($E_\gamma = 0{,}662\,\mathrm{MeV}$) liefert ein guter NaI∶Tl-Szintillationszähler eine Energieauflösung von $(\Delta E)_{\mathrm{HWB}} \approx 50\,\mathrm{keV}$ (s. 9.3.1.). Die Energieauflösung des Szintillationszählers wird generell vom Halbleiterdetektor, bei kleinen Photonenenergien ($E_\gamma < 30\,\mathrm{keV}$) auch vom Proportionalzählrohr, übertroffen.

Anwendung

Der Szintillationszähler gehört zu den am häufigsten verwendeten Strahlungsdetektoren. Durch Wechseln des Szintillators kann jede Strahlungsart nachgewiesen werden. Besondere Vorteile sind seine hohe Nachweiseffektivität und die große Zeitauflösung. Szintillationszähler werden häufig zur Spektrometrie eingesetzt, wenn eine mittlere Energieauflösung ausreicht.

In der Nuklearmedizin dienen Szintillationsdetektorsysteme mit NaI∶Tl-Kristallen zur bildlichen Darstellung der Aktivitätsverteilung applizierter Radiopharmaka (Szintiscanner, Gammakamera). Große Bedeutung haben Szintillationsdetektoren in der Röntgen-Computertomographie und der Positronen-Tomographie erlangt. Neben NaI∶Tl Kristallen werden dabei zunehmend BGO-, CsF- und $CdWO_4$-Szintillatoren verwendet.

9.1.5. Halbleiterdetektoren

Wirkungsweise von Halbleiterdetektoren

Die prinzipielle Wirkungsweise von Halbleiterdetektoren ähnelt der von gasgefüllten Ionisationskammern. Das Füllgas wird durch einen Kristall geringer elektrischer Leitfähigkeit ersetzt. Man bezeichnet Halbleiterdetektoren daher oft als *Festkörperionisationskammern.* Wenn ionisierende Strahlung in das Arbeitsvolumen einfällt, so entstehen keine *Elektronen-Ionen-Paare* wie in einem Gas, sondern frei bewegliche *Elektronen-Defektelektronen-Paare*. Diese werden durch ein elektrisches Feld innerhalb einer gegen die Ladungsträgerlebensdauer kurzen Zeit getrennt und an die Feldgrenzen geführt. Die Gesamtladung der erzeugten Ladungsträger ergibt sich wie bei der Ionisationskammer zu

$$Q = e_0 \frac{E_{abs}}{\overline{W}_i} . \qquad (9.25)$$

Dabei bedeutet E_{abs} die bei verschwindend geringer Fensterdicke (Totschicht) im empfindlichen Detektorvolumen absorbierte Strahlungsenergie. Die zur Bildung eines Elektron-Defektelektron-Paares benötigte mittlere Energie $\overline{W}_i$ unterscheidet sich vom mittleren Energieaufwand zur Bildung eines Ionenpaares in einem Gas um etwa eine Größenordnung (s. Tab. 23 und 29). Bei gleicher Energieabsorption wird daher in einem Halbleiterdetektor ungefähr die 10fache elektrische Ladung wie in einer gasgefüllten Ionisationskammer erzeugt. Die maximale Größe der an einem äußeren Arbeitswiderstand entstehenden Spannungsimpulse berechnet sich mit Hilfe der Beziehung

$$u_{max} = \frac{Q}{C} = \frac{e_0}{C} \frac{E_{abs}}{\overline{W}_i} , \qquad (9.26)$$

wobei für C die durch Addition der Detektorkapazität, der Kapazität des Kabels, der Streukapazität und der Kapazität des Verstärkereinganges gebildete Gesamtkapazität einzusetzen ist. Das Blockschaltbild eines Strahlungsmeßplatzes mit Halbleiterdetektor zeigt Abb. 103.
Als Grundmaterial für die Herstellung von Halbleiterdetektoren dienen in erster Linie die Elementhalbleiter Silicium und Germanium. Darüber hinaus gewinnen auch binäre Verbin-

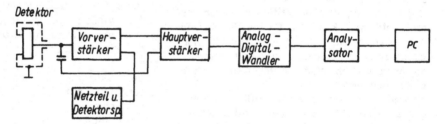

Abb. 103. Blockschaltbild eines Meßplatzes mit Halbleiterdetektor

Tabelle 29. *Eigenschaften von Silicium, Germanium, Quecksilberiodid und Cadmiumtellurid*

	Si	Ge	HgI$_2$	CdTe
Ordnungszahl Z	14	32	80/53	48/52
Dichte ϱ in kg/m^3	2 300	5 320	6 271	6 060
Dielektrizitätszahl ε_r	12	16,3	9	9,65
Breite der verbotenen Zone in eV (bei 300 K)	1,11	0,66	2,13	1,45
Mittlere Energie $\overline{W}_i$ je Ladungsträgerpaar in eV	3,65	2,95	4,22	4,43
Elektronenbeweglichkeit μ_n in m$^2 \cdot$ V$^{-1} \cdot$ s^{-1}				
bei 300 K	0,135	0,380	0,01	0,11
bei 77 K	4	3,6		1,5
Defektelektronenbeweglichkeit μ_P in m$^2 \cdot$ V$^{-1} \cdot$ s^{-1}				
bei 300 K	0,048	0,180	$4 \cdot 10^{-4}$	$8 \cdot 10^{-3}$
bei 77 K	1,8	4,2		0,1
Ladungsträgerlebensdauer τ in s	10^{-3}	10^{-3}	10^{-6}	10^{-6}
spezifischer Widerstand bei Eigenleitung in $\Omega \cdot$ m	2 300	0,47	10^{10} bis 10^{13}	10^4 bis 10^8
Fano-Faktor	0,1	0,1	0,2	0,4

dungshalbleiter (HgI$_2$, CdTe, GaAs) zunehmend an Bedeutung. Die Eigenschaften der wichtigsten Detektormaterialien sind Tab. 29 zu entnehmen.

Detektortypen

Halbleiterdetektoren mit innerem p-n-Übergang. Zur Herstellung dieser Detektoren dient meist Silicium. Zwischen dem Front- und dem Basiskontakt befindet sich p-leitendes Silicium, auf das eine dünne n-leitende Schicht aufgebracht ist (Abb. 104). Am p-n-Übergang diffundieren

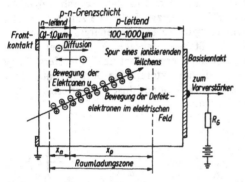

Abb. 104. Aufbau eines Halbleiterdetektors mit innerem pn-Übergang

die Elektronen in den p-Leiter und die Defektelektronen in entgegengesetzter Richtung. Eine sich sofort aufbauende *Diffusionsspannung U_D* (für Silicium bei Zimmertemperatur $\approx 0,6$ V) verhindert die weitere Diffusion. Durch die zurückbleibenden ortsfesten Störstellen entsteht beiderseits der Grenzschicht eine Raumladung mit entgegengesetztem Vorzeichen. Diese an freien Ladungsträgern verarmte Schicht heißt *Raumladungszone* oder *Sperrschicht*. Durch Anlegen einer äußeren *Sperrspannung U_A* (p-Gebiet gegenüber n-Gebiet negativ vorgespannt) werden Elektronen aus der Übergangszone in den n-Leiter und Defektelektronen in den p-Leiter hineingezogen. Dadurch verbreitert sich die Raumladungszone. Die Schichtdicken der beiden Verarmungsgebiete x_p und x_n lassen sich mit Hilfe der Gleichung

$$x = \sqrt{2\varepsilon_r\varepsilon_0\varrho\mu\,(U_D + U_A)} \qquad (9.27)$$

berechnen. Die Raumladungszone der Gesamtbreite $x = x_p + x_n$ stellt das empfindliche Detektorvolumen dar. Wenn man die Begrenzungen der Raumladungszone als Platten eines Kondensators auffaßt, folgt für die Kapazität dieses Gebietes

$$C = \varepsilon_r\varepsilon_0\frac{A}{x}. \qquad (9.28)$$

Dabei bezeichnet A die Fläche der Grenzschicht. An der hochohmigen Raumladungszone fällt neben der Diffusionsspannung die gesamte Sperrspannung ab, so daß in diesem Gebiet ein starkes elektrisches Feld vorhanden ist. Die Totschicht zwischen dem Frontkontakt und der Raumladungszone sowie der Bereich hinter der Raumladungszone sind feldfrei. Die durch Gl. (9.26) gegebene Impulsgröße hängt von der Sperrspannung U_A ab. Damit das Signal nicht durch Betriebsspannungsänderungen beeinflußt wird, erfolgt die Verstärkung zuerst in einem ladungsempfindlichen Vorverstärker mit hoher dynamischer Eingangskapazität und erst anschließend im Hauptverstärker (Abb. 103).

Der p-n-Übergang wird meist durch Eindiffundieren von Phosphor in p-leitendes Silicium erzeugt. Diese Detektoren werden daher auch als Si(P)-Detektoren bezeichnet.

Oberflächensperrschichtdetektoren. Am einfachsten lassen sich Oberflächensperrschichtdetektoren herstellen. Das Grundmaterial ist hochohmiges n-Silicium in Form von 0,5 bis 2 mm dicken Scheiben. Eine Oberfläche wird sauber geätzt und danach für einige Zeit der Luft ausgesetzt. Durch Oxydation entsteht eine Oberflächeninversionsschicht. Sie stellt das empfindliche Detektorvolumen dar. Auf diese Schicht wird im Vakuum als Frontkontakt ein dünner Goldbelag (Dicke ≈ 10 nm) gedampft. Der Basiskontakt auf der Rückseite besteht aus Aluminium. Man bezeichnet diese Detektoren als Au-Si-Detektoren.

Lithiumdriftdetektoren. Bei Detektoren mit p-n-Übergang hängt nach Gl. (9.27) die Dicke der Raumladungszone vom spezifischen Widerstand des Ausgangsmaterials und von der Sperrspannung ab. Für die Sperrspannung bildet die Durchbruchspannung des p-n-Überganges eine obere Grenze. Trotz Verwendung von Grundmaterial mit sehr hohem spezifischen Widerstand erhält man daher Raumladungszonen von nur 1 bis 3 mm Dicke. Zur Messung von energiereicher Strahlung sind jedoch Detektoren mit breiterer empfindlicher Schicht nötig. Eine Möglichkeit zur Herstellung solcher Halbleiterdetektoren eröffnet das Ionendriftverfahren mit Lithium.

In p-leitendes Germanium oder Silicium werden bei einer Temperatur von 400 °C Lithiumatome eindiffundiert. Diese wirken als Donatoren und lagern sich auf Zwischengitterplätzen ab. Es bildet sich ein p-n-Übergang. Bereits bei Zimmertemperatur sind die Zwischengitteratome ionisiert, so daß praktisch positive Lithiumionen im Kristall vorliegen. Bei einer Temperatur von etwa 100 °C wird nun der Driftprozeß durchgeführt. Unter dem Einfluß eines in Sperrichtung gepolten elektrischen Feldes wandern die Lithiumionen von der n-Seite in das p-Gebiet hinein. Durch Kompensation der negativen Ladungen der dort befindlichen Akzeptorrümpfe entsteht zwischen dem p- und dem n-Gebiet eine hochohmige, eigenleitende Zone, das sog. i-Gebiet (intrinsic-Schicht). Ein derartiges Gebilde wird als *p-i-n-Struktur* bezeichnet. Die raumladungskompensierte i-Zone wirkt als Sperrschicht mit spannungsunabhängiger Dicke. Bei hinreichend langer Dauer des Driftvorganges bilden sich bei planaren Detektoren Schichten bis etwa 20 mm Dicke. Oft läßt man das Lithium von fünf Seiten oder von der Mantelfläche eines Zylinders in den Kristall hineindiffundieren. Auf diese Weise lassen sich Detektoren mit empfindlichen Volumina bis etwa 10^5 mm^3 herstellen.

Lithiumgedriftete Halbleiterdetektoren werden unter Hinweis auf das verwendete Grundmaterial als Si(Li)- bzw. Ge(Li)-Detektoren bezeichnet. Um das Herauswandern der leichtbeweglichen Lithiumatome aus der i-Schicht zu verhindern, müssen die in Vakuumkammern angeordneten Ge(Li)-Detektoren stets bei der Temperatur des flüssigen Stickstoffs (77 K) gelagert und betrieben werden. Si(Li)-Detektoren können bei Raumtemperatur verwendet werden, wenn man keine hohen Anforderungen an das energetische Auflösungsvermögen stellt, andernfalls ist auch eine Kühlung erforderlich. Ihre Aufbewahrung erfolgt bei Temperaturen um -30 °C.

HPGe-Detektoren. Ohne Lithiumdrift werden Detektoren mit breiten eigenleitenden Zonen aus hochreinem Germanium (Störstellenkonzentration $<10^7$ mm^{-3}) hergestellt. Sie werden als HP-Detektoren (high purity detectors) bezeichnet. Bei diesen Detektoren ist die Kühlung mit flüssigem Stickstoff nur während des Betriebs erforderlich. Sie können bei Raumtemperatur gelagert werden.

Ortsempfindliche Halbleiterdetektoren. Ortsempfindliche Detektoren mit hohem Auflösungsvermögen bestehen aus Silicium. Sie beruhen auf dem Ladungsteilungsprinzip und gestatten die Bestimmung der Positionen einfallender Teilchen mit einer Meßgenauigkeit von wenigen Mikrometern. Außerdem ist die Ermittlung der Teilchenenergie möglich. Das Schema eines derartigen pn-Detektors zeigt Abb. 105. In beiden Vorverstärkern V_1 und V_2 liefern die zur hochohmigen p-Schicht driftenden Defektelektronen je ein vom Einfallort x abhängiges Signal $E(l-x)/l$ bzw. Ex/l. Die Addition beider Signale ergibt die Teilchenenergie E. Durch Division läßt sich dagegen E eliminieren. Die Planartechnik ermöglicht auch die Herstellung von Streifendetektoren. Sie bestehen aus einer großen Anzahl monolithisch integrierter Einzeldetektoren.

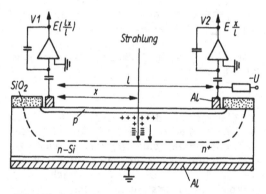

Abb. 105. Schema eines ortsempfindlichen pn-Detektors

Halbleiterdetektoren aus binären Verbindungen. Fortschritte wurden bei der Entwicklung von Halbleiterdetektoren aus Verbindungen mit hoher effektiver Ordnungszahl erzielt. HgI$_2$- und CdTe-Detektoren können auf Grund des großen Bandabstandes bei Raumtemperatur gelagert und betrieben werden. Die kleinen Detektorkristalle eignen sich zum Nachweis niederenergetischer Photonenstrahlung.

Eigenschaften von Halbleiterdetektoren

Gegenüber gasgefüllten Ionisationskammern bieten Halbleiterdetektoren zahlreiche Vorteile. Infolge der um mehrere Größenordnungen höheren Dichte des Detektormaterials sind wesentlich kleinere Volumina erforderlich, um die Strahlung zu absorbieren. Außerdem führt die geringe Ionisierungsenergie zu einer großen Zahl erzeugter Ladungsträger und damit zu geringeren statistischen Schwankungen.

Energieproportionalität. Die Höhe der Ausgangsimpulse eines Halbleiterdetektors ist der absorbierten Energie proportional und hängt nicht von der Teilchenart ab. Wenn die einfallenden Teilchen vollkommen in der empfindlichen Zone abgebremst werden, ist daher eine Energiebestimmung (Spektrometrie) möglich. Die Energieauflösung von Halbleiterdetektoren übertrifft die aller anderen Strahlungsdetektoren. Sie wird charakterisiert durch die Halbwertsbreite $(\Delta E)_{HWB}$ der Impulshöhenverteilung, die eine monoenergetische Strahlung definierter Energie liefert (s. 9.3.). Durchdringen jedoch die auftreffenden Teilchen den Detektorkristall, dann sind die Ausgangsimpulshöhen ein Maß für den differentiellen Energieverlust. Dünne Halbleiterkristalle werden daher als dE/dx-Detektoren verwendet.

Zeitauflösung. Die kurze Zeitdauer der Ladungsträgersammlung und die sich daraus ergebenden kleinen Impulsanstiegszeiten ($\approx 10^{-7}$ bis 10^{-9} s) führen zu einem hohen Zeitauflösungsvermögen des Halbleiterdetektors. Dieses wird um so besser, je kleiner die Dicke der Raumladungszone ist.

Nachweiseffektivität. Schwere geladene Teilchen (α-Teilchen, Deuteronen, Protonen) werden bereits in dünnen Kristallschichten vollständig absorbiert. Die Nachweiseffektivität von Halbleiterdetektoren für solche Strahlungsarten kann daher gleich 1 gesetzt werden. Für energiereiche Photonenstrahlung ($E_\gamma > 1$ MeV) liegt die Nachweiseffektivität von Germaniumdetektoren dagegen nur zwischen 10^{-3} und 10^{-2}. Wenn die Nachweiseffektivität gegenüber der Energieauflösung im Vordergrund steht, ist deshalb ein Szintillationszähler mit großem NaI:Tl-Kristall einem Halbleiterdetektor vorzuziehen.

Sperrstrom. Im Gegensatz zur gasgefüllten Ionisationskammer fließt durch den p-n-Übergang eines Halbleiterdetektors auch bei Abwesenheit ionisierender Strahlung in Sperrichtung ein Strom. Seine Hauptursachen sind die thermische Erzeugung von Ladungsträgern in der Raumladungszone und Oberflächenverunreinigungen. Die statistischen Schwankungen des Sperrstromes begrenzen die Energieauflösung des Detektors. Zur Verminderung des Sperrstromes und dessen Schwankungen werden Halbleiterdetektoren meist bei niedrigen Temperaturen im Vakuum betrieben.

Nulleffekt. Infolge des kleinen Detektorvolumens registrieren Halbleiterdetektoren nur einen verschwindend kleinen Bruchteil der auftreffenden kosmischen Strahlung und der γ-Strahlung aus der Umgebung.

Lebensdauer. Bei sorgfältiger Handhabung wird die Lebensdauer von Halbleiterdetektoren im wesentlichen durch die Strahlenschädigung der Kristalle bestimmt. Sie sollten daher nach Beendigung von Messungen nie unnötig dem Einfluß ionisierender Strahlung ausgesetzt bleiben.

Anwendung

Halbleiterdetektoren dienen zur Messung aller Arten ionisierender Strahlung. Hauptanwendungsgebiet der meisten Detektortypen ist die hochauflösende Energiespektrometrie in der Kernphysik, der angewandten Radioaktivität, der Analysenmeßtechnik und im Strahlenschutz (s. 9.3.). Große Bedeutung besitzen Halbleiterdetektoren zur Lösung vielfältiger Aufgaben in der nuklearmedizinischen Diagnostik. Für binäre Verbindungshalbleiter eröffnen sich Einsatzmöglichkeiten in der Computertomographie.

9.1.6. Photographische Emulsionen

Schwärzung photographischer Emulsionen

Photographische Emulsionen werden nicht nur durch sichtbares Licht, sondern auch durch direkt und indirekt ionisierende Strahlung geschwärzt. Diese Eigenschaft photographischer Schichten führte H. BECQUEREL im Jahre 1896 zur Entdeckung der Radioaktivität. Die Erzeugung entwickelbarer latenter Bilder in Photoemulsionen durch ionisierende Strahlung beruht auf ähnlichen Elementarprozessen, wie sie durch die Einwirkung von Licht ausgelöst werden.

Die quantitative Auswertung entwickelter Photoemulsionen geschieht entweder durch Messung ihrer Gesamtschwärzung S oder durch mikroskopische Zählung der geschwärzten Körner je Flächeneinheit. Diese Größen sind dem Produkt aus Flußdichte der einwirkenden Strahlung und Expositionszeit proportional. Zur Schwärzungsmessung werden lichtelektrische Photometer, sog. *Densitometer*, verwendet. Die *Schwärzung* S ist als dekadischer Logarithmus der reziproken Transparenz $T = \Phi/\Phi_0$ definiert.

$$S = \lg \frac{1}{T} = \lg \frac{\Phi_0}{\Phi}. \tag{9.29}$$

Dabei ist Φ_0 der beim Photometrieren auf die geschwärzte photographische Schicht auffallende Lichtstrom und Φ der von ihr hindurchgelassene Lichtstrom.

Photoemulsionen für ionisierende Strahlung

Wegen des großen Durchdringungsvermögens energiereicher Teilchen und Photonen besitzen gewöhnliche photographische Filme nur eine sehr geringe Empfindlichkeit für ionisierende Strahlung. Es wurden daher Spezialemulsionen mit einem höheren Gehalt an Silberhalogenidkristallen entwickelt. Eine weitere Empfindlichkeitssteigerung ist mit doppelseitig beschichteten Filmen erreichbar. Außerdem werden oft dicht am Film anliegende *Verstärkerfolien* verwendet, welche die photographische Wirkung der nachzuweisenden Strahlung durch Emission von Lumineszenzlicht oder Emission von Sekundärelektronen verstärken. Damit bewirkt man zugleich eine Steigerung des Kontrastes. Zum photographischen Nachweis von Neutronen werden den Emulsionen Lithium- oder Borverbindungen zugesetzt.

Im Gegensatz zu anderen Strahlungsdetektoren sind photographische Emulsionen permanent zum Strahlungsnachweis geeignet. Die Wirkung einfallender Strahlung kann daher mühelos über lange Zeiträume aufsummiert werden. Photographische Emulsionen werden in der an-gewandten Radioaktivität für die *Filmdosimetrie*, die *Autoradiographie* und die zerstörungsfreie Werkstoffprüfung (*Gammaradiographie*) verwendet.

Autoradiographie

Wird eine photographische Emulsion längere Zeit in engen Kontakt mit einer Probe gebracht, die radioaktive Nuklide enthält, so entsteht nach der Entwicklung ein Schwärzungsbild, das die Häufigkeit und die Verteilung der radioaktiven Atome widerspiegelt. Diese Methode wird als *Autoradiographie* bezeichnet. Die entstehenden Bilder heißen *Autoradiogramme*. Autoradiographische Verfahren finden breite Anwendung zur Untersuchung von radioaktiv markierten Gewebeschnitten, zur Analyse von geschliffenen Festkörperoberflächen sowie zum Nachweis markierter Substanzen auf Chromatogramm- und Elektrophoresepapieren. Wegen der geringen Empfindlichkeit photographischer Schichten für γ-Strahlung werden die Proben zur Erzielung guter Autoradiogramme bevorzugt mit α- oder β-Strahlern markiert. Die *optimale Expositionszeit* richtet sich nach der Filmempfindlichkeit, der Dicke des Präparatschnittes sowie nach der Art und Aktivität des zur Markierung verwendeten radioaktiven Nuklids. Nach drei Halbwertzeiten hat sich die Hauptmenge der radioaktiven Atomkerne umgewandelt (87,5 %), so daß es sich nicht lohnt, die Expositionsdauer über diese Zeit hinaus auszudehnen.

Das *örtliche Auflösungsvermögen* eines Autoradiogramms bestimmt, welche Details einer Aktivitätsverteilung gerade noch getrennt mikroskopisch erkennbar sind. Zur Erläuterung dieser Größe ist die Abb. 106 dienlich. Ein in der Probe befindliches punktförmiges Aktivitätszentrum erzeugt auf dem Film kein punktförmiges Bild, sondern einen Schwärzungskreis, weil die Strahlung in alle Raumrichtungen ausgesandt wird. Damit zwei punktförmige Aktivitäten anhand der Schwärzung der photographischen Schichten noch getrennt erkennbar sind, muß ihr Abstand d mindestens so groß sein, daß die Summenkurve der Schwärzungsverteilung eine Einsattelung zeigt. Das ist der Fall, wenn die Bedingung

$$d > \frac{b_1 + b_2}{2} \tag{9.30}$$

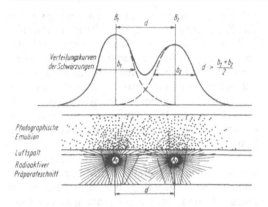

Abb. 106. Zur Erläuterung des Auflösungsvermögens der Autoradiographie

gilt. Dabei bezeichnen b_1 und b_2 die Halbwertbreiten der beiden Schwärzungsverteilungskurven. Das Auflösungsvermögen wird um so besser, je geringer der Abstand zwischen Film und radioaktiver Probe ist. Es werden daher sehr dünne Präparatschnitte mit Photoemulsionen geringer Dicke in möglichst engen Kontakt gebracht.

Zur Aufnahme von Autoradiogrammen wurden mehrere Verfahren entwickelt. Die *Kontaktmethode* erfordert den geringsten Aufwand. Das ebene Objekt und die Photoemulsion werden entweder direkt oder unter Zwischenlegen einer dünnen Zellophanfolie aneinander gepreßt. Das Auflösungsvermögen der Autoradiogramme erreicht in günstigen Fällen etwa 25 bis 30 μm. *Flüssige Emulsionen*, die im erwärmten Zustand auf die Proben aufgetragen werden, liefern Auflösungen von etwa 5 μm. Das beste Auflösungsvermögen (1 bis 3 μm) ist mit der *Strippingfilm-Methode* erreichbar. Die mit einer dünnen Stützschicht versehene Filmemulsion wird dabei von der Trägerglasplatte abgestreift und unter Wasser auf den Präparatschnitt aufgebracht. Beim Trocknen zieht sich die Emulsion zusammen, wodurch sich ein sehr guter Kontakt mit dem Objekt ergibt.

9.1.7. Festkörperspurdetektoren

Spurbildung. Schwere geladene Teilchen erzeugen in dielektrischen Festkörpern (Kristalle, Gläser, Hochpolymere) entlang ihrer Bahnen

Bereiche strahlengeschädigten Materials. Durch chemische Ätzmittel werden diese latenten Spuren stärker angegriffen als die nicht strahlengeschädigte Umgebung, so daß lichtmikroskopisch sichtbare Ätzgruben entstehen (Abb. 107). Die auf die Fläche bezogene Anzahl der Ätzspuren (Spurdichte) ist ein Maß für integrale Strahlungsgrößen (Teilchenfluenz, Energiedosis). Festkörperspurdetektoren besitzen ein schwellenartiges Nachweisverhalten. Es werden nur solche Teilchen registriert, die eine ausreichende Schädigung verursachen. In Tab. 30 sind für einige gebräuchliche Detektormaterialien die leichtesten nachweisbaren Teilchen und die Ätzbedingungen zusammengestellt. Gegenüber Photonen- und Elektronenstrahlung sind Festkörperspurdetektoren unempfindlich, was sich für viele Anwendungen als vorteilhaft erweist. Die Auswertung der angeätzten Detektoren erfolgt im einfachsten Fall durch visuelles Auszählen der Ätzgruben unter dem Lichtmikroskop, oder automatisch mit Hilfe eines Bildanalysegerätes.

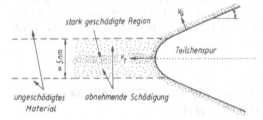

Abb. 107. Schematische Darstellung der latenten Schädigungszone entlang einer Teilchenbahn und des von links nach rechts fortschreitenden Ätzprozesses

Tabelle 30. Detektormaterialien für den Nachweis geladener Teilchen

Detektor-material	Ätz-mittel	Ätz-temperatur in °C	leichteste nachweisbare Teilchen
Cellulosenitrat	30 % KOH	60	H
Cellulose-triacetat	30 % KOH	70	He
Polycarbonat (CR 39)	30 % KOH	70	H
Glimmer	49 % HF	23	Ne

Anwendung. In der Neutronendosimetrie werden Festkörperspurdetektoren häufig zur Bestimmung der Fluenz und der Energiedosis eingesetzt. Um Neutronen überhaupt nachweisen zu können, kombiniert man das Detektormaterial (Glimmer, Polymerfolie, Glas) mit einer Spaltstoffschicht und registriert die durch Kernspaltung erzeugten Spaltfragmente. Durch Konverterfolien, die ^{10}B oder ^6Li enthalten, lassen sich langsame und mittelschnelle Neutronen über die darin ausgelösten α-Teilchen erfassen. Schnelle Neutronen werden auch durch die in hochpolymeren Detektormaterialien selbst erzeugten Kohlenstoff-, Stickstoff- und Sauerstoffrückstoßkerne registriert.

Ein weiteres Anwendungsgebiet der Festkörperspurdetektoren ist die neutroneninduzierte Autoradiographie (NIAR). Zur Abbildung von Elementverteilungen und zur Konzentrationsbestimmung werden Festkörperspurdetektoren in engen Kontakt mit dünnen Schichten des Probenmaterials gebracht und anschließend mit Neutronenstrahlung exponiert. Kernreaktionen vom Typ (n,α), (n,p) und (n,f) ermöglichen den Nachweis bestimmter Elemente in Metallen, Halbleitern, Mineralen und biologischem Material.

9.1.8. Thermolumineszenzdetektoren

Thermolumineszenz. Thermolumineszenzdetektoren beruhen auf der Eigenschaft einiger mit Fremdatomen dotierter anorganischer Stoffe (*Speicherphosphore*), nach Anregung mit ionisierender Strahlung bei Erwärmung Licht auszusenden. Bevorzugt werden folgende Verbindungen verwendet:

$LiF : Mg, Ti;$ $CaF_2 : Mn;$ $Li_2B_4O_7 : Mn;$ $CaSO_4 : Dy.$

Diese Stoffe zeichnen sich dadurch aus, daß sie durch ionisierende Strahlung mit einer hohen Ausbeute an Thermolumineszenzlicht anregbar sind und ein gutes Energiespeicherungsvermögen besitzen. Bei Anregung eines Speicherphosphors mit ionisierender Strahlung bilden sich im Festkörper freie Elektronen, die sich an Haftstellen anlagern und bei Zimmertempera-

tur in diesen verbleiben. Bei Erwärmung werden die Elektronen von den Haftstellen abgelöst und rekombinieren mit Zentren entgegengesetzter Ladung unter Aussendung von Lumineszenzlicht. Zur Auswertung bestrahlter Speicherphosphore zeichnet man den Verlauf des Lichtstromes Φ_{TL} der Thermolumineszenz als Funktion der Aufheiztemperatur auf und erhält die sog. *Glowkurve*, die bei bestimmten Temperaturen T_{m_i} ($i = 1, 2, ...$) Maxima besitzt.

In Abb. 108 sind die Glowkurven einiger Detektormaterialien dargestellt. Der Maximalwert des Lichtstromes $\Phi_{TL}(T_{m_i})$ bei der Temperatur eines Glowmaximums oder die gesamte während des Aufheizprozesses zwischen der Anfangs- und Endtemperatur T_A bzw. T_E emittierte Lichtsumme

$$Q_{TL} = \int_{T_A}^{T_E} \Phi_{TL}(T)\,dT, \qquad (9.31)$$

dienen in erster Linie als Maß für die im Speicherphosphor erzeugte Energiedosis (s. 9.5.2.).

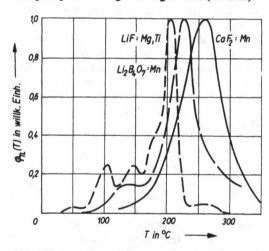

Abb. 108. Glowkurven der Thermolumineszenz

Die Auswertung bestrahlter Thermolumineszenzdosimeter verlangt Geräte, die folgende Funktionen ausführen: Aufheizung der Dosimetersonde mittels eines Heizers, Umwandlung des Thermolumineszenzlichtes in einen elektrischen Strom mit Hilfe eines Photovervielfachers, Erfassung eines Strommaximums bzw. der Gesamtladung mit einer elektronischen Schaltungsanordnung. Thermolumineszenzdetektoren haben sehr geringe Abmessungen und besitzen einen ausgedehnten Meßbereich von 10^{-5} bis 10^3 Gy. Ihre Anzeige ist bis 10^9 Gy/s von der Energiedosisleistung unabhängig.

Anwendung. Die Hauptanwendungsgebiete von Thermolumineszenzdetektoren sind die Personendosimetrie im Strahlenschutz, die klinische Dosimetrie bei der Strahlentherapie und die Umgebungsüberwachung kerntechnischer Anlagen. Darüber hinaus bildet das Phänomen der Thermolumineszenz die Grundlage eines Verfahrens der radiometrischen Altersbestimmung (s. 10.6.2.).

9.2. Messung der Aktivität

9.2.1. Absolute Aktivitätsmessung

Radioaktive Quellen bestehen meist aus einem inaktiven Trägermaterial, das unwägbar kleine Mengen radioaktiver Nuklide enthält. Die Masse der reinen radioaktiven Substanz kann nur in wenigen Fällen direkt ermittelt werden. Zur Charakterisierung radioaktiver Strahlungsquellen dient daher die *Aktivität $\mathscr{A}$*. Absolute Aktivitätsbestimmungen erfordern die unmittelbare Messung der Umwandlungsrate. Bei Verwendung einer Zählanordnung soll jedes Umwandlungsereignis durch einen und nur einen Impuls erfaßt werden. Diese Bedingung ist jedoch meist nicht erfüllt. Oft sind umfangreiche Meßwertkorrekturen notwendig, da nur ein Bruchteil der entstehenden Teilchen oder Photonen registriert wird. Außerdem muß zur Absolutbestimmung der Aktivität das *Umwandlungsschema* des Nuklids genau bekannt sein, weil viele Nuklide mehrere Teilchen oder Photonen je Kernumwandlung emittieren. Auch meßtechnisch schwer erfaßbare Umwandlungsprozesse (z. B. E-Einfang) können bei Kenntnis des Umwandlungsschemas Berücksichtigung finden. Zur absoluten Aktivitätsbestimmung radioaktiver Quellen dienen Zählmethoden, Ionisationsmethoden und mikrokalorimetrische Methoden. Welches Verfahren im Einzelfall am

besten geeignet ist, hängt von der emittierten Strahlung, der Aktivität und der Beschaffenheit der Quelle ab. Im folgenden werden nur die wichtigsten Verfahren beschrieben.

Zählung bei definiert kleinem Raumwinkel

Das Verfahren eignet sich zur absoluten Aktivitätsbestimmung von β-Strahlern. Man ordnet die Quelle in einem nicht zu kleinen Abstand unter dem Eintrittsfenster eines Strahlungsdetektors an. Vor dem Detektor befindet sich eine Blende, deren Öffnung etwas kleiner als das Eintrittsfenster ist. Die Abb. 109 zeigt die Anordnung für ein Glockenzählrohr. Der Strah-

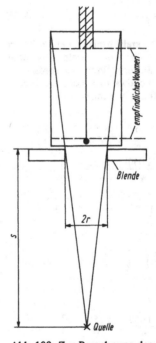

Abb. 109. Zur Berechnung des Geometriefaktors

lungsdetektor registriert nur einen Bruchteil der von der Quelle ausgesandten Teilchen. Setzt man voraus, daß bei jedem Umwandlungsereignis ein β-Teilchen emittiert wird, so besteht zwischen der Impulsrate $\dot{n}$ und der Aktivität $\mathscr{A}$ folgender Zusammenhang:

$$\dot{n} = \mathscr{A}\eta = \mathscr{A} f_{\mathrm{G}} f_{\mathrm{A}} f_{\mathrm{R}} f_{\mathrm{S}} f_{\mathrm{U}} f_{\mathrm{t}} f_{\mathrm{eff}}. \qquad (9.32)$$

Darin stellt der Gesamtwirkungsgrad η das Verhältnis zwischen gemessener Impulsrate $\dot{n}$ und Aktivität $\mathscr{A}$ dar. In ihm sind sieben Korrektionsfaktoren zusammengefaßt, die unterschiedliche Bedeutung besitzen.

Geometriefaktor f_G. Der Strahlungsdetektor erfaßt aus geometrischen Gründen nur den Bruchteil

$$f_G = \frac{\Omega}{4\pi} \tag{9.33}$$

der in den vollen Raumwinkel 4π emittierten Strahlung. Hierbei ist Ω der Raumwinkel, unter dem das empfindliche Detektorvolumen von der Strahlungsquelle aus erscheint. Für die zentrische Anordnung einer punktförmigen Quelle läßt sich f_G gemäß Abb. 109 leicht berechnen. Es ergibt sich

$$f_G = \frac{1}{2}\left(1 - \frac{s}{\sqrt{s^2 + r^2}}\right). \tag{9.34}$$

Liegt eine ausgedehnte, kreisförmige Quelle mit dem Radius r_q vor, die parallel und mittelpunktsymmetrisch gegenüber der Blendenöffnung angeordnet ist, so kann man die von PETRŽAK und BAK angegebenen Berechnungsformeln für f_G anwenden. Für $r_q \leqq r$ ist:

$$f_G = 0{,}5\left[\left(1 - \frac{1}{w}\right) - \frac{3}{8}\frac{\beta\gamma}{w^5} - \frac{\beta\gamma^2}{64}\left(\frac{15}{w^7} - \frac{35}{w^9}\right)\right.$$
$$\left. - \frac{\beta\gamma^3}{1\,024}\left(\frac{175}{w^9} - \frac{1\,050}{w^{11}} + \frac{1\,155}{w^{13}}\right)\ldots\right] \tag{9.35}$$

mit $\beta = \left(\dfrac{r}{s}\right)^2$, $\gamma = \left(\dfrac{r_q}{s}\right)^2$ und $w = \sqrt{1 + \beta}$.

Für $r_q \geqq r$ gilt:

$$f_G = 0{,}5\left(\frac{r}{r_q}\right)^2\left[\left(1 - \frac{1}{v}\right) - \frac{3}{8}\frac{\beta\gamma}{v^5}\right.$$
$$- \frac{\beta^2\gamma}{64}\left(\frac{15}{v^7} - \frac{35}{v^9}\right)$$
$$\left. - \frac{\beta^3\gamma}{1\,024}\left(\frac{175}{v^9} - \frac{1\,050}{v^{11}} + \frac{1\,155}{v^{13}}\right)\ldots\right] \tag{9.36}$$

mit $v = \sqrt{1 + \gamma}$.

Formeln zur Berechnung von Geometriefaktoren für verschiedenartige ausgedehnte Quellen sowie tabellierte Geometriefaktoren sind der Literatur zu entnehmen.

Absorptionsfaktor f_A. Dieser Korrektionsfaktor berücksichtigt die Absorption der Strahlung im Detektorfenster und in der zwischen diesem und der Quelle befindlichen Luftschicht. Er läßt sich näherungsweise mit Hilfe des exponentiellen Absorptionsgesetzes (8.10) errechnen zu

$$f_A = \frac{\dot{n}_{(d_F + d_L)}}{\dot{n}(0)} = e^{-\frac{\mu}{\varrho}(d_F + d_L)}, \tag{9.37}$$

wobei $(d_F + d_L)$ die Flächenmasse der Fenster- und Luftschicht und μ/ϱ der Massen-Absorptionskoeffizient sind. Experimentell wird f_A durch die Aufnahme einer Absorptionskurve mit Aluminiumabsorbern verschiedener Flächenmasse d_{Al} bestimmt. Man trägt $\dot{n}$ auf halblogarithmischem Papier als Funktion der gesamten Flächenmasse $d = d_{Al} + d_L + d_F$ auf und erhält eine Gerade (Abb. 110). Durch Extrapolation auf die Flächenmasse $d = 0$ ergibt sich die Impulsrate $\dot{n}(0)$ und somit nach Gl. (9.37) f_A.

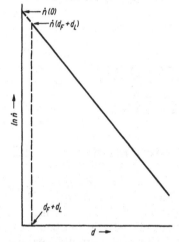

Abb. 110. Absorptionskurve zur Bestimmung des Absorptionsfaktors

Rückstreufaktor f_R. Der Rückstreufaktor (s. 8.1.3.) erfaßt die Rückstreuung der β-Teilchen durch die Präparatunterlage. Er wird experimentell als Verhältnis der Impulsrate bei Benutzung einer Quellenunterlage zur Impulsrate bei vernachlässigbar dünner Unterlage bestimmt.

Selbstabsorptionsfaktor f_S. Bei energiearmen β-Strahlern oder dicken Quellen kann bereits in der Quelle selbst ein beträchtlicher Teil der entstehenden β-Teilchen absorbiert werden. Der Korrektionsfaktor f_S ist als Verhältnis der gemessenen Impulsrate $\dot{n}$ zur wahren Impulsrate $\dot{n}_W$ ohne Selbstabsorption definiert und ergibt sich für ein Präparat der Flächenmasse d nach der Näherungsformel

$$f_S = \frac{\dot{n}}{\dot{n}_W} = \frac{1 - e^{-\left(\frac{\mu}{\varrho}\right)d}}{\left(\frac{\mu}{\varrho}\right)d}. \tag{9.38}$$

Bei hinreichend dünnen Präparaten kann die Selbstabsorption vernachlässigt werden ($f_S = 1$).

Einstreufaktor f_U. Dieser Faktor korrigiert die Einstreuung von β-Teilchen aus der Umgebung des Detektors, insbesondere von den Wänden der Detektorabschirmkammer. Wenn die Gehäusewand aus einem Material niedriger Ordnungszahl (Kunststoff) besteht, spielt die Einstreuung aus der Umgebung eine untergeordnete Rolle.

Auflösungsfaktor f_t. Bei bekannter Auflösungszeit t_A des Zählrohres errechnet sich f_t nach Gl. (9.18).

Nachweiseffektivität f_{eff}. Für β-Teilchen beträgt die Nachweiseffektivität der meisten Strahlungsdetektoren $f_{eff} \approx 1$.

Da einige Korrekturen schwierig zu erfassen sind, gehen in das Endergebnis viele Einzelfehler ein. Die Genauigkeit absoluter Aktivitätsbestimmungen von β-Strahlern durch Teilchenzählung bei definiertem kleinem Raumwinkel beträgt daher bestenfalls 10 %.

4π-Zählung

Die Fehler infolge Berücksichtigung aller Faktoren des Gesamtwirkungsgrades bei Absolutbestimmungen der Aktivität von β-Strahlern lassen sich weitgehend vermeiden, wenn *4π-Zähler* als Strahlungsdetektoren eingesetzt werden. Bei der 4π-Zählung werden die in den vollen Raumwinkel emittierten β-Teilchen erfaßt, so daß der Geometriefaktor $f_G = 1$ ist. Meist setzt man 4π-β-Proportionalzählrohre ein, die mit kontinuierlichem Zählgasdurchfluß arbeiten (s. Abb. 95 b). Die radioaktive Quelle wird auf einer dünnen Unterlage direkt in die Mitte des kugelförmigen Innenraumes gebracht. Sind beide Zählsysteme parallel geschaltet, so registriert man nahezu alle Teilchen, weil die Nachweiseffektivität des Zählers $f_{eff} = 1$ beträgt. Korrekturen für die Absorption und Streuung der Teilchen außerhalb der Quelle und die Streuung an der Quellenunterlage entfallen. Durch geeignete Präparation der radioaktiven Quelle (dünne Präparate) können auch Verluste infolge Selbstabsorption in der Quelle und Absorption in der Unterlage vermieden werden. Lediglich im Falle energiearmer β-Strahlung ($E_{\beta max} < 0,4$ MeV) sind hierfür Korrekturen erforderlich. Unter den genannten Voraussetzungen entspricht die Zahl der registrierten Impulse der Anzahl der Kernumwandlungen in der Strahlungsquelle. Die Genauigkeit von Absolutbestimmungen der Aktivität nach dieser Methode beträgt bei energiereichen β-Strahlern etwa 1,5 %.

Wenn bei jeder Kernumwandlung ein β⁻- oder β⁺-Teilchen ausgesandt wird, sind keine Korrekturen für gleichzeitig emittierte γ-Quanten, Konversionselektronen und Vernichtungsstrahlung erforderlich. Diese Teilchen und Photonen lösen zusammen nur einen Zählrohrimpuls aus. Schwierigkeiten ergeben sich jedoch, wenn die β-Umwandlung zu einem langlebigen Isomer des Folgekerns führt. Der angeregte isomere Zustand dieses Kerns wandelt sich i. allg. unter Emission von γ-Strahlung und Konversionselektronen um. Diese zeitlich verzögert ausgesandten Teilchen und Photonen bewirken eine Erhöhung der Impulsrate, so daß eine entsprechende Korrektion notwendig ist. Bei der Messung radioaktiver Nuklide, die sich teilweise durch E-Einfang umwandeln, muß das Ansprechvermögen des Zählers für die charakteristische Röntgenstrahlung und die Auger-Elektronen der Folgekerne berücksichtigt werden.

Absolute Aktivitätsbestimmungen von α- und β-Strahlern sind auch durch 4π-Zählung mit Szintillationszählern möglich. Die radioaktive Strahlungsquelle wird hierzu direkt in einem flüssigen Szintillator gelöst, so daß keine Selbstabsorption auftritt. Das thermische Rauschen des Photovervielfachers erfordert eine Korrektion für die niederenergetischen β-Teilchen vom Anfangsteil des Spektrums. Zur Bestimmung der absoluten Umwandlungsrate wird die Impulsrate bei verschiedenen Diskriminatorspannungen gemessen. Durch Extrapolation des bis zum Einsetzen der Rauschimpulse geradlinig verlaufenden Kurventeils auf die Diskriminatorspannung Null ergibt sich die Impulsrate für die Bestimmung der Aktivität.

Koinzidenzmessungen

Zur Absolutbestimmung der Aktivität einiger radioaktiver Nuklide mit bekanntem Umwandlungsschema, die bei jeder Kernumwandlung ein β-Teilchen und ein γ-Quant oder mehrere γ-Quanten emittieren (z. B. $^{24}_{11}$Na, $^{60}_{27}$Co, $^{198}_{79}$Au), eignet sich die *Koinzidenzmethode*. Eine Anordnung zur Messung von β-γ-Koinzidenzen (gleichzeitiges Ansprechen von β- und γ-Detektor) zeigt die Abb. 111. Zwischen den beiden Strahlungsdetektoren befindet sich die radioaktive Quelle. Zur Messung der β-Strahlung kann ein Glockenzählrohr oder ein Szintillationszähler mit Plastszintillator verwendet werden. Als Detektor für die γ-Strahlung dient ein NaI:Tl-Szintillationszähler. Durch einen Absorber verhindert man, daß β-Strahlung den γ-Detektor zum Ansprechen bringt. Zur Bestimmung der Aktivität wird gleichzeitig die β-Impulsrate $\dot{n}_\beta$, die γ-Impulsrate $\dot{n}_\gamma$ sowie die Häufigkeit der

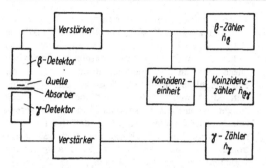

Abb. 111. Koinzidenzmeßanordnung zur Aktivitäts-bestimmung

Koinzidenzen $\dot{n}_{\beta\gamma}$ zwischen den Impulsen in beiden Strahlungsdetektoren gemessen. Sind $\mathscr{A}$ die Aktivität der Strahlungsquelle, η_β der Ge-samtwirkungsgrad der β-Zählung und η_γ der Ge-samtwirkungsgrad der γ-Zählung, so gilt

$$\dot{n}_\beta = \mathscr{A}\eta_\beta, \quad \dot{n}_\gamma = \mathscr{A}\eta_\gamma, \quad \dot{n}_{\beta\gamma} = \mathscr{A}\eta_\beta\eta_\gamma. \quad (9.38)$$

Daraus ergibt sich für die Aktivität

$$\mathscr{A} = \frac{\dot{n}_\beta \dot{n}_\gamma}{\dot{n}_{\beta\gamma}}. \quad (9.39)$$

Bei relativ großem Zeitaufwand sind mit der Koinzidenzmethode Genauigkeiten von etwa 2 % erreichbar.

Die Koinzidenzimpulsrate setzt sich aus echten Koin-zidenzen, Nulleffektskoinzidenzen und zufälligen Koinzidenzen zusammen, so daß Korrektionen erfor-derlich sind. Während die Impulsrate der Nulleffekts-koinzidenzen leicht gemessen werden kann, ergibt sich die Rate der Zufallskoinzidenzen nach der For-mel

$$\dot{n}_Z = 2t_A\dot{n}_\beta\dot{n}_\gamma \quad (9.40)$$

wobei t_A die Auflösungszeit der Koinzidenzstufe be-deutet. Absolute Aktivitätsbestimmungen sind auch durch Messung der γ-γ-Koinzidenzen möglich, wenn die γ-Übergänge in einer Kaskade erfolgen (z. B. $^{24}_{11}$Na, $^{60}_{27}$Co). In diesem Fall gilt in guter Näherung

$$\mathscr{A} = \frac{\dot{n}_{\gamma 1}\dot{n}_{\gamma 2}}{\dot{n}_{\gamma 1\gamma 2}}. \quad (9.41)$$

Winkelkorrelationen zwischen der Ausstrahlungsrich-tung aufeinanderfolgender γ-Quanten erfordern je-doch erhebliche Korrektionen.

Messung der Luftkermaleistung

Ein punktförmiger γ-Strahler der Aktivität A bewirkt in Luft in der Entfernung r die Kerma-leistung (s. 9.5.2.)

$$\dot{K} = \Gamma_\delta \frac{A}{r^2}. \quad (9.42)$$

Hierbei ist Γ_δ die *Kermaleistungskonstante* des betreffenden radioaktiven Nuklids (s.11.5. und Tab. 47). Zur Aktivitätsbestimmung wird die Kermaleistung mit einer luftäquivalenten Ioni-sationskammer in großem Abstand von jedem festen Material gemessen.
Die tatsächlichen Aktivitäten sind stets etwas größer als die mit Gl. (9.42) berechneten Wer-te, weil Γ_δ weder die Quellenkapselung noch die Streuung und Schwächung der Strahlung auf dem Weg zwischen Quelle und Detektor berücksichtigt

Messung geringer Aktivitäten

Die Bestimmung geringer Aktivitäten erfordert Langzeitmessungen mit Zählanordnungen. Die durch die Probe bewirkte Nettoimpulsrate $\dot{n}_N = \dot{n}_i - \dot{n}_0$ ist klein gegenüber der Nulleffektimpuls-rate $\dot{n}_0$. Grundsätzlich mißt man $\dot{n}$ (Meßzeit t) und $\dot{n}_0$ (Meßzeit t_0) getrennt. Ein Meßsystem für geringe Aktivitäten (Low-Level-Anord-

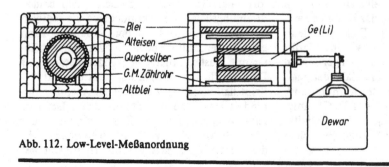

Abb. 112. Low-Level-Meßanordnung

nung) muß ein hohes Ansprechvermögen für die zu registrierende Strahlung und einen niedrigen Nulleffekt aufweisen. Zur Verringerung des Nulleffektes werden die Detektoren in Abschirmkammern angeordnet und zusätzlich mit radioaktivitätsfreiem Altblei, Eisen und Quecksilber umhüllt. Diese mechanische Abschirmung schwächt die weiche Komponente der kosmischen Strahlung und die Umgebungsstrahlung. Der Einfluß der harten Komponente der kosmischen Strahlung (Myonen) wird durch Antikoinzidenzschaltungen unterdrückt. Man umgibt hierzu den Meßdetektor mit Abschirmdetektoren. Abb. 112 zeigt einen Schutzring aus parallelgeschalteten Auslösezählrohren. Durchsetzt ein Teilchen der kosmischen Strahlung den Meßdetektor, so spricht auch mindestens ein Schutzzählrohr an. Die Antikoinzidenzschaltung schließt solche Impulse von der Registrierung aus. Man kann den Zählrohrkranz auch durch einen geschlossenen Ringzähler oder einen großen Plastszintillator ersetzen.

Bei vorgegebener Gesamtmeßzeit $t_M = t + t_0$ nimmt der relative Fehler einen minimalen Wert an, wenn gilt:

$$\frac{t}{t_0} = \sqrt{\frac{\dot{n}}{\dot{n}_0}}. \tag{9.43}$$

Die gerade noch statistisch signifikant nachweisbare Aktivität $\mathscr{A}_{min}$ ist dann näherungsweise durch den Ausdruck

$$\mathscr{A}_{min} \approx \frac{2\sqrt{\dot{n}_0}}{\eta s_r \sqrt{t_M}} \tag{9.44}$$

gegeben, wobei η der Gesamtwirkungsgrad der Meßanordnung und s_r die vorgegebene relative Standardabweichung sind.

9.2.2. Relative Aktivitätsmessung

Absolute Aktivitätsmessungen erfordern aufwendige Meßanordnungen und sind in der Regel mit umfangreichen Meßwertkorrekturen verbunden. In der Praxis werden daher oft die unbekannten Aktivitäten $\mathscr{A}_x$ von Strahlungsquellen relativ zu Standardquellen bekannter Aktivität $\mathscr{A}$ ermittelt. Wenn möglich, sollten nur Quellen desselben radioaktiven Nuklids miteinander verglichen werden. Nach der Beziehung (9.32) ergibt sich für die unbekannte Aktivität

$$\mathscr{A}_x = \frac{\eta}{\eta_x} \frac{\dot{n}_x}{\dot{n}} \mathscr{A}. \tag{9.45}$$

Man ist bestrebt, die apparativen und geometrischen Bedingungen so einzurichten, daß die Gesamtwirkungsgrade der Zählungen übereinstimmen. Wenn die Quellen auf gleichen Unterlagen vorliegen, dieselbe Form besitzen und die Impulsraten nicht sehr voneinander verschieden sind, vereinfacht sich Gl. (9.45) zu

$$\mathscr{A}_x = \frac{\dot{n}_x}{\dot{n}} \mathscr{A}. \tag{9.46}$$

Unterscheiden sich die Aktivitäten von Meß- und Standardquelle stark, so kann man durch Abstandsvariation oder Verwendung eines Absorbers bei der Messung der stärkeren Quelle erreichen, daß die Impulsraten ungefähr übereinstimmen. Es sind dann allerdings Korrektionen mit den zugehörigen Geometriefaktoren bzw. mit dem Absorptionsfaktor der Absorberschicht erforderlich:

$$\mathscr{A}_x = \frac{f_G}{f_{G_x}} \frac{\dot{n}_x}{\dot{n}} \mathscr{A}, \tag{9.47}$$

$$\mathscr{A}_x = \frac{1}{f_{A_x}} \frac{\dot{n}_x}{\dot{n}} \mathscr{A}. \tag{9.48}$$

Befinden sich die Proben desselben Nuklids auf verschiedenen Unterlagen, so ist der Aktivitätsvergleich unter Berücksichtigung der Rückstreufaktoren möglich:

$$\mathscr{A}_x = \frac{f_R}{f_{R_x}} \frac{\dot{n}_x}{\dot{n}} \mathscr{A}. \tag{9.49}$$

Nicht in jedem Fall sind jedoch Standardquellen desselben Nuklids verfügbar. Insbesondere von vielen kurzlebigen radioaktiven Nukliden lassen sich keine praktisch anwendbaren Standards herstellen. In diesem Fall besteht die Möglichkeit, die Meßanordnung einmalig mit einer geeichten Quelle zu kalibrieren und anschließend lediglich die Konstanz der Meßgeräteempfindlichkeit vor jeder weiteren Messung mit einer langlebigen Kontrollquelle zu überprüfen. Ein grober Vergleich kann unter Umständen auch mit einer Standardquelle eines anderen Nuklids vorgenommen werden. Da eine Reihe von Korrektionsfaktoren (f_A, f_R, f_S, f_{eff}) von der Strahlungsenergie abhängen, sollten die zu vergleichenden Quellen zumindest ähnliche Energiespektren aufweisen. Von Fall zu Fall muß dann entschieden werden, welche Korrektionen nötig sind.

Für relative Aktivitätsmessungen gibt es kein Universalverfahren. Die Meßmethoden richten sich nach der Art und Energie der Strahlung, der Aktivität, dem Aggregatzustand der Quellen sowie der geforderten Meßgenauigkeit. Relative Aktivitätsmessungen sollten stets in der Reihenfolge

Nulleffekt – Standardquelle – Meßquelle – Standardquelle – Nulleffekt

vorgenommen werden, um den Einfluß eines zeitlichen Ganges der Meßgeräteempfindlichkeit während der Messungen möglichst einzuschränken.

9.3. Messung der Strahlungsenergie

Eine Grundaufgabe der Strahlungsmeßtechnik ist die Identifizierung unbekannter radioaktiver Nuklide. Die Analyse von Gemischen aus mehreren unbekannten Strahlern erfordert die Bestimmung von Art und Anteil aller vorhandenen Nuklide. Da sich verschiedene radioaktive Nuklide in charakteristischen Eigenschaften wie Strahlungsart, Strahlungsenergie und Halbwertzeit unterscheiden, ist eine Identifizierung unbekannter Nuklide mit physikalischen Bestimmungsmethoden möglich. Die Aufnahme von Energiespektren ionisierender Strahlung hat daher große Bedeutung erlangt.

Die Bestimmung der Strahlungsenergie (Spektrometrie) erfolgt in der angewandten Radioaktivität meist durch Impulshöhenanalyse mit Einkanal- und Vielkanalspektrometern. Als Spektrometereingang dienen Szintillationszähler, Halbleiterdetektoren oder Proportionalzählrohre. Die Größe der Ausgangsimpulse ist bei diesen Detektoren von der im empfindlichen Volumen abgegebenen Strahlungsenergie ab-

hängig. Wenn die Strahlung vollständig im Detektor absorbiert wird, sind die Impulse ein Maß für die Energie. Energieverluste im Detektorfenster müssen durch Korrektionen berücksichtigt werden. In einfachen Fällen ist eine Bestimmung der Strahlungsenergie auch durch Messung der Teilchenreichweite bzw. der Halbwertschichtdicke möglich.

Die Energieanalyse läßt sich für alle Strahlungsarten durchführen. In der kernphysikalischen Analysenmeßtechnik, im Strahlenschutz und in der Radiochemie kommt der γ-Spektrometrie die größte Bedeutung zu. Die Energiebestimmung durch Ablenkung geladener Teilchen in elektrischen und magnetischen Feldern sowie die Kristallspektrometrie (Beugung) von Photonenstrahlung sind nicht Gegenstand dieses Kapitels.

9.3.1. Gammaspektrometrie

Bei der Wechselwirkung von Photonen mit Detektormaterialien werden durch Photoeffekt, Comptoneffekt und Paarbildung Sekundärelektronen erzeugt. Nach vollständiger Absorption dieser Teilchen im empfindlichen Detektorvolumen entstehen Impulse, deren Höhe der Elektronenenergie proportional ist. Die Energie der einfallenden Photonenstrahlung ergibt sich mit Hilfe der Beziehungen zwischen Elektronen- und γ-Energie (s. 7.3.). Wenn monoenergetische γ-Strahlung der Energie E_γ auf einen Detektor trifft, entsteht jedoch trotz vollständiger Energieabgabe im Impulsspektrum an der Stelle E_γ keine scharfe Linie. Infolge der statistischen Schwankungen der im Strahlungsdetektor ablaufenden Elementarprozesse ergibt sich eine *Impulshöhenverteilung*. Sie hat die Form einer Gaußschen Glockenkurve (Abb. 113). Eine solche verbreiterte Energielinie wird als *Peak* bezeichnet. Die mittlere Impulshöhe entspricht der Photonenenergie. Die *relative Halbwertbreite*

$$\frac{(\Delta E)_{HWB}}{E_\gamma} \cdot 100 \% \qquad (9.50)$$

eines Peaks, die sog. *Energieauflösung*, ist ein Maß für die Genauigkeit der Energiebestimmung. Es ist üblich, diese Größe für die γ-Li-

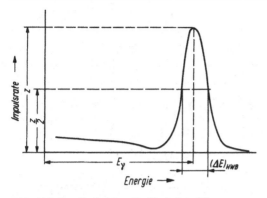

Abb. 113. Zur Definition der Energieauflösung $(\Delta E)_{\text{HWB}}$ Halbwertbreite, E_γ Photonenenergie

nien von $^{137}_{55}\text{Cs}/^{137}_{56}\text{Ba}^m$ ($E_\gamma = 0,662$ MeV) oder $^{60}_{27}\text{Co}$ ($E_\gamma = 1,333$ MeV) anzugeben. Die Energieauflösung sollte kleiner als 10 % sein.

Bei der Aufnahme von γ-Spektren radioaktiver Nuklide treten neben den für die γ-Energien charakteristischen Peaks noch weitere, mehr oder weniger ausgeprägte Maxima auf. Sie haben ihre Ursache in den verschiedenen Wechselwirkungsvorgängen der γ-Strahlung im Detektor und in seiner näheren Umgebung. Die Vielzahl der auftretenden Maxima erschwert oft die Auswertung und Deutung von γ-Spektren.

Messung mit Szintillationszählern

Szintillationszähler sind in Verbindung mit Impulshöhenanalysatoren zur Spektrometrie von Röntgen- und γ-Strahlung mit Photonenenergien $E_\gamma > 100$ keV geeignet. Wegen des großen Ansprechvermögens werden anorganische Kristalle mit großer effektiver Ordnungszahl, insbesondere NaI : Tl, BGO und CsI : Tl, als Szintillatoren verwendet. Die Energieauflösung guter Szintillationsspektrometer beträgt für $^{137}_{55}\text{Cs}/^{137}_{56}\text{Ba}^m$-γ-Strahlung ($E_\gamma = 0,662$ MeV) etwa $(\Delta E)_{\text{HWB}} \approx 50$ keV. Fällt monoenergetische γ-Strahlung auf den Szintillator, so erhält man im allgemeinen ein kompliziertes Impulshöhenspektrum, das eine sorgfältige Interpretation verlangt. Im folgenden wird am Beispiel eines NaI : Tl-Szintillationsspektrometers ein Überblick über die Vielzahl der prinzipiell möglichen Linien gegeben.

Photopeak und Escapepeak. Bis zu einer Photonenenergie von etwa 200 keV überwiegt in NaI : Tl-Kristallen der Photoeffekt (s. 7.3.2.). Meist werden aus der K-Schale der Iodatome Photoelektronen abgelöst. Bei der Auffüllung der Elektronenlücken entsteht die Röntgen-K-Strahlung des Iods mit einer Energie von $E_{\text{K, Iod}} = 28,5$ keV. Es kann auch eine Emission von Auger-Elektronen auftreten. Werden die abgelösten Photoelektronen und die Sekundärstrahlung vollständig vom Szintillator absorbiert, so entsteht im Impulshöhenspektrum ein *Vollenergiepeak*. Dieser sog. *Photopeak* entspricht der gesamten Photonenenergie E_γ. Entweicht jedoch die weiche Röntgen-K-Strahlung teilweise aus den Randschichten des Szintillators, so erscheint im Spektrum neben dem Photopeak ein *Satelliten*- oder *Escapepeak* (Verlustpeak) bei

$$E_{\text{Escape}} = E_\gamma - E_{\text{K, Iod}}. \qquad (9.51)$$

Diese Spitze ist nur bei kleiner γ-Energie (< 150 keV) getrennt vom Photopeak bemerkbar. Die Abb. 114 zeigt als Beispiel das Impulshöhenspektrum für Photonenstrahlung der Energie $E_\gamma = 44$ keV.

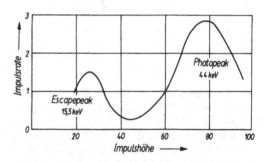

Abb. 114. Impulshöhenspektrum für $E_\gamma = 44$ keV

Comptonkontinuum. Oberhalb von 200 keV wird in NaI : Tl der Comptoneffekt (s. 7.3.3.) wirksam. Wenn die Comptonelektronen ihre Energie an den Szintillator abgeben und die gestreuten γ-Quanten durch Photoeffekt absorbiert werden, erscheint im Spektrum wieder ein Vollenergiepeak bei E_γ. Die gestreuten Photonen können jedoch den Kristall verlassen. Bei dünnen Szintillatoren ist die Wahrscheinlichkeit dafür besonders groß. Die Verteilung der Im-

pulse entspricht dann der Energie der absorbierten Comptonelektronen. Diese kann gemäß der
möglichen Quantenstreuwinkel (0° bis 180°)
alle Werte zwischen Null und einer von der primären γ-Energie abhängigen Maximalenergie
$(E_e)_{max}$ annehmen. Im Spektrum erscheint daher kein Peak, sondern eine kontinuierliche Impulshöhenverteilung, das *Comptonkontinuum*.
Bei $(E_e)_{max}$ bricht dieses mit der *Comptonkante*
ab (s. Gl. 7.40). Die Abb. 115 zeigt die Comp-
tonverteilung am Beispiel des Spektrums von
$^{137}_{55}\text{Cs}/^{137}_{56}\text{Ba}^m$-γ-Strahlung ($E_\gamma = 0,662$ MeV). Die
Auswertung von Mischspektren wird durch das
Comptonkontinuum erschwert, weil es die Photopeaks energiearmer Strahler überdecken
kann. Mit verschiedenen Meßanordnungen ist
eine Unterdrückung des Comptonkontinuums
erreichbar.

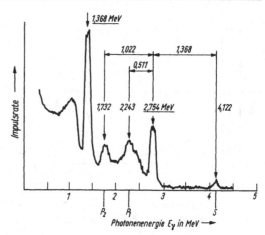

Abb. 116. Impulshöhenspektrum von $^{24}_{11}$Na
($E_{\gamma 1} = 2,754$ MeV und $E_{\gamma 2} = 1,368$ MeV)
P_1, P_2 Paarbildungspeaks; S Summenpeak

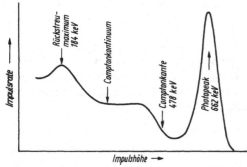

Abb. 115. Impulshöhenspektrum von $^{137}_{55}\text{Cs}/^{137}_{56}\text{Ba}^m$-γ-
Strahlung ($E_\gamma = 0,662$ MeV)

Paarbildungspeaks. Übersteigt die Photonenenergie $2m_e c_0^2 = 1,022$ MeV, so kann der Paarbildungseffekt (s. 7.3.4.) auftreten. Das Elektron
gibt seine Energie an den Kristall ab, während
das Positron nach der Abbremsung unter Emission von zwei 0,511 MeV-Vernichtungsquanten
zerstrahlt. Wird die kinetische Energie des Elektron-Positron-Paares und die Energie beider
Photonen der Vernichtungsstrahlung auf den
Szintillator übertragen, so ergibt sich der Vollenergiepeak an der Stelle E_γ. Durch Entweichen
eines Vernichtungsquants oder beider Quanten
entstehen bei

$$E_1 = E_\gamma - m_e c_0^2 \quad \text{und} \quad E_2 = E_\gamma - 2m_e c_0^2 \quad (9.52)$$

die sog. *Paarbildungspeaks.* Die Abb. 116 zeigt
beide Peaks im Impulshöhenspektrum der γ-
Strahlung von $^{24}_{11}$Na.

Rückstreumaximum und Vernichtungspeaks. Die
Umgebung des Szintillators (Abschirmung,
Photovervielfacher) und die Art der Strahlungs-
quelle beeinflussen das γ-Spektrum erheblich.
Primäre Photonen können den Kristall ohne
Wechselwirkung durchdringen und nach Rück-
streuung an Stoffen der Umgebung wieder in
ihn eintreten. Der Absorption dieser durch
Comptoneffekt um annähernd 180° gestreuten
Photonen entspricht ein Rückstreumaximum
bei

$$E_R = E_\gamma - (E_e)_{max} = (E'_\gamma)_{min} \quad (9.53)$$

(s. Gl. 7.39), das sich dem Comptonkontinuum
überlagert (Abb. 115). Durch Paarbildungseffekt
in der näheren Umgebung kann ein Vernich-
tungsquant in den Szintillator gelangen, so daß
bei 0,511 MeV ein *Vernichtungspeak* entsteht.
Die Absorption beider Vernichtungsquanten
führt zu einem weiteren Peak bei 1,022 MeV.
Summenpeak. Die Wahrscheinlichkeit für Total-
absorption der Photonenenergie ist um so höher, je größer die Abmessungen des Szintillators
sind. Mit zunehmender Kristallgröße verschlechtert sich jedoch die Energieauflösung.
Außerdem können bei Verwendung großer
Szintillatoren *Summenpeaks* auftreten. Sie entstehen durch gleichzeitige Absorption zweier γ-
Quanten, die in einer Kaskade ausgesandt werden (s. Abb. 116). Summenpeaks erschweren
die Interpretation unbekannter γ-Spektren.

Tabelle 31. Effekte, die das Impulshöhenspektrum eines NaI:Tl-Szintillationsspektrometers beeinflussen

Effekt im NaI:Tl-Szintillator	Aus dem Kristall entweichende Strahlung	Impulshöhe	Wirkung auf das Spektrum
Photoeffekt	keine	E_γ	Vollenergiepeak (Photopeak)
	Röntgen-K-Strahlung des Iods	$E_\gamma - E_{K,\text{Iod}}$	Escapepeak
Comptoneffekt	keine	E_γ	Vollenergiepeak
	gestreutes Photon	0 bis $(E_e)_{max}$	Comptonkontinuum
Paarbildungseffekt	keine	E_γ	Vollenergiepeak
	ein Vernichtungsquant	$E_\gamma - m_e c_0^2$	Paarbildungspeaks
	beide Vernichtungsquanten	$E_\gamma - 2 m_e c_0^2$	

Effekte in der Umgebung	In den Kristall gelangende Strahlung	Impulshöhe	Wirkung auf das Spektrum
Comptoneffekt	um 180° gestreutes Photon	$E_\gamma - (E_e)_{max}$	Rückstreumaximum
Paarbildungseffekt	ein Vernichtungsquant	$m_e c_0^2$	Vernichtungspeaks
	beide Vernichtungsquanten	$2 m_e c_0^2$	

In Tab. 31 sind die wichtigsten Effekte zusammengefaßt, die das Impulshöhenspektrum eines Na:Tl-Szintillationsspektrometers beeinflussen.

Messung mit Halbleiterdetektoren

Lithiumdriftdetektoren und HPGe-Detektoren mit großen empfindlichen Volumina sind besonders für die Spektrometrie von Röntgen- und γ-Strahlung geeignet. Während Ge(Li)- und HPGe-Detektoren wegen der verhältnismäßig hohen Ordnungszahl des Germaniums für den Photonenenergiebereich zwischen 10 keV und 10 MeV verwendet werden, sind Li-Driftdetektoren aus Silicium zur Spektrometrie energiearmer Photonenstrahlung (1 keV bis 100 keV) geeignet. Halbleiterdetektoren erweisen sich Szintillationszählern in der Energieauflösung wesentlich überlegen, weil nur ca. 3 eV zur Bildung eines Elektron-Defektelektron-Paa-

res im Halbleiterkristall benötigt werden (s. Tab. 29). Für eine monoenergetische Strahlung ist der theoretische Bestwert der Energieauflösung durch die Beziehung

$$\frac{(\Delta E)_{HWB}}{E_\gamma} = 2{,}35 \sqrt{F \frac{\overline{W}_i}{E_\gamma}} \tag{9.54}$$

gegeben. Hierin ist $F < 1$ der Fano-Faktor[1] (s. Tab. 29).

Die Energieauflösung wird außerdem durch das Verstärker- und Detektorrauschen beeinflußt. Für $E_\gamma = 1{,}333$ MeV erreicht man mit gekühlten Germaniumdetektoren Halbwertbreiten $(\Delta E)_{HWB} \leqq 2$ keV. Im niederenergetischen Bereich dient die Halbwertbreite der Mangan-K_α-

---

[1] Der Fano-Faktor berücksichtigt, daß die Zahl der gebildeten Ladungsträgerpaare weniger fluktuiert, als der Poisson-Verteilung entspricht. Bei ideal zufälligem Verhalten wäre $F = 1$.

Linie ($E_\gamma = 5,9$ keV) als Maß für die Energieauflösung. Sie liegt bei Verwendung von Si(Li)-Detektoren zwischen 160 und 250 eV. In Abb. 117 sind zum Vergleich die mit einem NaI : Tl-Kristall und mit einem HPGe-Detektor aufgenommenen γ-Spektren einer Bodenprobe wiedergegeben. In der Struktur entsprechen die mit beiden Detektorarten gewonnenen Spektren einander. Halbleiterdetektoren liefern aber schärfere Photopeaks mit wesentlich kleineren Halbwertbreiten, die sich deutlich vom Untergrund abheben.

und einem Krypton-Zählrohr gemessenen Impulshöhenspektren von 8 keV- und 24 keV-Photonenstrahlung ersichtlich (Abb. 118). Proportionalzählrohre haben unterhalb von 75 keV eine zwei- bis dreimal bessere Energieauflösung als Szintillationsspektrometer. Sie kann ebenfalls mit Beziehung (9.54) berechnet werden, wobei $\overline{W}_i = 26,2$ eV und $F = 0,2$ zu setzen sind.

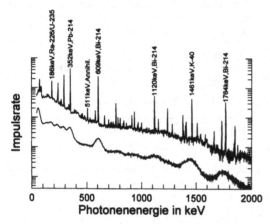

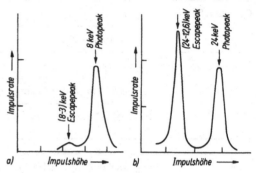

Abb. 118. Impulshöhenspektren monoenergetischer Photonenstrahlung
a) Argon-Proportionalzählrohr, $E_\gamma = 8$ keV; b) Krypton-Proportionalzählrohr, $E_\gamma = 24$ keV

Abb. 17. γ-Spektrum einer Bodenprobe, aufgenommen mit einem NaI : Tl-Szintillationszähler (untere Kurve) und einem HPGe-Halbleiterdetektor (obere Kurve)

9.3.2. Alphaspektrometrie

Messung mit Proportionalzählrohren

Zur Spektrometrie energiearmer γ- und Röntgenstrahlung mit Energien $E_\gamma < 100$ keV finden abgeschlossene, zylindrische Proportionalzählrohre Anwendung. Die Strahlung tritt durch dünne Fenster aus Glimmer, Aluminium oder Beryllium in das Zählrohrinnere ein: Im Zählgas werden die Quanten durch Photoeffekt absorbiert, so daß im Impulshöhenspektrum Photo- und Escapepeaks erscheinen. Als Zählgas sind Edelgas-Methan-Gemische geeignet. Bei Argon treten wegen der kleinen K-Fluoreszenzausbeute ($\omega_K = 0,08$) Escapepeaks nur schwach hervor. Wird dagegen Krypton ($\omega_K = 0,61$) oder Xenon ($\omega_K = 0,87$) als Füllgas verwendet, sind die Escapepeaks stark ausgeprägt. Das ist am Beispiel der mit einem Argon-

Die Energieanalyse von α-Strahlung ähnelt der Spektrometrie von γ-Strahlung, weil beide Strahlungsarten diskrete Energien besitzen. Die Messung von α-Energien erfolgt ebenfalls vorwiegend durch Analyse der Impulshöhenverteilung unter Verwendung von Szintillationszählern, Halbleiterdetektoren und Innenproportionalzählrohren. Die Impulse dieser Strahlungsdetektoren sind den Energien der α-Teilchen proportional, wenn die Energieabgabe vollständig im empfindlichen Detektorvolumen stattfindet. Auch aus Reichweitebestimmungen lassen sich die Energiewerte von α-Teilchen ermitteln.

Bei der Energiemessung von α-Strahlung müssen Absorptionsverluste jeglicher Art sorgfältig vermieden werden. Besonderes Augenmerk ist auf die Verwendung von Strahlungsdetektoren mit sehr geringer Fensterdicke zu richten. Vielfach werden fensterlose Detektoren verwendet. Die auszumessenden Proben dürfen nur eine geringe Schichtdicke besitzen, damit keine Verluste durch Selbstabsorption auftreten.

Die Energien der von radioaktiven Nukliden emittierten α-Teilchen liegen in einem engen Bereich von 4 bis 9 MeV. Bei Gemischen von α-Strahlern sind daher genaue Energiebestimmungen nur mit Spektrometern möglich, die ein hohes Energieauflösungsvermögen besitzen.

Messung mit Szintillationszählern

Zur α-Szintillationsspektrometrie werden häufig CsI:Tl- und flüssige Szintillatoren benutzt. Bei Verwendung fester Szintillatoren ordnet man die Kristalle und die auszumessenden Präparate in Vakuumkammern an. Derartige Anordnungen besitzen ein Energieauflösungsvermögen von etwa 8 %. Organische Flüssigkeitsszintillatoren bieten zwar den Vorteil der 4π-Zählgeometrie und eines 100%igen Ansprechvermögens, jedoch erreicht ihr energetisches Auflösungsvermögen nur Werte von etwa 20 %. Eng beieinanderliegende α-Linien lassen sich daher mit Flüssigkeitsszintillationsspektrometern nicht trennen. Bei der Verwendung von Szintillationszählern zur Teilchenspektrometrie ist die genaue Kenntnis des Zusammenhangs zwischen Impulshöhe und Energie von Wichtigkeit.

Messung mit Halbleiterdetektoren

Mit großem Erfolg werden Halbleiterdetektoren zur Messung von α-Spektren eingesetzt. Ihr besonderer Vorteil gegenüber Szintillationszählern besteht in der strengen Energielinearität. Die Energieeichung ist für alle Teilchenarten dieselbe. Das energetische Auflösungsvermögen liegt zwischen 0,5 und 1 %.

Für α-Teilchen kleiner Reichweite werden vorzugsweise Au-Si-Oberflächensperrschichtdetektoren verwendet. Auch Si(Li)-Detektoren mit Fensterdicken bis herab zu 0,1 μm finden Anwendung. Zur Vermeidung von Linienverbreiterungen müssen die Messungen im Vakuum durchgeführt werden. Die Abb. 119 zeigt das mit einem Oberflächensperrschichtdetektor aufgenommene α-Spektrum von $^{241}_{95}$Am.

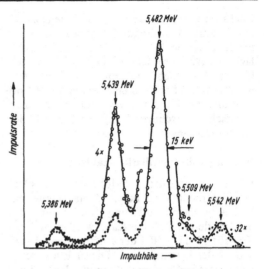

Abb. 119. α-Spektrum von $^{241}_{95}$Am, aufgenommen mit einem Oberflächensperrschichtdetektor

Messung der Reichweite

Die klassische Methode der Bestimmung von α-Energien beruht auf Reichweitenmessungen in Luft (s. 8.1.1.). Ist die mittlere Reichweite der α-Teilchen bekannt, so läßt sich ihre Energie entweder mit Hilfe der empirischen Beziehung (8.8) berechnen oder aus der in Abb. 76 dargestellten Kurve entnehmen.

9.3.3. Betaspektrometrie

Die β-Spektrometrie verfolgt das Ziel, die Energie der von radioaktiven Nukliden ausgehenden Elektronen zu bestimmen. Diese Elektronen können verschiedenen Ursprungs sein. Es werden sowohl kontinuierliche Energieverteilungen von β-Teilchen als auch Energien von Konversions- und Photoelektronen gemessen. Die beste Energieauflösung wird mit Spektrometern erreicht, die auf der magnetischen Ablenkung der zu analysierenden Teilchen beruhen. In der angewandten Radioaktivität ist es üblich, die Energie von β- und monoenergetischer Elektronenstrahlung durch Aufnahme von Impulshöhenspektren oder Reichweitemessungen zu ermitteln. Schwierigkeiten ergeben sich bei der β-Spektrometrie, wenn Energieverluste und

Rückstreueffekte in der Strahlungsquelle auftreten. Um eine Verfälschung der Spektren zu vermeiden, müssen die Präparate und deren Unterlagen (Plastfolien) sehr dünn sein. Außerdem können zusätzliche γ-Komponenten die Auswertung von β-Spektren erschweren. Die Identifizierung eines radioaktiven Nuklids in einem Gemisch unterschiedlicher β-Strahler erfordert große Erfahrungen.

Messung mit Szintillationszählern

Schwere anorganische Szintillatoren besitzen für Elektronen eine hohe Lichtausbeute und eine gute Energieauflösung. Infolge ihrer großen mittleren Ordnungszahl werden aus den Kristallen jedoch 80 % der einfallenden Elektronen wieder herausgestreut. Dieser Rückstreueffekt schränkt die Verwendung von NaI : Tl und CsI : Tl für die β-Spektrometrie stark ein. In organischen Szintillatoren beträgt dagegen bei angenähert gleicher Lichtausbeute der Anteil der rückgestreuten Teilchen nur ca. 8 %. Zur Spektrometrie von monoenergetischen Elektronen und β-Teilchen werden deshalb vorwiegend Anthracenkristalle und Plastszintillatoren benutzt. Es ist aber zu beachten, daß bei organischen Szintillatoren erst oberhalb von 100 keV Linearität zwischen emittierter Lichtmenge und absorbierter Teilchenenergie besteht. Die Energieauflösung liegt zwischen 5 und 20 %.

Messung mit Halbleiterdetektoren

Zur Spektrometrie von Elektronen und β-Teilchen sind Halbleiterdetektoren mit Sperrschichtdicken von mehreren Millimetern erforderlich. Es eignen sich besonders Si(Li)-Detektoren, die zur Erhöhung des Energieauflösungsvermögens gekühlt werden können. Wegen der großen Ordnungszahl des Siliciums ($Z = 14$) tritt allerdings eine stärkere Vielfachstreuung als in organischen Szintillatoren auf. Wenn die Detektoren Sättigungsdicke besitzen, beträgt die Rückstreuung 23 %. Monoenergetische Elektronen können aufgrund der Vielfachstreuung auch dann noch vollkommen absorbiert werden, wenn ihre Reichweite erheblich größer als die Sperrschichtdicke ist. Auch in diesem Fall erscheint im Impulshöhenspektrum ein Vollenergiepeak. Anderseits bewirkt die unvollständige Absorption der Elektronen eine kontinuierliche Komponente, die sich vom Vollenergiepeak bis zu verschwindend kleinen Impulshöhen erstreckt. Als Folge der Rückstreuung wird diese Erscheinung auch dann beobachtet, wenn die Dicke der empfindlichen Schicht größer als die Elektronenreichweite ist. Diese Effekte erschweren die Auswertung von β-Spektren beträchtlich.

Messung mit Proportionalzählrohren

Da die Reichweite energiereicher β-Teilchen und Elektronen in Gasen mehrere Meter beträgt, liegt die obere Grenze für die Anwendung gewöhnlicher Proportionalzählrohre zur β-Spektrometrie bei etwa 100 keV. Proportionalzählrohre mit Füllgasdrücken in der Größenordnung des Normdruckes sind zur Energiebestimmung sehr weicher β-Strahlung geeignet. Größere Elektronenenergien erfordern den Einsatz spezieller Hochdruckzählrohre. Auch durch „Aufwickeln" der Elektronenbahnen in magnetischen Feldern kann eine vollständige Energieabgabe im Zählrohr erreicht werden.

Messung der Reichweite

Eine einfache Möglichkeit zur Bestimmung der Anfangsenergie monoenergetischer Elektronen und der Maximalenergie von β-Strahlung eröffnet die Messung der praktischen bzw. der maximalen Reichweite in Aluminium (s. 8.1.2.). Die Teilchenenergie läßt sich näherungsweise mit Hilfe empirischer Energie-Reichweite-Beziehungen (s. Tab. 24) ermitteln.

9.3.4. Neutronenspektrometrie

Die Bestimmung der Energie von Neutronen ist durch die Registrierung der geladenen Sekundärteilchen möglich, die bei der Wechselwirkung mit Atomen entstehen. Zur Spektrometrie schneller Neutronen wird häufig die elastische Neutronenstreuung an Protonen benutzt. Wenn φ der Winkel zwischen der ursprünglichen Neutronenrichtung und der Flugrichtung der Protonen im Laborsystem ist, ergibt Gl. (7.22) mit $m_n \approx m_p$ für die Rückstoßenergie

$$E_p = E_n \cos^2 \varphi. \tag{9.55}$$

Die Protonenenergie liegt somit zwischen Null und der Neutronenenergie. Die Beziehung (9.55) erlaubt die Bestimmung von E_n, wenn E_p und φ gleichzeitig gemessen werden können. Der Nachweis der Rückstoßprotonen erfolgt in Teleskopanordnungen mit Proportionalzählrohren, Szintillationszählern oder Halbleiterdetektoren. Mit Rückstoßprotonenspektrometern ist eine Energieauflösung von etwa 10 % erreichbar.

Halbleiterdetektoren sind auch unter Ausnutzung der Kernreaktionen

$$^6_3\text{Li}(n,\alpha)^3_1\text{H}, \qquad Q = 4{,}79\,\text{MeV};$$

$$^{10}_5\text{B}(n,\alpha)^7_3\text{Li}, \qquad Q = 2{,}78\,\text{MeV} \quad \text{und} \qquad (9.56)$$

$$^3_2\text{He}(n,p)^3_1\text{H}, \qquad Q = 0{,}77\,\text{MeV}$$

zur Spektrometrie von Neutronen geeignet. Die bei diesen Reaktionen gebildeten Teilchen werden in Sandwichanordnungen mit zwei auf beiden Seiten der Konvertersubstanz befindlichen Oberflächensperrschichtdetektoren registriert. Im Spektrum der Summenimpulse beider Detektoren erscheint ein Peak bei der Energie $E_n + Q$.

Für die Spektrometrie von Neutronen im Energiebereich von 0,1 bis 1 MeV lassen sich bei einer Energieauflösung von etwa 5 % außerdem sehr gut mit ^3_2He und Krypton gefüllte Proportionalzählrohre verwenden.

Ein weiteres wichtiges Verfahren zur Bestimmung von Neutronenenergien im Bereich von 10^{-2} eV bis 10 MeV ist die *Flugzeitspektrometrie*. Zwischen Neutronenflugzeit t, Länge der Meßstrecke s und Energie E_n besteht der Zusammenhang

$$t = \frac{s}{\sqrt{\dfrac{2E_n}{m_n}}}. \qquad (9.57)$$

Für eine grobe Ermittlung von Neutronenenergien können auch Aktivierungssonden benutzt werden. Sie beruhen auf der Aktivierung bestimmter Elemente durch neutroneninduzierte Kernreaktionen.

9.4. Messung der Halbwertzeit

9.4.1. Messung der Halbwertzeit durch Aufnahme von Umwandlungskurven

Die Ermittlung der Halbwertzeit ist eine einfache Methode zur Identifizierung radioaktiver Nuklide. Halbwertzeiten, die zwischen einigen Minuten und etwa einem Jahr liegen, können direkt durch die Aufnahme von Umwandlungskurven bestimmt werden. Es ist nur erforderlich, die Strahlung ein und derselben Probe in geeigneten Zeitabständen unter einheitlichen Meßbedingungen mit einem Strahlungsdetektor zu registrieren. Wenn sich die Messungen über einen längeren Zeitraum erstrecken, muß man von Zeit zu Zeit die Konstanz der Meßanordnung mit einem Standard überprüfen. Die Zeitdauer der Einzelmessungen richtet sich nach der vorhandenen Aktivität. Je größer diese ist, um so kürzer kann bei gleichem Fehler die Meßzeit gewählt werden. Besondere Sorgfalt erfordert bei Halbwertzeitbestimmungen die Behandlung der Strahlungsquellen. Zwischen den Messungen dürfen keine Aktivitätsverluste durch mechanische Beschädigung, Abdampfen der radioaktiven Substanz oder Eindiffundieren in die Unterlage auftreten. Es lassen sich drei Fälle der Halbwertzeitanalyse unterscheiden.

Halbwertzeit eines isolierten Nuklids

Der zeitliche Abfall der Aktivität wird meist mit einem Strahlungsdetektor verfolgt. Nach Abzug des Nulleffektes und Berücksichtigung von Zählverlusten trägt man die Impulsraten zweckmäßig auf halblogarithmischem Papier als Funktion der Zeit auf. Im Falle einer einheitlichen radioaktiven Substanz ergibt diese Darstellungsart eine Gerade (Abb. 120a). Auf dieser Geraden werden zwei weit voneinander entfernte Punkte so ausgewählt, daß sich die zugehörigen Zählraten um den Faktor 2^δ unterscheiden, wobei δ eine ganze Zahl ist. Unter dieser Bedingung entspricht das Zeitintervall zwischen beiden Punkten $\delta T_{1/2}$.

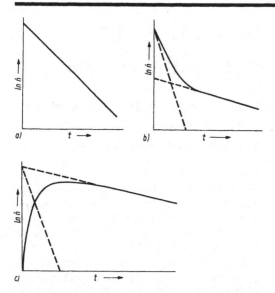

Abb. 120. Graphische Bestimmung von Halbwertzeiten aus Umwandlungskurven
a) Umwandlungskurve eines isolierten radioaktiven Nuklids; b) Bestimmung der Halbwertzeiten zweier genetisch unabhängiger Nuklide; c) Bestimmung der Halbwertzeiten zweier aufeinanderfolgender Nuklide

Halbwertzeiten mehrerer genetisch unabhängiger Nuklide

Wenn die Quelle mehrere radioaktive Nuklide enthält, die genetisch voneinander unabhängig sind, so ergibt sich eine komplexe Umwandlungskurve. Sie setzt sich additiv aus den exponentiellen Umwandlungskurven der Einzelnuklide zusammen. Die Abb. 120b zeigt als Beispiel die Umwandlungskurve von zwei radioaktiven Nukliden mit unterschiedlichen Halbwertzeiten. Wenn man so lange mißt, bis nur noch die langlebige Komponente vorhanden ist, nähert sich der rechte Kurventeil einer Geraden. Durch Extrapolation dieser Geraden und Differenzbildung ergibt sich die Abklingkurve des kurzlebigen Nuklids. Aus den Teilgeraden können die beiden Halbwertzeiten ermittelt werden. Bei mehr als zwei Komponenten wird dieses graphische Verfahren sehr ungenau. Prinzipiell ist die Zerlegung komplexer Umwandlungskurven nur dann möglich, wenn sich die Halbwertzeiten der Nuklide genügend stark voneinander unterscheiden.

Halbwertzeiten genetisch abhängiger Nuklide

Auch bei genetisch voneinander abhängigen Nukliden können die einzelnen Halbwertzeiten graphisch aus den Umwandlungskurven bestimmt werden. Die Abb. 120c zeigt das am Beispiel eines Mutter-Tochter-Paares. Es wird die Strahlung der Tochtersubstanz allein gemessen und der Meßeffekt logarithmisch gegen die Zeit aufgetragen. Für Zeiten, die groß gegenüber der kürzeren Halbwertzeit sind, nähert sich der Kurvenverlauf einer Geraden, aus deren Anstieg sich die größere Halbwertzeit ergibt. Durch Extrapolation dieser Geraden und Subtraktion der gemessenen Kurve erhält man eine weitere Gerade, der die Halbwertzeit des kurzlebigen Nuklids entnommen werden kann. Diese Methode allein gestattet jedoch keine Entscheidung, welchem Nuklid die größere und welchem die kleinere Halbwertzeit zuzuschreiben ist. Erst die chemische Trennung der beiden Nuklide oder die gesonderte Messung der Strahlung der Muttersubstanz ermöglicht eine Zuordnung.

9.4.2. Messung von Halbwertzeiten sehr langlebiger und sehr kurzlebiger radioaktiver Nuklide

Messung sehr langer Halbwertzeiten

Wenn die Halbwertzeiten radioaktiver Nuklide sehr groß im Vergleich zur möglichen Meßdauer sind, lassen sie sich nicht mehr durch die Aufnahme von Umwandlungskurven ermitteln. Zur Bestimmung sehr langer Halbwertzeiten eignen sich verschiedene Methoden.
Liegt die radioaktive Substanz in wägbarer Menge vor, so erhält man mit Hilfe der Beziehung (2.8) die Halbwertzeit aus der Masse aller radioaktiven Atome und der zugehörigen Aktivität.
Ein weiteres Verfahren ist bei radioaktiven Nukliden unterschiedlicher Halbwertzeit anwendbar, die sich im Dauergleichgewicht befinden. Nach Gl. (2.22) verhalten sich die Halbwertzeiten solcher Nuklide wie deren Massen im radioaktiven Gleichgewicht. Ist die Messung der kürzeren Halbwertzeiten und des Massenverhältnisses möglich, dann kann die Halbwertzeit des

langlebigen Nuklids berechnet werden. Für Abschätzungen der Halbwertzeiten von α- und β-Strahlern eignen sich die Geiger-Nuttall-Regel (s. 2.6.) und das Sargent-Diagramm (s. 2.7.), wenn die Umwandlungsenergien der Nuklide bekannt sind.

Messung sehr kurzer Halbwertzeiten

Die Messung von Halbwertzeiten bis herab zu etwa 10^{-2} s gelingt mit Anordnungen mehrerer Strahlungsdetektoren, an denen die radioaktiven Präparate auf einem Transportband vorbeigeführt werden. Aus der Transportgeschwindigkeit und dem Detektorabstand läßt sich $T_{1/2}$ berechnen.

Sehr kurze Halbwertzeiten von Nukliden und angeregten Kernzuständen, die durch Umwandlung von Mutternukliden entstehen, mißt man mit elektronischen Verfahren. Der Zeitbereich von etwa 10^{-6} bis 10^{-11} s wird mit der Methode der *„verzögerten Koinzidenzen"* erfaßt. Abb. 121 veranschaulicht dieses Verfahren. Aus dem Mutterkern A entsteht durch β⁻-Umwandlung der angeregte Tochterkern B*, dessen mittlere Lebensdauer oder Halbwertzeit bestimmt werden soll. B* geht unter Emission von γ-Strahlung in den Grundzustand B über. Als Meßvorrichtung ist die in Abb. 121 dargestellte Koinzidenzapparatur geeignet, wenn man die Impulse des β-Detektors mit Hilfe einer zusätzlichen Verzögerungsleitung (Koaxialkabel) um einen vorgegebenen Zeitbetrag t verzögert. Die Koinzidenzschaltung erfaßt dann von allen registrierten Ereignissen nur diejenigen, bei denen die individuelle Lebensdauer des Anregungszustandes gerade zwischen $(t - t_A)$ und $(t + t_A)$ liegt. Hierbei ist t_A die Auflösungszeit der Koinzidenzapparatur. Falls $2t_A$ klein gegenüber t ist, ergibt sich unmittelbar die Abklingkurve von B*, wenn man die Koinzidenzrate logarithmisch über der variablen Verzögerungszeit aufträgt.

Anstelle dieser einkanaligen Meßmethode werden heute vorwiegend vielkanalige Verfahren benutzt. Man ersetzt die Koinzidenzschaltung durch einen Zeit-Impulshöhen-Konverter, der Ausgangsimpulse liefert, deren Höhe linear vom Zeitabstand der Signale abhängt, die beide Strahlungsdetektoren abgeben. In Verbindung mit einem Vielkanalimpulshöhenanalysator gewinnt man die gesamte Abklingkurve in einer einzigen Messung.

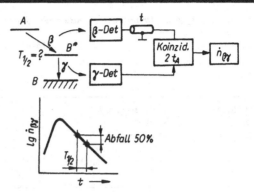

Abb. 121. Zur Halbwertzeitbestimmung kurzlebiger Nuklide

9.5. Messung der Energiedosis

Die von einer Strahlungsquelle emittierten ionisierenden Teilchen durchqueren ein Raumgebiet und erzeugen ein *Strahlungsfeld*. Befinden sich darin Substanzen, so wird durch Wechselwirkungsprozesse mit den Atomen und Molekülen Energie auf die stoffliche Materie übertragen. Die Aufgabe der *Dosimetrie* besteht darin, die auf das Material in einem Volumen *übertragene Energie* zu bestimmen. Sie ist für die physikalischen, chemischen und biologischen Wirkungen der Strahlung maßgebend. Das Bedürfnis nach exakt definierten und experimentell oder rechnerisch bestimmbaren Strahlungsgrößen, auf welche diese Wirkungen bezogen werden können, besteht bereits seit den Anfängen der therapeutischen Anwendung ionisierender Strahlung in der Medizin. In Analogie zum Dosisbegriff der Chemotherapie wurde der Begriff der Strahlungsdosis eingeführt. Durch die Entwicklung der Kerntechnik und die breite Anwendung von Quellen ionisierender Strahlung ist die Notwendigkeit entstanden, auch außerhalb der Strahlentherapie, auf zahlreichen anderen Gebieten Dosisgrößen zu ermitteln (s. Tab. 32). Die grundlegenden physikalischen Dosisgrößen sind die *Energiedosis* und die Energiedosisleistung. Ihre Messung beruht auf den durch Strahlung bewirkten Änderungen des physikalischen oder chemischen Zustandes von Gasen, Festkörpern und Flüssigkeiten.

Tabelle 32. Aufgaben der Dosimetrie ionisierender Strahlung

Gebiet		Meßbereich	Strahlungs-arten	Meßun-sicher-heit in %	Detektoren[1]
Strahlen-schutz-dosimetrie	Routine-Personen-dosimetrie	10^{-4} bis 1 Gy	Röntgen, β, γ, n	10 bis 20	PE, IK, TLD, FSD
	Ortsdosimetrie	10^{-10} bis 10^{-2} Gy/s	γ, n	10 bis 20	IK, ZR, SZ
	Unfalldosimetrie	10^{-1} bis 10 Gy	γ, n	10	PE, TLD, FSD, AS
	militärische Dosimetrie	10^{-1} bis 10 Gy; 10^{-8} bis 10^{-3} Gy/s	γ, n	20	TLD, IK, ZR, SZ, CD
klinische Dosimetrie	Strahlentherapie	10^{-1} bis 10^{2} Gy	Röntgen, γ, β, e, n	5	IK, TLD, SZ
strahlen-technische Dosimetrie	Strahlenchemie	10^{2} bis 10^{6} Gy	γ, e	10	CD, TLD, K
	Strahlensterilisation	10^{4} bis 10^{5} Gy	γ, e	10	CD, TLD, K
	Lebensmittelbestrahlung	10^{2} bis 10^{4} Gy	γ, e	10	CD, TLD, K
Umgebungs-dosimetrie	Überwachung kerntech-nischer Anlagen	10^{-6} bis 10^{-2} Gy	γ	10	TLD

[1]) Abkürzungen: AS Aktivierungssonden, CD Chemische Detektoren, FSD Festkörperspurdetektoren, IK Ionisationskammern, K Kalorimeter, PE Photoemulsionen, SZ Szintillationszähler, TLD Thermolumineszenzdetektoren, ZR Zählrohre

9.5.1. Strahlungsfeldgrößen

Strahlungsfelder in der Umgebung von Quellen werden durch die Art der Teilchen sowie ihre Anzahl für jeden Ort, jede Richtung und jede Energie charakterisiert. Zu ihrer Beschreibung dienen verschiedene Feldgrößen.

Teilchenflußdichte und Teilchenfluenz

Die *Teilchenflußdichte* φ ist definiert durch den Ausdruck

$$\varphi = \frac{d^2N}{dA\,dt}.\tag{9.58}$$

Darin gibt d^2N die Zahl der Teilchen aller Richtungen an, die im Zeitintervall dt senkrecht die Großkreisfläche dA einer Elementarkugel passieren, welche den Ort r (Mittelpunkt) umschließt. Die Teilchenflußdichte wird in der Einheit Eins je Quadratmeter‑mal Sekunde (1/$m^2\cdot$ s) gemessen.

Die Abb. 122 veranschaulicht diese Definition. Es werden drei Teilchen betrachtet. Die Teilchen *1* und *2* haben während der Zeit dt die Großkreisfläche dA

senkrecht durchsetzt. Teilchen *3* ist im Zeitintervall dt zwar in die Kugel um den Ort r eingedrungen, hat aber die senkrecht zu passierende Großkreisfläche nicht erreicht. Es liefert daher keinen Beitrag zur Teilchenzahl d^2N.

Das Zeitintegral der Teilchenflußdichte heißt *Teilchenfluenz*:

$$\Phi = \int_{t_1}^{t_2} \varphi\, dt = \frac{dN}{dA}.\tag{9.59}$$

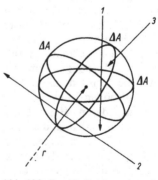

Abb. 122. Zur Definition einer Strahlungsfeldgröße

Die Einheit der Teilchenfluenz ist das Eins je Quadratmeter ($1/m^2$).

Energieflußdichte und Energiefluenz

Die *Energieflußdichte* ψ ist durch den Ausdruck

$$\psi = \frac{d^2 W}{dA\,dt} \qquad (9.60)$$

gegeben, wobei $d^2 W$ die Summe der Energien (ohne Ruheenergie) der Teilchen bezeichnet, die im Zeitintervall dt senkrecht die Großkreisfläche dA einer Elementarkugel um den Ort r durchsetzen. Die Einheit der Energieflußdichte ist das Watt je Quadratmeter (W/m^2). Das Zeitintegral der Energieflußdichte wird *Energiefluenz* genannt:

$$\Psi = \int_{t_1}^{t_2} \psi\,dt = \frac{dW}{dA}. \qquad (9.61)$$

Sie wird in der Einheit Joule je Quadratmeter (J/m^2) gemessen.

Zur Formulierung grundlegender Beziehungen der Dosimetrie ist es zweckmäßig, zwei weitere Feldgrößen, die vektorielle Energieflußdichte und die vektorielle Energiefluenz, einzuführen. Für die *vektorielle Energieflußdichte* g gilt

$$g = \frac{d^2 E}{dA\,dt}. \qquad (9.62)$$

Dabei bedeutet $d^2 E$ die Summe der Vektoren ($W\Omega$) für alle Teilchen, die im Zeitintervall dt senkrecht die Großkreisfläche dA einer Elementarkugel um den Ort r durchsetzen (Ω Richtungseinheitsvektor). Das Zeitintegral der vektoriellen Energieflußdichte heißt *vektorielle Energiefluenz*:

$$G = \int_{t_1}^{t_2} g\cdot dt = \frac{dE}{dA}. \qquad (9.63)$$

Die anschauliche Bedeutung der skalaren Größen Teilchenflußdichte φ, Teilchenfluenz Φ, Energieflußdichte ψ und Energiefluenz Ψ ist unmittelbar durch ihre Definitionen gegeben. Die physikalische Bedeutung der Vektorgröße G wird durch Bildung des Skalarproduktes ($G\,dS$) ersichtlich, wobei dS ein gerichtetes Flächenelement ist. Dieses Produkt stellt die Energie dar, die durch das Flächenelement dS transportiert wird. Somit gibt das Integral über eine geschlossene Fläche

$$-\iint_S G\,dS \qquad (9.64)$$

den Nettoenergiefluß in das von S begrenzte Volumen an. Das negative Vorzeichen weist darauf hin, daß der Oberflächenvektor dS bei geschlossenen Flächen nach außen gerichtet ist.

9.5.2. Energiedosis

Die wichtigste Größe, die mit den Wirkungen der ionisierenden Strahlung in Beziehung gebracht wird, ist die Energiedosis. Sie ist ein Maß für die Energieübertragung auf das im Strahlungsfeld befindliche Material. Unter der während einer Zeitspanne durch ionisierende Strahlung auf das Material in einem Volumen *übertragenen Energie* W_D versteht man die Summe W_{in} der Energien (ohne Ruheenergien) aller direkt oder indirekt ionisierenden Teilchen, die in das Volumen eintreten, vermindert um die Summe W_{ex} der Energien (ohne Ruheenergien) aller ionisierenden Teilchen, die aus dem Volumen austreten, vermehrt um die Summe W_Q der Reaktions- und Umwandlungsenergien aller Kern- und Elementarteilchenprozesse, die während dieser Zeitspanne in diesem Volumen stattfinden:

$$W_D = W_{in} - W_{ex} + W_Q. \qquad (9.65)$$

Mit Hilfe des Begriffs der „übertragenen Energie" wird die Energiedosis definiert.

Die *Energiedosis D* ist der Quotient von dW_D und dm, wobei dW_D die durch ionisierende Strahlung auf das Material in einem Volumenelement dV übertragene Energie und $dm = \varrho\,dV$ die Masse des Materials mit der Dichte ϱ in diesem Volumenelement sind:

$$D = \frac{dW_D}{dm} = \frac{1}{\varrho}\,\frac{dW_D}{dV}. \qquad (9.66)$$

Die SI-Einheit der Energiedosis[1]) ist das Joule je Kilogramm (J/kg). Diese Einheit trägt den eigenen Namen *Gray* (Kurzzeichen Gy):

$$1\,Gy = 1\,J/kg.$$

---

[1]) Früher wurde die SI-fremde Energiedosiseinheit Rad (Kurzzeichen rd) benutzt:

$$1\,rd = 10\,mGy, \quad 1\,Gy = 100\,rd.$$

Der Differentialquotient der Energiedosis nach der Zeit heißt *Energiedosisleistung*

$$\dot D = \frac{dD}{dt}.\tag{9.67}$$

Die Einheit der Energiedosisleistung ist

$1\,\text{Gy/s} = 1\,\text{W/kg}.$

Mit Hilfe der Beziehungen (9.61) und (9.66) erhält man für die übertragene Energie die Gleichung

$$W_D = \iiint_V D\varrho\,dV = -\iint_S G\,dS.\tag{9.68}$$

Durch Anwendung des Gaußschen Integralsatzes

$$-\iint_S G\,dS = -\iiint_V \text{div}\,G\,dV\tag{9.69}$$

ergibt sich

$$\iiint_V D\varrho\,dV = -\iiint_V \text{div}\,G\,dV.\tag{9.70}$$

In hinreichend kleinen Volumina sind die Größen D, G und ϱ konstant, so daß man die grundlegende Gleichung

$$D = -\frac{1}{\varrho}\,\text{div}\,G\tag{9.71}$$

erhält.

Strahlungsfelder bestehen aus geladenen Teilchen (Elektronen, α-Teilchen, Rückstoßkerne) und ungeladenen Teilchen (Photonen, Neutronen). Zwischen beiden Teilchengruppen findet ein ständiger Energieaustausch statt. Ungeladene Teilchen setzen geladene Teilchen frei und geladene Teilchen erzeugen Bremsstrahlung. Es ist daher zweckmäßig, die vektorielle Energiefluenz G in einen Anteil für die ungeladenen Teilchen G_u und einen Anteil für die geladenen Teilchen G_g aufzuspalten. Dann erhält man aus (9.71) die Beziehung

$$D = -\frac{1}{\varrho}\,\text{div}\,G_u - \frac{1}{\varrho}\,\text{div}\,G_g.\tag{9.72}$$

Der erste Term dieser Gleichung wird mit Hilfe der beiden Hilfsgrößen Kerma K und Bremsstrahlungsverlust B dargestellt, die den Energieaustausch zwischen beiden Teilchengruppen beschreiben:

$$-\frac{1}{\varrho}\,\text{div}\,G_u = K - B.\tag{9.73}$$

Die *Kerma K* (*kinetic energy released in matter*) ist der Quotient von dW_K und dm, wobei dW_K die Summe der kinetischen Anfangsenergien aller geladenen Teilchen, die durch ungeladene Teilchen (Photonen, Neutronen) in einem Volumenelement dV eines Materials der Dichte ϱ freigesetzt werden, und $dm = \varrho\,dV$ die Masse des Materials in diesem Volumenelement bedeuten:

$$K = \frac{dW_K}{dm} = \frac{1}{\varrho}\,\frac{dW_K}{dV}.\tag{9.74}$$

Der *Bremsstrahlungsverlust B* ist der Quotient von dW_B und dm, wobei dW_B die Summe der Energien aller ungeladenen Teilchen, die durch geladene Teilchen in einem Volumenelement dV eines Materials der Dichte ϱ entstehen, und $dm = \varrho\,dV$ die Masse des Materials in diesem Volumenelement bedeuten:

$$B = \frac{dW_B}{dm} = \frac{1}{\varrho}\,\frac{dW_B}{dV}.\tag{9.75}$$

Kerma und Bremsstrahlungsverlust werden wie die Energiedosis in der Einheit Gray gemessen.

Die Gln. (9.72) und (9.73) bilden die Grundlage für die Meßprinzipien der Dosimetrie.

9.5.3. Sondenmethode

In der Dosimetrie wird die in einem beliebigen Material erzeugte Energiedosis (Energiedosisleistung) aus der mit einer Sonde bestimmten Energiedosis (Energiedosisleistung) berechnet. Unter einer dosimetrischen *Sonde* versteht man einen Strahlungsdetektor mit einem empfindlichen Volumen, das von einer Substanz (Gas, Flüssigkeit, Festkörper) ausgefüllt ist, die bei Strahlungseinwirkung einen dosis- oder dosisleistungsabhängigen Meßwert M liefert. Die Sonde wird an den Ort r im Material gebracht, an dem die Energiedosis (Energiedosisleistung) bestimmt werden soll (Abb. 123). Aus dem von der Sonde angezeigten Meßwert M kann man auf die Energiedosis D_S (Energiedosisleistung $\dot D_S$) in der Sonde schließen. Unter gewis-

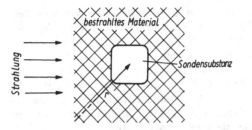

Abb. 123. Zur Veranschaulichung der Sondenmethode

sen Bedingungen (Sekundärteilchengleichgewicht, Bragg-Gray-Bedingungen) ergibt sich hieraus die Energiedosis D_M (Energiedosisleistung $\dot{D}_M$), die bei Abwesenheit der Sonde am Ort r im Material erzeugt würde. Man geht also in folgenden Schritten vor

$$M \rightarrow D_S \text{ (bzw. } \dot{D}_S) \rightarrow D_M \text{ (bzw. } \dot{D}_M).$$

Für den Sonderfall der Identität von bestrahltem Material und Sondensubstanz sind

$$D_S = D_M \quad \text{und} \quad \dot{D}_S = \dot{D}_M.$$

Sekundärteilchengleichgewicht

In Primärstrahlungsfeldern indirekt ionisierender Teilchen (Photonen, Neutronen) ist die Ermittlung von D_M (bzw. $\dot{D}_M$) aus D_S (bzw. $\dot{D}_S$) dann einfach möglich, wenn Sekundärteilchengleichgewicht besteht:

> In einem Strahlungsfeld besteht am Ort r *Sekundärteilchengleichgewicht*, wenn für die vektorielle Energiefluenz $G_g(r)$ der durch die Primärteilchen freigesetzten geladenen Sekundärteilchen die Beziehung
>
> $$\text{div } G_g(r) = 0 \qquad (9.76)$$
>
> erfüllt ist.

Gl. (9.76) besagt, daß die Summe der kinetischen Energien aller in ein Volumenelement am Ort r eintretenden geladenen Sekundärteilchen gleich der Summe der kinetischen Energien aller aus diesem Volumenelement austretenden Sekundärteilchen ist.
Bei Sekundärteilchengleichgewicht ergibt sich nach den Gln. (9.72), (9.73) und (9.76) für die Energiedosis

$$D = K - B. \qquad (9.77)$$

Das bedeutet, die Energiedosis D wird aus der Kerma K und daher aus der Energieübertragung vom Primärstrahlungsfeld ungeladener Teilchen auf das Sekundärstrahlungsfeld geladener Teilchen abgeleitet. Der Bremsstrahlungsverlust B ist meist klein gegenüber K, so daß mit guter Näherung gilt

$$D \approx K. \qquad (9.78)$$

Sekundärteilchengleichgewicht liegt am Ort r vor, wenn
a) die Fluenz (Flußdichte), das Energiespektrum sowie die Richtungsverteilung der Primärteilchen und
b) die Wechselwirkungskoeffizienten Strahlung — Stoff (Massen-Energieabsorptionskoeffizient bzw. Massen-Bremsvermögen) für Primär- und Sekundärteilchen
in dem Gebiet räumlich konstant sind, aus dem geladene Sekundärteilchen in das Volumenelement am Ort r gelangen können. Diese Bedingungen lassen sich in Materialien, die in Strahlungsfelder gebracht werden, nur näherungsweise erfüllen, wenn sich das Primärstrahlungsfeld innerhalb eines Raumbereiches, dessen Abmessungen mit der maximalen Reichweite der Sekundärteilchen vergleichbar sind, nur geringfügig ändert. Die Schwächungslänge $1/\mu$ bzw. die Reichweite der Primärteilchen muß dann etwa 10mal so groß wie die Reichweite der Sekundärteilchen sein. Im wichtigsten Fall von Photonenstrahlung ist diese Voraussetzung in Stoffen kleiner effektiver Ordnungszahl (Luft, Wasser, biologisches Gewebe) bis zu einer Photonenenergie von etwa 3 MeV erfüllt.
In Photonenstrahlungsfeldern läßt sich bei Sekundärelektronengleichgewicht die Energiedosis (Energiedosisleistung) aus der Energiefluenz (Energieflußdichte) der Photonen mit Hilfe des Massen-Energieabsorptionskoeffizienten (s. 8.2.1.) berechnen:

$$D = \frac{\mu_{en}}{\varrho} \Psi, \quad \dot{D} = \frac{\mu_{en}}{\varrho} \psi. \qquad (9.79)$$

Auf diesen Beziehungen beruht die Dosimetrie mit *Gleichgewichtssonden*. Sie zeichnen sich dadurch aus, daß abgesehen von einer Randzone im Sondenvolumen Sekundärelektronengleichgewicht herrscht. Besteht bei Abwesenheit der

Sonde am Meßort im bestrahlten Material ebenfalls Sekundärelektronengleichgewicht, dann gelten die beiden Gln. (9.79) sowohl für das Material als auch für die empfindliche Sondensubstanz. Somit ergeben sich folgende wichtigen Gleichungen zur Berechnung der Energiedosis (Energiedosisleistung) an einer Stelle im bestrahlten Material aus der mit einer Sonde ermittelten Energiedosis (Energiedosisleistung), die an diese Stelle gebracht wird:

$$D_M = \frac{\left(\frac{\mu_{en}}{\varrho}\right)_M}{\left(\frac{\mu_{en}}{\varrho}\right)_S} D_S, \quad \dot{D}_M = \frac{\left(\frac{\mu_{en}}{\varrho}\right)_M}{\left(\frac{\mu_{en}}{\varrho}\right)_S} \dot{D}_S. \quad (9.80)$$

Die Massen-Energieabsorptionskoeffizienten (s. Tab. A4) sind von der Photonenenergie abhängig. Da das Energiespektrum der Photonenstrahlung meist nicht bekannt ist, ist man bestrebt, durch Angleichung der atomaren Zusammensetzung der Sonde an die atomare Zusammensetzung des bestrahlten Materials dem Verhältnis der Massen-Energieabsorptionskoeffizienten in (9.80) einen möglichst energieunabhängigen Wert zu geben.

Bragg-Gray-Prinzip

Bei hohen Teilchenenergien werden Messungen der Energiedosis bzw. Energiedosisleistung sowohl in Primärstrahlungsfeldern indirekt als auch direkt ionisierender Teilchen auf der Grundlage des *Bragg-Gray-Prinzips* ausgeführt. Eine dosimetrische Sonde erfüllt die Bragg-Gray-Bedingungen, wenn

a) die Fluenz (Flußdichte), das Energiespektrum und die Richtungsverteilung der geladenen Teilchen in der Sonde räumlich konstant und gleich der Fluenz (Flußdichte), dem Energiespektrum und der Richtungsverteilung der geladenen Teilchen am Meßort im bestrahlten Material (bei Abwesenheit der Sonde) sind und

b) die von indirekt ionisierenden Teilchen in der Sonde freigesetzten geladenen Sekundärteilchen nicht zur Energiedosis in der Sonde beitragen.

Auch die Bragg-Gray-Bedingungen lassen sich nur näherungsweise erfüllen. Bragg-Gray-Sonden dürfen nur sehr kleine Volumina besitzen. Ihre linearen Abmessungen sollten ein Zehntel

der mittleren Reichweite der geladenen Teilchen nicht überschreiten und klein im Vergleich zur Schwächungslänge $1/\mu$ der ungeladenen Teilchen sein.

Die Bragg-Gray-Theorie beruht auf der Annahme, daß die Energieübertragung auf das Sondenmaterial ausschließlich durch geladene Teilchen erfolgt. Sie läßt sich daher mit dem Massen-Stoßbremsvermögen (s. 7.1.2.) beschreiben. Die beim Durchqueren eines Volumenelements durch Stöße geladener Teilchen mit Hüllenelektronen (Ionisierung und Anregung) abgegebene Energie verbleibt vollständig in diesem Volumenelement. Zwischen der Energiedosis (Energiedosisleistung) und der Fluenz (Flußdichte) monoenergetischer geladener Teilchen gelten die Beziehungen

$$D = \left(\frac{S_{Stoß}}{\varrho}\right) \Phi, \quad \dot{D} = \left(\frac{S_{Stoß}}{\varrho}\right) \varphi. \quad (9.81)$$

Wenn die Bragg-Gray-Bedingungen erfüllt sind, kann man daher die Energiedosis (Energiedosisleistung) in einem Material aus der in einer Sonde erzeugten Energiedosis (Energiedosisleistung) berechnen:

$$D_M = \frac{\left(\frac{S_{Stoß}}{\varrho}\right)_M}{\left(\frac{S_{Stoß}}{\varrho}\right)_S} D_S, \quad \dot{D}_M = \frac{\left(\frac{S_{Stoß}}{\varrho}\right)_M}{\left(\frac{S_{Stoß}}{\varrho}\right)_S} \dot{D}_S: \quad (9.82)$$

Das Verhältnis der Massen-Stoßbremsvermögen (s. Tab. A5) ist um so weniger von der Energie der geladenen Teilchen abhängig, je mehr die effektiven Ordnungszahlen von Sondensubstanz und bestrahltem Material einander gleichen.

In Photonenstrahlungsfeldern läßt sich oberhalb 3 MeV Sekundärelektronengleichgewicht nicht mehr verwirklichen, so daß Energiedosis- und Energiedosisleistungsmessungen energiereicher Photonenstrahlung nur mit Hilfe von Bragg-Gray-Sonden möglich sind.

9.5.4. Dosismessung

Im folgenden werden nur die prinzipiellen Methoden zur Bestimmung der Energiedosis (Energiedosisleistung) in einer dosimetrischen Sonde charakterisiert, ohne auf die vielen in der Praxis verwendeten Dosis- und Dosisleistungsmeßgeräte einzugehen.

Kalorimetrie

Die Kalorimetrie ist eine Fundamentalmethode zur Bestimmung der Energiedosis. Sie ist für alle Strahlungsarten anwendbar. Die auf einen festen Körper oder eine Flüssigkeit durch ionisierende Strahlung übertragene Energie wird zu über 95 % in Wärme umgewandelt. Ein *Dosiskalorimeter* besteht aus einem Absorberkörper, in dem die Energiedosis bestimmt werden soll, dem Meßfühler zur Temperaturanzeige und der thermischen Isolation des Absorbers. Meist werden quasiadiabatische Kalorimeter verwendet, bei denen der Absorber von einem temperaturstabilisierten Mantel umgeben ist, dessen Temperatur möglichst nahe an der Temperatur des Absorbers gehalten wird. Als Meßeffekt dient die durch Absorption der Strahlung bewirkte Temperaturerhöhung ΔT. Die Energiedosis im Absorber ergibt sich zu

$$D = ck \, \Delta T. \tag{9.83}$$

Darin sind c die spezifische Wärmekapazität des Absorbermaterials und $k = 1{,}03$ bis $1{,}05$ ein Korrekturfaktor. Da die Energiedosis 1 Gy in Wasser nur eine Temperaturerhöhung von $2 \cdot 10^{-4}$ K und in Graphit von $1{,}4 \cdot 10^{-3}$ K bewirkt, sind sehr empfindliche Temperaturindikatoren erforderlich.

Ionisationsdosimetrie

Die grundlegende Bedeutung der Ionisationsmethode in der Dosimetrie beruht auf dem $\overline{W}_i$-Wert (s. Tab. 23), der vom Strahlungsfeld weitgehend unabhängig ist und mit dem sich der Zusammenhang zwischen dem Meßwert der Strahlungsreaktion in einem *Gas* und der erzeugten Energiedosis beschreiben läßt. Befindet sich ein Gasvolumen dV in einem Strahlungsfeld, so ergibt sich die Zahl der darin gebildeten Ionenpaare dN_i aus der übertragenen Energie dW_D:

$$dN_i = \frac{dW_D}{\overline{W}_i}. \tag{9.84}$$

Nach Gl. (9.66) gilt dann für die Energiedosis

$$D_S = \overline{W}_i \, \frac{dN_i}{\varrho \, dV}. \tag{9.85}$$

Die Energiedosisbestimmung wird somit auf eine Ladungsmessung zurückgeführt. Gas dient

sowohl in Sekundärteilchengleichgewichts- als auch in Bragg-Gray-Sonden als Meßsubstanz.

Gleichgewichtskammern werden vorwiegend zur Dosimetrie von Photonenstrahlung mit Energien bis 3 MeV verwendet. Bei diesen Ionisationskammern ist das Meßvolumen von einer aus dem Füllgas bestehenden Gasschicht oder einer hinsichtlich $\frac{\mu_{en}}{\varrho}$ dem Gas äquivalenten Kammerwand umgeben, deren Dicke der maximalen Reichweite der geladenen Sekundärteilchen entspricht. Dadurch wird gewährleistet, daß im Meßvolumen Sekundärelektronengleichgewicht herrscht.

Den Bragg-Gray-Bedingungen genügen nur *Hohlraumkammern* mit extrem dünnen Wänden und sehr kleinen Abmessungen. Sie werden zur Dosimetrie von Photonen- und Elektronenstrahlung im Energiebereich zwischen 0,1 MeV und 100 MeV benutzt.

In der Entwicklung der Dosimetrie von Photonenstrahlung hat Luft als Meßsubstanz eine besondere Rolle gespielt. Es wurde eine spezielle Strahlungsgröße, die *Expositionsdosis X*, geschaffen, die heute im amtlichen und rechtsgeschäftlichen Verkehr nicht mehr zulässig ist. Die in Worten gefaßte Definition lautete:

Die Expositionsdosis X ist der Quotient aus dQ und dm_L, wobei dQ die Summe der elektrischen Ladungen aller in Luft erzeugten Ionen eines Vorzeichens ist, die von allen durch Photonen in einem Volumenelement Luft der Masse $dm_L = \varrho_L \, dV$ freigesetzten Sekundärelektronen gebildet werden, wenn diese vollständig in Luft der Dichte ϱ_L abgebremst werden:

$$X = \frac{dQ}{dm_L} = \frac{1}{\varrho_L} \, \frac{dQ}{dV}. \tag{9.86}$$

Die Expositionsdosis wurde ursprünglich in der speziellen Einheit *Röntgen* (Kurzzeichen R) gemessen. Später wurde das Röntgen durch das Coulomb je Kilogramm ersetzt:

$$1 \, \text{R} = 2{,}58 \cdot 10^{-4} \, \text{C/kg}.$$

Die Expositionsdosis ist als das Ionisationsäquivalent der Kerma in Luft aufzufassen. Sie kann daher auch mit Hilfe der Beziehung

$$X = \frac{e_0}{\overline{W}_i} \, (K - B)_L \tag{9.87}$$

definiert werden. Darin spielt der Bremsstrahlungsverlust nur die Rolle eines Korrektionsgliedes. Für den Zusammenhang zwischen Expositionsdosis und Energiedosis in Luft gilt somit

$$D_L = (K - B)_L = \frac{\overline{W}_i}{e_0} X. \qquad (9.88)$$

Die Messung der Expositionsdosis setzt Sekundärelektronengleichgewicht voraus, so daß diese Größe nur für Photonenstrahlung im Energiebereich von wenigen keV bis etwa 3 MeV geeignet war.

Chemische Dosimetrie

Die Grundlage für Energiedosismessungen auf chemischem Wege bilden strahleninduzierte Reaktionen in Flüssigkeiten, Festkörpern oder Gasen mit bekannter Ausbeute. Unter der *Ausbeute G* einer strahlenchemischen Reaktion versteht man den Quotienten aus dN_C und dW_D, wobei dW_D die auf das Material in einem Volumenelement dV durch Strahlung übertragene Energie und dN_C die Zahl der darin umgesetzten Moleküle oder Ionen bedeuten:

$$G = \frac{dN_C}{dW_D}. \qquad (9.89)$$

Sie wird meist in der Einheit $(100\,\text{eV})^{-1}$ angegeben. Die in einer chemischen Dosimetersonde erzeugte Energiedosis ist somit gegeben durch

$$D_S = \frac{1}{G} \frac{dN_C}{\varrho\, dV}. \qquad (9.90)$$

Diese Gleichung ist der Grundgleichung der Ionisationsdosimetrie äquivalent.
Am häufigsten wird das *Fricke-Ferrosulfatdosimeter* verwendet. Es beruht auf der strahlenchemischen Oxydation von Fe^{2+}-Ionen in sauerstoffhaltiger schwefelsaurer Lösung. Die Zusammensetzung der Fricke-Lösung (Dichte $\varrho = 1\,024\ \text{kg/m}^3$ bei 25 °C) ist:

$Fe(NH_4)_2(SO_4)_2$ oder $FeSO_4$, 10^{-3} molar,
$NaCl$, 10^{-3} molar,
H_2SO_4, 0,5 molar,
destilliertes Wasser.

Die G-Werte für die Bildung der Fe^{3+}-Ionen sind in Tab. 33 für einige Strahlungsqualitäten zusammengestellt. Das Fricke-Ferrosulfatdosimeter eignet sich zur Energiedosisbestimmung im Bereich von 20 bis 400 Gy.

Festkörperdosimetrie

Bei der Bestrahlung von Festkörpern wird ein bestimmter Anteil der auf das Material übertra-

Tabelle 33. *G-Werte des Fricke-Ferrosulfatdosimeters für einige Strahlungsqualitäten*

Strahlungsart	Energie in MeV	G in $(100\,\text{eV})^{-1}$
^{60}Co-γ-Strahlung	1,25	$15,6 \pm 0,2$
^{137}Cs/^{137}Ba^m-γ-Strahlung	0,66	$15,6 \pm 0,5$
Röntgenstrahlung	4 bis 20	$15,6 \pm 0,3$
Elektronenstrahlung	2 bis 30	$15,6 \pm 0,3$
Neutronenstrahlung	14,6	$11,5 \pm 1,8$
Protonenstrahlung	19,3	$14,5 \pm 0,6$

genen Energie W_D zur Auslösung von Reaktionen aufgewendet, die sich zur Bestimmung der Energiedosis eignen. Dieser Energieanteil beträgt nur einige Prozent von W_D. Strahleninduzierte Reaktionen in Festkörpern sind stark von der Realstruktur abhängig. Es ist daher nicht möglich, dem $\overline{W}_i$- oder G-Wert äquivalente Größen anzugeben und grundlegende Beziehungen zu gewinnen, die den Gln. (9.85) und (9.90) entsprechen. In der Festkörperdosimetrie muß vielmehr das Meßsystem, bestehend aus Dosimetersonde und Auswertevorrichtung, als Ganzes kalibriert werden. Man erhält Kalibrierungskurven

$$M = f(D_S), \qquad (9.91)$$

wobei D_S die Energiedosis in der Festkörpersonde und M der von der Auswertevorrichtung angezeigte Meßwert bedeuten.
Die wichtigsten der für die Dosimetrie ausgenutzten Strahlungsreaktionen in Festkörpern sind die Schwärzung photographischer Emulsionen (s. 9.1.6.), die Thermolumineszenz von Kristallen (s. 9.1.8.), die Radiophotolumineszenz von Gläsern, die Spurbildung in Polymerfolien (s. 9.1.7.) sowie die Verfärbung von Gläsern und Hochpolymeren.

Praktische Dosimetrie

Eine Übersicht über die Aufgaben und Meßbereiche der Dosimetrie gibt Tab. 32. Im Vordergrund steht die Ermittlung von Energiedosen bei der Einwirkung ionisierender Strahlung auf den Menschen. Besondere Bedeutung besitzen daher die Strahlenschutzdosimetrie und die klinische Dosimetrie.

10.
Anwendung radioaktiver Nuklide

Die Verfahren der angewandten Radioaktivität haben in den vergangenen Jahrzehnten große Bedeutung erlangt. Eine wichtige Voraussetzung für die Anwendung radioaktiver Nuklide ist die Bereitstellung der notwendigen Strahlungsquellen. Mit Kernreaktoren und Beschleunigern können heute radioaktive Nuklide in großer Auswahl und nahezu beliebiger Menge künstlich hergestellt werden. Die Verfügbarkeit von Strahlungsquellen ist jedoch nicht die einzige Bedingung für die Anwendung der Radioaktivität. Die stark zunehmende Nutzung der emittierten Strahlung ist nur durch die Fortschritte der Strahlungsmeßtechnik und die Vertiefung der Kenntnisse auf dem Gebiet der chemischen und biologischen Strahlenwirkungen möglich geworden. Entscheidend für die Bedeutung der angewandten Radioaktivität ist die außerordentlich große Anwendungsbreite der Verfahren. Sie erstreckt sich über alle Bereiche der Naturwissenschaften, Technik, Medizin und Landwirtschaft. Meßmethoden und Bestrahlungsverfahren unter Verwendung radioaktiver Nuklide zeichnen sich gegenüber herkömmlichen Verfahren vielfach durch eine hohe Wirtschaftlichkeit aus. Man kann rascher Informationen über interessierende Vorgänge gewinnen, Prozesse besser überwachen, steuern und regeln sowie wesentliche Einsparungen an Material und Arbeitszeit erzielen. Durch Bestrahlung können die Eigenschaften von Produkten verbessert oder neue Produkte erzeugt werden. In der Medizin hat die Anwendung radioaktiver Nuklide zu einer Erweiterung und Verbesserung der diagnostischen und therapeutischen Möglichkeiten geführt. In zahlreichen Fällen stellen die Verfahren der angewandten Radioaktivität die einzige Möglichkeit der Problemlösung dar.

Radioaktive Nuklide gelangen in Form umschlossener Strahlungsquellen oder als offene Strahler zum Einsatz. Prinzipiell beruhen alle Anwendungen entweder auf der Eigenschaft der ionisierenden Strahlung, mit Stoffen in Wechselwirkung zu treten, oder auf der Tatsache, daß bereits Spuren radioaktiver Substanzen aufgrund ihrer Strahlung außerordentlich empfindlich nachgewiesen werden können. Es lassen sich grundsätzlich folgende Prinzipien der angewandten Radioaktivität unterscheiden:

Veränderung der Strahlung durch Stoffe

Die Veränderung der Strahlungseigenschaften (Flußdichte, Richtung, Energie) infolge Schwächung, Streuung und Bremsung bildet die Grundlage zahlreicher radiometrischer Meßverfahren.

Veränderung von Stoffen durch Strahlung

Die Veränderung des physikalischen und chemischen Zustandes von Stoffen sowie die Beeinflussung biologischer Objekte durch Bestrahlung finden in der Strahlentechnik und der Strahlentherapie Anwendung.

Anregung von Sekundärstrahlung

Die durch radioaktive Strahlungsquellen angeregte element- bzw. nuklidspezifische Sekundärstrahlung von Atomen wird in der radiometrischen Analysentechnik ausgenutzt.

Radioaktive Nuklide zur Markierung

Chemische, technologische, physikalische und biologische Prozesse kann man leicht verfolgen, wenn die zu untersuchenden Stoffe in geeigneter Weise mit radioaktiven Nukliden markiert werden.

Umwandlung von Strahlungsenergie in andere Energieformen

Auf der Umwandlung von Strahlungsenergie in elektrische Energie und in Lichtenergie beruhen Radionuklidbatterien und radioaktive Lichtquellen.

Altersbestimmung mit Hilfe der Radioaktivität

Die radiometrische Altersbestimmung von Mineralen, Wässern, Sedimenten und archäologischen Funden beruht auf der Tatsache, daß jedes radioaktive Nuklid eine charakteristische Halbwertzeit besitzt.

Die Anwendungsmöglichkeiten radioaktiver Nuklide sollen im folgenden anhand einiger ausgewählter Beispiele kurz illustriert werden.

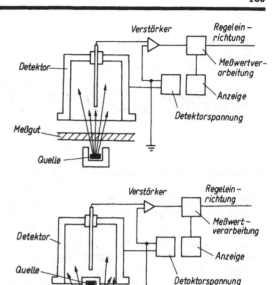

Abb. 124. Prinzip der Flächenmassemessung
a) nach dem Durchstrahlungsverfahren; b) nach dem Rückstreuverfahren

10.1. Anwendung der Schwächung, Streuung und Bremsung von Strahlung

10.1.1. Dickenmessung

Radiometrische Dickenmeßgeräte gestatten die berührungslose Dicken- und Flächenmassebestimmung bei der kontinuierlichen Fertigung flächenhaft ausgedehnter Produkte, wie Blech, Papier, Plastfolie oder textiles Gewebe. Mit dem Ziel, Abweichungen vom Sollwert zu vermeiden und Material einzusparen, werden solche Geräte als Istwertgeber in das Steuerungs- und Regelungssystem entsprechender Fertigungseinrichtungen einbezogen. Dickenmeßgeräte arbeiten entweder nach dem *Durchstrahlungs-* oder nach dem *Rückstreuverfahren*, je nachdem ob sich die Strahlungsquelle und der Strahlungsdetektor auf verschiedenen Seiten oder auf der gleichen Seite des Meßgutes befinden. Die Abb. 124 veranschaulicht das Funktionsprinzip dieser beiden Methoden.

Maßgebend für den erfaßbaren Meßbereich sind Art und Energie der Strahlung. Bei der radiometrischen Dicken- bzw. Flächenmassebestimmung werden vorwiegend radioaktive Nuklide, die β- oder γ-Strahlung aussenden, eingesetzt. Damit die Wartung der Meßgeräte gering ist, müssen Nuklide mit langer Halbwertzeit verwendet werden. Es kommen die β-Strahler $^{85}_{36}$Kr, $^{90}_{38}$Sr/$^{90}_{39}$Y, $^{147}_{61}$Pm, $^{204}_{81}$Tl und die γ-Strahler $^{60}_{27}$Co, $^{137}_{55}$Cs/$^{137}_{56}$Ba^m in Betracht. Als Strahlungsdetektoren dienen in erster Linie Ionisationskammern. Nur ein kleiner Teil der bei laufender Produktion eingesetzten Meßgeräte ist mit Szintillationszählern ausgerüstet.

Durchstrahlungsverfahren

Das Durchstrahlungsverfahren nutzt die Schwächung der Strahlung (s. 8.1.2. und 8.2.1.) durch das Meßgut aus. Die meisten Dickenmeßgeräte arbeiten wegen der hohen Meßempfindlichkeit nach diesem Verfahren. Mit den genannten Nukliden kann die Flächenmasse im Bereich von 10^{-2} bis 10^3 kg $\cdot$ m^{-2} gemessen werden. Das entspricht beispielsweise bei Aluminium einem

Dickenmeßbereich von 4 μm bis 400 mm. Früher verwendete man bei der Dickenmessung bevorzugt Kompensationsverfahren, bei denen die Kompensationsgröße auf das Meßsignal, das dem Sollwert der Meßgröße entspricht, eingestellt wurde. Moderne Geräte sind mit Mikrorechnern ausgestattet, die mit Hilfe der gespeicherten Kalibrierfunktion die Meßgröße aus dem Meßsignal berechnen. Meßanordnungen, die nach dem Durchstrahlungsverfahren arbeiten, genügen den gestellten Genauigkeitsanforderungen (Meßunsicherheit kleiner als 1 % des Meßwertes).

Rückstreuverfahren

Wenn aus Platzgründen Strahlungsquelle und Strahlungsdetektor nicht beiderseits vom Meßgut angeordnet werden können, oder die Dicke- bzw. Flächenmasse von Schichten auf Unterlagen bestimmt werden soll, läßt sich das Rückstreuverfahren anwenden. Die Rückstreurate wächst sowohl bei β-Strahlung als auch bei γ-Strahlung mit zunehmender Schichtdicke bis zu einem Sättigungswert an (s. 8.1.3. und 8.2.2.).

Für die Dickenmessung dünner Schichten wird vorrangig die Rückstreuung von β-Teilchen angewendet. Beispiele hierfür sind TiN- bzw. TiC-Beschichtungen von Hartmetallen, Lackschichten und galvanische Überzüge sowie Plastfolien, die über Metallwalzen laufen. Dieses Meßverfahren setzt voraus, daß die Dicke der Unterlage größer als deren Sättigungsdicke oder konstant ist.

Außerdem müssen sich die Ordnungszahlen von Unterlage Z_U und Auflage Z_A hinreichend voneinander unterscheiden ($|Z_U - Z_A| > 5$). Für die beiden Fälle $Z_A > Z_U$ und $Z_A < Z_U$ sind in Abb. 125 die Rückstreuraten in Abhängigkeit von den Dicken der Unterlage und der Deckschicht schematisch dargestellt. Mit dem β-Rückstreuverfahren können Flächenmassebestimmungen zwischen $2 \cdot 10^{-2}$ und $2\,\mathrm{kg \cdot m^{-2}}$ durchgeführt werden.

Die Rückstreuung von γ-Strahlung ermöglicht Dickenmessungen an Rohr- und Kesselwänden, die nur einseitig zugängig sind. Transportable Geräte sind für diesen Zweck mit Szintillationszählern ausgerüstet. Die Trennung von Primär- und Streustrahlung erfolgt mit Impulshöhen-

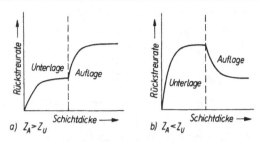

Abb. 125. Rückstreurate als Funktion der Schichtdicke
a) $Z_A > Z_U$; b) $Z_A < Z_U$

analysatoren. Bei Verwendung der Nuklide $^{60}_{27}\mathrm{Co}$ und $^{137}_{55}\mathrm{Cs}/^{137}_{56}\mathrm{Ba}^m$ können Stahldicken von 0,2 bis 20 mm erfaßt werden.

10.1.2. Füllstandsmessung

Die Schwächung von γ-Strahlung (s. 8.2.1.) kann zur Niveaukontrolle und Füllstandsmessung von Flüssigkeiten und Schüttgütern in geschlossenen Behältern ausgenutzt werden. Als Strahlungsquellen verwendet man vorwiegend die Nuklide $^{60}_{27}\mathrm{Co}$ und $^{137}_{55}\mathrm{Cs}/^{137}_{56}\mathrm{Ba}^m$. Füllstandsmessungen mit radioaktiven Nukliden sind den meisten herkömmlichen Verfahren überlegen, weil keine Meßorgane im Behälterinneren erforderlich sind. Radiometrische Meßgeräte werden daher häufig zur automatischen Steuerung oder zur Kontrolle der Füllhöhe in Hochdruckkesseln, Hochöfen, Kohlebunkern und Behältern mit chemisch aggressiven oder explosiven Füllgütern eingesetzt.

Niveaukontrolle

In der Praxis werden zur Überwachung von Grenzhöhen am häufigsten *Strahlenschranken* eingesetzt. Die Abb. 126 zeigt das Schema einer solchen Anordnung. Auf der einen Seite des Behälters befindet sich eine γ-Strahlungsquelle und auf der gegenüberliegenden Seite ein Strahlungsdetektor. Strahlenschranken zur Füllstandsüberwachung arbeiten berührungslos und weisen keine bewegten Teile auf. Passiert das Füllgut das vom Detektor erfaßte Strahlungsbündel, ändert sich infolge der Strahlungsschwächung die Detektoranzeige sprungartig.

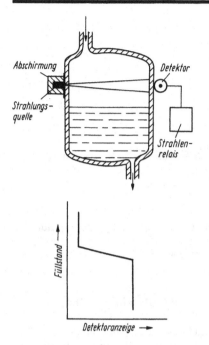

Abb. 126. Strahlenschranke zur Niveaukontrolle

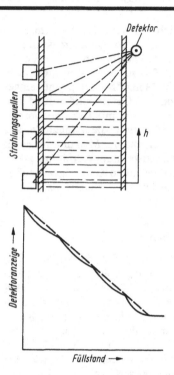

Abb. 127. Kontinuierliche Messung der Füllhöhe eines Behälters mit mehreren Strahlungsquellen

Mehrere Niveaus in einem Behälter können durch eine entsprechende Anzahl von Strahlenschranken überwacht werden. In industriellen Anlagen wird die Niveaukontrolle vorwiegend zur Steuerung der selbsttätigen Füllung und Entleerung von Behältern angewendet.

Füllstandsmessung

Zur stetigen Messung von Füllhöhen in geschlossenen Behältern wurden verschiedene Meßanordnungen entwickelt. Hier sollen zwei Möglichkeiten angedeutet werden. Beliebig große Füllhöhen lassen sich mit einer Nachlaufeinrichtung messen. In diesem Fall wird eine Strahlenschranke dem Füllstand durch eine mechanische Servosteuerung kontinuierlich nachgeführt. Die Bewegung der Strahlungsquelle und des Detektors muß dabei auf beiden Seiten des Behälters durch Gewindespindeln, Seil- oder Kettenzüge synchron erfolgen. Die Stellung der Schranke kennzeichnet die Standhöhe des Füllgutes.

Eine andere Methode ist in Abb. 127 schematisch dargestellt. Auf der dem Detektor gegenüberliegenden Seite des Behälters sind überein-ander mehrere punktförmige Strahlungsquellen angeordnet. Durch geeignete Wahl der Aktivität der einzelnen Quellen kann eine nahezu lineare Abhängigkeit der Detektoranzeige von der Füllhöhe erreicht werden. Auch Anordnungen mit einer Strahlungsquelle und mehreren langgestreckten Detektoren kann man zur kontinuierlichen Messung der Füllhöhe verwenden.

10.1.3. Dichtemessung

Die Schwächung und Streuung von γ-Strahlung (s. 8.2.1. und 8.2.2.) wird nicht nur zur Dickenmessung, sondern auch zur Messung der Dichte von Flüssigkeiten, Bodenschichten und Schüttgütern ausgenutzt.

Durchstrahlungsverfahren

Radiometrische Dichtemeßgeräte unterscheiden sich von Anordnungen zur Dickenmessung durch eine der Meßaufgabe angepaßte Form der Meßstrecke. Insbesondere muß die Dicke des Meßgutes konstant sein. Die größte Bedeutung hat die kontinuierliche Flüssigkeitsdichtemessung in der erdölverarbeitenden und chemischen Industrie erlangt. Durch den festen Anbau der γ-Strahlungsquelle und des Detektors an eine Rohrleitung wird die Meßgeometrie konstant gehalten. Je größer die Dichte der durch das Rohr strömenden Flüssigkeit ist, um so stärker wird die von der Quelle ausgesandte Strahlung geschwächt. Der Hauptvorteil dieses Verfahrens besteht darin, daß die Dichtemessung durch die Rohrwand hindurch berührungslos erfolgen kann. Die Abb. 128 zeigt das Prinzip einer Anordnung zur Flüssigkeitsdichtemessung. Die Meßstrecke ist durch den Einbau eines Rohrstückes in die Leitung festgelegt. Zur Messung der Bodendichte in geringen Tiefen werden Gabelsonden und T-förmige Einstichsonden verwendet. Gebräuchliche Meßanordnungen sind in Abb. 129 wiedergegeben.

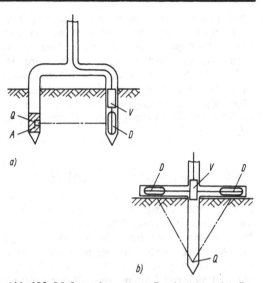

Abb. 129. Meßanordnung zur Bestimmung der Bodendichte nach dem Durchstrahlungsverfahren
a) Gabelsonde; b) T-förmige Einstichsonde
Q Strahlungsquelle; D Detektor, V Vorverstärker; A Abschirmung

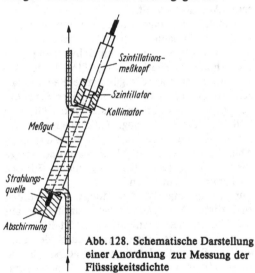

Abb. 128. Schematische Darstellung einer Anordnung zur Messung der Flüssigkeitsdichte

Rückstreuverfahren

Zur Dichtemessung nach dem γ-Rückstreuverfahren werden Meßsonden mit 2π-Geometrie für Oberflächenuntersuchungen und 4π-Geometrie für Bohrlochuntersuchungen benutzt. Der Aufbau dieser Sonden ist in Abb. 130 schematisch dargestellt. Ein Zwischenstück aus Blei schirmt den Detektor gegen die direkte γ-Strah-

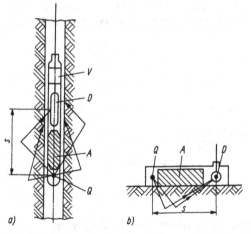

Abb. 130. Schematische Darstellung von Dichtemeßsonden mit 4π- und 2π-Geometrie
a) Bohrlochsonde; b) Oberflächensonde
A Bleiabschirmung; D Detektor; Q Strahlungsquelle; V Vorverstärker; s Sondenlänge

lung der Quelle ab. Der Abstand s zwischen Strahlungsquelle und Detektor wird als Sondenlänge bezeichnet. Bei Verwendung der Nuklide $^{60}_{27}$Co und $^{137}_{55}$Cs/$^{137}_{56}$Ba^m sind Sondenlängen zwischen 200 und 800 mm gebräuchlich. Bohrloch-

sonden werden hauptsächlich zur Bodendichte-
messung bei Baugrunduntersuchungen und in
der Lagerstättenkunde eingesetzt. Oberflächen-
sonden dienen insbesondere zur zerstörungsfreien Dichtebestimmung oberflächennaher
Schichten im Straßen- und Flugplatzbau. Die
Meßfehler radiometrischer Dichtebestimmun-
gen überschreiten unter günstigen Bedingungen
2 bis 3 % nicht.

10.1.4. Gammaradiographie

Die *Gammaradiographie* dient zur zerstörungsfreien Materialprüfung von Werkstoffen und
Werkstücken. Das Prinzip des Verfahrens zeigt
die Abb. 131. Zwischen einer γ-Strahlungsquelle und dem Detektor (Film oder Zähler)
befindet sich das Prüfgut. Enthält der Prüfling
einen Materialfehler, z. B. einen Lufteinschluß,
so wird an dieser Stelle die Strahlung weniger
geschwächt. Der Fehler ist durch die stärkere
Schwärzung der photographischen Schicht erkennbar. Bei Verwendung von Zählrohren und
Szintillationszählern stellt man an der betreffenden Stelle eine erhöhte Detektoranzeige fest.

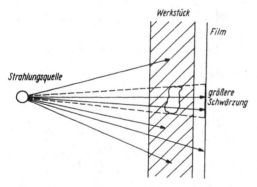

Abb. 131. Prinzip der Gammaradiographie

In der Praxis wird wegen der Einfachheit und
der guten Erkennbarkeit innerer Fehler die photoradiographische Methode bevorzugt. Das io-
nometrische Verfahren gestattet hohe Meßge-
schwindigkeiten und ermöglicht die ununter-
brochene Kontrolle einfacher Werkstücke am
Fließband. Die photoradiographische Untersuchung wird insbesondere zum Nachweis von
Lunkern in Gußteilen und zur Prüfung von

Schweißnähten im industriellen Rohrleitungs-
bau eingesetzt. Die Vorteile dieses Verfahrens
bestehen in dem großen Durchdringungsvermö-
gen der γ-Strahlung, der einfachen Handhabung
der erforderlichen Durchstrahlungsgeräte und
der Netzunabhängigkeit. Als Nachteile sind die
Verwendung von Strahlungsquellen hoher Aktivität und die längeren Belichtungszeiten zu
nennen. Bei der photoradiographischen Methode ist ein kontrastreiches Bild und eine
große Fehlererkennbarkeit erwünscht. Auf die
Abbildungsschärfe des Fehlers haben die geometrischen Bedingungen der Bestrahlungsan-
ordnung einen starken Einfluß. Das Bild des
Fehlers ist um so deutlicher erkennbar, je kleiner die Abmessung der Strahlungsquelle, je größer die Entfernung der Quelle vom Prüfgut und
je geringer der Abstand zwischen dem Fehler
und dem Film ist. Die besten Ergebnisse werden durch direktes Auflegen des Filmes auf den
Prüfling und die Verwendung möglichst punktförmiger Strahlungsquellen mit hoher spezifischer Aktivität erzielt.

Die *Belichtungsdauer* wird so gewählt, daß sich
Filmschwärzungen S (s. 9.1.6.) zwischen 1,5
und 2,0 ergeben. Bei diesen Schwärzungen ist
die Fehlererkennbarkeit am größten. In der Praxis entnimmt man die günstigste Belichtungszeit aus *Belichtungsdiagrammen.* Diese Schaubil-
der geben das Produkt aus Aktivität und
Belichtungszeit, die sog. *Belichtungsgröße,* für
eine bestimmte Filmsorte und Schwärzung in
Abhängigkeit von der Materialart und -dicke
wieder. Der Abstand Strahlungsquelle–Film ist
als Parameter enthalten.

Zur Verkürzung der Belichtungszeiten werden
zusätzlich oft *Verstärkerfolien* unmittelbar auf
den Film gelegt. Man unterscheidet Blei- und
Salzfolien. In Bleifolien werden durch den Photoeffekt Sekundärelektronen ausgelöst, die zu
einer stärkeren Schwärzung des Filmes beitragen. Die Wirkung von Salzfolien (CaWO$_4$) beruht auf der Anregung von Fluoreszenzlicht,
das photochemisch aktiver als die Primärstrahlung ist. Mit Bleifolien werden Verstärkungsfak-
toren zwischen 2 und 4 erreicht. Die Zeichen-
schärfe verschlechtert sich nur geringfügig.
Durch Salzfolien kann die Wirkung der Primärstrahlung um den Faktor 5 bis 20 erhöht werden, jedoch vermindert sich die Detailerkenn-
barkeit.

Zur Gammaradiographie werden vorwiegend die folgenden radioaktiven Nuklide verwendet:

$^{170}_{69}$Tm für Stahldicken bis 10 mm,
$^{192}_{77}$Ir für Stahldicken von 6 bis 80 mm,
$^{137}_{55}$Cs/$^{137}_{56}$Ba^m für Stahldicken von 40 bis 80 mm,
$^{60}_{27}$Co für Stahldicken von 40 bis 160 mm.

10.1.5. Feuchtemessung

Die im Vergleich zu anderen Elementen starke Bremswirkung von Wasserstoff für schnelle Neutronen (s. 7.2. und 8.2.3.) wird in der Praxis zur Feuchtemessung und zur Bestimmung der *Wasserstoffkonzentration* ausgenutzt. Die Messungen erfolgen mit Anordnungen, die 2π- oder 4π-Geometrie besitzen. Feuchtemeßsonden enthalten (α,n)-Neutronenquellen (s. 6.5.) und Detektoren zum Nachweis thermischer Neutronen. Die Flußdichte der auf thermische Energie abgebremsten Neutronen ist ein Maß für den Feuchtigkeits- oder Wasserstoffgehalt des Meßgutes. Sonden mit 2π-Geometrie werden für Oberflächenmessungen verwendet. 4π-Anordnungen besitzen die Form von Eintauchsonden. Radiometrische Feuchtemeßeinrichtungen werden zur Wassergehaltsbestimmung von Boden, Sand, Formsand, Kies, Holz und Düngekalk verwendet. Abb. 132 zeigt die Anordnung von Neutronensonden zur Messung der Bodenfeuchte.

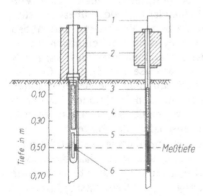

Abb. 132. Schematische Darstellung von Neutronen-Bodenfeuchtesonden
1 Kabel; *2* Abschirmbehälter; *3* Meßrohr; *4* Elektronik; *5* Detektor; *6* Quelle

In der Erdölraffination und Petrolchemie dient das Neutronenbremsverfahren zur kontinuierlichen Registrierung der Wasserstoffkonzentration der Produkte.

Bei der Wasserstoff- und Feuchtigkeitsbestimmung mit Neutronen muß man jedoch den Einfluß verschiedener Störgrößen berücksichtigen. Die Flußdichte der thermischen Neutronen ist nur dann ein Maß für den Wasserstoffgehalt, wenn der gesamte im Meßgut befindliche Wasserstoff an Wasser gebunden ist. Andere wasserstoffhaltige Substanzen, z. B. organische Verbindungen, können die Meßwerte erheblich beeinflussen. Auch Elemente mit kleiner Ordnungszahl, vor allem Kohlenstoff, verursachen eine Erhöhung der Neutronenflußdichte. Enthält das Meßgut dagegen Elemente mit großem Einfangquerschnitt für thermische Neutronen (z. B. Li, Cl, Cd), so erfolgt eine Verminderung der thermischen Neutronenflußdichte am Ort des Detektors. Der Einfluß von Moderatorsubstanzen und Neutronenabsorbern, die sich zusätzlich im Meßgut befinden, läßt sich nur dann bei der Kalibrierung der Meßanordnung berücksichtigen, wenn die Konzentration dieser Komponenten konstant ist. Von ausschlaggebender Bedeutung ist außerdem der Dichteeinfluß des Meßgutes. Eine Meßanlage zur Wasser- bzw. Wasserstoffbestimmung kann nur dann in Masse-% geeicht werden, wenn entweder die Dichte des Meßgutes konstant ist, oder ein eindeutiger Zusammenhang zwischen dem Wasserstoffgehalt und der Dichte besteht. Ist keine dieser Voraussetzungen erfüllt, so muß man die Dichte gesondert messen.

10.2. Wirkung von Strahlung auf Stoffe

10.2.1. Strahlenchemie

Die *Strahlenchemie* beschäftigt sich mit den durch ionisierende Strahlung ausgelösten chemischen Umsetzungen sowie den dadurch erzielten bleibenden Veränderungen der bestrahlten Stoffe. Als Strahlungsquellen werden in der technischen Strahlenchemie vorwiegend γ-

Strahler und Elektronenbeschleuniger verwendet. Während bei den verwandten photochemischen Reaktionen nur ein Elementarereignis je absorbiertes Lichtquant ausgelöst wird, finden längs der Bahn eines ionisierenden Teilchens viele Tausende Ionisations- und Anregungsakte statt. Die Ausbeute strahlenchemischer Reaktionen wird durch den *G-Wert* [s. Gl. (9.89)] gekennzeichnet.

Strahlensynthese

Wirkt ionisierende Strahlung auf chemische Systeme ein, so entstehen angeregte Moleküle, Molekülionen und freie Elektronen. Durch anschließende Neutralisation positiver Ionen mit Elektronen werden hochangeregte Moleküle gebildet, die zu sehr reaktionsfähigen freien Radikalen dissoziieren. Diese Prozesse kann man summarisch durch folgende Reaktionsgleichungen zusammenfassen:

$$\underset{\text{neutrales Molekül}}{R} \xrightarrow{\text{Strahlung}} \underset{\text{angeregtes Molekül}}{R^*} \longrightarrow \underset{\text{Ionenpaar}}{R^+ + e^-}$$

$$R^+ + e^- \longrightarrow \underset{\text{Radikale}}{R_i^{\cdot} + R_2^{\cdot}}$$

Die als Zwischenprodukte aus strahlenchemischen Prozessen hervorgehenden freien Radikale führen zu chemischen Folgereaktionen. Die Strahlensynthese chemischer Verbindungen ist dann von besonderem Interesse, wenn die Darstellung auf konventionellem Wege schwierig oder unmöglich ist. Darüber hinaus eröffnet die Strahlenchemie die Möglichkeit, sehr reine, katalysatorfreie Produkte zu erzeugen. Da strahlenchemische Reaktionen auch bei niedrigen Temperaturen verlaufen, lassen sich unerwünschte Nebenreaktionen weitgehend vermeiden. Aus wirtschaftlichen Gründen finden jedoch strahlenchemische Synthesereaktionen nur zögernd Eingang in die chemische Technik. Industriell werden Synthesereaktionen auf strahlenchemischem Wege zur Sulfurierung und Halogenierung von Kohlenwasserstoffen sowie zur Herstellung von Hydrazin, phosphororganischen und metallorganischen Verbindungen genutzt. Außerdem lassen sich durch Bestrahlung niedermolekularer Verbindungen Hochpolymere synthetisieren. Die Strahlenpolymerisation wird zur Herstellung

von Holz-Kunststoff-Kombinationen (Polymerholz) angewandt. Man tränkt Holz mit Monomeren und bestrahlt es anschließend mit ionisierender Strahlung. Durch die zwischen den Holzfasern gebildeten Polymere verbessern sich die Eigenschaften des Holzes bedeutend.

Strahlenchemie von Polymeren

Das strahlenchemische Verhalten fester Polymere wurde in den letzten beiden Jahrzehnten eingehend untersucht. Für diese Entwicklung war die Entdeckung der strahlenchemischen Vernetzung von Polyethylen und die Notwendigkeit der Prüfung makromolekularer Stoffe für den Reaktorbau in intensiven Strahlungsfeldern ausschlaggebend.

Auch bei der Bestrahlung von Hochpolymeren besteht die Primärreaktion in einer Ionisierung und Anregung der Moleküle. An die Primärreaktion schließen sich Folgereaktionen an, wobei sich grundsätzlich zwei Effekte gegenüberstehen: Die *Vernetzung* der Makromoleküle und der *Abbau* der Hauptketten der Makromoleküle.

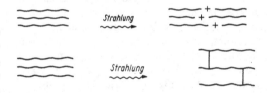

In vielen Hochpolymeren laufen beide Vorgänge nebeneinander ab, jedoch überwiegt stets einer dieser Prozesse. Vernetzung und Abbau werden oft von weiteren Erscheinungen begleitet. Typische Reaktionen sind die Abspaltung niedermolekularer Gase wie H_2, CH_4, CO und CO_2. Oberhalb bestimmter Energiedosen führen die strahlenchemischen Reaktionen zu Veränderungen der mechanischen, elektrischen und optischen Eigenschaften der Plaste.

Wenn die *Vernetzung* überwiegt, steigt die mittlere relative Molekülmasse an. Das hat eine verminderte Löslichkeit und Dehnbarkeit sowie eine Erhöhung des Elastizitätsmoduls, der Härte und der Erweichungstemperatur zur Folge.

Der *Hauptkettenabbau* führt zu einer Abnahme der mittleren relativen Molekülmasse, der Erweichungstemperatur und der Festigkeit, so daß sich alle wertvollen Stoffeigenschaften verschlechtern.

Die wichtigsten strahlenchemisch vernetzbaren und abbauenden Hochpolymeren sind in Tab. 34 zusammengestellt.

Tabelle 34. Vernetzung und Abbau von Polymeren durch ionisierende Strahlung

Vernetzung	Hauptkettenabbau
Polyethylen	Polymethylmethacrylat (PMMA)
Polypropylen	Polytetrafluorethylen (PTFE)
Polystyren	Polytrifluorchlorethylen
Polyvinylchlorid (PVC)	Polyethylenterephthalat
Naturkautschuk	Polyvinylidenchlorid
Synthese-kautschuke	Polyisobutylen
Polyamide	Cellulose
Polyester	Cellulosederivate

Technisch genutzt wird im größeren Umfang die Vernetzung von Hochpolymeren. Als wichtigste Anwendungsgebiete sind die Herstellung von Schrumpffolien für die Verpackungsindustrie, die Eigenschaftsverbesserung von Kabelisolierungen und die strahlenchemische Härtung von polymerisierbaren Lacken, Überzügen und Beschichtungen zu nennen.

Strahlenchemische Pfropfcopolymerisation

Wird ein Polymeres A_n in Gegenwart eines Monomeren B bestrahlt, so bewirken die im festen Polymeren gebildeten freien Radikale die Polymerisation des Monomeren. Auf das A_n-Makromolekül wächst das Monomere B in Form langer Ketten B_n auf. Es entsteht ein Pfropfcopolymeres der allgemeinen Struktur

$$\sim\sim\sim \underset{\overset{|}{B-B-B-B}\sim}{A-A-A-A-A-A} \sim\sim$$

Durch *Pfropfcopolymerisation* lassen sich die Lösungsmittelbeständigkeit, Oberflächenhaftung, Anfärbbarkeit und Wärmeresistenz von Hochpolymeren verbessern. Die strahlenchemische Pfropfcopolymerisation eröffnet in der Textilindustrie die Möglichkeit der Verbesserung natürlicher und synthetischer Fasern. So erhöht z. B. die Pfropfcopolymerisation von Acrylnitril auf Cellulose die Wärmebeständigkeit der Fasern und ihre Widerstandsfähigkeit gegenüber Mikroorganismen.

10.2.2. Strahlentherapie

Die Einwirkung ionisierender Strahlung auf biologische Objekte ist mit einer Energieübertragung auf lebende Organismen verbunden. Es werden Ionisationen und Anregungen in den Zellen und in den Zellkernen ausgelöst, die zu molekularen Veränderungen und zur Bildung zellfremder Substanzen führen. Die Zerstörung lebenswichtiger Moleküle kann die Zellfunktionen beeinträchtigen und den Zelltod zur Folge haben.

Ionisierende Strahlung übt generell auf lebendes Gewebe eine *schädigende Wirkung* aus. Einzelne Zelltypen zeigen jedoch eine unterschiedliche Strahlenempfindlichkeit. Zellen mit hoher Teilungsrate und großer Stoffwechselleistung sind strahlenempfindlicher als Zellen, die sich nur langsam vermehren. Auf dieser Tatsache beruht die *Strahlentherapie bösartiger Tumoren*. Die rasch entstehenden Krebszellen sind i. allg. strahlenempfindlicher als Zellen, die sich normal teilen. Der Sensibilitätsunterschied zwischen dem wuchernden Krebsgewebe und den Zellen des umgebenden gesunden Gewebes wird von der radiologischen Tumorbehandlung ausgenutzt. Das Ziel der Strahlentherapie besteht darin, das Tumorgewebe durch ionisierende Strahlung bei weitgehender Schonung der gesunden Umgebung zu vernichten.

Zur Therapie der einzelnen Tumorformen sind Energiedosen zwischen 20 und 200 Gy erforderlich. Meist wird die zur Vernichtung eines Tumors benötigte Gesamtenergiedosis in mehrere, durch bestimmte Zeitintervalle getrennte Einzelenergiedosen aufgeteilt (*Fraktionierung*). Durch diesen Bestrahlungsmodus wird ein günstiges Verhältnis zwischen Tumorschädigung und Schonung des normalen Gewebes erzielt. Die Strahlenbehandlung von Tumoren erfolgt mit verschiedenen Strahlungsarten:

Röntgenstrahlung (Röhrenspannung 300 kV),

γ-Strahlung (E_γ: 0,6 bis 1,3 MeV),
β-Strahlung ($E_{\beta max}$: 0,2 bis 1,7 MeV),
Elektronenstrahlung (E_e: 3 bis 40 MeV),
ultraharte Bremsstrahlung (Beschleunigungsspannung 20 bis 40 MV) und Neutronenstrahlung ($E_n = 14$ MeV).

Unterschiedliche Bestrahlungstechniken dienen der optimalen Anpassung der räumlichen Dosisverteilung an den Tumorbereich.

Teletherapie

Die Behandlung tief im Körperinnern liegender Tumoren kann durch *Fernbestrahlung* von außen erfolgen. Neben der konventionellen Röntgentherapie hat besonders die *Telegammatherapie* mit $^{60}_{27}$Co- und $^{137}_{55}$Cs/$^{137}_{56}$Ba^m-γ-Strahlung große Bedeutung erlangt. Gegenüber Röntgenstrahlung bietet energiereiche γ-Strahlung einige Vorteile: Es wird eine höhere *relative Tiefendosis* (Energiedosis als Funktion der Tiefe in Prozent der maximalen Energiedosis) erreicht, die Strahlenbelastung der Haut und des Knochengewebes verringert sich, Unverträglichkeitserscheinungen treten seltener auf. Außer *Stehfeldbestrahlungen* werden Fernbestrahlungen in Form von *Bewegungsbestrahlungen* (Pendel-, Rotationsbestrahlung) durchgeführt. Man bewegt die Strahlungsquelle um den Patienten herum, so daß das gesunde Gewebe nur kurzzeitig mit einer geringen Energiedosis belastet wird, während der Tumorbereich stets im Strahlungskegel verbleibt (Abb. 133).

Durch die höheren Strahlungsenergien von schnellen Elektronen und ultraharter Bremsstrahlung aus Beschleunigern hat die Tele-

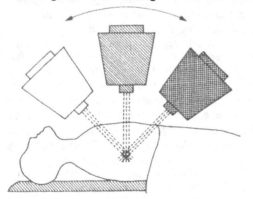

Abb. 133. Prinzip der Bewegungsbestrahlung

gammatherapie ihre Bedeutung heute weitgehend eingebüßt. Zur Erzeugung dieser Strahlungsarten haben das *Betatron* und der *Linearbeschleuniger* Eingang in die medizinische Praxis gefunden. Wegen der großen biologischen Wirksamkeit schwerer Teilchen werden auch schnelle Neutronen und Protonen zur Tumortherapie angewendet.

Brachytherapie

Im Gegensatz zur Teletherapie zeichnet sich die Brachytherapie durch kurze Abstände zwischen umschlossenen radioaktiven Quellen und dem zu bestrahlenden Gewebe aus. Die Behandlung von oberflächennahen Tumoren mit geringer Tiefenausdehnung erfolgt in der Dermatologie und Ophthalmologie durch Oberflächen-Kontaktbestrahlung. Mit reinen β-Strahlern ($^{32}_{15}$P, $^{35}_{16}$S, $^{90}_{38}$Sr/$^{90}_{39}$Y und $^{106}_{44}$Ru) beladene Applikatoren erlauben wegen der geringen Reichweite der β-Teilchen die Bestrahlung oberflächlicher Schichten bei weitgehender Schonung des tiefer liegenden gesunden Gewebes. Zur Behandlung von Tumoren im Körper können auch umschlossene radioaktive Präparate in unmittelbaren Kontakt mit dem Geschwulstgewebe oder direkt in dieses gebracht werden. Dadurch erzielt man im Tumorgewebe bei geringerer Belastung des gesunden Gewebes größere Energiedosen als bei der Fernbestrahlung. Es gibt verschiedene Möglichkeiten dieser inneren Bestrahlung.

Bei der *interstitiellen Therapie* werden entweder dünne Nadeln, Drähte oder Kügelchen (grains, seeds), die γ-Strahler ($^{60}_{27}$Co, $^{125}_{53}$I, $^{137}_{55}$Cs, $^{198}_{79}$Au, $^{226}_{88}$Ra) enthalten, zur Spickung des Tumors verwendet. Zur *intrakavitären Behandlung* dienen umschlossene Applikatoren in Zylinder- oder Kugelform. Eine spezielle Art der intrakavitären Therapie ist die *Afterloading-Technik*. Bei diesem vorwiegend in der Gynäkologie angewandten Bestrahlungsverfahren wird der Applikator leer in die Körperhöhle eingeführt. Die Bestückung mit der radioaktiven Quelle ($^{60}_{27}$Co, $^{137}_{55}$Cs, $^{192}_{77}$Ir) erfolgt anschließend durch Fernbedienung. Diese Methode erlaubt den Einsatz von Strahlungsquellen hoher Aktivität und führt zu einer Verkürzung der Liegezeiten bei gleichzeitiger Reduzierung der Strahlenbelastung des medizinischen Personals.

Therapie mit offenen radioaktiven Stoffen

Kolloidale radioaktive Lösungen oder Suspensionen können auch direkt in abgeschlossene Körperhöhlen, Gelenke und Tumorgewebe eingebracht werden. Für diese Bestrahlungen verwendete man ursprünglich das Nuklid $^{198}_{79}$Au. Heute bevorzugt man reine β-Strahler ($^{32}_{15}$P, $^{89}_{38}$Sr, $^{90}_{39}$Y, $^{169}_{68}$Er und $^{186}_{75}$Re). Schließlich lassen sich zur innerzellulären Behandlung in einigen Fällen oral oder intravenös verabfolgte radioaktive Nuklide auf dem Stoffwechselweg oder über den Kreislauf dem Krankheitsherd zuführen und dort selektiv anreichern. Hauptanwendungsgebiete dieses Verfahrens sind die Therapie von Schilddrüsenerkrankungen mit $^{131}_{53}$I und die $^{32}_{15}$P-Behandlung von Blutkrankheiten (Polycythaemia vera). Eine Möglichkeit der Schmerzbekämpfung bei Knochenmetastasen besteht in der i.v.-Applikation der reinen β-Strahler $^{89}_{38}$Sr (als Chlorid) oder $^{90}_{39}$Y (als Citrat).

Auf Grund der geringen Reichweite in biologischem Gewebe gibt es nur wenige Anwendungen von α-Strahlung in der Medizin. Das einzige Beispiel ist die Therapie von Spondylitis ankylosans (Morbus Bechterew) mit dem α-Strahler $^{224}_{88}$Ra ($T_{1/2}$ = 3,66 d) als Radiumchlorid in offener Form.

10.2.3. Strahlensterilisation

Die *Sterilisation* (Entkeimung) von Instrumenten, Arzneimitteln und Verbandstoffen besitzt für die Medizin und Pharmazie eine große Bedeutung. Das Ziel aller Sterilisationsverfahren ist es, durch Vernichtung von Mikroorganismen Infektionen bei der Behandlung von Patienten zu verhindern.

Für die Durchführung der Sterilisation kommen physikalische und chemische Methoden in Betracht. Die größte Verbreitung hat die Dampf- und Heißluftsterilisation gefunden. Auch durch Einwirkung ionisierender Strahlung können Mikroorganismen inaktiviert werden. Die hohe Durchdringungsfähigkeit der ionisierenden Strahlung und die nur geringfügige Erwärmung des Sterilisiergutes bei der Bestrahlung sind Vorzüge der Strahlensterilisation gegenüber den herkömmlichen Sterilisationsverfahren mit Hitze oder Chemikalien. Die Sterilisation mit ionisierender Strahlung ist eine Methode der *Kaltsterilisation*. Sie kann bei allen Materialien Anwendung finden, die bei der Hitzesterilisation entweder zerstört oder in ihrer Wirksamkeit beeinträchtigt werden. Die Methode der Strahlensterilisation kommt damit der zunehmenden Verwendung thermoplastischer Kunststoffe in der Medizin und der Entwicklung hitzeempfindlicher Arneimittel entgegen.

Die Sterilisation medizinischer und pharmazeutischer Artikel erfolgt entweder mit $^{60}_{27}$Co-γ-Strahlung oder beschleunigten Elektronen. Der gesamte Betriebsablauf einer modernen Bestrahlungsanlage ist automatisiert. Die eigentliche Bestrahlungszelle ist durch einen zu- und abführenden Labyrinthgang mit der automatisch arbeitenden Be- und Entladestation verbunden. Das Sterilisiergut wird in einheitliche Behälter verpackt und automatisch mit einer mechanischen Förderanlage in ununterbrochener Reihe an der Strahlungsquelle vorbeigeführt. Während sich mit γ-Strahlung große Volumina durchstrahlen lassen, kann Elektronenstrahlung nur zur Sterilisation von Produkten mit Schichtdicken von wenigen Millimetern eingesetzt werden.

Zur Inaktivierung von Mikroorganismen (Bakterien, Sporen, Viren) sind hohe Energiedosen erforderlich. Während beim Menschen und den höheren Säugetieren die letalen Ganzkörperdosen zwischen 6 und 10 Gy liegen, werden Mikroorganismen erst von Energiedosen im kGy-Bereich inaktiviert. Zahlreiche Laboruntersuchungen haben unter Beachtung einer Sicherheitsspanne ergeben, daß eine Energiedosis von 2,5 kGy für die Erzielung von Keimfreiheit ausreichend ist.

Die Strahlensterilisation wird im großen Umfang zur Sterilisation der verschiedensten Erzeugnisse der medizinischen Geräteindustrie aus Kunststoffen, Gummi und Textilgewebe angewandt. Zu erwähnen sind Injektionsspritzen, Kanülen, Infusionsbestecke, Katheter, Schläuche, Handschuhe, Implantate aus Kunststoffen und chirurgisches Nahtmaterial. Diese Produkte werden in Plastebeutel eingeschweißt und nach dem Verpacken mit Strahlung sterilisiert. Erfolgversprechend ist auch die Strahlensterilisation hitzeempfindlicher Arzneimittel. Antibiotika, Vitamine, Enzyme, Hormone und Blutersatzstoffe können durch Strahlung sterilisiert werden. Auch bei der Strahlensterilisation von biologischen Produkten wie Katgut, Blutplasma, Haut-, Gefäß- und Knochentransplantaten wurden Erfolge erzielt.

10.2.4. Lebensmittelbestrahlung

Eine wichtige Aufgabe der Ernährungswirtschaft ist der Schutz erzeugter Lebensmittel vor Verderb und Qualitätsminderung. Neben die herkömmlichen physikalischen und chemischen Konservierungsmethoden ist in den letzten Jahren ein neues Verfahren, die Behandlung von Nahrungsmitteln und Gewürzen mit ionisierender Strahlung, getreten. Die *Strahlenkonservierung* beruht auf der Eigenschaft ionisierender Strahlung, Bakterien, Sporen, Enzyme, Hefen und Insekten abzutöten bzw. zu inaktivieren. Gegenüber chemischen Konservierungsmethoden werden bei der Strahlenbehandlung den Lebensmitteln keinerlei Fremdstoffe zugesetzt.

Durch Bestrahlung von Nahrungsmitteln kann eine *Pasteurisation*, *Desinfektion* (z. B. Abtötung von Salmonellen), *Desinsektion* (Abtötung oder Verhinderung der Fortpflanzungsfähigkeit von Insekten) oder *Keimhemmung* erzielt werden. Lebensmittelbestrahlungen werden mit γ-Strahlung vorgenommen. Für die Strahlungswirkung ist die verabfolgte Energiedosis ausschlaggebend. Niedrige Energiedosen (10 bis 500 Gy) verhindern das Auskeimen lagernder Kartoffeln und Zwiebeln. Sie bewirken auch die Desinsektion von Getreide, Mehl und getrockneten Früchten. Mittlere Energiedosen (bis 5 kGy) führen zur Verlängerung der Haltbarkeit von Fleisch, Fisch, Früchten und Gemüse (Pasteurisierung).

Der gesundheitlichen Unbedenklichkeit bestrahlter Lebensmittel wurden sehr gründliche Untersuchungen gewidmet. Spezielle Versuche ergaben keinerlei Anzeichen für eine toxische oder kanzerogene Wirkung, wenn die Bestrahlung mit Energiedosen $D \leqq 10$ kGy erfolgt. Nicht geeignet ist die Strahlenbehandlung zur Konservierung solcher Nahrungsmittel, die durch Bestrahlung Geschmacksbeeinträchtigungen und Farbänderungen erleiden.

10.3. Anregung elementspezifischer Photonenstrahlung

Infolge der Ionisationsbremsung geladener Teilchen und der Photoabsorption von Röntgen- oder γ-Strahlung emittieren die ionisierten Atome bei der Neuordnung ihrer Hülle das charakteristische Röntgenemissionsspektrum des betreffenden Elementes (s. 7.3.2.).

Bei der (n,γ)-Einfangreaktion und der unelastischen Neutronenstreuung senden die angeregten Atomkerne γ-Strahlung aus (s. 4.5. und 7.2.3.).

Die angeregte Sekundärstrahlung ist für die im Material enthaltenen chemischen Elemente charakteristisch und findet in der Analysentechnik Anwendung. Die Energie und Flußdichte der angeregten Photonenstrahlung geben Aufschluß über die in den Analysenproben enthaltenen Elemente und deren Gehalte.

10.3.1. Röntgenemissionsanalyse

Neben den mit Beugungskristallen arbeitenden *wellenlängendispersiven* Verfahren der Röntgenemissionsanalyse werden die Methoden der *energiedispersiven* und der *nichtdispersiven* Röntgenemissionsanalyse angewendet.

Als energiedispersiv bezeichnet man Verfahren, welche die Energieselektivität von Proportionalzählrohren, Szintillationszählern und Halbleiterdetektoren beim Nachweis der angeregten Röntgenstrahlung ausnutzen. Da die Ausgangsimpulshöhe bei diesen Strahlungsdetektoren der Photonenenergie proportional ist, kann die Energieanalyse in Form der Impulshöhenanalyse erfolgen.

Die nichtdispersiven Verfahren eröffnen die Möglichkeit der vereinfachten Durchführung der Röntgenemissionsanalyse. Sie nutzen zur Energieanalyse die Absorptionskanten (s. 7.3.2.) im Verlauf der Energieabhängigkeit des Massen-Schwächungskoeffizienten aus, indem bestimmte Filtermaterialien kombiniert werden.

Anstelle von hochspannungsabhängigen Röntgenröhren werden heute oft radioaktive Strahlungsquellen zur Anregung benutzt. Das ermöglicht den Bau tragbarer bzw. transportabler Geräte und einfacher am Stoffstrom befindlicher Meßfühler. Wenn die Anregung mit Photonen erfolgt, spricht man von *Röntgenfluoreszenz-*

analyse. Da die Anregung mit Elektronen, Protonen und anderen geladenen Teilchen ebenfalls üblich ist, hat sich auch die allgemeinere Bezeichnung *Röntgenemissionsanalyse* eingebürgert. Die untere Nachweisgrenze dieser Methode liegt bei einigen ppm.

Hauptanwendungsgebiet der Röntgenfluoreszenzanalyse ist die Erz- und Metallanalyse. Transportable Meßeinrichtungen sind ähnlich den Streustrahlungsanordnungen radiometrischer Dickenmeßgeräte aufgebaut. Die Anregung der charakteristischen Röntgenstrahlung erfolgt mit Photonen, deren Energie nur wenig oberhalb der Absorptionskante des betreffenden Elementes liegt. Hierzu dienen radioaktive Nuklide, die Röntgen- oder γ-Strahlung emittieren, Bremsstrahlungsquellen und Sekundärtargetstrahler. Zur Registrierung der Röntgenstrahlung dienen heute vorwiegend Si(Li)-Halbleiterdetektoren. Für die Mn-K_α-Linie (5,9 keV) beträgt ihre Energieauflösung etwa 150 eV. Damit gelingt es, oberhalb $Z = 14$ die K_α-Linien benachbarter Elemente zu trennen.

Die Abb. 134 zeigt eine einfache Meßanordnung zur Bestimmung des Kupfergehaltes von Erzen. Die Photonenstrahlung des Nuklids $^{109}_{48}$Cd fällt auf ein Sekundärtarget aus SeO und regt die charakteristische Strahlung des Selens von 11,24 keV an. Diese trifft auf die Analysenprobe und bewirkt die Anregung der Kupfer-K_α-Strahlung (8,06 keV). Für den Nachweis dieser Strahlung wird ein Szintillationszähler mit NaI : Tl-Kristall benutzt. Fehler infolge Streuung an anderen Stoffen und Geräteteilen werden durch Energieselektion weitgehend vermieden. Die Spektren der Primärstrahlung und der angeregten Sekundärstrahlungen sind in Abb. 135 dargestellt.

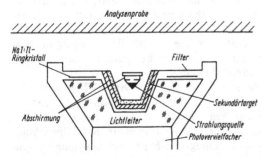

Abb. 134. Meßkopf für die Röntgenfluoreszenzanalyse fester Proben

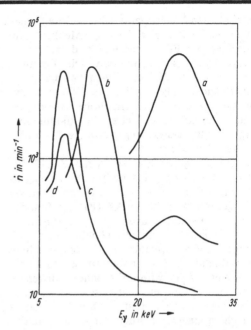

Abb. 135. Spektren der Primärstrahlung und der angeregten Sekundärstrahlung bei der Cu-Gehaltsbestimmung
a) ^{109}Cd-Strahlung; b) im SeO-Sekundärtarget angeregte Strahlung; c) im reinen Kupfer angeregte Strahlung; d) angeregte Strahlung einer Analysenprobe mit 10 % Cu-Gehalt

Bei der Röntgenfluoreszenzanalyse von Schwermetallen erfolgt im einfachsten Fall die Energieselektion im Routinebetrieb mit dem *Kantenfilterdifferenzverfahren.* Dieses Verfahren besteht darin, daß nacheinander mit zwei in ihren Dicken abgestimmten Filtern gemessen wird. Die Filtermaterialien werden so gewählt, daß ihre K-Kanten knapp über und unter der zu analysierenden Energie der Röntgenfluoreszenzstrahlung liegen. Die Filterdicken sind so zu bemessen, daß die Schwächung der Strahlung unterhalb der niedrigen und oberhalb der hohen K-Kante gleich ist. Durch Differenzbildung der Meßwerte erhält man die Impulsrate im Energiebereich zwischen den K-Kanten, die Beiträge der nichtinteressierenden Strahlungsanteile fallen heraus. Die Cu-Gehaltsbestimmung kann z. B. mit Co- und Ni-Filtern durchgeführt werden. Die Energien der K-Kanten dieser Elemente liegen bei 7,7 keV (Co) und 8,4 keV (Ni). Der unbequeme Filterwechsel läßt sich bei kontinuierlichen Messungen vermeiden, wenn man in einem Gerät zwei gleichartige Meßköpfe mit verschiedenen Filtern anordnet und die Impulsraten elektronisch subtrahiert. Die Empfindlichkeit und Meßfehler werden bei der Röntgenemissionsanalyse durch die Röntgenemissionsausbeute und den im Probenmaterial erzeugten elektromagnetischen Störstrahlungsuntergrund (Bremsstrahlung, gestreute Photonenstrahlung) bestimmt.

Zur Anregung von Elementen mit $Z \geqq 12$ dienen auch schwere geladene Teilchen, meistens Protonen. Die teilcheninduzierte Emission von Röntgenstrahlung wird PIXE (Particle Induced X-Ray Emission) genannt. Für schwere geladene Teilchen nimmt mit abnehmender Ordnungszahl die Ausbeute an Röntgenstrahlung zu, während der Störstrahlungsuntergrund konstant bleibt. PIXE wird insbesondere zur zerstörungsfreien Multielementanalyse von Festkörperoberflächen und oberflächennahen Schichten eingesetzt. Auch zur hochempfindlichen Spurenelementbestimmung in der Medizin und im Umweltschutz wird die Methode verwendet. Nachteilig ist der relativ große apparative Aufwand, da PIXE den Zugang zu einem Teilchenbeschleuniger erfordert.

10.3.2. Prompte Kernreaktionen

Neutroneneinfangreaktionen führen zur Bildung angeregter Zwischenkerne, die eine Lebensdauer von 10^{-14} s besitzen. Unter Aussendung von prompter γ-Strahlung gehen diese Kerne in Zustände geringerer Energie über. (n,γ)-Prozesse werden bevorzugt von thermischen und langsamen Neutronen ausgelöst. Die γ-Energien sind für jedes Nuklid charakteristisch. Die *Neutroneneinfang-γ-Spektrometrie* kann daher zur zerstörungsfreien Stoffanalyse herangezogen werden. Das Meßgut wird meist mit einer (α,n)-Neutronenquelle bestrahlt. Die Thermalisierung findet entweder in einem externen Moderator oder in der Analysenprobe selbst statt. Zur Spektrometrie der prompten γ-Strahlung verwendet man Szintillationszähler mit NaI : Tl-Kristall oder Ge(Li)-Detektoren. Für die Lagerstättenerkundung sind Bohrlochsonden entwickelt worden.

Große Bedeutung hat die Neutroneneinfang-γ-Spektrometrie für die quantitative Eisengehaltsbestimmung in Eisenlagerstätten erlangt. Das Spektrum der prompten γ-Strahlung stellt eine Überlagerung der einzelnen Spektren aller gesteinsbildenden Elemente dar. In der Abb. 136 sind die mit einer geotechnischen n,γ-Sonde gemessenen Neutroneneinfang-γ-Spektren dargestellt. Es ist ersichtlich, daß die Einfang-γ-Strahlung im Energiebereich oberhalb 6,5 MeV vorzugsweise von der Einfangstrahlung des Eisens herrührt. Zur Ermittlung des Eisengehaltes wird nur die prompte γ-Strahlung mit einer Energie größer als 6,5 MeV erfaßt.

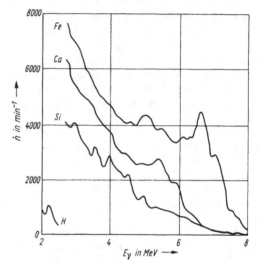

Abb. 136. Impulshöhenspektrum der Einfang-γ-Strahlung einiger Elemente

Weitere Beispiele für die analytische Nutzung der Neutroneneinfang-γ-Spektrometrie sind die Wasserstoffbestimmung in organischen Materialien, die Borgehaltbestimmung in Gläsern und Stählen, die Stickstoffbestimmung in Düngemitteln sowie die Bestimmung verschiedener Seltenerdmetalle.

Möglichkeiten der Analyse eröffnet auch die Messung der prompten γ-Strahlung bei der *unelastischen Neutronenstreuung*. Beim (n,n′)-Prozeß übertragen Neutronen einen Teil ihrer kinetischen Energie in Form von Anregungsenergie auf Atomkerne. Die Lebensdauer der angeregten Kerne beträgt etwa 10^{-14} s. Der Übergang in

Zustände kleinerer Energie ist mit der Emission von prompter γ-Strahlung verbunden. Die diskreten Energien der γ-Strahlung sind charakteristisch für die streuenden Atomkerne. Bei der Stoffanalyse erfolgt die Bestrahlung der Proben mit schnellen Neutronen aus radioaktiven Neutronenquellen oder mit 14 MeV-Neutronen von D-T-Generatoren. Die Methode der unelastischen Neutronenstreuung wird vor allem zur Bestimmung des Kohlenstoff- und Sauerstoffgehaltes von Kohle eingesetzt.

Zur Bestimmung des Wasserstoffgehaltes in Halbleitern und Metallegierungen haben die folgenden Kernreaktionen schwerer geladener Teilchen Bedeutung erlangt:

$$^1_1H(^{15}_7N,\alpha\gamma)^{12}_6C, \quad E_r = 6,39 \, MeV,$$

$$^1_1H(^{19}_9F,\alpha\gamma)^{16}_8O, \quad E_r = 16,44 \, MeV, \qquad (10.1)$$

$$^1_1H(^7_3Li,\alpha\gamma)^4_2He, \quad E_r = 3,07 \, MeV.$$

Bei den Energien E_r weisen die Wirkungsquerschnitte scharfe Resonanzen auf. Durch Messung der prompten γ-Strahlung ist es möglich, die Tiefenverteilung des Wasserstoffs aufzunehmen. Ein weiteres Beispiel für die Anwendung prompter Kernreaktionen ist der Nachweis von Fluor mit Hilfe der Reaktionen

$$^{19}_9F(p,p'\gamma)^{19}_9F \quad und \quad ^{19}_9F(p,\alpha\gamma)^{16}_8O. \qquad (10.2)$$

10.4. Markierung mit radioaktiven Nukliden

10.4.1. Prinzip der radioaktiven Markierung

Radioaktive Nuklide können durch ihre Strahlung sehr empfindlich nachgewiesen werden. Chemische, technologische und biologische Prozesse lassen sich daher verfolgen, wenn man die beteiligten gasförmigen, flüssigen oder festen Stoffe in geeigneter Weise mit radioaktiven Atomen markiert. Die zur Markierung verwendeten Atome werden als *radioaktive Indikatoren*

oder *Tracer* (englisch: trace = Spur) bezeichnet. Je nachdem ob ihre Strahlung nur nachgewiesen, oder der räumliche und zeitliche Verlauf der Teilchen- bzw. Photonenflußdichte verfolgt wird, lassen sich verschiedene Daten eines interessierenden Prozesses wie Ort, Weg, Geschwindigkeit und Verteilung ermitteln. Beim Markierungsverfahren dient die von radioaktiven Nukliden ausgesandte Strahlung nur zum Nachweis der markierten Stoffe. Strahlenchemische Veränderungen der markierten Systeme sind unerwünscht.

Die Markierungsart hängt von der jeweiligen Aufgabenstellung ab. Wenn das Verhalten eines bestimmten chemischen Elementes im Verlauf eines physikalischen, chemischen oder biologischen Geschehens untersucht werden soll, dann ist ein radioaktives Nuklid des entsprechenden Elementes als Indikator zu wählen. Die durch die chemische Identität zwischen Indikatorsubstanz und markiertem System gekennzeichnete Markierungsart wird als *isotope Markierung* bezeichnet. Abweichungen im Verhalten zwischen den Isotopen eines Elementes, sog. *Isotopieeffekte*, treten lediglich bei niedrigen Ordnungszahlen mitunter in Erscheinung. Bei vielen technologischen Untersuchungen ist eine chemische Identität zwischen Indikator und markierter Substanz nicht erforderlich. Die *nichtisotope Markierung* wird z. B. bei Verschleißmessungen, Strömungsuntersuchungen und Leitungsprüfungen angewandt. Eine besondere Markierungsmethode stellt das Verfahren der *nachträglichen Aktivierung* dar. In diesem Fall wird dem zu untersuchenden System ein aktivierbarer inaktiver Indikator zugesetzt. Nach Ablauf des zu prüfenden Prozesses werden Proben entnommen und durch Neutronenbestrahlung aktiviert.

Die Indikatorinjektion in das zu untersuchende System kann bei Tracerexperimenten unterschiedlich vorgenommen werden. Die prinzipiellen Möglichkeiten sind in Abb. 137 angedeutet. Bei der *Stoßmarkierung* erfolgt die Zugabe des Indikators stoßartig in Form einer δ-Funktion. Es wird eine sehr kurze Markierungszeit angestrebt. Die Methode der *Zulaufmarkierung* ist durch den Zusatz einer zeitlich konstanten Aktivitätsmenge von Markierungsbeginn an gekennzeichnet. Eine *Verdrängungsmarkierung* liegt vor, wenn man nach der homo-

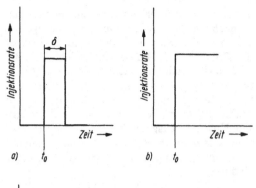

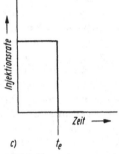

Abb. 137. Zeitlicher Verlauf radioaktiver Markierungen (t_0: Markierungsbeginn; t_e: Markierungsende) a) Stoßmarkierung; b) Zulaufmarkierung; c) Verdrängungsmarkierung

genen Markierung des gesamten Systems die Aktivitätszufuhr sprungartig auf den Wert Null drosselt.

Gegenwärtig gibt es für fast alle Elemente radioaktive Nuklide, die sich zu Markierungszwecken eignen. Die Auswahl radioaktiver Nuklide zur Markierung erfolgt jedoch nach anderen Gesichtspunkten als bei den bereits behandelten Anwendungsverfahren. Da markierte Stoffe und Verbindungen in vielen Fällen Anlagen und Geräte benetzen oder bei medizinischen Anwendungen in den menschlichen Körper gelangen, dürfen die Nuklide keine zu große Halbwertzeit besitzen. Meist wird gefordert, daß die Aktivität innerhalb weniger Tage abklingt. Aus Gründen des einfachen Strahlungsnachweises kommen als Indikatoren vorwiegend Nuklide, die β- und γ-Strahlung emittieren, in Betracht. In der Tabelle 35 ist eine Auswahl von radioaktiven Nukliden zusammengestellt, die oft als Indikatoren in der Technik, Medizin und

Biologie Verwendung finden. Die zur Markierung erforderliche Aktivität der Präparate ist meist gering. Sie ist so zu wählen, daß der von der markierten Probe verursachte Meßeffekt mindestens dem Nulleffekt der Meßanordnung entspricht.

Die häufige Anwendung der radioaktiven Markierungsmethode in der Naturwissenschaft, Technik, Medizin und Landwirtschaft beruht auf der Vielseitigkeit des Verfahrens. Im folgenden werden einige charakteristische Beispiele beschrieben.

Tabelle 35. *Häufig für Markierungen verwendete radioaktive Nuklide*

Nuklid	Umwandlung	$E_{\beta max}$ in MeV	E_γ in MeV	$T_{1/2}$
$^{3}_{1}$H	β⁻	0,018 6	–	12,43 a
$^{11}_{6}$C	β⁺	0,961	–	20,38 min
$^{14}_{6}$C	β⁻	0,155	–	5 730 a
$^{13}_{7}$N	β⁺	1,19	–	9,96 min
$^{15}_{8}$O	β⁺	1,7	–	2,03 min
$^{18}_{9}$F	β⁺	0,635	–	109,7 min
$^{24}_{11}$Na	β⁻, γ	1,389	1,369 2,754	14,96 h
$^{32}_{15}$P	β⁻	1,711	–	14,3 d
$^{35}_{16}$S	β⁻	0,167	–	87,5 d
$^{45}_{20}$Ca	β⁻	0,3	–	163 d
$^{56}_{25}$Mn	β⁻, γ	2,9	0,847 1,811	2,58 h
$^{59}_{26}$Fe	β⁻, γ	0,461 0,269	1,099 1,292	45,1 d
$^{82}_{35}$Br	β⁻, γ	0,4	0,776 0,554	35,34 h
$^{99}_{43}$Tc^m	γ	–	0,141	6,0 h
$^{113}_{49}$In^m	γ	–	0,392	99,48 min
$^{131}_{53}$I	β⁻, γ	0,606	0,364	8,02 d
$^{132}_{53}$I	β⁻, γ	2,1	0,668 0,773	2,30 h
$^{133}_{54}$Xe^m	γ	–	0,233	2,19 d
$^{140}_{57}$La	β⁻, γ	1,4 2,2	1,596 0,487	40,272 h
$^{198}_{79}$Au	β⁻, γ	0,961	0,412	2,69 d
$^{203}_{80}$Hg	β⁻, γ	0,2	0,279	46,59 d
$^{201}_{81}$Tl	E, γ	–	0,167 0,135	73,1 h

10.4.2. Untersuchung von Stofftransportvorgängen

Mit dem Übergang von der diskontinuierlichen zur kontinuierlichen Durchführung chemischer Prozesse besteht die Notwendigkeit, Stofftransportvorgänge durch *Strömungs-, Vermischungs-* und *Verweilzeitmessungen* näher zu untersuchen. Es ist naheliegend, radioaktive Nuklide zur Markierung von Materialströmen zu verwenden. Die radioaktive Markierung bietet gegenüber herkömmlichen Methoden zahlreiche Vorteile. Radioaktive Indikatoren stehen praktisch für jede Meßaufgabe in geeigneter physikalisch-chemischer Form zur Verfügung. Die γ-Strahlung radioaktiver Nuklide kann durch die Wände von Leitungen, Behältern und Druckgefäßen nachgewiesen werden. Zur Markierung selbst großer Materialströme reichen sehr geringe Indikatormengen von einigen mg je Tonne aus. Es werden daher keinerlei Störungen in der Strömung hervorgerufen. Der Einsatz von Indikatorsubstanzen mit Aktivitäten zwischen 0,1 und 19 GBq erfordert meist keine aufwendigen Strahlenschutzmaßnahmen.

Dichtheitsprüfung

Eine einfach Anwendung des radioaktiven Markierungsverfahrens ist die *Leckbestimmung* in Rohrleitungen, Kreislaufsystemen und geschlossenen Behältern. Man setzt dem Inhalt des zu prüfenden Systems einen radioaktiven Indikator zu und weist durch Abtasten mit einem Strahlungsdetektor den Austritt von Aktivität an der Undichtigkeitsstelle nach. Im Falle strömender Flüssigkeiten wird vorwiegend das Nuklid $^{24}_{11}$Na als Indikator verwendet. Zur Markierung von Gasströmungen eignen sich radioaktive Edelgase. Sie werden vom menschlichen Körper nach einer Inkorporation rasch wieder abgegeben. Auch Verstopfungsstellen in Rohrleitungen lassen sich mit dem Indikatorverfahren leicht lokalisieren.

Mischungsmessungen

Mischungsvorgänge spielen in vielen Industriezweigen eine sehr wichtige Rolle. Der zeitliche Verlauf von Mischungsprozessen kann durch radioaktive Markierung gut studiert werden. Zu diesem Zweck werden die Bestandteile radioaktiv markiert, deren Verteilung im Gemisch interessiert. Die wichtigste Kenngröße zur Charakterisierung einer Mischung ist die Homogenität. Ein Gemisch ist dann homogenisiert, wenn in allen Bereichen die Komponenten die gleichen Konzentrationswerte haben. Die Kontrolle des Mischungsprozesses erfolgt nach der Markierung entweder durch Entnahme von Proben oder kontinuierliche Messungen am Mischaggregat. Wenn sich die Aktivitätskonzentration der einzelnen Proben nur noch wenig unterscheidet, bzw. die Meßwerte am Mischer konstant bleiben, ist die effektive Mischungszeit erreicht.

Strömungsmessungen

Die Bestimmung der *Strömungsgeschwindigkeit* oder des *Durchsatzes* erfolgt mit radioaktiven Indikatoren nach der Zweipunktmethode oder nach dem Verdünnungsverfahren.

Bei der *Zweipunktmethode* wird die radioaktiv markierte Substanz stoßartig in den Materialstrom injiziert. In definiertem Abstand befinden sich an der durchströmten Leitung zwei Strahlungsdetektoren. Aus der Zeit, die der radioaktive Indikator zum Passieren der Meßstrecke benötigt, ergibt sich die Strömungsgeschwindigkeit. Der Durchsatz läßt sich aus der Lineargeschwindigkeit und dem Strömungsquerschnitt berechnen.

Zur Bestimmung sehr großer Durchsätze ist das *Verdünnungsverfahren* gut geeignet. Dem zu untersuchenden Gas- oder Flüssigkeitsstrom wird eine radioaktive Indikatorsubstanz bekannter spezifischer Aktivität kontinuierlich zugesetzt. Die Durchmischung mit dem strömenden Medium führt zu einer Verdünnung. Nach der homogenen Durchmischung von Indikatorsubstanz und strömendem Stoff wird an einer in Stromrichtung liegenden Stelle der Rohrleitung eine Probe entnommen und deren Aktivitätskonzentration bestimmt. Aus der Injektionsrate und der Aktivitätskonzentration vor und nach der Verdünnung ergeben sich der Durchsatz und die Strömungsgeschwindigkeit.

Verweilzeitmessungen

Ein wichtiges verfahrenstechnisches Anwendungsbeispiel des Markierungsverfahrens ist die

Aufnahme von *Verweilzeitkurven*. In chemischen Reaktionssystemen weicht die wahre Verweilzeit eines Produktes oft mehr oder weniger von der berechneten idealen Verweilzeit ab. Die Ursache hierfür können ungenutzte Toträume oder eine unzureichende Mischwirkung sein. Zur Aufnahme praktischer Verweilzeitkurven wird der radioaktive Indikator am Systemeingang stoßartig in den Materialstrom injiziert und die Strahlung zwischen den einzelnen Segmenten der Anlage und am Systemausgang gemessen. Trägt man die Impulsrate gegen die Verweilzeit auf, so ergibt sich eine Kurve, wie sie die Abb. 138 schematisch zeigt. Schon eine qualitative Diskussion dieser Kurve kann für die Prozeßgestaltung sehr aufschlußreich sein.

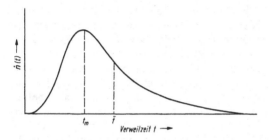

Abb. 138. Verweilzeitkurve

Wenn z. B. für einen kontinuierlichen Mischungsvorgang zwei Anlagen entwickelt wurden, so kann man durch eine *Verweilzeitmessung* entscheiden, welche Variante günstiger ist. Das Mischaggregat mit der „breiten" Kurve arbeitet schlechter, weil eine größere Materialmenge das System vorzeitig oder zu spät verläßt. Für quantitative Auswertungen wird der Kurve die wahrscheinlichste Verweilzeit t_m entnommen, oder die mittlere Verweilzeit

$$\bar{t} = \frac{\int_0^\infty \dot{n}(t)\, t \, \mathrm{d}t}{\int_0^\infty \dot{n}(t)\, \mathrm{d}t} \qquad (10.3)$$

ermittelt. Derartige Untersuchungen führen beim Bau neuer Anlagen zu einer höheren Qualität bei verkürzten Entwicklungszeiten.

10.4.3. Verschleißmessung

Neben radiometrischen Dicken-, Dichte- und Füllstandsmessungen gehören *Verschleißmessungen* im Maschinenbau zu den bedeutendsten technischen Anwendungsverfahren der Radioaktivität. Die Untersuchung des Verschleißes bewegter Maschinenteile liefert volkswirtschaftlich wichtige Aussagen über die optimale Werkstoffwahl und führt zur Senkung des Materialverbrauchs. Die herkömmlichen Verfahren der Verschleißuntersuchung erfordern eine Unterbrechung des Betriebes der Anlagen. Durch Wägung der Verschleißteile können erst Abriebmengen $>10^{-8}$ kg festgestellt werden. Die radioaktive Markierung der Verschleißteile eröffnet die Möglichkeit, Verschleißvorgänge kontinuierlich zu verfolgen. Da mit Hilfe radioaktiver Indikatoren noch Abriebmengen von 10^{-14} kg nachweisbar sind, kann die Verschleißkontrolle bereits nach kurzer Betriebsdauer der Aggregate durchgeführt werden. Für Verschleißuntersuchungen haben sich folgende Markierungsarten bewährt:

– Einsetzen von radioaktiven Stiften in das Verschleißteil,
– Aktivierung des Verschleißteils durch Neutronenbestrahlung im Kernreaktor,
– Dünnschichtaktivierung des Verschleißteils durch Beschuß mit schweren geladenen Teilchen im Zyklotron,
– Zugabe des radioaktiven Indikators beim Schmelzen, Gießen oder Pressen des Materials für das Verschleißteil,
– Auftragen von radioaktivem Material auf die Oberfläche des Verschleißteils durch Bedampfen, Aufschmelzen oder Elektrolyse,
– Einbringen des Indikators in das Verschleißteil durch Diffusion bei hohen Temperaturen,
– nachträgliche Aktivierung der Verschleißpartikel im Schmiermittel durch Neutronenbestrahlung.

Es hängt von den jeweiligen Gegebenheiten ab, welche Markierungsart sich am besten eignet. Mit besonderem Erfolg wird die *Dünnschichtaktivierung* mit Deuteronen angewandt. Da die Geschoßteilchen nur einige hundert µm tief in das Material eindringen, wird nur eine dünne Oberflächenschicht aktiviert. Die erzeugten Aktivitäten liegen im kBq-Bereich, so daß bei der radiometrischen Bestimmung der Abriebmenge keine Strahlenschutzprobleme auftreten. In Stahl werden bei Bestrahlung mit Deuteronen unterschiedlicher Energie folgende Kernreaktionen ausgelöst:

$$^{56}_{26}\text{Fe(d,2n)}^{56}_{27}\text{Co,}$$

$$^{56}_{26}\text{Fe(d,n)}^{57}_{27}\text{Co,} \qquad (10.4)$$

$$^{52}_{24}\text{Cr(d,2n)}^{52}_{25}\text{Mn.}$$

Die meßtechnische Bestimmung des Abriebs kann bei Verschleißuntersuchungen diskontinuierlich oder kontinuierlich erfolgen. Beim diskontinuierlichen Verfahren entnimmt man dem Schmiermittel von Zeit zu Zeit Proben gleicher Menge. Nach der Aktivitätsmessung gibt man diese in den Schmiermittelkreislauf zurück. Erst nach der vollständigen Durchmischung ist die nächste Probenentnahme möglich. Beim kontinuierlichen Meßverfahren wird in den Schmiermittelkreislauf eine Meßkammer mit dem Strahlungsdetektor eingebaut. Durch Messung der Aktivitätskonzentration des Öls läßt sich der Verschleiß automatisch kontrollieren. Die Methode der radiometrischen Verschleißmessung hat sich besonders bei der Erprobung von Materialpaarungen in Gleitlagern, bei der Kontrolle des Einlaufes von Motoren und bei der Prüfung neuer Schmiermittel bewährt. Darüber hinaus eignet sich das radiometrische Verfahren gut zur Messung des Verschleißes von Schneid- und Stanzwerkzeugen, elektrischen Kontakten, Fahrzeugreifen und Hochofenausmauerungen.

10.4.4. Nuklearmedizinische Diagnostik

Durch die Einführung des radioaktiven Indikatorverfahrens in die Medizin sind auf dem Gebiet der *klinischen Diagnostik* und *Funktionsprüfung* entscheidende Fortschritte erzielt worden. Bei nuklearmedizinischen Untersuchungen werden dem Patienten radioaktiv markierte Verbindungen, sog. *Radio-* oder *Nuklearpharmaka*, oral oder durch Injektion verabreicht. Die markierten Verbindungen verhalten sich bei Stoffwechsel-, Transport- und Ausscheidungsvorgängen wie die entsprechenden inaktiven Substanzen,

unterscheiden sich von diesen aber durch die Strahlungsemission. Die Geschwindigkeit ihrer Aufnahme und Ausscheidung, sowie ihre Anreicherung in verschiedenen Organen kann empfindlich verfolgt werden und gestattet wichtige diagnostische Aussagen. Nuklearmedizinische Verfahren belästigen den Patienten kaum. Aufgrund der geringen Aktivität der Testsubstanzen bleibt die Strahlenbelastung gering. Zur Herstellung von Nuklearpharmaka müssen radioaktive Nuklide verwendet werden, deren Strahlung außerhalb des Körpers nachweisbar ist. Es kommen daher nur Nuklide in Frage, die entweder γ- oder *Positronen-Vernichtungsstrahlung* emittieren. Die Verweildauer der inkorporierten Nuklearpharmaka im Organismus sollte die Untersuchungsdauer nicht wesentlich überschreiten. Ein Maß dafür ist die *effektive Halbwertzeit* des Nuklids. Sie berücksichtigt die Abnahme der Aktivität infolge der radioaktiven Umwandlung, sowie infolge der biologischen Ausscheidungsprozesse:

$$T_{1/2\text{eff}} = \frac{T_{1/2\text{p}}T_{1/2\text{b}}}{T_{1/2\text{p}} + T_{1/2\text{b}}}. \qquad (10.5)$$

Dabei sind $T_{1/2\text{p}}$ die *physikalische Halbwertzeit* und $T_{1/2\text{b}}$ die *biologische Halbwertzeit*. Letztere gibt die Zeitspanne an, nach der die Hälfte der ursprünglich im Körper vorhandenen Stoffmenge ausgeschieden ist. Die physikalische Halbwertzeit radioaktiver Nuklide für diagnostische Zwecke liegt zwischen einigen Minuten und wenigen Tagen. Zu den wichtigsten nuklearmedizinischen Verfahren gehören die *Funktionsdiagnostik* und die *Lokalisationsdiagnostik*. Diese Untersuchungsmethoden sollen jeweils anhand von Beispielen charakterisiert werden.

Funktionsdiagnostik

Das älteste nuklearmedizinische Untersuchungsverfahren ist der *Radioiodtest* zur Diagnostik von Schilddrüsenerkrankungen. Alle Funktionsstörungen der Schilddrüse äußern sich in charakteristischen Veränderungen des Iodstoffwechsels. Zur Beurteilung der Schilddrüsenfunktion wird beim Radioiodzweiphasentest bestimmt, mit welcher Geschwindigkeit die Schilddrüse zugeführtes Iod aufnimmt (1. Phase) und in der Hormoniodidphase (2. Phase) wieder abgibt. Der Test wird gewöhnlich mit etwa 0,2 MBq oral verabreichtem $Na^{131}I$ durchgeführt. Die Iodaufnahme und Iodabgabe der Schilddrüse wird über einen Zeitraum von 48 Stunden extern mit einem Szintillationsdetektor bestimmt. Aus dem zeitlichen Verlauf der prozentualen Iodspeicherung (Abb. 139) kann man den Funktionszustand der Schilddrüse erkennen. Während eine Überfunktion (Hyperthyreose) durch stark erhöhte Aufnahmewerte gekennzeichnet ist, liegen diese bei einer Unterfunktion (Hypothyreose) deutlich unter dem Normalbereich. Das radioaktive Indikatorverfahren ermöglicht eine Funktionsdiagnostik nahezu aller Organsysteme. Weitere wichtige Beispiele sind die Funktionsprüfung der Niere, Leber, Milz und Lunge, die Herz- und Kreislaufdiagnostik sowie die hämatologische Diagnostik.

Prozesse ist ebenfalls die nuklearmedizinische Untersuchung der Schilddrüse. Während früher hierfür ebenfalls $Na^{131}I$ eingesetzt wurde, dient heute vorwiegend das Generatornuklid $^{99}_{43}Tc^m$ (s. 5.5.) in Form von Pertechnetat auf Grund seiner günstigen Strahlungseigenschaften und der guten Verfügbarkeit als Radiopharmakon. Mittels einer Gammakamera erhält man ein Abbild der Aktivitätsverteilung, das sogenannte *Szintigramm* (Abb. 140).
Es wird in der Regel mit dem Computer verarbeitet. Während die gesunde Schilddrüse eine gleichmäßige Verteilung der Aktivität aufweist, deuten minderspeichernde Bezirke (kalte Knoten) und vermehrt speichernde Bezirke (heiße Knoten) auf bestimmte krankhafte Prozesse hin. Szintigramme können von den meisten Organen und Organsystemen aufgenommen werden. Sie ermöglichen vor allem

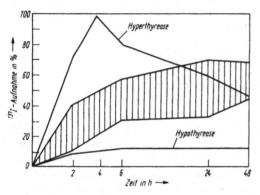

Abb. 139. Radioiodaufnahme der Schilddrüse (Normalbereich der Aufnahmewerte schraffiert)

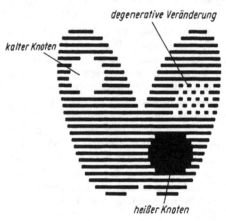

Abb. 140. Schematische Darstellung eines Schilddrüsenszintigramms

Lokalisationsdiagnostik

Die *Lokalisationsdiagnostik* mit radioaktiven Indikatoren dient einer anderen Aufgabe als die Funktionsprüfung. Da in einigen Organen bestimmte Elemente gut angereichert werden, kann nach Verabreichung eines geeigneten Nuklearpharmakons mit äußeren Strahlungsdetektoren (Gammakameras; SPECT-Systeme, Single-Photon-Emission-Computed-Tomography) das räumliche Verteilungsmuster eines Nuklids als flächenhafte Abbildung dargestellt werden. Man gewinnt auf diese Weise Aussagen über Größe, Lage, Form und Funktionszustand der untersuchten Organe. Das klassische Beispiel für die Lokalisation krankhafter

die Erkennung und Lokalisation bösartiger Tumoren.
Die Knochenszintigraphie mit dem Nuklid $^{99}_{43}Tc^m$ ist die derzeit empfindlichste Methode zum Nachweis von Knochenmetastasen.

Positronen-Emissions-Tomographie (PET)

Um physiologische und pathophysiologische Prozesse mittels externer Messungen am lebenden Organismus untersuchen zu können, müssen Biomoleküle radioaktiv markiert werden. Die energiearmen β^--Strahler ^3_1H und $^{14}_6C$ sind hierfür nicht geeignet. Wenn man in eine chemische Verbindung aber Nuklide einbaut, die Positronen emittieren, dann läßt sich ihr biochemisches Verhalten durch den koinzidenten Nachweis der in entgegengesetzten Richtungen ausgesandten Paarvernichtungsquanten (s. 7.1.2.) verfolgen. Zur Markierung von Glucose, Aminosäuren, Fettsäuren und anderen Biomolekülen werden vor allem die kurzlebigen Nuklide $^{11}_6C$, $^{13}_7N$, $^{15}_8O$ und $^{18}_9F$ benutzt. Das Prinzip eines Positronen-Emissions-Tomographiesystems ist in Abb. 141 schematisch dargestellt.

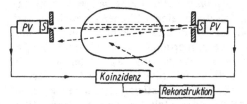

Abb. 141. Prinzip eines Positronen-Tomographie-Systems

Die Messung der Vernichtungsstrahlung erfolgt mit paarweise gegenüberstehenden Szintillationsdetektoren, die in Koinzidenz geschaltet sind. Als Szintillatorsubstanzen dienen BGO und CsF. Eine ringförmige Anordnung vieler solcher Detektorpaare umgibt den Patienten, wobei die Ringebene senkrecht zur Körperachse steht. Die Anwendung eines mathematischen Verfahrens, das dem in der Röntgen-Transmissions-Computer-Tomographie verwendeten Prinzip entspricht, ermöglicht die Rekonstruktion der räumlichen Aktivitätsverteilung in einer Transversalschicht durch den Körper. Diese Abbildung ist kontrastreich und überlagerungsfrei. Im Gegensatz dazu stellen konventionelle nuklearmedizinische Techniken stets dreidimensionale Verteilungen überlagert in einer zweidimensionalen Bildebene dar.

Typische Anwendungsbeispiele für die Positronen-Emissions-Tomographie sind Untersuchungen des Glucosestoffwechsels im Gehirn und Herzmuskel, die Erfassung von Durchblutungsstörungen sowie Studien zum Tumorstoffwechsel.

Ein PET-System kann nur in unmittelbarer Nähe eines Zyklotrons betrieben werden, mit dem man die kurzlebige Nuklide erzeugt. Außerdem ist eine schnelle radiochemische Synthese- und Markierungstechnik erforderlich.

10.4.5. Aktivierungsanalyse

Ein besonderes Markierungsverfahren stellt die *Aktivierungsanalyse* dar. Die Markierung erfolgt in diesem Fall nicht durch Zugabe eines radioaktiven Indikators, sondern durch radioaktive Nuklide, die bei Bestrahlung in der Analysenprobe aus enthaltenen Elementen erzeugt werden. Die Nuklide kann man aufgrund ihrer charakteristischen Eigenschaften (Halbwertzeit, Strahlungsart, Strahlungsenergie) identifizieren. Die Abb. 142 zeigt das Prinzip der Methode.

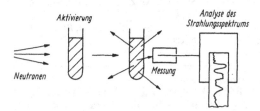

Abb. 142. Prinzip der Aktivierungsanalyse

Für die Durchführung der Aktivierungsanalyse sind prinzipiell alle Kernreaktionen mit ungeladenen und geladenen Teilchen geeignet. Man unterscheidet zwischen der Neutronenaktivierungsanalyse (NAA), der Aktivierungsanalyse mit geladenen Teilchen (CPAA) und der Photonenaktivierungsanalyse (PAA).

Die verbreitetste Form ist die Neutronenaktivierung auf der Grundlage neutroneninduzierter Kernreaktionen (s. 4.5.). Vorwiegend wird die (n,γ)-Einfangreaktion benutzt. Mit langsamen und mittelschnellen Neutronen aus Kernreaktoren und radioaktiven Neutronenquellen lassen sich mit Ausnahme von H, He, Li, Be und B fast alle Elemente des Periodensystems aktivieren (Tab. 36). Schnelle Neutronen (Neutronengenerator) werden z. B. unter Nutzung der (n,p)-Reaktion

$$^{16}_8O(n,p)^{16}_7N \quad (T_{1/2} = 7,13 \text{ s}) \tag{10.6}$$

zum Sauerstoffnachweis eingesetzt.

Die Aktivierungsmethode mit geladenen Teilchen (Protonen, Deuteronen, Heliumionen) dient in erster Linie zur Bestimmung von leichten Elementen wie C, N und O. Hierfür sind die Kernreaktionen

Tabelle 36. Nachweisgrenzen der Aktivierungsanalyse mit Reaktorneutronen

Nachweis-grenze in g	Elemente
10^{-15}	Eu
10^{-14}	In, Dy
10^{-13}	Mn, Sm, Ho, Lu, Re, Ir, Au
10^{-12}	Na, Ar, V, Co, Cu, Ga, As, Br, Kr, Rh, Pd, Ag, I, Cs, La, Pr, Yb, W
10^{-11}	Al, Cl, K, Sc, Ge, Se, Y, Sb, Xe, Ba, Gd, Tb, Er, Tm, Pt, Os, Hf, Ta, Hg, Th, U
10^{-10}	Si, P, Cr, Ni, Zn, Sr, Nb, Ru, Cd, Sn, Te, Ce, Nd
10^{-9}	F, Ne, Mg, Ti, Rb, Mo, Tl, Bi
10^{-8}	S, Ca, Zr, Pb
10^{-7}	Fe

Bedingungen:

1. Mindestaktivitäten $\mathscr{A}_{min}$ für den Nachweis: 5 Bq für $T_{1/2} > 30$ min; 20 Bq für 1 min $< T_{1/2} < 30$ min; 50 Bq für 1 s $< T_{1/2} < 1$ min.
2. Neutronenflußdichten φ: langsame Neutronen $\approx 5 \cdot 10^{17}$ m$^{-2} \cdot$ s^{-1}, mittelschnelle Neutronen $\approx 10^{16}$ m$^{-2} \cdot$ s^{-1}.
3. Bestrahlungszeit $t_B = 24$ h.

$$^{12}_{6}\text{C}(^{3}_{2}\text{He},\alpha)^{11}_{6}\text{C} \quad (T_{1/2} = 20{,}38 \text{ min}),$$

$$^{14}_{7}\text{N}(^{3}_{2}\text{He},\alpha)^{13}_{7}\text{N} \quad (T_{1/2} = 9{,}96 \text{ min}), \quad (10.7)$$

$$^{16}_{8}\text{O}(^{3}_{2}\text{He},p)^{18}_{9}\text{F} \quad (T_{1/2} = 109{,}7 \text{ min})$$

geeignet. Die Halbwertzeiten der gebildeten Positronenstrahler unterscheiden sich genügend voneinander, so daß sich in einem Meßzyklus alle drei Elemente in einer Wirtsmatrix erfassen lassen. Gemessen wird die auf die β^+-Emission folgende Paarvernichtungsstrahlung.

Bedeutung hat auch die Aktivierung mit energiereicher Bremsstrahlung (Betatron, Linearbeschleuniger, Mikrotron) erlangt. Vor allem wird die (γ,n)-Reaktion zur Bestimmung von C, N, O, F und solchen Elementen angewendet, bei denen durch Neutronenaktivierung entweder sehr kurzlebige Nuklide entstehen oder die Matrix zu stark aktiviert wird.

Die Auswertung der bestrahlten Analysenproben erfolgt meist unter Einsatz hochauflösender Strahlungsdetektoren mit Vielkanal-γ-Spektrometern. Man ist bestrebt, die Messungen direkt an den bestrahlten Proben durchzuführen (zerstörungsfreie, instrumentelle Aktivierungsanalyse). Oft überdecken jedoch Fremdaktivitäten die Strahlung des gesuchten Elementes, so daß auf chemischem Wege eine Abtrennung der Matrixsubstanz und störender Elemente erforderlich ist.

Bei der *qualitativen Aktivierungsanalyse* dient meist das γ-Spektrum der bestrahlten Analysenprobe zur Identifizierung enthaltener Elemente.

Die *quantitative Aktivierungsanalyse* beruht darauf, daß die in einem Element induzierte Aktivität der Menge dieses Elementes in der Analysenprobe proportional ist. Der Zusammenhang zwischen Aktivität und aktivierter Masse ist durch die Aktivierungsgleichung (5.7) gegeben. Die quantitative Aktivierungsanalyse kann als Absolut- oder Relativverfahren durchgeführt werden. Beim Absolutverfahren wird nach Bestimmung der Aktivität die unbekannte Substanzmenge mit Hilfe der Aktivierungsgleichung berechnet. Das erfordert die genaue Kenntnis der Umwandlungskonstante des erzeugten Nuklids, der Teilchenflußdichte und des Aktivierungsquerschnittes bei der jeweiligen Teilchenmenge. Meist ist jedoch die Teilchenflußdichte nicht konstant, sondern unterliegt zeitlichen und örtlichen Schwankungen. Um diese Störeinflüsse auszuschließen, wird beim Relativverfahren eine Standardprobe mit genau bekanntem Gehalt m_{St} an der zu bestimmenden Substanz unter den gleichen Bedingungen wie die Analysenprobe bestrahlt und ausgewertet. Die unbekannte Masse m_P ergibt sich dann aus dem Verhältnis der in beiden Proben induzierten Aktivitäten zu

$$m_P = m_{St} \frac{\mathscr{A}_P}{\mathscr{A}_{St}}. \quad (10.8)$$

Gegenüber anderen Analysenmethoden zeichnet sich die Aktivierungsanalyse neben ihrer Selektivität durch eine hohe Empfindlichkeit aus. Die untere Nachweisgrenze der Masse eines Elementes hängt in erster Linie vom Aktivierungsquerschnitt, der Teilchenflußdichte, der Bestrahlungsdauer und von der Meßempfindlichkeit ab. In Tab. 36 sind für einige Elemente die Nachweisgrenzen der Neutronenaktivierungsanalyse angegeben. Die Aktivierungsanalyse gehört zu den empfindlichsten Analysenverfahren überhaupt. In Aluminium von 99,999 % Reinheit gelingt z. B. noch der aktivierungsanalytische Nachweis von 50 verschiedenen Elementen. Das Hauptanwendungsgebiet der Aktivierungsanalyse ist daher die Bestimmung von Spurengehalten in Reinstmetallen, Halbleitermaterialien und Reaktorbaustoffen. Darüber hinaus hat diese Analysenmethode in der Medizin, Biologie, Geologie, Toxikologie und Kriminalistik große Bedeutung erlangt.

10.5. Umwandlung von Strahlungsenergie in andere Energieformen

10.5.1. Radionuklidbatterien

Die bei der radioaktiven Umwandlung freiwerdende Energie kann in *Radionuklidbatterien* in elektrische Energie umgeformt werden. Zur Konversion der Strahlungsenergie in elektrische Energie dienen verschiedene Möglichkeiten der Ladungstrennung sowie die unmittelbare Umwandlung in Wärme oder Licht. Für den Einsatz in Radionuklidbatterien kommen vorzugsweise α- und β-Strahler in Betracht, wie $^{238}_{94}$Pu, $^{147}_{61}$Pm und $^{3}_{1}$H. Die in der Praxis benutzten Prinzipien der Energiekonversion werden im folgenden beschrieben.

Thermoelektrische Konversion

Thermoelektrische Radionuklidbatterien gehören zur Gruppe der zweistufigen Konverter. Die Strahlungsenergie wird zunächst in einem Absorber in Wärme umgesetzt. Auf der Grundlage des thermoelektrischen Effektes erfolgt anschließend mit Hilfe von Halbleiterthermoelementen (z. B. Bi-Te, Pb-Te, Ge-Si) die Umwandlung der thermischen in elektrische Energie. Wegen der hohen Umwandlungsenergie hat sich für diesen Batterietyp besonders der reine

α-Strahler $^{238}_{94}$Pu in metallischer Form, als Oxidpulver oder Nitrid bewährt. In der technischen Ausführung umgibt man die gekapselte Strahlungsquelle mit vielen parallel- oder hintereinandergeschalteten Thermoelementen (Abb. 143a). Der Wirkungsgrad liegt bei 5 %. Thermoelektrische Radionuklidbatterien überdecken einen elektrischen Leistungsbereich von 10^2 µW bis 10^2 W. Die thermoelektrische Konversion hat von allen Umwandlungsverfahren die größte technische Bedeutung erlangt.

Thermoionische Konversion

Auch beim *thermoionischen Konverter* wird die kinetische Energie von α- oder β-Teilchen durch Absorption zunächst in Wärme umgewandelt. Die thermische Energie bewirkt die Glühemission von Elektronen aus einem Emitter, dem eine kalte Kollektorelektrode gegenübersteht (Abb. 143 b). Wenn die mittlere freie Weglänge der Elektronen größer als der Elektrodenabstand ist, lädt sich der Kollektor negativ auf. Die Elektrodenmaterialien müssen so gewählt werden, daß die Elektronenaustrittsarbeit für den Emitter größer als für den Kollektor ist. Zur Beseitigung von Raumladungen wird die Zelle mit Caesiumdampf gefüllt. Durch Ionisation entstehen Caesiumionen, die die negativen Raumladungen neutralisieren. Als Strahlungsquellen verwendet man die Nuklide $^{227}_{89}$Ac, $^{232}_{92}$U, $^{238}_{94}$Pu oder $^{242}_{96}$Cm. *Thermoionische Radionuklidbatterien* arbeiten bei Emittertemperaturen bis 2 200 K. Gegenüber thermoelektrischen Konvertern zeichnen sie sich durch einen höheren Wirkungsgrad (5 bis 20 %) aus. Sie eignen sich für den Leistungsbereich von 10^2 mW bis 10^5 W.

Photoelektrische Konversion

Photoelektrische Radionuklidbatterien gehören ebenfalls zu den zweistufigen Systemen. Die Strahlung eines radioaktiven Nuklids wird zunächst zur Anregung eines Leuchtstoffs ausgenutzt und das emittierte Lumineszenzlicht anschließend in Photoelementen in elektrische Energie umgewandelt. Die Abb. 143c zeigt den prinzipiellen Aufbau einer solchen Batterie. Als Leuchtstoffe werden Phosphore der ZnS-Gruppe wie ZnS:Cu und ZnCdS:Ag verwendet. Wegen der Schädigung des Lumineszenzvermögens durch α-Strahlung sind nur energie-

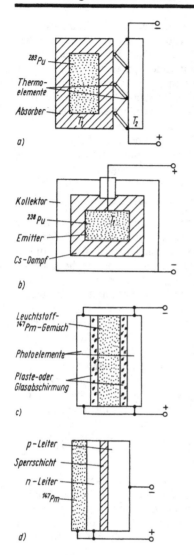

Abb. 143. Prinzipieller Aufbau von Radionuklidbatterien

a) Thermoelektrische Radionuklidbatterie; b) Thermoionische Radionuklidbatterie; c) Photoelektrische Radionuklidbatterie; d) Betavoltaische Radionuklidbatterie

arme β-Teilchen zur Anregung geeignet. Besonders bewährt hat sich das Nuklid $^{147}_{61}$Pm. Es wird im Volumenverhältnis 1:1 mit dem Leuchtstoffpulver vermischt. Das Leuchtstoff-Nuklid-Gemisch befindet sich in dünner Schicht zwischen zwei Selen- oder Siliciumphotoelementen. Zum

Schutz der Photoelemente vor β-Strahlung werden die empfindlichen Flächen mit dünnen Kunststoff- oder Glasschichten abgedeckt. Mit photoelektrischen Batterien erreicht man maximale Wirkungsgrade von 0,5 %. Die entnehmbaren Leistungen liegen bei 10^2 mW/m^2 Photoelementfläche.

Betavoltaische Konversion

Das *betavoltaische Element* ist ein einstufiger Konverter. Die Absorption von β-Strahlung in einem Halbleiter führt zur Bildung einer großen Zahl von Elektron-Defektelektron-Paaren. Jedes β-Teilchen, das den Halbleiter durchdringt, erzeugt etwa 10^5 freie Ladungsträger. Im Feld eines pn-Überganges werden die Ladungen getrennt. Sie erzeugen zwischen dem p- und dem n-Bereich ein Makropotential. Als Halbleitermaterial kommt einkristallines Silicium oder polykristallines Cadmiumsulfid mit pn-Übergang in Betracht. Energiereiche Strahlung erzeugt in Halbleitern Gitterdefekte, so daß man in betavoltaischen Batterien nur β-Strahler geringer Maximalenergie verwenden kann. In der Praxis werden vorzugsweise die Nuklide $^{147}_{61}$Pm und $^3_1$H eingesetzt. Da die Eindringtiefe der β-Teilchen in den Halbleiter gering ist, werden viele dünne pn-Schichten hintereinandergeschaltet. Den Aufbau eines betavoltaischen Elementes zeigt die Abb. 143 d. Unter optimalen Bedingungen beträgt der Wirkungsgrad etwa 2 %. Es werden Leistungen von 10^2 µW erreicht.

Anwendung von Radionuklidbatterien

Radionuklidbatterien sind kompakte und vollkommen wartungsfreie Stromquellen. Sie geben über viele Jahre kontinuierlich elektrische Energie ab. Gegenüber konventionellen Stromquellen besitzen sie bezogen auf Masse und Volumen höhere Energieinhalte. Radionuklidbatterien werden in der *Raumfahrt-* und *Satellitentechnik*, im *terrestrischen Bereich* und in der *Medizintechnik* eingesetzt. Der hohe Leistungsbedarf der Meßgeräte und Sender in Satelliten und Raumsonden kann nur mit thermoelektrischen Radionuklidbatterien befriedigt werden. Für die Versorgung automatischer Wetterstationen sowie unbemannter Leuchttürme, Leuchtfeuer und Funkbaken werden thermoelektrische

Batterien verwendet. Praktische Bedeutung haben Radionuklidbatterien wegen ihrer langen Lebensdauer zur Versorgung implantierbarer *Herzschrittmacher* erlangt. Dafür sind betavoltaische Elemente geeignet.

10.5.2. Radioaktive Leuchtfarben

Mit Hilfe von Leuchtstoffen kann die bei der Umwandlung radioaktiver Nuklide freigesetzte Energie in Lichtenergie umgeformt werden. Eine Anwendung der Lumineszenzerregung durch ionisierende Strahlung ist die Herstellung *radioaktiver Leuchtfarben* zur Sichtbarmachung von Meßgeräteskalen, Uhrzeigern, Zifferblättern und Orientierungstafeln im Dunkeln. Selbstleuchtende Farbe besteht aus dem Gemisch eines Leuchtstoffs mit einem radioaktiven Nuklid. Die emittierte Strahlung regt den Leuchtstoff zum dauerhaften Leuchten an. Als Leuchtstoffe werden Phosphore der ZnS-Gruppe und Calciumwolframat verwendet. Zur Anregung der Lumineszenz dienten früher die natürlichen α-Strahler Radium und Thorium. Die hierbei zur Wirkung gelangenden α-Teilchen zerstören jedoch den Leuchtstoff, so daß trotz der langen Halbwertzeit dieser Nuklide die Lumineszenzintensität rasch abnimmt. Heute werden ausschließlich die reinen β-Strahler $^3_1$H, $^{85}_{36}$Kr und $^{147}_{61}$Pm verwendet. Bei der Lumineszenzerregung durch β-Teilchen tritt keine merkliche Zerstörung des Leuchtstoffs auf. Jedoch ist die Lumineszenzausbeute für β-Strahlung geringer als für α-Strahlung. Zur Erzielung der gleichen Helligkeit muß bei Verwendung von $^{147}_{61}$Pm etwa die 40fache Aktivität eingesetzt werden, als bei Benutzung von Radium. Meist vermischt man ^{147}Pm$_2$O$_3$ mit dem Leuchtstoffpulver. Mitunter dient auch Tritium zur Lumineszenzerregung. Kleine Glasröhrchen werden auf der Innenwand mit einer dünnen Leuchtstoffschicht versehen und mit tritiumhaltigem Gas gefüllt. Solche Röhrchen eignen sich als Kontrollichtquellen zur Funktionsprüfung von Photozellen und Photovervielfachern.

10.6. Altersbestimmung

10.6.1. Prinzip der radiometrischen Altersbestimmung

Die *Altersbestimmung* (*Datierung*) geologischer und archäologischer Objekte mit Hilfe der natürlichen Radioaktivität beruht darauf, daß jedes radioaktive Nuklid eine charakteristische Halbwertzeit besitzt. Durch das exponentielle Umwandlungsgesetz (2.2) ist ein Zusammenhang zwischen dem Alter einer Probe und ihrem Gehalt an radioaktiven Atomen gegeben. Man kennt prinzipiell zwei Möglichkeiten der Altersbestimmung.

Wenn sich die Zahl der radioaktiven Atome $N(0)$ in einer Probe zum Zeitpunkt ihrer Entstehung abschätzen läßt, kann durch Messung der gegenwärtig noch vorhandenen Atomzahl $N(t)$ unmittelbar das Probenalter

$$t = \frac{1}{\lambda} \ln \frac{N(0)}{N(t)} \tag{10.9}$$

berechnet werden. Meist ist jedoch $N(0)$ unbekannt. Es besteht dann die Möglichkeit, das Alter eines Gegenstandes aus der im Laufe der Zeit entstandenen Zahl der Atome des stabilen Folgenuklids

$$\Delta N = N(0) - N(t) = N(t) \{e^{\lambda t} - 1\} \tag{10.10}$$

zu ermitteln. Es ist

$$t = \frac{1}{\lambda} \ln \left(1 + \frac{\Delta N}{N(t)} \right). \tag{10.11}$$

Diese Altersbestimmungsmethoden sind somit auf die Erfassung von Zeiträumen beschränkt, die in der Größenordnung der Halbwertzeit des verwendeten Nuklids liegen. In Tab. 37 sind die Eigenschaften der für Altersbestimmungen benutzten Nuklide zusammengestellt. Radiometrische Altersbestimmungsmethoden dürfen jedoch nicht bedenkenlos zur Datierung von Mineralen, Gesteinen und archäologischen Funden verwendet werden. Erst wenn mehrere Verfahren das gleiche Ergebnis liefern, besteht Sicherheit, daß das Alter einer Probe richtig er-

Tabelle 37. Einige radioaktive Nuklide zur Altersbestimmung

Nuklid	Umwand- lungsart	$T_{1/2}$	Relative Häufigkeit	Stabiles Folgenuklid
$^{238}_{92}U$	α, sf	$4,468 \cdot 10^9$ a ($8 \cdot 10^{15}$ a)[1]	99,275	$^{206}_{82}Pb$
$^{235}_{92}U$	α	$7,038 \cdot 10^8$ a	0,720	$^{207}_{82}Pb$
$^{232}_{90}Th$	α	$1,405 \cdot 10^{10}$ a	100	$^{208}_{82}Pb$
$^{87}_{37}Rb$	β^-	$4,8 \cdot 10^{10}$ a	27,83	$^{87}_{38}Sr$
$^{40}_{19}K$	E, β^-	$1,28 \cdot 10^9$ a	0,0117	$^{40}_{18}Ar$, $^{40}_{20}Ca$
$^{14}_{6}C$	β^-	5 730 a		$^{14}_{7}N$
$^{3}_{1}H$	β^-	12,43 a		$^{3}_{2}He$

[1] Partielle Halbwertzeit der Spontanspaltung

mittelt wurde. Im folgenden wird ein Überblick über verschiedene Methoden der Altersbestimmung gegeben.

10.6.2. Radiometrische Altersbestimmungsmethoden

Bleimethode

Zur Datierung von Mineralen und Gesteinen wird häufig die *Bleimethode* herangezogen. Von den vier in der Natur vorkommenden stabilen Bleiisotopen $^{204}_{82}Pb$, $^{206}_{82}Pb$, $^{207}_{82}Pb$ und $^{208}_{82}Pb$ ist lediglich $^{204}_{82}Pb$ nicht das Produkt einer natürlich radioaktiven Umwandlungsreihe (s. 3.1.). Bestimmt man in einer Probe die Anzahl der radioaktiven Mutteratome und der zugehörigen radiogen gebildeten Bleiatome, so kann das Alter berechnet werden. Enthält z. B. ein Mineral nur Thorium, kein Uranium und nur Blei radiogener Herkunft, dann ergibt sich das Alter der Probe aus der Beziehung

$$t = \frac{1}{\lambda_{Th-232}} \ln\left\{1 + \frac{N_{Pb-208}}{N_{Th-232}}\right\}$$

$$= \frac{1}{\lambda_{Th-232}} \ln\left\{1 + \frac{232}{208} \frac{m_{Pb-208}}{m_{Th-232}}\right\}. \quad (10.12)$$

Dabei sind λ_{Th-232} die Umwandlungskonstante von $^{232}_{90}Th$, N_{Th-232}, N_{Pb-208} die Anzahl der Thorium- bzw. Bleiatome zum Zeitpunkt der Messung und m_{Th-232}, m_{Pb-208} die Masse des Thorium- bzw. Bleianteils im untersuchten Mineral.
Häufig sind in den Proben außer $^{232}_{90}Th$ noch die

beiden Uraniumisotope $^{238}_{92}U$ und $^{235}_{92}U$ enthalten. In diesem Fall erfolgt die Ermittlung des Alters unter Berücksichtigung der gesamten durch radioaktive Umwandlung entstandenen Bleimenge mit Hilfe der Gleichung

$$m_{Pb} = \frac{206}{238} m_{U-238} (e^{\lambda_{U-238}t} - 1)$$

$$+ \frac{207}{235} m_{U-235} (e^{\lambda_{U-235}t} - 1)$$

$$+ \frac{208}{232} m_{Th-232} (e^{\lambda_{Th-232}t} - 1). \quad (10.13)$$

Kalium-Argon- und Rubidium- Strontium-Methode

Die Grundlage der *Kalium-Argon-Methode* bildet die Umwandlung von $^{40}_{19}K$ in $^{40}_{18}Ar$ durch E-Einfang. Diese Altersbestimmungsmethode hat große praktische Bedeutung erlangt, da Kalium in der Mehrzahl der Minerale und Gesteine enthalten ist. Im natürlichen Kalium kommt das Nuklid $^{40}_{19}K$ mit einer relativen Häufigkeit von 0,017 % vor. Durch Bestimmung des Konzentrationsverhältnisses zwischen $^{40}_{19}K$ und $^{40}_{18}Ar$ läßt sich das Alter von Mineralen vom Zeitpunkt ihrer Entstehung an ermitteln. Die Anwendung dieser Methode setzt voraus, daß alle durch E-Einfang gebildeten $^{40}_{18}Ar$-Atome vom Mineral festgehalten werden. Ganz analog kann man auch die β^--Umwandlung von $^{87}_{37}Rb$ in $^{87}_{38}Sr$ zur geologischen Altersbestimmung heranziehen. Mit Hilfe dieser Verfahren und der Bleimethode wurden für die ältesten Minerale Alterswerte von $4 \cdot 10^9$ Jahren gemessen.

Spaltspurenmethode

Die *Spaltspurenmethode* (Fission Track Method) beruht auf der Sichtbarmachung der Spuren schwerer geladener Partikel in Mineralen und natürlichen Gläsern (s. 9.1.7.). Als Quelle der „fossilen" Partikelspuren kommen in geologischen Proben in erster Linie die Fragmente der spontanen Kernspaltung (s. 2.9.) des Nuklids $^{238}_{92}U$ in Betracht, da Uranium in sehr vielen Mineralen in geringer Konzentration enthalten ist. Die Zahl der fossilen Spaltfragmentspuren in einer natürlichen Probe ist ein Maß für deren Alter, wenn alle vorhandenen Spuren von der Spontanspaltung des Uraniumnuklids $^{238}_{92}U$ herrühren und die latenten Spaltfragmentspuren im Verlauf der geologischen Geschichte erhalten geblieben sind. Um aus der fossilen Spurdichte ϱ_{spon} das Alter t berechnen zu können, muß die Uraniumkonzentration bekannt sein. Sehr empfindlich kann diese mit der Spaltspurenmethode selbst bestimmt werden, indem man einen Teil der Probe in einem Kernreaktor einer bekannten Fluenz Φ thermischer Neutronen aussetzt. Durch künstliche Kernspaltung des Nuklids $^{235}_{92}U$ werden ätzbare latente Spaltfragmentspuren erzeugt. Die Uraniumkonzentration ist dieser induzierten Spaltspurdichte ϱ_{ind} proportional. Das Spaltspurenalter t ergibt sich dann nach der Gleichung

$$t = \frac{1}{\lambda_d} \ln \left\{ \frac{\varrho_{spon}}{\varrho_{ind}} \frac{\lambda_d}{\lambda_f} I\Phi\sigma_f + 1 \right\}. \qquad (10.14)$$

Für Alter $t < 3 \cdot 10^8$ a läßt sich diese Beziehung innerhalb eines Fehlers von 2 % vereinfachen zu

$$t = \frac{1}{\lambda_f} \frac{\varrho_{spon}}{\varrho_{ind}} I\Phi\sigma_f. \qquad (10.15)$$

Hierin bedeuten:

$\lambda_d = 1,54 \cdot 10^{-10}$ a^{-1} Gesamtumwandlungskonstante von $^{238}_{92}U$,

$\lambda_f = 8,5 \cdot 10^{-17}$ a^{-1} Umwandlungskonstante der Spontanspaltung von $^{238}_{92}U$,

$\sigma_f = 5,82 \cdot 10^4$ fm^2 Spaltungsquerschnitt von $^{235}_{92}U$ für thermische Neutronen,

$I = 7,26 \cdot 10^{-3}$ Isotopenverhältnis $^{235}_{92}U : {}^{238}_{92}U$.

Der Datierungsbereich wird durch die Uraniumkonzentration bestimmt und hängt außerdem von den Grenzen der Spurzählung ($\varrho_{min} \approx 10$ m^{-2}, $\varrho_{max} \approx 10^{11}$ m^{-2}) ab.

Die durch die Spaltspurenmethode ermittelten Alterswerte geben den Zeitpunkt an, zu dem Uranium im Mineralgitter fixiert wurde. Das ist in der Regel der Zeitpunkt der Mineralbildung. Bei magmatischen und postmagmatischen Bildungen sowie bei thermisch induzierten Umbildungen wird t durch das Erreichen einer kritischen Temperatur fixiert. Die Spaltspurenmethode eignet sich zur Datierung von Mineralen sowie natürlichen und künstlichen Gläsern, deren Alter zwischen 30 und 10^9 Jahren liegt. Mit Hilfe dieses Verfahrens wurden an vielen Glimmerarten, Zirkonen, Hornblenden, Apatiten, Tektiten und Kratergläsern Datierungen durchgeführt, die größtenteils übereinstimmende Altersangaben mit der Kalium-Argon- und der Rubidium-Strontium-Methode ergaben. Da hohe Temperaturen zu einem Spurfading führen können, vermittelt die Spaltspurenmethode auch Einblicke in die thermische Geschichte geologischer Proben.

Thermolumineszenzmethode

Die Datierung von gebrannten Keramikscherben und Ziegeln ist mit Hilfe des *Thermolumineszenzverfahrens* (s. 9.1.8.) möglich. Keramische Produkte enthalten stets Quarzkörner und geringe Mengen radioaktiver Elemente. Quarz zeigt beim Erwärmen infolge natürlicher Anregung Thermolumineszenz mit Glowpeaks bei 110, 325 und 375 °C. Beim Brennen einer Keramik wird die bis zu diesem Zeitpunkt in Quarzkristallen gespeicherte Energie vollständig gelöscht. Vom Zeitpunkt der Herstellung an werden die Quarzkörner durch die Umgebungsstrahlung und die im Material enthaltenen radioaktiven Verunreinigungen erneut angeregt. Die Altersbestimmung erfolgt in mehreren Schritten: Zuerst wird durch Aufnahme der Glowkurve die Lichtsumme der natürlichen Lumineszenz der Probe ermittelt. Durch eine anschließende Kalibrierungsbestrahlung mit Röntgen- oder Gammastrahlung ordnet man dieser Lichtmenge eine natürliche Energiedosis D zu. Unabhängig davon muß durch eine Messung am Fundort und eine Aktivitätsbestimmung des

Materials die Energiedosisleistung $\dot{D}$ der anregenden Strahlung abgeschätzt werden. Setzt man voraus, daß die Energiedosisleistung über den in Betracht kommenden Zeitraum konstant war, kann aus diesen Daten auf die seit der Herstellung der Keramik vergangene Zeit

$$t = \frac{D}{\dot{D}} \qquad (10.16)$$

geschlossen werden.

Thermolumineszenzmessungen an natürlichen Quarzen und Feldspäten ermöglichen auch die Datierung eiszeitlicher und mariner Sedimente sowie von Dünensand.

^{14}C-Methode

Zur Datierung archäologischer Funde biologischen Ursprungs wird am häufigsten die *^{14}C-Methode* herangezogen. Die Erdatmosphäre enthält in Form von $^{14}CO_2$ das ständig durch eine Kernreaktion nacherzeugte Nuklid $^{14}_{6}C$ (s. 3.2.). Das derzeitige Verhältnis zwischen der Zahl der $^{14}_{6}C$- und der Zahl der $^{12}_{6}C$-Atome liegt bei $1,2 \cdot 10^{-12}$. Durch atmosphärische Bewegung gelangt der radioaktive Kohlenstoff an die Erdoberfläche. Alle Pflanzen nehmen daher durch Assimilation ständig eine bestimmte Menge Radiokohlenstoff auf. Infolge der pflanzlichen Ernährung gelangt das Nuklid $^{14}_{6}C$ auch in den tierischen und den menschlichen Körper. Das $^{14}_{6}C/^{12}_{6}C$-Verhältnis in der gesamten Biosphäre entspricht daher dem in der Atmosphäre. Mit dem biologischen Tod eines Lebewesens endet die Kohlenstoffaufnahme. Während die Zahl der stabilen $^{12}_{6}C$-Atome unverändert bleibt, wandelt sich der radioaktive Kohlenstoff mit einer Halbwertzeit von $T_{1/2} = 5730$ a allmählich um. Das $^{14}_{6}C/^{12}_{6}C$-Verhältnis wird im Laufe der Zeit immer kleiner. Aus dem Vergleich der spezifischen $^{14}_{6}C$-Aktivität eines archäologischen Fundes und eines entsprechenden Organismus der Jetztzeit kann man daher das Alter des Fundes bestimmen. Mit der ^{14}C-Methode ist die Datierung archäologischer Gegenstände möglich, deren Alter zwischen 1 000 und 50 000 Jahren liegt. Auch alte Grundwässer und Eis können auf Grund des Gehaltes an gelöstem CO_2 und Bicarbonat durch $^{14}_{6}C$-Messungen datiert werden.

Mehrere Faktoren erschweren jedoch die Altersbestimmung nach dieser Methode. Der geringe Radiokohlenstoffgehalt der Funde und die energiearme β^--Strahlung von $^{14}_{6}C$ ($E_{\beta\,max} = 0,155$ MeV) erfordern eine spezielle Aufbereitung der Proben und eine aufwendige Aktivitätsmeßtechnik. Außerdem muß berücksichtigt werden, daß sich seit mehr als 100 Jahren durch die Verbrennung $^{14}_{6}C$-armer Kohle und seit 1960 durch atmosphärische Kernwaffentests das $^{14}_{6}C/^{12}_{6}C$-Verhältnis verändert hat. Mit Hilfe des Radiokohlenstoffgehaltes von Proben bekannten Alters mußte daher eine experimentelle Bestimmung des Isotopenverhältnisses für die vergangenen Jahrtausende vorgenommen werden.

Tritiummethode

Zur Bestimmung des Alters jüngerer Wässer sowie zur Untersuchung der Bewegung atmosphärischer Feuchtigkeit ist das radioaktive Nuklid Tritium ($T_{1/2} = 12,43$ a) geeignet. Es wird in der Natur ständig durch die kosmische Strahlung gebildet und gelangte in den 50er Jahren durch Kernwaffenversuche in beträchtlichen Mengen in die Atmosphäre. Tritium wird direkt in das Wassermolekül eingebaut und nimmt als HTO am gesamten geosphärischen Wasserkreislauf teil. Die energiearme β^--Strahlung von $^{3}_{1}H$ wird nach elektrolytischer Anreicherung der Aktivität und anschließende Benzensynthese mit dem Flüssigkeitsszintillationszähler registriert. Überführt man das Nuklid in ein Zählgas, z. B. Ethan, so kann es auch mit dem Proportionalzählrohr gemessen werden. Tritium ermöglicht Altersbestimmungen im Bereich von wenigen Jahren bis zu 50 Jahren.

11.
Strahlenschutz

11.1. Strahlenschäden und Strahlenschutz

Die von radioaktiven Substanzen, Röntgenapparaturen und Beschleunigern ausgehende ionisierende Strahlung führt bei der Einwirkung auf den menschlichen Organismus zu Veränderungen der Biomoleküle in den Zellen und kann ernsthafte gesundheitliche Schäden verursachen. Um die mögliche Gefährdung von Personen, die einer Strahlenexposition ausgesetzt sind, auf ein Mindestmaß zu reduzieren, sind Strahlenschutzmaßnahmen erforderlich. Da ein vollkommener Schutz vor der Einwirkung ionisierender Strahlung beim Umgang mit Strahlungsquellen unmöglich ist, muß ein ausreichender Schutz im Sinne eines vertretbaren Risikos angestrebt werden.

Bei der Einwirkung ionisierender Strahlung auf den menschlichen Körper ist zwischen einer *äußeren* und *inneren Strahlenexposition* zu unterscheiden. Die äußere Strahlenexposition wird durch den Aufenthalt in Strahlungsfeldern verursacht. Eine innere Strahlenexposition tritt auf, wenn radioaktive Nuklide über die Luftwege, den Magen-Darm-Trakt oder durch die Haut in den Organismus eindringen (Inkorporation). Bei der äußeren Strahlenexposition ist immer zwischen einer *Ganzkörper-* und einer *Teilkörperbestrahlung* zu unterscheiden. Jedes Individuum verträgt als Teilkörperdosis ein Vielfaches der Ganzkörperdosis. Inkorporierte radioaktive Substanzen bewirken eine Strahlenexposition einzelner oder mehrerer Organe.

Die durch ionisierende Strahlung hervorgerufenen Schäden werden in deterministische und stochastische Schäden unterteilt.

Deterministische Strahlenschäden

Deterministische Strahlenschäden werden erst oberhalb bestimmter Werte der Strahlenexposition klinisch nachweisbar. Die Schwere des Schadens wächst mit der Dosis. Zwischen der Absorption von Strahlungsenergie und der Reaktion des Organismus liegt eine dosisabhängige, aber relativ kurze *Latenzzeit*. Man spricht deshalb bei den nach kurzzeitiger Bestrahlung mit hohen Energiedosen auftretenden Strahlenschäden auch von *Frühschäden*. Typische Frühschäden sind Hautrötungen, Haarausfall und Strahlengeschwüre nach Teilkörperbestrahlung (Schwellenenergiedosis > 2 Gy) sowie die akute Strahlenkrankheit oder sogar der Strahlentod nach Ganzkörperbestrahlung (Tab. 38). Viele deteministische Strahlenschäden entwickeln sich erst nach der Akkumulation kleiner Energiedosen über lange Zeiträume. Zu diesen Schäden gehören die Trübung der Augenlinse (Kataraktbildung), fibrotische Gewebsveränderungen, Fruchtbarkeitsverminderung und Sterilität. Bei entsprechend hohen Strahlenexpositionen können sie aber auch nach sehr kurzer Zeit nachweisbar werden. Weitere deterministische Schäden sind Schäden an Neugeborenen infolge einer Bestrahlung der Feten im Mutterleib. Deterministische Strahlenschäden sind stets *somatische Schäden*, d.h. sie manifestieren sich am bestrahlten Individuum selbst.

Stochastische Strahlenschäden

Stochastische (zufallsmäßige) Strahlenschäden sind Schäden, deren Eintrittswahrscheinlichkeit mit der Strahlenexposition zunimmt, bei denen der Schweregrad aber nicht von der Dosis abhängt. Es werden nur zwei Arten von stochastischen Strahlenschäden in Betracht gezogen: *somatische Schäden* infolge Induktion

Tabelle 38. Folgen einer kurzzeitigen Ganzkörperbestrahlung

Energie-dosis in Gy	Strahlenwirkung	Lebenserwartung	Prognose
2	Akute Strahlenkrankheit 1. Grades: Leichte vorübergehende Blutbild-veränderungen	Überlebenschance praktisch 100%	Keine akuten Schäden
2 bis 4	Akute Strahlenkrankheit 2. Grades: Stärkere Blutbildveränderungen	Letalität ohne Behand-lung 40 bis 50%	Therapeutisch beeinflußbar, Erholung innerhalb von 3 Monaten wahrscheinlich
4 bis 6	Akute Strahlenkrankheit 3. Grades: Ausgeprägte hämatomologische Schäden	Letalität ohne Behand-lung 95%, bei Therapie < 50%	Therapeutisch noch beschränkt beeinflußbar, Knochenmark-transplantation erforderlich
6 bis 10	Akute Strahlenkrankheit 4. Grades: Gastro-intestinale Schäden	Überleben unwahr-scheinlich	Therapeutisch nicht beein-bar, Schock und Tod innerhalb von 10 Tagen
> 10	Akute Strahlenkrankheit 5. Grades: Zerebrale Schäden	Überleben unmöglich	Tod in 10 bis 36 Stunden

maligner Tumoren und leukämischer Erkrankungen sowie *genetische Schäden*. Genetische Schäden beruhen auf Genmutationen und chromosomalen Anomalien. Sie stellen eine Sonderform der Spätschäden dar und werden durch Vererbung auf die Nachkommen übertragen. Stochastische somatische Schäden entwickeln sich erst nach einer Latenzzeit von vielen Jahren und sind somit *Spätschäden*.

Aufgabe des Strahlenschutzes

Auf Grund der Kenntnisse über die biologische Strahlenwirkung und die Arten von Strahlenschäden kann klar das Anliegen des Strahlenschutzes definiert werden.

> Die Aufgabe des Strahlenschutzes ist es, deterministische Strahlenschädigungen zu verhüten und die Wahrscheinlichkeit für das Auftreten stochastischer Strahlenschäden auf ein vertretbares Maß zu senken.

Um dieses Ziel zu erreichen, ist die äußere und innere Strahlenexposition der beruflich strahlenexponierten Personen und der Gesamtbevölkerung auf ein Minimum zu beschränken. Vom Gesetzgeber werden daher Strahlenschutzgrenzwerte festgelegt und Strahlenschutzrichtlinien erlassen, um die Strahlenexposition auch unterhalb der Grenzwerte soweit herabzusetzen, wie es mit einem gesellschaftlich vertretbaren Aufwand erreichbar ist.

11.2. Dosisgrößen im Strahlenschutz

Die biologische Wirkung ionisierender Strahlung wird nicht allein durch die *übertragene Energie*, sondern maßgeblich auch durch die Strahlungsart, die zeitliche und räumliche Dosisverteilung, den untersuchten biologischen Effekt selbst, den physiologischen Zustand der bestrahlten Individuen und die Umgebungsbedingungen bestimmt. Schwere geladene Teilchen und Neutronen rufen bei gleicher Energieabsorption in demselben Gewebe oder Organ wesentlich stärkere biologische Effekte hervor als Photonen- und Elektronenstrahlung. Die rein physikalischen Meßgrößen *Energiedosis* und *Kerma* (s. 9.5.2.) reichen daher nicht aus, um biologische Strahlenwirkungen und Strahlenrisiken beurteilen zu können. Für die Belange des Strahlenschutzes wurden spezielle Dosisgrößen eingeführt, von denen einige meßbar sind. Andere lassen sich hingegen nur mit aufwendigen Berechnungsmethoden ermitteln. Hier werden lediglich die Begriffe *Äquivalentdosis*, *Organdosis* und *Effektive Dosis* kurz charakterisiert. Sie dienen der Festlegung von gesetzlichen Dosisgrenzwerten für Bevölkerung und beruflich strahlenexponierte Personen. Bezüglich weiterer Dosisbegriffe für den praktischen Strahlenschutz sei auf die Fachliteratur verwiesen.

Äquivalentdosis

Die *Äquivalentdosis H* (Gefährdung, Risiko = hazard, engl.) ergibt sich aus der Energiedosis D in Gewebe durch Multiplikation mit einem von der Strahlungsqualität abhängigen Qualitätsfaktor Q der Dimension 1:

$$\boxed{H = Q\,D.}\tag{11.1}$$

Die Einheit der Äquivalentdosis ist gleich der Energiedosiseinheit J/kg. Um die Äquivalentdosis deutlich von der Energiedosis unterscheiden zu können, hat man für die SI-Einheit der Äquivalentdosis den eigenen Namen *Sievert* (Kurzzeichen Sv) eingeführt[1]):

$$1\ \text{Sv} = 1\ \text{J/kg}.\tag{11.2}$$

Wenn mehrere Strahlungsarten in einem Zielvolumen wirken, ergibt sich die gesamte Äquivalentdosis durch Summation der einzelnen Äquivalentdosen:

$$H_{\text{ges}} = \sum_i H_i = \sum_i (Q_i D_i).\tag{11.3}$$

Die *Äquivalentdosisleistung* $\dot{H}$ ist der Differentialquotient der Äquivalentdosis nach der Zeit:

$$\dot{H} = \frac{dH}{dt} = Q\,\frac{dD}{dt}.\tag{11.4}$$

Für verschiedene Strahlungsarten werden die Qualitätsfaktoren unter Berücksichtigung strahlenbiologischer Erkenntnisse durch Übereinkunft festgelegt und dem linearen Bremsvermögen (lineares Energieübertragungsvermögen, LET) in Wasser zugeordnet (Tab. 39). Im praktischen Strahlenschutz verwendet man folgende Werte:

Tabelle 39. Zuordnung von Qualitätsfaktoren zum Bremsvermögen

S in keV/μm (H_2O)	Q
$\leq 3{,}5$	1
7	2
23	5
53	10
≥ 175	20

[1]) Früher wurde die SI-fremde Äquivalentdosiseinheit Rem (Kurzzeichen rem) benutzt:
1 rem = 10 mSv, 1 Sv = 100 rem.

Den Bedürfnissen der praktischen Meßtechnik mit Strahlenschutzdosimetern entsprechen die auf der Grundlage des Konzeptes der Äquivalentdosis eingeführten Größen Ortsdosis und Personendosis. Unter *Ortsdosis* versteht man die an einem bestimmten Ort in Weichteilgewebe ermittelte Äquivalentdosis. Die *Personendosis* ist die Äquivalentdosis für Weichteilgewebe, bestimmt an einer für die Strahlenexposition repräsentativen Stelle der Körperoberfläche.

Organdosis

Die *Organdosis* $H_{T,R}$ (Gewebe = tissue; Strahlung = radiation, engl.) ist definiert als Produkt aus der mittleren Energiedosis $D_{T,R}$ in dem bestrahlten Körperabschnitt und einem *Strahlungs-Wichtungsfaktor* w_R der Dimension 1 für die Strahlungsqualität R bei externer und interner Exposition:

$$H_{T,R} = w_R\,D_{T,R}.\tag{11.5}$$

Gemittelt wird über die Masse des Organs oder Körperteils. Im Falle der Haut wird die Energiedosis der Haut in 0,07 mm Gewebetiefe über die gesamte Hautfläche gemittelt. Die Organdosis ist keine Größe im physikalischen Sinne, sie muß vielmehr berechnet werden. Organdosen werden in der Einheit Sievert (Sv) angegeben.

Setzt sich das Strahlungsfeld aus mehreren Strahlungsqualitäten zusammen, so ist die gesamte Organdosis die Summe der Organdosen, die von den einzelnen Strahlungsqualitäten herrühren:

$$H_T = \sum_R H_{T,R} = \sum_R w_R\,D_{T,R}.\tag{11.6}$$

In Tab. 40 sind Zahlenwerte des Strahlungs-Wichtungsfaktors für verschiedene Strahlungsarten und -energien wiedergegeben.

Tabelle 40. Zahlenwerte des Strahlungs-Wichtungsfaktors w_R

Strahlungsart und Energiebereich	w_R
Photonen, alle Energien	1
Elektronen und Myonen, alle Energien	1
Neutronen, Energie	
< 10 keV	5
10 keV bis 100 keV	10
> 100 keV bis 2 MeV	20
> 2 MeV bis 20 MeV	10
> 20 MeV	5
Protonen außer Rückstoßprotonen, Energie > 2 MeV	5
Alphateilchen, Spaltfragmente, schwere Kerne	20

Zur Charakterisierung der Strahlenexposition durch inkorporierte radioaktive Nuklide dient die *Organ-Folgedosis* $H_T(\tau)$. Man versteht darunter die Organdosis, die in einem Gewebe oder Organ infolge der Aufnahme radioaktiver Stoffe langfristig wirksam wird. Sie ist gegeben durch das Zeitintegral der Organdosisleistung im Gewebe oder Organ:

$$H_T(\tau) = \int_{t_0}^{t_0+\tau} \dot{H}_T(t)\,\mathrm{d}t \,. \tag{11.7}$$

Dabei bezeichnet t_0 den Zeitpunkt der Aktivitätsaufnahme. Als Akkumulationszeit τ wird in der Regel für Erwachsene 50 Jahre und für Kinder die Zeitdauer vom jeweiligen Alter bis zum Alter von 70 Jahren zu Grunde gelegt.

Effektive Dosis

Bei der Bestrahlung des Menschen durch äußere Quellen oder inkorporierte radioaktive Nuklide werden oft gleichzeitig mehrere Organe oder Gewebe unterschiedlicher Strahlenempfindlichkeit exponiert. Zur Beurteilung des stochastischen Risikos wurde das Konzept der effektiven Dosis E eingeführt. Dieser neue Begriff ersetzt die früher als effektive Äquivalentdosis H_E bezeichnete Dosisgröße.
Die *effektive Dosis E* ist definiert als die Summe der Organdosen H_T multipliziert mit den zugehörigen Gewebewichtungsfaktoren w_T:

$$E = \sum_T w_T\, H_T = \sum_T w_T \sum_T w_R\, D_{T,R}\,. \tag{11.8}$$

Die Einheit der effektiven Dosis ist das Sievert (Sv). Es wird über alle strahlenempfindlichen Organe des menschlichen Körpers summiert. In Tab. 41 sind die Zahlenwerte des Gewebe-Wichtungsfaktors für verschiedene Organe und Körpergewebe zusammengestellt. Sie gelten für beruflich strahlenexponierte Personen und für die Bevölkerung beiderlei Geschlechts. Effektive Dosen sind ebenso wie Organdosen nicht messbar, sondern müssen rechnerisch ermittelt werden.
Sie ermöglichen eine Abschätzung der Gefährdung einzelner strahlenexponierter Personen oder der Gesamtbevölkerung durch stochastische Strahlenwirkungen.
Als *effektive Folgedosis E*(τ) bezeichnet man die Summe der Organ-Folgedosen $H_T(\tau)$, jeweils multipliziert mit dem zugehörigen Gewebe-Wichtungsfaktor w_T:

$$E(\tau) = \sum_T w_T\, H_T(\tau)\,. \tag{11.9}$$

Für effektive Dosis und Organdosis wird auch der Sammelbegriff *Körperdosis* verwendet. Man versteht darunter die Summe aus der durch äußere Strahlenexposition während eines Bezugszeitraumes (Kalenderjahr, Monat) erhaltenen Dosis und der Folgedosis, die durch eine während dieses Zeitraumes stattgefundene Aktivitätszufuhr bedingt ist. Der Begriff Körperdosis dient zur Festlegung gesetzlicher Dosisgrenzwerte für den Strahlenschutz (s. 11.4.).

Tabelle 41. Zahlenwerte des Gewebe-Wichtungsfaktors w_T

Gewebe oder Organ	w_T
Keimdrüsen	0,20
Knochenmark (rot)	0,12
Dickdarm	0,12
Lunge	0,12
Magen	0,12
Blase	0,05
Brust	0,05
Leber	0,05
Speiseröhre	0,05
Schilddrüse	0,05
Haut	0,01
Kochenoberfläche	0,01
Andere Gewebe oder Organe	0,05
Summe	1,00

11.3. Natürliche und zivilisatorische Strahlenexposition

Der Mensch ist im Laufe seines Lebens einer natürlich und zivilisatorisch bedingten Strahlenexposition ausgesetzt.

Natürliche Strahlenexposition

Die *natürliche Strahlenexposition* ist auf äußere und innere Strahlungsquellen zurückzuführen. Sie variiert von Ort zu Ort. Eine Begrenzung durch Schutzmaßnahmen ist kaum möglich.
Quellen der äußeren Exposition sind die *kosmische Strahlung* und die *terrestrische Umgebungsstrahlung*. In Meereshöhe spielen die primäre kosmische Strahlung und die von ihr

Tabelle 42. Mittlere natürliche Strahlenexposition im Jahr durch äußere und innere Exposition je Kopf der erwachsenen Bevölkerung

Strahlungsquelle		Strahlungsart	effektive Dosis in mSv	
Außere Exposition	Kosmische Strahlung	$\gamma(n)$	0,38	} 0,86
	Terrestrische Strahlung (Erdboden, Gebäude)	γ	0,42	
Innere Exposition (Inhalator) und Ingestion natürlich radioaktiver Nuklide)	Kosmogene Nuklide ($_1^3$H, $_4^7$Be, $_6^{14}$C, $_{11}^{22}$Na) Primordiale Nuklide	β	0,01	} 1,54
	$_{19}^{40}$K	$\beta(\gamma)$	0,17	
	$_{37}^{87}$Rb	β	0,006	
	$_{92}^{238}$U − $_{88}^{226}$Ra, $_{90}^{232}$Tn − $_{88}^{224}$Ra	$\alpha(\beta,\gamma)$	0,116	
	$_{86}^{222}$Rn − $_{84}^{214}$Po	$\alpha(\beta,\gamma)$	1,15	
	$_{86}^{220}$Rn − $_{81}^{208}$Tl	$\alpha(\beta,\gamma)$	0,1	
Gesamt			$\approx 2,4$	

ausgelöste Neutronenkomponente keine nennenswerte Rolle. Die kosmische Strahlung trägt im wesentlichen durch Photonen und geladene Sekundärteilchen zur externen Strahlenexposition bei. Für die Exposition durch terrestrische Umgebungsstrahlung ist nur die γ-Emission der im Boden und in den Baumaterialien enthaltenen Nuklide der natürlichen Umwandlungsreihen sowie des Nuklids $_{19}^{40}$K von Bedeutung (s. 11.8.).

Die interne natürliche Strahlenexposition des Menschen wird durch radioaktive Nuklide verursacht, die mit der Nahrung, dem Trinkwasser und der Atemluft in den Körper gelangen. Den größten Beitrag liefern $_{19}^{40}$K sowie die kurzlebigen Folgenuklide der radioaktiven Edelgase $_{86}^{222}$Rn (Radon) und $_{86}^{220}$Rn (Thoron) (s. 11.8.). In geringerem Maße sind auch $_{88}^{226}$Ra, $_{37}^{87}$Rb sowie die durch kosmische Strahlung erzeugten Nuklide $_1^3$H, $_6^{14}$C und $_{11}^{12}$Na für die interne Strahlenexposition verantwortlich.

In Tab. 42 sind die Mittelwerte der jährlichen effektiven Dosis infolge der natürlichen Strahlenexposition zusammengestellt. Natürliche Strahlungsquellen erzeugen im Jahr eine mittlere effektive Dosis von etwa 2,4 mSv.

Zivilisatorische Strahlenexposition

Die *zivilisatorische Strahlenexposition* des Menschen läßt sich nicht vollkommen vermeiden, sie kann aber durch Schutzmaßnahmen begrenzt werden. In allen entwickelten Industrieländern tragen die Anwendung ionisierender Strahlung in der medizinischen Diagnostik und Therapie, der berufliche Umgang mit Strahlungsquellen in der Technik und Forschung sowie die Emission radioaktiver Nuklide aus Kernanlagen und Kohlekraftwerken zur Strahlenexposition der Bevölkerung bei. Auch künstlich radioaktive Nuklide, die durch oberirdische Kernwaffenversuche in die Umwelt gelangt sind, verursachen eine innere und äußere Strahlen. Den größten Beitrag liefert die Röntgendiagnostik. Durch medizinische und zahnmedizinische Untersuchungen ergibt sich eine mittlere effektive Dosis je Kopf der Bevölkerung von etwa 2,0 mSv im Jahr. Damit wird annähernd das Niveau der natürlichen Strahlenexposition erreicht. Die von allen übrigen Komponenten bewirkten Expositionen liegen um Größenordnungen unter diesem Wert. Die Tab. 43 gibt Anhaltspunkte zur Beurteilung der zivilisatorischen Strahlenexposition der Gesamtbevölkerung.

Tabelle 43. Mittlere zivilisatorische Strahlenexposition im Jahr je Kopf der Bevölkerung (Industrieländer)

Ursache der Exposition	effektive Dosis in mSv
Medizinische Strahlenanwendung (insbesondere Röntgendiagnostik)	2,0
Fallout von Kernwaffenversuchen	< 0,01
Emissionen aus Kern- und Kohlekraftwerken	0,002
Berufliche Strahlenexposition	0,002
Tschernobyl-Unfall	0,002
Gesamt	$\approx 2,0$

11.4. Strahlenschutzrecht

Strahlenschutzverordnung

Von der Internationalen Strahlenschutzkommission (ICRP – International Commission on Radiation Protection) werden regelmäßig Empfehlungen auf dem Gebiet des Strahlenschutzes herausgegeben. Sie bilden die Grundlage für die Erarbeitung nationaler Rechtsvorschriften im Strahlenschutz.

In der Bundesrepublik Deutschland wurde auf der Grundlage des Atomgesetzes die *„Verordnung über den Schutz vor Schäden durch ionisierende Strahlen"* (Strahlenschutzverordnung – StrlSchV – erlassen. Sie ist am 20. Juli 2001 in einer Neufassung erschienen.

Die Verordnung gilt u.a. für folgende *Tätigkeiten* (§ 2 StrlSchV):
- den Umgang mit radioaktiven Stoffen,
- den Erwerb und die Abgabe radioaktiver Stoffe,
- ihre grenzüberschreitende Verbringung,
- die Verwahrung von Kernbrennstoffen,
- die Errichtung und den Bau von Anlagen zur Sicherstellung und Endlagerung radioaktiver Abfälle,
- die Errichtung und den Betrieb von Anlagen zur Erzeugung ionisierender Strahlung (E > 5 keV),
- den Zusatz von radioaktiven Stoffen bei der Herstellung von Konsumgütern, Arzneimitteln, Pflanzenschutz- und Schädlingsbekämpfungsmitteln.

Sie trifft darüber hinaus Regelungen für *Arbeiten*, durch die Personen natürlichen Strahlungsquellen so ausgesetzt werden können, daß die Strahlenexpositionen aus der Sicht des Strahlenschutzes nicht außer Acht gelassen werden dürfen.

Keine Regelungen trifft die Strahlenschutzverordnung z.B. für die Strahlenexposition durch Radon in Wohnungen (s. 11.8.), die Strahlenexposition durch im menschlichen Körper natürlicherweise enthaltene radioaktive Nuklide, durch die kosmische Strahlung in Bodennähe sowie durch radioaktive Nuklide, die in der nicht durch Eingriffe beeinträchtigten Erdrinde vorhanden sind.

Der Umgang mit radioaktiven Stoffen ist entweder genehmigungsbedürftig oder genehmigungsfrei (§§ 7,8 StrlSchV). Keine Genehmigung ist erforderlich, wenn die Aktivität bzw. die spezifische Aktivität bestimmte nuklidspezifische *Freigrenzen* nicht überschreitet. Beispiele sind in Tab. 44 angegeben.

Tabelle 44: Freigrenzen ausgewählter radioaktiver Nuklide

Nuklid	$T_{1/2}$	Freigrenze	
		A in Bq	a in Bq/g
$^{3}_{1}H$	12,43 a	10^9	10^6
$^{32}_{15}P$	14,3 d	10^5	10^3
$^{60}_{27}Co$	5,272 a	10^5	10
$^{90}_{38}SR$	28,5 a	10^4	10^2
$^{131}_{53}I$	8,02 d	10^6	10^2
$^{137}_{55}Cs$[1]	30,17 d	10^4	10
$^{226}_{88}Ra$[1]	1600 a	10^4	10
$^{232}_{90}Th$	$1,405 \cdot 10^{10}$ a	10^4	10
$^{238}_{92}U$[+]	$4,468 \cdot 10^9$ a	10^3	1
$^{239}_{94}Pu$	$2,411 \cdot 10^4$ a	10^4	1

[1] im Gleichgewicht mit Folgenukliden

Grundregeln des Strahlenschutzes

Beim Umgang mit radioaktiven Nukliden ist jede unnötige Strahlenexposition oder Kontamination von Personen, Sachgütern oder der Umwelt zu vermeiden.

Notwendige Strahlenexpositionen oder Kontaminationen von Personen, Sachgütern oder der Umwelt sind unter Beachtung des Standes vor. Wissenschaft und Technik und unter Berücksichtigung aller Umstände des Einzelfalles so gering wie möglich zu halten (ALARA-Prinzip: as low as reasonably achievable = so niedrig wie vernünftigerweise erreichbar). Die gesetzlichen Grenzwerte sind bei Strahlenexpositionen beruflich strahlenexponierter Personen und sonstiger Personen zu unterschreiten.

Dosisgrenzwerte

Die Festlegung von Strahlenschutzgrenzwerten dient dem Ziel, Gesamtbevölkerung, Folgegenerationen und bestimmte Bevölkerungsgruppen vor Strahlenschäden zu bewahren. Die deutsche Strahlenschutzverordnung unterscheidet zwischen der Begrenzung von Strahlenexpositionen der Bevölkerung und beruflich strahlen exponierten Personen.

Strahlenexposition der Bevölkerung

Für Personen der Bevölkerung gelten die in Tab. 45 zusammengestellten Dosisgrenzwerte für Tätigkeiten nach § 2 StrlSchV und Strahlenexpositionen durch Ableitungen radioaktiver Stoffe mit Zuft oder Wasser aus Anlagen oder Einrichtungen in denen mit radioaktiven Stoffen umgegangen wird (§ 47 StrlSchV).

Tabelle 45: Grenzwerte der Körperdosis für Einzelpersonen der Bevölkerung

Dosisgröße	Grenzwert in mSv/a	StrlSchV
Tätigkeiten nach §2 StrlSchV		
Effektive Dosis	1,0	
Organdosis		§ 46
– Augenlinse	15	
– Haut •	50	
Ableitung radioaktiver Stoffe		
Effektive Dosis	0,3	
Organdosis		
– Keimdrüsen, Gebärmutter, rotes Knochenmark	0,3	
– Dickdarm, Lunge, Magen, Blase, Brust, Leber, Speiseröhre, …	0,9	§ 47
– Knochenoberfläche, Haut	1,8	

Strahlenexposition bei der Berufsausübung

Personen, die bei beruflicher Strahlenexposition eine effektive Dosis > 1 mSv im Kalenderjahr erhalten können, werden in zwei Kategorien eingeteilt (§ 54 StrlSchV). Wenn die effektive Dosis im Kalenderjahr 6 mSv überschreiten kann, handelt es sich um Personen der Kategorie A. Zur Kategorie B gehören Personen, deren effektive Dosis im Kalenderjahr 1 mSv überschreiten kann.

Für beruflich strahlenexponierte Personen gelten die in Tab. 46 wiedergegebenen Jahresgrenzwerte der Körperdosis.

Tabelle 46: Grenzwerte der Körperdosis für beruflich strahlenexponierte Personen (§ 55 StrlSchV)

Dosisgröße	Grenzwert in mSv/a
Effektive Dosis	20
Organdosis	
– Augenlinse	150
– Haut, Hände, Unterarme, Füße, Knöchel	500
– Keimdrüsen, Gebärmutter, rotes Knochenmark	50
– Schilddrüse, Knochenoberfläche	300
– Dickdarm, Lunge, Magen, Blase, Brust, Leber, Speiseröhre, …	150

Zusätzlich wird gefordert, daß die während des gesamten Berufslebens (40 a) ermittelte Summe der effektiven Dosen (*Berufslebensdosis*) 400 mSv nicht überschreitet (§ 56 StrlSchV). Für Strahlenexpositionen unter außergewöhnlichen Umständen (Havariesituationen, Rettungsmaßnahmen) gelten besondere Grenzwerte (§§ 58, 59 StrlSchV). Gesonderte Bestimmungen betreffen auch gebärfähige und schwangere Frauen sowie Jugendliche unter 18 Jahren.

Für gebärfähige Frauen beträgt der Grenzwert der Dosis an der Gebärmutter 2 mSv/Monat. Die Dosis aus äußerer und innerer Strahlenexposition darf für das ungeborene Kind vom Zeitpunkt der Mitteilung über die Schwangerschaft bis zu deren Ende 1 mSv nicht überschreiten (§ 54 StrlSchV). Für Jugendliche unter 18 Jahren gelten folgende Grenzwerte: Effektive Dosis im Kalenderjahr 1 mSv; Organdosen: Augenlinse 15 mSv/a; Haut, Hände, Unterarme, Füße und Knöchel 50 mSv/a. Abweichend davon kann die Behörde für Auszubildende und Studierende im Alter zwischen 16 und 18 Jahren für die effektive Dosis einen Grenzwert von 6 mSv/a, 45 mSv/a für die Organdosis der Augenlinse und jeweils 150 mSv/a für die Organdosen der Haut, Hände, Unterarme, Füße und Knöchel festlegen, soweit dies zur Erreichung des Ausbildungszieles erforderlich ist (§ 55 StrlSchV).

11.5. Begrenzung der Strahlenexposition

Aktivitäts- und Nutzstrahlbegrenzung

Bei der Anwendung radioaktiver Nuklide sollten nur die unbedingt erforderlichen Aktivitäten eingesetzt werden. Nach Möglichkeit sind Nuklide mit kleiner Halbwertzeit einzusetzen. Bei der Bedienung von Bestrahlungsgeräten mit fest installierten radioaktiven Quellen, Röntgenanlagen und Teilchenbeschleunigern ist darauf zu achten, daß der Öffnungswinkel des Nutzstrahlungsbündels die zur Durchführung des Bestrahlungsvorhabens notwendige Größe nicht überschreitet. Die Flußdichte der Strahlung ist stets auf den bei der Untersuchung benötigten Mindestwert zu beschränken.

Aufenthaltszeit

Die Strahlenexposition wächst mit der Aufenthaltsdauer in einem Strahlungsfeld. Alle Arbeiten müssen daher so vorbereitet werden, daß die Expositionszeit möglichst klein bleibt. Komplizierte Arbeitsvorgänge sollten in Vorversuchen mit inaktiven Nachbildungen der Strahlungsquellen bzw. stabilen chemischen Verbindungen geübt werden. Jeder unnötige Aufenthalt in Strahlungsfeldern ist zu vermeiden.

Abstand

Bei punktförmigen γ-Strahlungsquellen sinken die Kermaleistung in Luft $\dot{K}$ bzw. die Äquivalentdosisleistung $\dot{H}$ mit dem reziproken Wert des Abstandsquadrates:

$$\dot{K} = \Gamma_\delta \frac{A}{r^2}, \qquad \dot{H} = \Gamma_H \frac{A}{r^2} \qquad (11.8)$$

Der Proportionalitätsfaktor Γ_δ, Γ_H heißt *Dosisleistungskonstante*. Es werden alle Photonen mit Energien $E_\gamma \geq \delta$ berücksichtigt. Im Strahlenschutz wählt man für die Grenzenergie δ meist 20 keV. In Tab. 47 sind für einige Photonen emittierende Radionuklide berechnete Werte der Dosisleistungskonstante Γ_{20} in der gebräuchlichen Einheit mGy m² h⁻¹ GBq⁻¹ zusammengestellt.
Die Dosiskonstante Γ_H in der Einheit mSv m² h⁻¹ GBq⁻¹ergibt sich aus dem Tabellenwert für Γ_{20} nach der Beziehung

$$\Gamma_H = 1{,}41 \; \Gamma_\delta \quad \text{für } \delta = 20 \text{ keV.}$$

Ist die Äquivalentdosisleistung $\dot{H}_1$ im Abstand r_1 von der Quelle bekannt, so kann sie für eine andere Entfernung r_2 mit Hilfe der Beziehung

$$\dot{H}_2 = \dot{H}_1 \frac{r_1^2}{r_2^2} \qquad (11.9)$$

berechnet werden. Aus der Dosisleistung läßt sich unter Berücksichtigung der Strahlenschutzgrenzwerte leicht die maximal zulässige Aufenthaltsdauer an einer Stelle im Strahlungsfeld einer Punktquelle ermitteln. Für Strahlungsarten, die in Luft merklich absorbiert werden, gilt das quadratische Abstandsgesetz nur näherungsweise. In der Nähe von β-Strahlungsquellen nimmt die Dosisleistung stärker als quadratisch ab. Die errechneten Dosisleistungen liegen daher über den tatsächlich vorhandenen. Das Abstandsgesetz gibt nicht nur die Abnahme der Dosisleistung mit wachsendem Abstand von der Strahlungsquelle wieder, sondern auch ihre rapide Zunahme bei der Annäherung an die Quelle. Radioaktive Quellen sollten daher niemals mit den Händen angefaßt werden. Die Handhabung muß grundsätzlich mit Pinzetten, Zangen oder anderen Greifgeräten (Manipulatoren) erfolgen.

Tabelle 47: Dosisleistungskonstanten für einige Radionuklide unter Berücksichtigung von Photonenenergien $E_\gamma \geq 20$ keV (Γ_{20} in mGy m² h⁻¹ GBq⁻¹)

Nuklid	Γ_{20}	Nuklid	Γ_{20}
$^{24}_{11}$Na	0,429	$^{192}_{77}$Ir	0,109
$^{60}_{27}$Co	0,307	$^{198}_{79}$Au	0,0548
$^{99}_{43}$Tc^m	0,0141	$^{201}_{81}$Tl	0,0104
$^{131}_{53}$I	0,0518	$^{226}_{88}$Ra[1]	0,197
$^{137}_{55}$Cs[1]	0,0768	$^{241}_{95}$Am	0,00576

[1] im Gleichgewicht mit Folgenukliden

Abschirmung

Das wirksamste Mittel des Schutzes vor äußerer Strahlenexposition besteht in der Abschirmung der Strahlung durch geeignete Schutzschichten. Die physikalische Grundlage für Abschirmberechnungen bilden die im Abschnitt 8 behandelten Gesetzmäßigkeiten der Absorption und Schwächung ionisierender Strahlung in Materialschichten.

Zur Abschirmung der α-Strahlung radioaktiver Nuklide werden in der Regel keine Schutzschichten benötigt. Bereits 80 bis 100 mm Luft oder ein Blatt Papier reichen zur vollständigen Absorption der α-Teilchen aus. In biologischem Gewebe beträgt die Reichweite von α-Strahlung maximal 50 μm. Da die menschliche Haut mit einer äußeren Schicht abgestorbener Zellen (Hornhaut) bedeckt ist, verursacht auch direkt auf die Körperoberfläche treffende α-Strahlung keine ernsthaften Schäden.

Die maximale Reichweite von β-Strahlung beträgt in Luft mehrere Meter. Die Eindringtiefe in biologisches Gewebe liegt bei etwa 10 mm. Wenn β-Teilchen auf die ungeschützte Haut oder die sehr strahlenempfindlichen Augenlinsen treffen, können schwere Strahlenschäden auftreten. Die wirksame Abschirmung von β-Strahlung bereitet jedoch keine Schwierigkeiten. Es werden hierfür Stoffe verwendet, die aus Elementen kleiner Ordnungszahl bestehen. Dadurch wird gleichzeitig die beim Aufprall der β-Strahlung stets entstehende Bremsstrahlung beschränkt. Meist werden Schutzschichten aus Kunststoffen oder Aluminium verwendet. Zur vollständigen Abschirmung der Strahlung aller reinen β-Strahler reichen 15 mm dicke Schirme aus Polymethylmethacrylat (PMMA) aus. Die dennoch entstehende Bremsstrahlung muß gegebenenfalls durch Materialien hoher Ordnungszahl geschwächt werden. Bei der Abschirmung von β$^+$-Strahlung ist immer die zusätzlich entstehende Vernichtungsstrahlung mit einer Photonenenergie von $E_\gamma = 0,511$ MeV zu beachten.

Röntgen- und γ-Strahlung besitzen keine endliche Reichweite. Sie können daher nicht vollständig absorbiert, sondern nur geschwächt werden. Für die Schwächung dieser Strahlungsarten erweisen sich Abschirmungen aus Blei, Eisen oder hochwertigem Barytbeton als sehr wirksam. Um die Flußdichte von ^{60}Co-γ-Strahlung auf 1/10 ihres ursprünglichen Wertes zu schwächen, reichen etwa 45 mm Blei aus. Zur wirksamen Schwächung von Röntgenstrahlung mit Erzeugungsspannungen bis 250 kV genügen Bleischichten von einigen Millimeter Dicke.

Beim Arbeiten mit radioaktiven Neutronenquellen und Neutronengeneratoren werden die schnellen Neutronen zunächst in leichtatomigen Moderatorsubstanzen (Wasser, Paraffin, Polyethylen) durch elastische Streuung auf thermische Energie abgebremst. Zur anschlie-

ßenden Absorption der thermischen Neutronen ist Bor sehr gut geeignet. Das führte zur Entwicklung verschiedener Abschirmmaterialien für Neutronen aus wasserstoffhaltigen Stoffen mit Borzusatz.

Bei allen Abschirmmaßnahmen muß die Gefährdungsmöglichkeit durch Streustrahlung besonders beachtet werden.

Schutz vor Inkorporation und Kontamination

Eine wichtige Aufgabe des Strahlenschutzes beim Umgang mit offenen radioaktiven Substanzen besteht darin, die *Kontamination* der Arbeitsräume und der Umgebung sowie die *Inkorporation* radioaktiver Nuklide zu verhindern. Die Kontaminations- und Inkorporationsgefahr wird durch apparative, bauliche und arbeitsorganisatorische Maßnahmen herabgesetzt. Umschlossene Strahlungsquellen müssen regelmäßig auf Unversehrtheit, Dichtigkeit und Kontamination geprüft werden.

Alle Arbeiten mit offenen radioaktiven Substanzen müssen in geeignet ausgestatteten Laborräumen vorgenommen werden. Radionuklidlaboratorien werden nach der Aktivität, für die sie ausgelegt sind, in verschiedene Kategorien eingeteilt (s. Norm-Entwurf DIN 25425-1, April 2001). Als Maß für die zulässige Verarbeitungsaktivität wird das Vielfache der Freigrenze nach der Strahlenschutzverordnung gewählt.

Beim Umgang mit offenem radioaktivem Material ist größte Ordnung und peinlichste Sauberkeit zu fordern. Zur Vermeidung von Kontaminationen sind radioaktive Flüssigkeiten immer auf großen Edelstahl- oder Kunststofftabletts mit hochgezogenem Rand zu handhaben, die mit saugfähigem Papier ausgelegt sind.

Experimente, bei denen sich radioaktive Dämpfe, Gase, Aerosole oder Stäube entwickeln können, müssen in wirksamen Abzügen, geschlossenen Handschuhkästen (glove box) oder heißen Zellen mit Manipulatoren durchgeführt werden. Beim Arbeiten mit offenen radioaktiven Stoffen ist eine personengebundene Schutzkleidung zu tragen, die aus Laborkittel, Hosen, Überschuhen, Gummihandschuhen, Haarschutz und Schutzbrille bestehen kann. Unter gewissen Umständen sind Atemschutzgeräte oder Vollschutzanzüge (Skaphander) mit Fremdluftzuführung erforderlich. Wegen der Inkorporationsgefahr ist in den Arbeitsräumen das Essen, Trinken und Rauchen, der Gebrauch von Kosmetika sowie die Aufbewahrung von Nahrungs- und Genußmitteln streng untersagt. Das Pipettieren und die Bedienung von Spritzflaschen mit dem Mund ist verboten. Nach beendeter Arbeit und vor dem Verlassen der Arbeitsräume sind die Hände sorgfältig zu reinigen und gegebenenfalls eine Kontaminationskontrolle durchzuführen.

Der Schutz der Umgebung vor Kontamination erfordert die Rückhaltung radioaktiver Stoffe aus Abluft und Abwasser sowie die sichere Behandlung und Beseitigung radioaktiver Rückstände entsprechend den dafür geltenden gesetzlichen Bestimmungen. Im Falle einer Kontamination während des Betriebsablaufes muß die Arbeit sofort unterbrochen werden. Der verantwortliche Mitarbeiter ist unverzüglich zu benachrichtigen. Unter Beachtung aller Schutzmaßnahmen ist die Dekontamination einzuleiten.

11.6. Strahlenschutz-überwachung

Strahlenschutzbereiche

Der Gesetzgeber unterscheidet bei Berücksichtigung der äußeren und inneren Strahlenexposition zwischen verschiedenen Strahlenschutzbereichen (§ 36 StrlSchV).

Überwachungsbereiche sind nicht zu Kontrollbereichen gehörende Bereiche, in denen Personen im Kalenderjahr eine effektive Dosis > 1 mSv oder Organdosen > 15 mSv für die Augenlinse oder > 50 mSv für die Haut, Hände, Unterarme, Füße und Knöchel erhalten können.

Kontrollbereiche sind Bereiche, in denen Personen im Kalenderjahr eine effektive Dosis > 6 mSv oder Organdosen > 45 mSv für die Augenlinse oder > 150 mSv für die Haut, Hände, Unterarme, Füße und Knöchel erhalten können.

Sperrbereiche sind Bereiche des Kontrollbereiches, in denen die Ortsdosisleistung > 3 mSv/h sein kann.

Bei der Festlegung von Kontroll- und Überwachungsbereichen ist eine Aufenthaltszeit von 40 Stunden je Woche und 50 Wochen im Kalenderjahr maßgebend.

Ärztliche Überwachung

Beruflich strahlenexponierte Personen der Kategorie A dürfen Aufgaben im Kontrollbereich nur wahrnehmen, wenn sie innerhalb eines Jahres vor Beginn der Aufgabenwahrnehmung von einem ermächtigten Arzt untersucht worden sind und dem Strahlenschutzverantwortlichen eine von diesem Arzt ausgestellte Bescheinigung vorliegt, nach der der Aufgabenwahrnehmung keine gesundheitlichen Bedenken entgegenstehen (§ 60 StrlSchV). Für beruflich strahlenexponierte Personen der Kategorie A ist jährlich eine gesundheitliche Beurteilung oder Untersuchung durch einen ermächtigten Arzt vorgeschrieben. Die zuständige Behörde kann bestimmen, daß auch Personen der Kategorie B die Wahrnehmung ihrer Aufgaben im Kontrollbereich nur fortsetzen dürfen, wenn sie wiederholt ärztlich überwacht werden.

Physikalische Strahlenschutzkontrolle

In Strahlenschutzbereichen ist in dem für die Ermittlung der Strahlenexposition erforderlichen Umfang jeweils einzeln oder in Kombination die Ortsdosis oder die Ortsdosisleistung, oder die Konzentration radioaktiver Stoffe in der Luft, oder die Kontamination des Arbeitsplatzes zu messen (§ 39 StrlSchV).

An Personen, die sich im Kontrollbereich aufhalten, ist die Körperdosis zu ermitteln (§ 40 StrlSchV). Zur Ermittlung der Körperdosis wird die Personendosis gemessen (§ 41 StrlSchV). Die zuständige Behörde kann außerdem bestimmenen, daß zur Ermittlung der Körperdosis zusätzlich oder allein

1. die Ortsdosis, die Ortsdosisleistung, die Konzentration radioaktiver Stoffe in der Luft oder die Kontamination des Arbeitsplatzes gemessen wird,
2. die Körperaktivität oder die Aktivität der Ausscheidungen gemessen wird oder
3. weitere Eigenschaften der Strahlenquelle oder des Strahlungsfeldes festgestellt werden.

Zur Bestimmung der Personendosis tragen beruflich strahlenexponierte Personen in der Regel an der Vorderseite des Rumpfes während der Arbeitszeit Dosimeter, die von der nach Landesrecht zuständigen Meßstelle anzufordern sind. Die Dosimeter müssen nach Ablauf eines Monats der Meßstelle zur Auswertung übergeben werden. In Ausnahmefällen kann die zuständige Behörde gestatten, daß Dosimeter in Zeitabständen bis zu sechs Monaten einzureichen sind (§ 41 StrlSchV).

Für die amtliche Überwachung von Expositionen durch Photonen- und Elektronenstrahlung dienen Filmdosimeter und Thermolumineszenzdetektoren, für die Überwachung von Neutronenbelastungen werden Kernspuremulsionen und Festkörperspurdetektoren eingesetzt.

Eine sinnvolle Ergänzung stellt die zusätzliche betriebliche Überwachung mit Stabdosimetern („Füllhalterdosimeter") und Alarmdosimetern (Dosis- und Dosisleistungswarner) dar. In größeren Institutionen werden auch Thermolumineszenz- und Radiophotolumineszenzdetektoren eingesetzt. An bestimmten Arbeitsplätzen (Forschungsreaktoren, kritische Anordnungen) sind spezielle *Havariedosimeter* zu tragen. Dafür eignen sich Aktivierungssonden und Festkörperspurdetektoren. Auch die Messung der Aktivierung körpereigener Substanzen (Schwefel im Haar, Natrium im Blut) erlaubt eine Abschätzung der Neutronenbelastung bei Strahlenunfällen.

Für die Überwachung der *Ortsdosisleistung* am Arbeitsplatz werden Dosisleistungsmesser und Raumwarnanlagen verwendet.

Wird in Laboratorien mit offenen radioaktiven Stoffen umgegangen, so ist ständig zu kontrollieren, ob Kontaminationen durch diese Stoffe vorhanden sind. An Personen, die Kontrollbereiche verlassen, in denen offene radioaktive Stoffe vorhanden sind, ist zu prüfen, ob die Haut oder die Kleidung kontaminiert ist. Wird eine Kontamination der Haut oder von Gegenständen festgestellt, so sind unverzüglich Maßnahmen zu treffen, um eine Gefährdung durch Weiterverbreitung oder Inkorporation abzuwenden. Mit der Dekontamination dürfen nur Personen betraut werden, die die dafür erforderlichen Kenntnisse besitzen (§44, StrlSchV). Die Überwachung der inneren Strahlenbelastung erfolgt durch die *Inkorporationskontrolle*. Sie wird entweder direkt mit dem Teilkörper- oder Ganzkörperzähler bzw. indirekt durch die Analyse von Ausscheidungsprodukten (Urin, Faeces) der zu untersuchenden Person vorgenommen.

Zur *Kontaminationskontrolle* dienen die Wischtestmethode, tragbare Kontaminationsdetektoren, Hand-Fuß-Monitore, Kontaminationskontrollschränke zur Erfassung der ganzen Körperoberfläche, Fußboden-Kontaminationsmonitore, Kontaminationsmonitore für Wäsche und stationäre Luftkontaminationsmeßgeräte.

11.7. Radioaktive Abfälle

Durch die Anwendung radioaktiver Nuklide und den Betrieb kerntechnischer Anlagen können radioaktive Stoffe mit Aktivitäten, spezifischen Aktivitäten und Aktivitätskonzentrationen oberhalb der gesetzlich festgelegten Freigrenzen entstehen, deren Wiederverwendung aus wissenschaftlich-technischen oder ökonomischen Gründen nicht möglich ist. Diese *radioaktiven Abfälle* erfordern die sichere Isolation von der Biosphäre, um eine unzulässige Strahlenexposition der Bevölkerung auszuschließen. Eine Verdünnung radioaktiver Abfälle mit dem Ziel, die Freigrenzen zu unterschreiten, ist nicht gestattet.

Umfangreiche Bestimmungen zur Erfassung, Behandlung und Lagerung radioaktiver Abfälle sind in den §§ 72 bis 79 der Strahlenschutzverordnung enthalten. Eine Kommission der EU hat am 15. September 1999 Empfehlungen für ein Klassifizierungssystem für feste radioaktive Abfälle veröffentlicht (99/669 EG Empf). Folgende Kategorien werden vorgeschlagen:

1. *Radioaktive Abfälle in der Übergangsphase*
Radioaktive Nuklide, die während der Zwischenlagerung abklingen und nach Erreichen der Freigabegrenze einer Entsorgung zugeführt werden können, die nicht der atomrechtlichen Aufsicht unterliegt.

2. *Schwach- und mittelaktive Abfälle*
Die Radionuklidkonzentration ist so gering, daß die Wärmeentwicklung unkritisch bleibt.
In diese Kategorie fallen:
Kurzlebige Abfälle. Abfälle radioaktiver Nuklide mit Halbwertzeiten $T_{1/2} \le 30$ a mit einer begrenzten Konzentration langlebiger Alpha-Strahler (4000 Bq/g in Einzelgebinden und durchschnittlich 400 Bq/g in der gesamten Abfallmenge).
Langlebige Abfälle. Langlebige radioaktive Nuklide und Alpha-Strahler in einer Konzentration, die die Grenzwerte für kurzlebige Abfälle übersteigt.

3. *Hochaktive Abfälle*
Abfälle mit einer so hohen Radionuklidkonzentration, daß während der gesamten Zwischen- und Endlagerung von Wärmeentwicklung auszugehen ist.

Bei der Endlagerung radioaktiver Abfälle spielen Sicherheitsbarrieren eine entscheidende Rolle. Sie sollen Transportmedien, insbesondere dem Grundwasser, den direkten Kontakt mit den Abfällen für einen möglichst langen Zeitraum verwehren oder diesen ganz verhindern (Abb. 144). Das *Multibarrieren-Prinzip* unterscheidet zwischen künstlichen und natürlichen Barrieren.

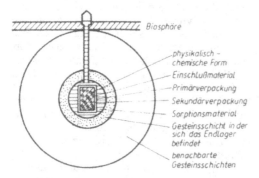

Abb. 144. Sicherheitsbarrieren eines Endlagers für radioaktive Abfälle im Untergrund

Schwach- und mittelaktive Abfälle, die für die Endlagerung vorgesehen sind, werden zur Erzielung kleiner Volumina oft durch Veraschung, Verdampfung oder Ionenaustausch konzentriert. Durch künstliche (technische) Barrieren wird die Mobilisierung der im Konzentrat enthaltenen radioaktiven Nuklide begrenzt oder verhindert. Geeignete Möglichkeiten sind die Einlagerung in Behälter (Container-Barrieren), die Fixierung in Bitumen, Zement oder Kunstharzen (Immobilisations-Barrieren) sowie die zusätzliche Umhüllung der Lagerbehälter mit Isoliersubstanzen, welche die Einwirkung von Wasser und Lösungen verhindern (Isolationsbarrieren).

Unter Verzicht auf Lagerbehälter werden wäßrige Abfälle auch mit Zement vermischt und der Brei direkt in untertägige Hohlräume gepumpt. Hochaktive Abfälle fixiert man nach spezieller Aufarbeitung in Borosilikatglas oder Keramikkörpern und überführt diese in Metall- oder Korundcontainer.

Als natürliche geologische Barrieren wirken Gesteinsschichten von mehreren hundert Meter Dicke. Ehemalige Salzbergwerke kommen als Endlager für radioaktive Abfälle besonders in Betracht. Da sie frei von zirkulierenden Wässern sind, zeichnen sie sich durch eine hohe Sicherheit aus.

11.8. Natürliche Strahlenexposition in Gebäuden

Die durch natürliche Strahlungsquellen verursachte mittlere jährliche Strahlenexposition (effektive Dosis) beträgt in der Bundesrepublik Deutschland je Kopf der Bevölkerung etwa 2,4 mSv (s. Tab. 42). Bei einer durchschnittlichen Aufenthaltsdauer der Menschen in Häusern von 80% (7000 h/a) spielt die Exposition in Wohn- und Arbeitsräumen eine maßgebliche Rolle. Die externe Strahlenexposition durch γ-Strahlung, vorwiegend auf Grund der in den Baustoffen enthaltenen radioaktiven Nuklide, ist in Gebäuden etwa 1/3 größer als im Freien. Der wesentliche Beitrag zur natürlichen Strahlenexposition in Häusern wird jedoch durch das radioaktive Edelgas Radon ($Z = 86$) und seine kurzlebigen Folgeprodukte verursacht (s. Abb. 41). Die in Räumen gemessenen Radonaktivitätskonzentrationen übertreffen Freiluftwerte meist um den Faktor 3. Dem „Radonproblem" wird daher von Seiten des Strahlenschutzes besondere Beachtung geschenkt. Im Folgenden wird eine knappe Übersicht über einige Fakten der natürlichen Strahlenexposition durch Radon und Radonfolgeprodukte gegeben.

Radioaktive Nuklide in Gesteinen und Baustoffen

Alle Gesteine und Böden enthalten Spuren natürlich radioaktiver Nuklide. Während reine Sande, Kies, Kalkstein und tonarmer Sandstein nur geringe Mengen enthalten, sind Granit, andere Eruptivgesteine, Tuff und Bimsstein stärker belastet. Die spezifischen Aktivitäten variieren von Fundort zu Fundort. Zur Erlangung genauer Informationen sind Messungen an ausgewählten Proben unerläßlich. Die in Tab. 48 zusammengestellten Nuklidgehalte sind daher als orientierende Werte aufzufassen.

Die gleiche Bemerkung gilt für die in Tab. 49 aufgeführten spezifischen Aktivitäten an Kalium, Radium und Thorium in verschiedenen Baustoffen. Bemerkenswert sind die beachtlichen Nuklidgehalte in Hochofenschlacke, Flugasche und Chemiegips. Holz ist dagegen weitgehend frei von primordialen Nukliden und deren Folgeprodukten.

Tabelle 48. Natürlich radioaktive Nuklide in Gesteinen

Gesteinsklasse	spezifische Aktivität a in Bq/kg		
	^{40}K	^{232}Th	^{238}U
Granit	1000	80	60
Schiefer	700	50	40
Basalt	250	10	10
Kalkstein	90	10	30
Sandstein	350	10	10
Boden (Mittelwert)	400	25	25

Tabelle 49. Natürlich radioaktive Nuklide in Baustoffen

Baustoff	spezifische Aktivität a in Bq/kg		
	^{40}K	^{226}Ra	^{232}Th
Naturstein			
Granit	1300	100	80
Schiefer	900	50	60
Marmor	40	20	20
Sandstein	20	30	30
Mauersteine			
Ziegel	700	60	70
Schamotte	400	60	90
Betonsteine	500	130	100
Kalksandstein	200	20	20
Zuschläge			
Sand, Kies	250	15	20
Hochofenschlacke	500	120	130
Flugasche	700	200	130
Bindemittel			
Portlandzement	220	30	20
Hüttenzement	150	60	90
Kalk	180	30	20
Naturgips	70	20	10
Chemiegips	110	560	20
Bitumen	110	20	20

Auf Grund der α-Umwandlung von Radium wird in Gebäuden auch von den Baustoffen ständig Radon an die Außenluft abgegeben. Typische Exhalationsraten einiger Baumaterialien sind der Tab. 50 zu entnehmen.

Tabelle 50. Radonexhalation ($^{222}_{86}$Rn) einiger Baustoffe

Baustoff	Exhalationsrate in Bq/(m$^2 \cdot$ h)
Bims	2,7
Gips	2,9
Kalksandstein	4,8
Schwerbeton	1,3
Gasbeton	1,0
Schlackenstein	0,7
Ziegel	0,2
Porphyr	2,0
Sandstein	1,0
Marmor	0,2

Radon in der Bodenluft

Durch α-Umwandlung der drei Radiumisotope $^{226}_{88}$Ra, $^{224}_{88}$Ra und $^{223}_{88}$Ra werden ständig die radioaktiven Edelgase (Element $Z = 86$) $^{222}_{86}$Rn (Radon), $^{220}_{86}$Rn (Thoron) und $^{219}_{86}$Rn (Actinon) nachgebildet. Früher waren für die drei natürlich radioaktiven Gase die Bezeichnungen *Radiumemanation*, *Thoriumemanation* und *Actiniumemanation* gebräuchlich.

Bei der Bildung von Radon aus Radium werden α-Teilchen mit Energien von einigen MeV emittiert. Die negativ geladenen Radonatome erfahren dabei einen Rückstoß mit einer kinetischen Energie von etwa 100 keV. Die Bewegungsenergie befähigt sie etwa 100 Gitterebenen eines Kristalls zu durchdringen. Außerdem können Radonatome entlang von Gitterstörungen und Kristalldefekten diffundieren und dabei größere Entfernungen zurücklegen (Abb. 145).

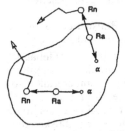

Abb. 145. Radonexhalation

Durch Rückstoß und Diffusion gelangt das Gas aus den Mineralkörnern in den Porenraum der Gesteine. Es befindet sich im Porengas (in Nähe der Erdoberfläche meist Bodenluft) oder in der Porenflüssigkeit (meist Porenwasser).

Infolge der Gaskonvektion und Diffusion wird ständig Radon aus dem Erdboden an die atmosphärische Luft abgegeben. Auf Grund der unterschiedlichen Halbwertzeiten der drei Radonnuklide ist der Bewegungsradius für $^{222}_{86}$Rn bedeutend größer als für $^{220}_{86}$Rn und $^{219}_{86}$Rn. Die Diffusionslänge von $^{222}_{86}$Rn beträgt in Wasser ca. 100 mm, in trockenem Sand kann sie einige m erreichen, und in Luft liegt sie bei 10 m.

Der Radongehalt in der Bodenzone ist durch starke räumliche und zeitliche Schwankungen gekennzeichnet. Die Radonkonzentration nimmt mit der Höhe in der Atmosphäre ab und zeigt besonders in Erdbodennähe zeitliche Schwankungen, die von den atmosphärischen Bedingungen (Luftdruck, Temperatur, Bodenfeuchte, Wind) verursacht werden.

Integrierende Langzeitmessungen (Festkörperspurdetektoren) des Radongehaltes in der Bodenluft eröffnen Möglichkeiten zur Erkundung von Spaltenzonen und Hohlräumen sowie zum Nachweis von Spannungsänderungen im Gebirge.

Für die natürliche Strahlenbelastung des Menschen ist nur das längerlebige Radonnuklid $^{222}_{86}$Rn von Bedeutung. Die Nuklide $^{220}_{86}$Rn (Thoron) und $^{219}_{86}$Rn (Actinon) spielen auf Grund ihrer kurzen Halbwertzeiten nur eine untergeordnete Rolle.

Radon und Folgeprodukte in Gebäuden

Im Freien liegt die Radonaktivitätskonzentration in der bodennahen Luft, von wenigen stärker exponierten Regionen abgesehen, zwischen 10 Bq/m³ und 20 Bq/m³. In Wohnungen können erhöhte Radonkonzentrationen auftreten. Die Quellen für Radon in Gebäuden sind

> die Exhalation aus dem geologischen Untergrund,
> die Freisetzung aus Baustoffen sowie
> der Austritt aus Wasser und Erdgas.

Die wichtigste Rolle spielt dabei der Gebäudeuntergrund. Durch Risse in der Bodenplatte und im Mauerwerk, poröse Baumaterialen sowie schlecht abgedichtete Rohr- und Kabeldurchführungen tritt das radioaktive Gas in die Häuser ein. Die höchsten Aktivitätskonzentrationen werden daher in den Kellerräumen gemessen, zumal auch die Dichte von Radon (9,96 kg/m³) die Luftdichte (1,293 kg/m³) um das 7,7fache übertrifft. Geringe Frischluftzufuhr und der Sog von Kaminen begünstigen das Eindringen von Radon aus dem Bauuntergrund. Durch Treppenaufgänge und Geschoss-

decken breitet sich das Gas auch in die höhergelegenen Räume der Häuser aus. Für die mittleren Aktivitätskonzentrationen in den Wohnungen sind die verwendeten Baustoffe, die Abdichtung zwischen Keller und Erdgeschoss, die Luftzirkulation in den Häusern sowie die individuellen Lüftungsgewohnheiten der Bewohner maßgebend. Geringe Frischluftzufuhr durch seltenes Öffnen der meist sehr dicht schließenden Fenster und Türen sowie bauliche Maßnahmen zur Wärmeisolation können eine Anreicherung von Radon in der Gebäudeinnenluft bewirken. Die Abb. 146 zeigt eindrucksvoll, wie nach dem Schließen der Fenster in den Abend- und Nachtstunden die Aktivitätskonzentration in einem Wohnraum anwächst. Generell unterliegt die Radonkonzentration in Häusern genauso wie in der freien Atmosphäre starken tageszeitlichen, regionalen und saisonalen Schwankungen. Zur Gewinnung von Mittelwerten der Radonkonzentration in Gebäuden sind daher nur integrierende Messverfahren sinnvoll. Besonders bewährt haben sich mit Festkörperspurdetektoren ausgestattete Diffusionskammern (s. 9.1.7.). In der Regel wird eine Expositionszeit von 90 Tagen gewählt.

Erhebungsmessungen in 6000 Wohnungen in der Bundesrepublik Deutschland haben ergeben, daß die Radonaktivitätskonzentration im Mittel 50 Bq/m³ beträgt. Der Schwankungsbereich umfaßt einige Bq/m³ bis zu einigen tausend Bq/m³. In wenigen Extremfällen wurden Werte > 10 000 Bq/m³ ermittelt.

Seit langem ist bekannt, daß das Strahlenrisiko nicht vom gasförmigen Radon selbst, sondern von seinen kurzlebigen Folgenukliden ausgeht. Diese Umwandlungsprodukte sind Schwermetalle (radioaktive Nuklide der Elemente Polo-

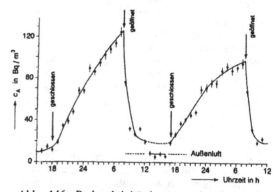

Abb. 146. Radonaktivitätskonzentration in einem Wohnraum (Erzgebirgsvorland)

nium, Blei und Bismut). Sie neigen dazu, sich an die Wände der Räume sowie an Staub und Schwebstoffteilchen (Aerosole) in der Luft anzulagern. In der Raumluft besteht daher kein radioaktives Gleichgewicht zwischen Radon und seinen Umwandlungsprodukten.

Ein Maß für die „Ausdünnung" der kurzlebigen Folgeprodukte gegenüber dem Radon in der Raumluft bildet der sogenannte Gleichgewichtsfaktor F. Nach Messungen in einigen hundert Wohnungen wird in Deutschland mit einem mittleren Wert von $F = 0,3$ gerechnet. Durch Multiplikation der Radonaktivitätskonzentration mit diesem Faktor erhält man die „gleichgewichtsäquivalente Radonkonzentration". Sie beschreibt die Aktivitätskonzentration der Folgeprodukte in der Raumluft.

Die Inhalation der angelagerten und freien Folgenuklide führt teilweise zu ihrer Abscheidung in unterschiedlichen Bereichen des menschlichen Atemtraktes. Die Folge davon ist eine langandauernde Belastung der Lunge und des Bronchialepithels durch energiereiche α-Strahlung. Wie umfangreiche epidemiologische Untersuchungen stark radonexponierter Bergarbeiter ergeben haben, kann sich infolge dieser inneren Bestrahlung nach 5 bis 10 Jahren, teils erst nach Jahrzehnten, Lungenkrebs entwickeln.

Unter Berücksichtigung der Aufenthaltsdauer in Häusern, eines mittleren Gleichgewichtsfaktors und von der ICRP festgelegter Dosiskonversionsfaktoren berechnen sich die Äquivalentdosen im bronchialen (B) und pulmonären (P) Bereich aus der gemessenen Radonaktivitätskonzentration in Bq/m³ nach folgenden Beziehungen:

$H_B = c_A$ (Rn) $\cdot$ 0,3 $\cdot$ 0,8 $\cdot$ 1,3 mSv,
$H_P = c_A$ (Rn) $\cdot$ 0,3 $\cdot$ 0,8 $\cdot$ 0,18 mSv.

Strahlenschutzempfehlungen

Es gibt keine rechtlich verbindlichen Grenzwerte für die Radonaktivitätskonzentration in Wohnräumen. In Übereinstimmung mit Vorschlägen der Internationalen Strahlenschutzkommission (ICRP) hat aber die deutsche Strahlenschutzkommission (SSK) folgende Empfehlungen für Richtwerte verabschiedet:

Als *Normalbereich* gelten für Wohnräume Jahresmittelwerte der Radonaktivitätskonzentration bis 250 Bq/m³. Es werden keine Maßnahmen zur Reduzierung der Exposition als notwendig erachtet.

Der Bereich zwischen 250 Bq/m³ und 1000 Bq/m³ heißt *Ermessensbereich*. Einfache Maßnahmen zur Reduzierung der Exposition durch

Radon sollten erwogen werden. Liegen die langzeitigen Mittelwerte der Aktivitätskonzentration oberhalb von 1000 Bq/m³, spricht man vom *Sanierungsbereich*. Die Radonkonzentration sollte reduziert werden, auch wenn aufwendige Maßnahmen erforderlich sind. Bei Aktivitätskonzentrationen > 15000 Bq/m³ sollte eine schnellstmögliche Sanierung, längstens innerhalb eines Jahres erfolgen.

Sanierung von Gebäuden

Bevor Entscheidungen über eventuell zu treffende Sanierungsmaßnahmen radonbelasteter Häuser getroffen werden, sollten stets Langzeitmessungen der Radonaktivitätskonzentration von vier bis acht Wochen Dauer in verschiedenen Räumen einschließlich des Kellers durch einen autorisierten Messdienst vorgenommen werden. In vielen Fällen (Ermessensbereich) reichen bereits einfache Möglichkeiten zur Reduzierung der Aktivitätskonzentration aus, welche die Bewohner oft selbst vornehmen können. Hierzu zählen:

Das häufige und intensive Lüften insbesondere der Kellerräume, durch Öffnen der Fenster auf der windabgewandten Seite.

Die Abdichtung und Versiegelung von Rissen, Fugen und Rohrdurchführungen im Keller mit dauerelastischen Materialen.

Die mechanische Entlüftung des Kellers mittels eines Ventilators, der einen geringen Überdruck erzeugt.

Kostenaufwendigere Maßnahmen sind erforderlich, wenn durch integrierende Messungen langzeitig hohe Radonaktivitätskonzentrationen (Sanierungsbereich) ermittelt wurden. Die Ausführung sollte spezialisierten Fachfirmen überlassen bleiben. Folgende Sanierungssysteme haben sich bewährt:

Das Anbringen radondichter Sperrschichten zwischen Untergrund und Gebäude bzw. zwischen Untergrund und Wohnbereich.

Die Entlüftung der Kellerräume mit einem Wärmeaustauscher.

Das Absaugen von Radon unterhalb des Kellerbodens bzw. aus dem an das Haus angrenzenden Erdboden.

Die Wirksamkeit der Maßnahmen zur Reduzierung der Radonaktivitätskonzentration in der Raumluft lässt sich nur schwerlich vorhersagen. Nach der erfolgten Sanierung sollten daher unbedingt Wiederholungsmessungen der Radonaktivitätskonzentration vorgenommen werden, um die Situation neuerlich bewerten zu können.

Tabellenanhang

Tabelle A 1. *Fundamentalkonstanten*
(Tabellenwerte nach CODATA 1998, Rev. Modern Physics 72, Nr. 2, April 2000.)

Größe	Formel-zeichen	Zahlenwert	Einheit (dezi-male Vielfache)
Lichtgeschwindigkeit im Vakuum	c_0	299 792 458	$m \cdot s^{-1}$
elektrische Feldkonstante	ε_0	8,854 187 817 ...	10^{-12} F $\cdot$ m^{-1}
magnetische Feldkonstante	μ_0	$4\pi \cdot 10^{-7} =$	N $\cdot$ A^{-2} $\cdot$
		12,566 370 614 ...	10^{-7} N $\cdot$ A^{-2}
Elementarladung	e_0	1,602 176 462 (63)	10^{-19} C
Elektronenvolt	eV	1,602 176 462 (63)	10^{-19} J
Planck-Konstante	h	6,626 068 76 (52)	10^{-34} J $\cdot$ s
	$\hbar = h/2\pi$	1,054 571 596 (82)	10^{-34} J $\cdot$ s
Boltzmann-Konstante	k	1,380 6503 (24)	10^{-23} J $\cdot$ K^{-1}
Avogadro-Konstante	N_A	6,022 141 99 (47)	10^{23} mol^{-1}
Atommassenkonstante	$m_u = \frac{1}{2}$ u	1,660 538 73 (13)	10^{-27} kg
	$m_u \cdot c_0^2$	931,494 013 (37)	MeV
Bohr-Magneton	μ_B	9,274 00 899 (37)	10^{-24} J $\cdot$ T^{-1}
Kernmagneton	μ_N	5,050 783 17 (20)	10^{-27} J $\cdot$ T^{-1}
Ruhemasse	m_e	9,109 381 88 (72)	10^{-31} kg
relative Atommasse	$A_r(_{-1}^{0}e)$	5,484 799 110 (12)	10^{-4} u
Ruheenergie	$m_e \cdot c_0^2$	0,510 998 902 (21)	MeV
spezifische Ladung	$-e_0/m_e$	$-1,758\ 820\ 174$ (71)	10^{11} C $\cdot$ kg^{-1}
magnetisches	μ_e	$-928,476\ 362$ (37)	10^{-26} J $\cdot$ T^{-1}
Moment	μ_e/μ_B	$-1,001\ 159652\ 1869$ (41)	
klassischer Radius	r_e	2,817 940 285 (31)	10^{-15} m
Proton			
Ruhemasse	m_p	1,672 621 58 (13)	10^{-27} kg
relative Atommasse	$A_r(_1^1p)$	1,007 276 466 88 (13)	u
Ruheenergie	$m_p \cdot c_0^2$	938,271 998 (38)	MeV
Verhältnis der Ruhemasse zu der des Elektrons	m_p/m_e	1 836,152 6675 (39)	
magnetisches	μ_p	1,410 606 633 (58)	10^{-26} J $\cdot$ T^{-1}
Moment	μ_p/μ_N	2,792 847 337 (29)	
Neutron			
Ruhemasse	mn	1,674 927 16 (13)	10^{-27} kg
relative Atommasse	$A_r(_0^1n)$	1,008 664 915 78 (55)	u
Ruheenergie	$m_n \cdot c_0^2$	939,565 330 (38)	MeV
Verhältnis der Ruhemasse zu der des Elektrons	m_p/m_e	1 838,683 6550 (40)	
magnetisches Moment	μ_4	$-0,966\ 236\ 40$ (23)	10^{-26} J $\cdot$ T^{-1}

Größe	Formel-zeichen	Zahlenwert	Einheit (dezi-male Vielfache)
	μ_n/μ_N	−1,913 042 72 (45)	
Deuteron			
Ruhemasse	m_d	3,343 58309 (26)	10^{-27} kg
relative Atommasse	$A_r(^2_1d)$	2,013 553 21271 (35)	
Ruheenergie	$m_d \cdot c_0^2$	1 875, 612 762 (75)	MeV
magnetisches	μ_d	0,433 073 457 (18)	10^{-26} JT^{-1}
Moment	μ_d/μ_N	0,857 438 2284 (94)	
Alphateilchen			
Ruhemasse	m_α	6,644 655 98 (52)	10^{-27} kg
relative Atommasse	$A_r(\alpha)$	4,001 506 1747 (10)	u
Ruheenergie	$m_\alpha \cdot c_0^2$	3727,379 04 (15)	MeV

Die Zahlen in Klammern sind die Meßunsicherheiten.

Tabelle A 3. Massen-Schwächungskoeffizient $\frac{\mu}{\varrho}$ in $\frac{m^2}{kg}$ für einige Elemente, Luft und Wasser als Funktion der Photonenenergie E_γ

E_γ in MeV	Al	Luft	H_2O	Ca	Fe	Cu	Sn	W	Pb	U
0,010	2,62	0,504	0,521	9,65	17,3	22,4	14,1	9,53	13,7	17,8
0,015	0,790	0,156	0,159	3,02	5,64	7,40	4,59	13,9		6,37
0,020	0,339	0,075 7	0,077 8	1,29	2,55	3,35	2,11	6,55	8,54	
0,030	0,111	0,035 1	0,037 0	0,398	0,811	1,09	4,20	2,26	2,91	4,10
0,040	0,056 5	0,024 7	0,026 7	0,177	0,361	0,488	1,87	1,06	1,38	1,96
0,050	0,036 8	0,020 6	0,022 4	0,099 4	0,194	0,261	1,02	0,585	0,770	1,10
0,060	0,027 7	0,018 7	0,020 5	0,064 6	0,120	0,159	0,634	0,364	0,487	0,691
0,080	0,020 1	0,016 7	0,018 4	0,036 3	0,059 0	0,076 7	0,307	0,788	0,237	0,333
0,10	0,017 1	0,015 5	0,017 2	0,025 6	0,037 0	0,046 1	0,172	0,443	0,579	0,191
0,15	0,013 8	0,013 6	0,015 1	0,016 8	0,019 7	0,022 4	0,063 5	0,157	0,207	0,257
0,20	0,012 2	0,012 3	0,013 7	0,013 8	0,014 6	0,015 7	0,033 2	0,077 7	0,102	0,128
0,30	0,010 4	0,010 7	0,012 0	0,011 2	0,011 1	0,011 2	0,016 5	0,031 9	0,040 6	0,050 8
0,40	0,009 26	0,009 55	0,010 6	0,009 80	0,009 42	0,009 43	0,001 16	0,019 0	0,023 3	0,028 7
0,50	0,008 43	0,008 68	0,009 66	0,008 86	0,008 40	0,008 35	0,009 48	0,013 6	0,016 1	0,019 4
0,60	0,007 77	0,008 04	0,008 94	0,008 14	0,007 68	0,007 62	0,008 11	0,010 7	0,012 6	0,014 7
0,80	0,006 82	0,007 06	0,007 85	0,007 12	0,006 68	0,006 59	0,006 68	0,007 99	0,008 86	0,009 96
1,0	0,006 13	0,006 35	0,007 06	0,006 39	0,005 99	0,005 89	0,005 78	0,006 55	0,007 09	0,007 76
1,5	0,005 00	0,005 17	0,005 75	0,005 19	0,004 86	0,004 78	0,004 62	0,004 94	0,005 18	0,005 49
2,0	0,004 31	0,004 44	0,004 93	0,004 52	0,004 25	0,004 19	0,004 10	0,004 35	0,004 56	0,004 76
3,0	0,003 53	0,003 58	0,003 96	0,003 77	0,003 61	0,003 59	0,003 66	0,004 02	0,004 17	0,004 38
4,0	0,003 11	0,003 08	0,003 40	0,003 40	0,003 31	0,003 32	0,003 55	0,003 98	0,004 14	0,004 35
5,0	0,002 84	0,002 76	0,003 03	0,003 17	0,003 15	0,003 18	0,003 53	0,004 06	0,004 24	0,004 43
6,0	0,002 66	0,002 52	0,002 77	0,003 04	0,003 06	0,003 10	0,003 57	0,004 16	0,004 36	0,004 55
8,0	0,002 44	0,002 23	0,002 43	0,002 89	0,002 99	0,003 07	0,003 70	0,004 40	0,004 67	0,004 81
10,0	0,002 32	0,002 05	0,002 22	0,002 84	0,002 99	0,003 10	0,003 87	0,004 66	0,004 96	0,005 09

Tabelle A 2. Relative Atommassen der Elemente (bezogen auf $A_r({}^{12}_6C) = 12$)

Element	Symbol	Z	$A_r(_Z\bar{X})$
Actinium	Ac	89	(227,028)
Aluminium	Al	13	26,9815
Americium	Am	95	(243,061)
Antimon	Sb	51	121,75
Argon	Ar	18	39,948
Arsen	As	33	74,9216
Astat	At	85	(209,987)
Barium	Ba	56	137,34
Berkelium	Bk	97	(247,070)
Beryllium	Be	4	9,0122
Bismut	Bi	83	208,980
Blei	Pb	82	207,19
Bor	B	5	10,811
Brom	Br	35	79,904
Cadmium	Cd	48	112,40
Caesium	Cs	55	132,905
Calcium	Ca	20	40,08
Californium	Cf	98	(251,08)
Cerium	Ce	58	140,12
Chlor	Cl	17	35,453
Chromium	Cr	24	51,996
Cobalt	Co	27	58,9332
Curium	Cm	96	(247,07)
Dysprosium	Dy	66	162,50
Einsteinium	Es	99	(254,088)
Eisen	Fe	26	55,847
Erbium	Er	68	167,26
Europium	Eu	63	151,96
Fermium	Fm	100	(253,085)
Fluor	F	9	18,9984
Francium	Fr	87	(223,020)
Gadolinium	Gd	64	157,25
Gallium	Ga	31	69,72
Germanium	Ge	32	72,59
Gold	Au	79	196,967
Hafnium	Hf	72	178,49
Helium	He	2	4,0026
Holmium	Ho	67	164,930
Indium	In	49	114,82
Iridium	Ir	77	192,2
Iod	I	53	126,9044
Kalium	K	19	39,102
Kohlenstoff	C	6	12,01115
Krypton	Kr	36	83,80
Kupfer	Cu	29	63,546
Lanthan	La	57	138,91
Lithium	Li	3	6,939
Lutetium	Lu	71	174,97
Magnesium	Mg	12	24,305
Mangan	Mn	25	54,9380
Mendelevium	Md	101	(256)
Molybdän	Mo	42	95,94
Natrium	Na	11	22,9898
Neodym	Nd	60	144,24
Neon	Ne	10	20,179
Neptunium	Np	93	(237,048)
Nickel	Ni	28	58,71
Niobium	Nb	41	92,906
Nobelium	No	102	(253)
Osmium	Os	76	190,2
Palladium	Pd	46	106,4
Phosphor	P	15	30,9738
Platin	Pt	78	195,09
Plutonium	Pu	94	(244,064)
Polonium	Po	84	(208,982)
Praseodym	Pr	59	140,907
Promethium	Pm	61	(144,913)
Protactinium	Pa	91	(231,036)
Quecksilber	Hg	80	200,59
Radium	Ra	88	(226,025)
Radon	Rn	86	(222,018)
Rhenium	Re	75	186,2
Rhodium	Rh	45	102,905
Rubidium	Rb	37	85,47
Ruthenium	Ru	44	101,07
Samarium	Sm	62	150,35
Sauerstoff	O	8	15,9994
Scandium	Sc	21	44,956
Schwefel	S	16	32,064
Selen	Se	34	78,96
Silber	Ag	47	107,868
Silicium	Si	14	28,086
Stickstoff	N	7	14,0067
Strontium	Sr	38	87,62
Tantal	Ta	73	180,948
Technetium	Tc	43	(96,91)
Tellur	Te	52	127,60
Terbium	Tb	65	158,924
Thallium	Tl	81	204,37
Thorium	Th	90	232,038
Thulium	Tm	69	168,934
Titanium	Ti	22	47,90
Uranium	U	92	238,03
Vanadium	V	23	50,942
Wasserstoff	H	1	1,00797
Wolfram	W	74	183,85
Xenon	Xe	54	131,30
Ytterbium	Yb	70	173,04
Yttrium	Y	39	88,905
Zink	Zn	30	65,37
Zinn	Sn	50	118,69
Zirconium	Zr	40	91,22

Bei radioaktiven Elementen ist in Klammern die relative Atommasse des Nuklids mit der längsten Halbwertzeit angegeben.

Tabelle *A4. Massen-Energieabsorptionskoeffizient* $\frac{\mu_{en}}{\varrho}$ *in* $\frac{m^2}{kg}$ *für einige Elemente und Materialien als Funktion der Photonenenergie* E_γ

E_γ in MeV	H	C	N	O	Luft	H_2O	Knochen	Muskel	PMMA	LiF
0,010	0,000 99	0,194	0,342	0,550	0,466	0,489	1,90	0,496	0,292	0,576
0,015	0,001 10	0,051 7	0,091 6	0,149	0,129	0,132	0,589	0,136	0,078 8	0,160
0,020	0,001 33	0,020 3	0,036 0	0,058 7	0,051 6	0,052 3	0,251	0,054 4	0,031 1	0,063 3
0,030	0,001 86	0,005 92	0,010 2	0,016 3	0,014 7	0,014 7	0,074 3	0,015 4	0,008 92	0,017 4
0,040	0,002 30	0,003 06	0,004 65	0,007 00	0,006 40	0,006 47	0,030 5	0,006 77	0,004 26	0,007 42
0,050	0,002 70	0,002 26	0,002 99	0,004 10	0,003 84	0,003 94	0,015 8	0,004 09	0,002 88	0,004 20
0,060	0,003 05	0,002 03	0,002 44	0,003 04	0,002 92	0,003 04	0,009 79	0,003 12	0,002 43	0,003 11
0,080	0,003 62	0,002 01	0,002 18	0,002 39	0,002 36	0,002 53	0,005 20	0,002 55	0,002 26	0,002 36
0,10	0,004 06	0,002 13	0,002 22	0,002 32	0,002 31	0,002 52	0,003 86	0,002 52	0,002 35	0,002 21
0,15	0,004 85	0,002 46	0,002 49	0,002 52	0,002 51	0,002 78	0,003 04	0,002 76	0,002 67	0,002 31
0,20	0,005 30	0,002 67	0,002 67	0,002 71	0,002 68	0,003 00	0,003 02	0,002 97	0,002 89	0,002 48
0,30	0,005 73	0,002 88	0,002 89	0,002 89	0,002 88	0,003 20	0,003 11	0,003 17	0,003 11	0,002 67
0,40	0,005 87	0,002 95	0,002 96	0,002 96	0,002 96	0,003 29	0,003 16	0,003 25	0,003 19	0,002 76
0,50	0,005 89	0,002 98	0,002 97	0,002 97	0,002 97	0,003 30	0,003 16	0,003 27	0,003 20	0,002 76
0,60	0,005 88	0,002 96	0,002 96	0,002 96	0,002 96	0,003 29	0,003 15	0,003 26	0,003 19	0,002 74
0,80	0,005 73	0,002 89	0,002 89	0,002 89	0,002 89	0,003 21	0,003 06	0,003 18	0,003 11	0,002 67
1,0	0,005 55	0,002 79	0,002 80	0,002 80	0,002 80	0,003 11	0,002 97	0,003 08	0,003 01	0,002 58
1,5	0,005 07	0,002 55	0,002 55	0,002 55	0,002 55	0,002 83	0,002 70	0,002 81	0,002 75	0,002 35
2,0	0,004 64	0,002 34	0,002 34	0,002 34	0,002 34	0,002 60	0,002 48	0,002 57	0,002 52	0,002 17
3,0	0,003 98	0,002 04	0,002 05	0,002 06	0,002 05	0,002 27	0,002 19	0,002 25	0,002 20	0,002 05
4,0	0,003 51	0,001 84	0,001 86	0,001 87	0,001 86	0,002 05	0,001 99	0,002 03	0,001 98	0,001 83
5,0	0,003 16	0,001 70	0,001 72	0,001 74	0,001 73	0,001 90	0,001 86	0,001 88	0,001 83	0,001 61
6,0	0,002 88	0,001 60	0,001 62	0,001 66	0,001 63	0,001 80	0,001 78	0,001 78	0,001 72	0,001 80
8,0	0,002 49	0,001 45	0,001 48	0,001 54	0,001 50	0,001 65	0,001 65	0,001 63	0,001 56	0,001 41
10,0	0,002 22	0,001 37	0,001 42	0,001 47	0,001 44	0,001 55	0,001 59	0,001 54	0,001 47	0,001 36

Tabelle A5. Massen-Bremsvermögen $\frac{S_{Stoß}}{\varrho}$ *in MeV* $\frac{m^2}{kg}$ *für einige Materialien als Funktion der Elektronenenergie E*

E in MeV	Luft	CO_2	CH_4	H_2O	Muskel	Knochen	Poly-styren	PMMA	An-thracen	LiF
0,010	1,970	1,978	2,803	2,320	2,292	2,101	2,260	2,251	2,192	1,817
0,015	1,441	1,446	2,031	1,690	1,670	1,536	1,646	1,640	1,597	1,330
0,020	1,155	1,159	1,618	1,350	1,334	1,231	1,315	1,311	1,277	1,066
0,030	0,8475	0,8502	1,179	0,9879	0,9763	0,9030	0,9617	0,9588	0,9344	0,7823
0,040	0,6835	0,6857	0,9465	0,7951	0,7859	0,7281	0,7739	0,7717	0,7522	0,6311
0,050	0,5808	0,5926	0,8017	0,6747	0,6669	0,6186	0,6565	0,6546	0,6383	0,5363
0,060	0,5101	0,5117	0,7024	0,5919	0,5851	0,5434	0,5760	0,5746	0,5601	0,4711
0,080	0,4190	0,4203	0,5748	0,4854	0,4799	0,4463	0,4723	0,4712	0,4594	0,3870
0,10	0,3627	0,3638	0,4962	0,4197	0,4149	0,3862	0,4083	0,4074	0,3972	0,3350
0,15	0,2856	0,2865	0,3819	0,3299	0,3261	0,3041	0,3208	0,3202	0,3123	0,2639
0,20	0,2466	0,2473	0,3349	0,2844	0,2811	0,2623	0,2766	0,2761	0,2692	0,2277
0,30	0,2081	0,2087	0,2815	0,2394	0,2367	0,2210	0,2330	0,2326	0,2268	0,1916
0,40	0,1899	0,1904	0,2562	0,2181	0,2157	0,2015	0,2119	0,2106	0,2063	0,1742
0,50	0,1800	0,1804	0,2422	0,2061	0,2041	0,1906	0,1999	0,1987	0,1946	0,1645
0,60	0,1740	0,1745	0,2339	0,1989	0,1972	0,1840	0,1925	0,1914	0,1875	0,1585
0,80	0,1681	0,1686	0,2253	0,1911	0,1902	0,1772	0,1846	0,1835	0,1797	0,1521
1,0	0,1659	0,1663	0,2219	0,1876	0,1874	0,1744	0,1809	0,1799	0,1761	0,1492
1,5	0,1659	0,1663	0,2211	0,1852	0,1868	0,1735	0,1783	0,1774	0,1736	0,1473
2,0	0,1683	0,1687	0,2237	0,1858	0,1891	0,1752	0,1787	0,1779	0,1740	0,1478
3,0	0,1738	0,1743	0,2304	0,1884	0,1948	0,1797	0,1813	0,1805	0,1765	0,1502
4,0	0,1789	0,1793	0,2365	0,1909	0,1999	0,1839	0,1838	0,1832	0,1790	0,1524
5,0	0,1831	0,1836	0,2418	0,1931	0,2043	0,1875	0,1861	0,1854	0,1812	0,1544
6,0	0,1808	0,1873	0,2464	0,1949	0,2082	0,1905	0,1879	0,1873	0,1830	0,1560
8,0	0,1929	0,1934	0,2540	0,1978	0,2144	0,1955	0,1909	0,1903	0,1859	0,1586
10,0	0,1978	0,1982	0,2600	0,2000	0,2194	0,2994	0,1932	0,1926	0,1881	0,1606

Weiterführende Literatur

Literatur zur Geschichte der Radioaktivität

Wissenschaftsgeschichtliche Darstellungen

KELLER, C.: Die Geschichte der Radioaktivität. Stuttgart: Wissenschaftliche Verlagsgesellschaft 1982.

MINDER, W.: Geschichte der Radioaktivität. Berlin, Heidelberg, New York: Springer-Verlag 1981.

Klassische Werke über Radioaktivität

BATTELLI, A.; OCCHIALINI, A.; CHELLA, S.: Die Radioaktivität. Leipzig: J. A. Barth 1910.

CURIE, M.: Untersuchungen über die radioaktiven Substanzen. Braunschweig: F. Vieweg & Sohn 1904.

CURIE, M.: Die Radioaktivität. Leipzig: Akad. Verlagsgesellschaft 1912.

GEIGER, H.; MAKOWER, W.: Meßmethoden auf dem Gebiet der Radioaktivität. Braunschweig: F. Vieweg & Sohn 1920.

GRUNER, P.: Kurzes Lehrbuch der Radioaktivität. Bern: A. Francke 1911.

HENRICH, F.: Chemie und chemische Technologie radioaktiver Stoffe. Berlin: Springer-Verlag 1918.

HEVESY, G. V.; PANETH, F.: Lehrbuch der Radioaktivität. Leipzig: J. A. Barth 1923.

KOHLRAUSCH, K. W. F.: Radioaktivität. Leipzig: Akad. Verlagsgesellschaft 1928.

LUDEWIG, P.: Radioaktivität. Berlin: Walter de Gruyter 1921.

MEYER, St.; SCHWEIDLER, E.: Radioaktivität. Leipzig: B.G. Teubner, 1. Aufl. 1916, 2. Aufl. 1927.

RUTHERFORD, E.: Radioactivity. Cambridge: University Press, 1. Aufl. 1904, 2. Aufl. 1905.

RUTHERFORD, E.: Radioaktive Substanzen und ihre Strahlungen. Leipzig: Akad. Verlagsgesellschaft 1913.

SODDY, F.: Die Chemie der Radioelemente. Leipzig: J. A. Barth, 1. Aufl. 1909, 2. Aufl. 1914.

Praktikumbücher und Tabellenwerke

Praktikumsbücher zur Radioaktivität

HERFORTH, L.; KOCH, H.: Praktikum der Radioaktivität und Radiochemie. 3. Aufl. Leipzig, Berlin, Heidelberg: Johann Ambrosius Barth Verlag 1992.

HOFFMANN, P.; LIESER, K. H.: Methoden der Kern- und Radiochemie. Weinheim, New York, Basel, Cambridge: Verlag Chemie 1991.

SCHURICHT, V.; STEUER, J.: Praktikum der Strahlenschutzphysik. Berlin: Deutscher Verlag der Wissenschaften 1989.

Tabellenwerke (Nukliddaten)

ANTONY, M. S.: Chart of the Nuclides. Centre des Recherches Nucleaires et Universite Louis Pasteur. Strasbourg 1992.

BROWNE, E. ; FIRESTONE, R. B.; SHIRLEY, V. S. (Ed.): Table of Radioactive Isotopes. New York: John Wiley & Sons 1986.

ERDTMANN, G.: Neutron Activation Tables. Weinheim, New York: Verlag Chemie 1976.

ERDTMANN, G.; SOYKA, W.: The Gamma Rays of the Radionuclides. Weinheim, New York: Verlag Chemie 1979.

KOHLRAUSCH, F.: Praktische Physik. Bd. 3. Tabellen und Diagramme. 24. Aufl. Hrsg. D. Hahn, S. Wagner. Stuttgart: Teubner-Verlag 1996.

PFENNIG, G.; KLEWE-NEBENIUS, H.; SEELMANN-EGGEBERT, W.: Karlsruher Nuklidkarte. 6. Aufl. Forschungszentrum Karlsruhe 1998.

Lehrbücher und Monographien

Grundlagenbücher

BETHGE, K.; WALTER, G.; WIEDEMANN, B.: Kernphysik. 2. Aufl. Berlin, Heidelberg, New York: Springer-Verlag 2001.

GRIMSEHL, E.: Lehrbuch der Physik. Bd. 4. Struktur der Materie. 18. Aufl. Hrsg. A. Lösche. Leipzig: Teubner-Verlag 1990.

LIESER, K.H.: Einführung in die Kernchemie. 3. Aufl. Weinheim, New York, Basel, Cambridge: VCH 1991.

MAYER-KUCKUK, T.: Kernphysik. 7. Aufl. Stuttgart: Teubner-Verlag 2002.

MUSIOL, G.; RANFT, J.; SEELIGER, D.: Kern- und Elementarteilchenphysik. 2. Aufl. Frankfurt am Main: Harri Deutsch 1995.

Strahlungsmeßtechnik

DELANEY, C. F. G.; FINCH, E. C.: Radiation Detectors. Oxford: Clarendon Press 1992.

GRUPEN, C.: Teilchendetektoren. Mannheim, Leipzig, Wien, Zürich: BI-Wissenschaftsverlag 1993.

KNOLL, G. F.: Radiation Detection and Measurements. Third Edition. New York: John Wiley & Sons 2000.

KOHLRAUSCH, F.: Praktische Physik: Bd. 2. 24. Aufl. Hrsg. V. KOSE, S. WAGNER: Stuttgart: Teubner-Verlag 1996.

LEO, W.R.: Techniques for Nuclear and Particle Physics Experiments. Second Edition. Berlin, Heidelberg, New York: Springer-Verlag 1994.

REICH, H. (Hrsg.): Dosimetrie ionisierender Strahlung. Stuttgart: Teubner-Verlag 1990.

STOLZ, W.: Messung ionisierender Strahlung. 2. Aufl. Berlin: Akademie-Verlag 1989.

Anwendung radioaktiver Nuklide

BETHGE, K.: Medical Application of Nuclear Physics. Berlin, Heidelberg, New York: Springer Verlag 2004.

BÜLL, U. u.a. (Hrsg.): Nuklearmedizin. 3. Aufl. Stuttgart, New York: Georg Thieme Verlag 2001.

FÖLDIAK, G. (Hrsg.): Industrial Application of Radioisotopes. Amsterdam: Elsevier 1986.

GEYH, M. A.; SCHLEICHER, H.: Absolute Age Determination. Berlin, Heidelberg, New York: Springer-Verlag 1990.

HERMANN, H. J.: Nuklearmedizin. 4. Aufl. München, Wien, Baltimore: Urban & Schwarzenberg 1998.

KRIVAN, V.: Neutronenaktivierungsanalyse. In: Fresenius, W. (Hrsg.): Analytiker Taschenbuch, Bd. 5. Berlin: Akademie-Verlag 1985.

MOLINS, R.A.: Food Irradiation. New York: John Wiley & Sons 2001.

MÜNZE, R. (Federf.): Isotopentechnik. Leipzig: Fachbuchverlag 1991.

RICHTER, E., FEYERABEND, T.: Grundlagen der Strahlentherapie. 2. Aufl. Berlin, Heidelberg: Springer-Verlag 2000.

SCHATZ, G.; WEIDINGER, A.: Nukleare Festkörperphysik. 3. Aufl. Stuttgart: Teubner-Verlag 1997.

SCHERER, E., SACK, H. (Hrsg.): Strahlentherapie. 4. Aufl. Berlin, Heidelberg: Springer-Verlag 1996.

SCHICHA, H., SCHOBER, O. (Hrsg.): Nuklearmedizin. 4. Aufl. Stuttgart, New York: Schattauer-Verlag 2000.

STOLZ, W.: Strahlensterilisation. Leipzig: Johann Ambrosius Barth 1972.

WAGNER, G. A.: Altersbestimmung von jungen Gesteinen und Artefakten. Stuttgart: Ferdinand Enke Verlag 1995.

Strahlenschutz und Umweltradioaktivität

DIEHL, J. F.: Radioaktivität in Lebensmitteln. Weinheim: Wiley-VCH 2003.

DÖRSCHEL, B.; SCHURICHT, V.; STEUER, J.: Praktische Strahlenschutzphysik. Heidelberg, Berlin, New York: Spectrum Akademischer Verlag 1992.

DÖRSCHEL, B.; SCHURICHT, V., STEUER, J.: The Physics of Radiation Protection. Ahsford: Nuclear Technology Publishing 1996.

EISENBUD, M.; GESELL, TH.: Environmental Radioactivity. 4. Ed. San Diego: Academic Press 1997.

GRUPEN, C.: Grundkurs Strahlenschutz. 3. Aufl. Berlin: Springer-Verlag 2003.

KRIEGER, H.: Strahlenphysik, Dosimetrie und Strahlenschutz. Bd. 1. Grundlagen. 5. Aufl. Stuttgart: Teubner-Verlag 2002.

KRIEGER, H.: Strahlenphysik, Dosimetrie und Strahlenschutz. Bd. 2. Strahlungsquellen, Detektoren und klinische Dosimetrie. 3. Aufl. Stuttgart: Teubner-Verlag 2001.

KRIEGER, H.: Grundlagen der Strahlungsphysik und des Strahlenschutzes. Stuttgart: Teubner-Verlag 2004.

SIEHL, A. (Hrsg.): Umweltradioaktivität. Berlin: Ernst & Sohn 1996.

VEITH, H.M.: Strahlenschutzverordnung, Neufassung 2001. 6. Aufl. Köln: Bundesanzeiger-Verlag 2001.

VOGT, H.G.; SCHULZ, H.: Grundzüge des praktischen Strahlenschutzes. 3. Aufl. München, Wien: Carl Hanser Verlag 2004.

Sachverzeichnis

▶ Bienlein/Wiesendanger

Einführung in die Struktur der Materie

Kerne, Teilchen, Moleküle, Festkörper

2003. XVI, 561 S. Br. € 41,90
ISBN 3-519-03247-3

Inhalt: Grundlagen der Struktur der Materie - Konzepte und Instrumente der Kern- und Teilchenphysik - Kernphysik - Teilchenphysik - Molekülphysik - Festkörperphysik

Eine kompakte Einführung in die Themengebiete Teilchenphysik, Kernphysik, Molekülphysik und Festkörperphysik. Das Buch eignet sich als Begleitlektüre zu einer Vorlesung „Struktur der Materie", die an vielen Universitäten angeboten wird.

▶ Horst-Günter Rubahn

Nanophysik und Nanotechnologie

2., überarb. Aufl. 2004. 184 S. Br. € 24,90
ISBN 3-519-10331-1

Mesoskopische und mikroskopische Physik - Strukturelle, elektronische und optische Eigenschaften - Organisiertes und selbstorganisiertes Wachstum von Nanostrukturen - Charakterisierung von Nanostrukturen - Dreidimensionalität - Anwendungen in Optik, Elektronik und Bionik

Stand Januar 2005.
Änderungen vorbehalten.
Erhältlich im Buchhandel oder beim Verlag.

B. G. Teubner Verlag
Abraham-Lincoln-Straße 46
65189 Wiesbaden
Fax 0611.7878-400
www.teubner.de